"十三五"职业教育国家规划教材

住房和城乡建设部"十四五"规划教材

全国住房和城乡建设职业教育教学指导委员会规划推荐教材

建筑给水排水工程

（第五版）

（给排水工程技术专业适用）

张　健　余海静　主编

郁　勋　陈思荣　副主编

周虎城　主审

U0195685

中国建筑工业出版社

图书在版编目（CIP）数据

建筑给水排水工程 / 张健，余海静主编；郁勋，陈思荣副主编. — 5 版. — 北京：中国建筑工业出版社，2024.2（2024.6 重印）

住房和城乡建设部"十四五"规划教材 "十三五"职业教育国家规划教材 全国住房和城乡建设职业教育教学指导委员会规划推荐教材：给排水工程技术专业适用

ISBN 978-7-112-29359-9

Ⅰ．①建… Ⅱ．①张… ②余… ③郁… ④陈… Ⅲ．①建筑工程－给水工程－高等职业教育－教材②建筑工程－排水工程－高等职业教育－教材 Ⅳ．①TU82

中国国家版本馆 CIP 数据核字（2023）第 225894 号

本书为"十三五"职业教育国家规划教材及住房和城乡建设部"十四五"规划教材，共 8 个教学单元，主要讲述了建筑给水、建筑消防给水、建筑排水、屋面雨水排水、热水和饮水供应、建筑中水、特殊性质建筑的给水排水、居住小区给水排水的基本理论和工程技术，并编有综合性例题。每个教学单元后都附有思考题与习题，便于学生理解掌握及巩固知识内容。

本书适用于高等职业教育给水排水工程技术专业及相关专业（如建筑设备工程技术、供热通风与空调工程技术、建筑智能化技术、工业设备安装工程技术和建筑消防技术）学生用教材，也可作为高职本科给排水科学与工程专业的教材和相关专业设置建筑给水排水工程课程的教材，还可用作工程技术人员的参考用书。

为了便于教学，作者特别制作了配套课件，任课教师可通过如下三种途径索取：

邮箱：jckj@cabp.com.cn；

电话：（010）58337285；

建工书院：http://edu.cabplink.com

* * *

责任编辑：吕　娜　王美玲

责任校对：张惠雯

本教材二维码资源

"十三五"职业教育国家规划教材

住房和城乡建设部"十四五"规划教材

全国住房和城乡建设职业教育教学指导委员会规划推荐教材

建筑给水排水工程

（第五版）

（给排水工程技术专业适用）

张　健　余海静　主编

郁　勋　陈思荣　副主编

周虎城　主审

*

中国建筑工业出版社出版、发行（北京海淀三里河路 9 号）

各地新华书店、建筑书店经销

北京红光制版公司制版

北京圣夫亚美印刷有限公司印刷

*

开本：787 毫米×1092 毫米　1/16　印张：25¼　字数：563 千字

2024 年 2 月第五版　　2024 年 6 月第二次印刷

定价：**58.00 元**（附数字资源及赠教师课件）

ISBN 978-7-112-29359-9

（42071）

出　版　说　明

党和国家高度重视教材建设。2016 年，中办国办印发了《关于加强和改进新形势下大中小学教材建设的意见》，提出要健全国家教材制度。2019 年 12 月，教育部牵头制定了《普通高等学校教材管理办法》和《职业院校教材管理办法》，旨在全面加强党的领导，切实提高教材建设的科学化水平，打造精品教材。住房和城乡建设部历来重视土建类学科专业教材建设，从"九五"开始组织部级规划教材立项工作，经过近 30 年的不断建设，规划教材提升了住房和城乡建设行业教材质量和认可度，出版了一系列精品教材，有效促进了行业部门引导专业教育，推动了行业高质量发展。

为进一步加强高等教育、职业教育住房和城乡建设领域学科专业教材建设工作，提高住房和城乡建设行业人才培养质量，2020 年 12 月，住房和城乡建设部办公厅印发《关于申报高等教育职业教育住房和城乡建设领域学科专业"十四五"规划教材的通知》（建办人函〔2020〕656 号），开展了住房和城乡建设部"十四五"规划教材选题的申报工作。经过专家评审和部人事司审核，512 项选题列入住房和城乡建设领域学科专业"十四五"规划教材（简称规划教材）。2021 年 9 月，住房和城乡建设部印发了《高等教育职业教育住房和城乡建设领域学科专业"十四五"规划教材选题的通知》（建人函〔2021〕36 号）。为做好"十四五"规划教材的编写、审核、出版等工作，《通知》要求：（1）规划教材的编著者应依据《住房和城乡建设领域学科专业"十四五"规划教材申请书》（简称《申请书》）中的立项目标、申报依据、工作安排及进度，按时编写出高质量的教材；（2）规划教材编著者所在单位应履行《申请书》中的学校保证计划实施的主要条件，支持编著者按计划完成书稿编写工作；（3）高等学校土建类专业课程教材与教学资源专家委员会、全国住房和城乡建设职业教育教学指导委员会、住房和城乡建设部中等职业教育专业指导委员会应做好规划教材的指导、协调和审稿等工作，保证编写质量；（4）规划教材出版单位应积极配合，做好编辑、出版、发行等工作；（5）规划教材封面和书脊应标注"住房和城乡建设部'十四五'规划教材"字样和统一标识；（6）规划教材应在"十四五"期间完成出版，逾期不能完成的，不再作为《住房和城乡建设领域学科专业"十四五"规划教材》。

住房和城乡建设领域学科专业"十四五"规划教材的特点，一是重点以修订教育部、住房和城乡建设部"十二五""十三五"规划教材为主；二是严格按照专业标准规范要求编写，体现新发展理念；三是系列教材具有明显特点，满足不同层次和类型的学校专业教学要求；四是配备了数字资源，适应现代化教学的要

3

求。规划教材的出版凝聚了作者、主审及编辑的心血，得到了有关院校、出版单位的大力支持，教材建设管理过程有严格保障。希望广大院校及各专业师生在选用、使用过程中，对规划教材的编写、出版质量进行反馈，以促进规划教材建设质量不断提高。

住房和城乡建设部"十四五"规划教材办公室

2021 年 11 月

第 五 版 序 言

全国住房和城乡建设职业教育教学指导委员会市政工程专业指导委员会（以下简称"专业指导委员会"）是受教育部委托，由住房和城乡建设部牵头组建和管理，对市政工程专业职业教育和培训工作进行研究、咨询、指导和服务的专家组织，每届任期五年。专业指导委员会的主要职能包括，开展市政工程专业人才需求预测分析，提出市政工程专业技术技能人才培养的职业素质、知识和技能要求，指导职业院校教师、教材、教法改革，参与职业教育教学标准体系建设，开展产教对话活动，指导推进校企合作、职教集团建设，指导实训基地建设，指导职业院校技能竞赛，组织课题研究，实施教育教学质量评价，培育和推荐优秀教学成果，组织市政工程专业教学经验交流活动等。

专业指导委员会成立以来，在住房和城乡建设部人事司和全国住房和城乡建设职业教育教学指导委员会的领导下，组织了"市政工程技术专业""给水排水工程技术专业"理论教材、实训教材以及市政工程类职教本科教材的编审工作。

本套教材的编审坚持贯彻以能力为本位，以实用为主导的指导思路，毕业的学生具备本专业必需的文化基础、专业理论知识、专业技能和职业素养，成为能胜任市政工程类专业设计、施工、监理、运维及物业设施管理的高素质技术技能人才；坚持以就业为导向，走产学研结合发展道路的办学方针，以提高质量为核心，以增强专业特色为重点，创新教材体系，深化教育教学改革，为我国建设行业发展提供具有爱岗敬业精神的人才支撑和智力支持。专业指导委员会在总结近几年教育教学改革与实践的基础上，通过开发新课程，更新课程内容，增加实训教材，构建了新的教材体系，充分体现了其先进性、创新性、适用性，反映了国内外最新技术和研究成果，突出高等职业教育的特点。

"市政工程技术""给水排水工程技术"专业教材的编写工作得到了教育部、住房和城乡建设部人事司的支持，在全国住房和城乡建设职业教育教学指导委员会的领导下，专业指导委员会聘请全国各高职院校本专业多年从事"市政工程技术""给水排水工程技术"专业教学、研究、设计、施工的副教授以上的专家担任主编和主审，同时吸收工程一线具有丰富实践经验的工程技术人员及优秀中青年教师参加编写。该系列教材的出版凝聚了全国各高职高专院校"市政工程技术""给排水工程技术"专业同行的心血，也是他们多年来教学、工作的结晶。值此教材出版之际，专业指导委员会谨向全体主编、主审及参编人员致以崇高的敬意。对大力支持这套教材出版的中国建筑工业出版社表示衷心的感谢，向在编写、审稿、出版过程中给予关心和帮助的单位和同仁致以诚挚的谢意。本套教材全部获评住房和城乡建设部"十四五"规划教材，得到了业内人士的肯定。深信本套教材将会受到高职高专院校和从事本专业工程技术人员欢迎，必将推动市政工程类专业的建设和发展。

全国住房和城乡建设职业教育教学指导委员会
市政工程专业指导委员会

第四版序言

2015年10月受教育部（教职成函〔2015〕9号）委托，住房城乡建设部（住建职委〔2015〕1号）组建了新一届全国住房和城乡建设职业教育教学指导委员会市政工程类专业指导委员会，它是住房城乡建设部聘任和管理的专家机构。其主要职责是在住房城乡建设部、教育部、全国住房和城乡建设职业教育教学指导委员会的领导下，研究高职高专市政工程类专业的教学和人才培养方案，按照以能力为本位的教学指导思想，围绕市政工程类专业的就业领域、就业岗位群组织制定并及时修订各专业培养目标、专业教育标准、专业培养方案、专业教学基本要求、实训基地建设标准等重要教学文件，以指导全国高职院校规范市政工程类专业办学，达到专业基本标准要求；研究市政工程类专业建设、教材建设，组织教材编审工作；组织开展教育教学改革研究，构建理论与实践紧密结合的教学体系，构筑校企合作、工学结合的人才培养模式，进一步促进高职高专院校市政工程类专业办出特色，全面提高高等职业教育质量，提升服务建设行业的能力。

市政工程类专业指导委员会成立以来，在住房城乡建设部人事司和全国住房和城乡建设职业教育教学指导委员会的领导下，在专业建设上取得了多项成果。市政工程类专业指导委员会制定了《高职高专教育市政工程技术专业顶岗实习标准》和《高职高专教育给排水工程技术专业顶岗实习标准》；组织了"市政工程技术专业""给排水工程技术专业"理论教材和实训教材编审工作。

在教材编审过程中，坚持了以就业为导向，走产学研结合发展道路的办学方针，以提高质量为核心，以增强专业特色为重点，创新教材体系，深化教育教学改革，围绕国家行业建设规划，系统培养高端技能型人才，为我国建设行业发展提供人才支撑和智力支持。

本套教材的编写坚持贯彻以素质为基础，以能力为本位，以实用为主导的指导思路，毕业的学生具备本专业必需的文化基础、专业理论知识和专业技能，能胜任市政工程类专业设计、施工、监理、运行及物业设施管理的高端技能型人才，全国住房和城乡建设职业教育教学指导委员会市政工程类专业指导委员会在总结近几年教育教学改革与实践的基础上，通过开发新课程，更新课程内容，增加实训教材，构建了新的课程体系。充分体现了其先进性、创新性、适用性，反映了国内外最新技术和研究成果，突出高等职业教育的特点。

"市政工程技术""给排水工程技术"两个专业教材的编写工作得到了教育部、住房城乡建设部人事司的支持，在全国住房和城乡建设职业教育教学指导委员会的领导下，市政工程类专业指导委员会聘请全国各高职院校本专业多年从事"市政工程技术""给排水工程技术"专业教学、研究、设计、施工的副教授以上的专家担任主编和主审，同时吸收工程一线具有丰富实践经验的工程技术人员及优秀中青年教师参加编写。该系列教材的出版凝聚了全国各高职高专院校"市政工程技术""给排水工程技术"两个专业同行的心血,也是他们多年来教学工作的结晶。值此教材出版之际,全国住房和城乡建设职业教育教学指导委员会市政工程类专业指导委员会谨向全体主编、主审及参编人员致以崇高的敬意。对大力支持这套教材出版的中国建筑工业出版社表示衷心的感谢,向在编写、审稿、出版过程中给予关心和帮助的单位和同仁致以诚挚的谢意。本套教材全部获评住房城乡建设部土建类学科专业"十三五"规划教材,得到了业内人士的肯定。深信本套教材的使用将会受到高职高专院校和从事本专业工程技术人员的欢迎,必将推动市政工程类专业的建设和发展。

全国住房和城乡建设职业教育教学指导委员会

市政工程类专业指导委员会

第三版序言

2010年4月住房和城乡建设部受教育部（教高厅函〔2004〕5号）委托，住房和城乡建设部（建人函〔2010〕70号）组建了新一届全国高职高专教育土建类专业教学指导委员会市政工程类专业分指导委员会，它是住房和城乡建设部聘任和管理的专家机构。其主要职责是在住房和城乡建设部、教育部、全国高职高专教育土建类专业教学指导委员会的领导下，研究高职高专市政工程类专业的教学和人才培养方案，按照以能力为本位的教学指导思想，围绕市政工程类专业的就业领域、就业岗位群组织制定并及时修订各专业培养目标、专业教育标准、专业培养方案、专业教学基本要求、实训基地建设标准等重要教学文件，以指导全国高职高专院校规范市政工程类专业办学，达到专业基本标准要求；研究市政工程类专业建设、教材建设，组织教材编审工作；组织开展教育教学改革研究，构建理论与实践紧密结合的教学体系，构建校企合作、工学结合的人才培养模式，进一步促进高职高专院校市政工程类专业办出特色，全面提高高等职业教育质量，提升服务建设行业的能力。

市政工程类专业分指导委员会成立以来，在住房和城乡建设部人事司和全国高职高专教育土建类专业教学指导委员会的领导下，在专业建设上取得了多项成果；市政工程类专业分指导委员会在对"市政工程技术专业""给排水工程技术专业"职业岗位（群）调研的基础上，制定了"市政工程技术专业"专业教学基本要求和"给排水工程技术专业"专业教学基本要求；其次制定了"市政工程技术专业"和"给排水工程技术专业"两个专业校内实训及校内实训基地建设导则；并根据"市政工程技术专业""给排水工程技术专业"两个专业的专业教学基本要求，校内实训及校内实训基地建设导则，组织了"市政工程技术专业""给排水工程技术专业"理论教材和实训教材编审工作。

在教材编审过程中，坚持了以就业为导向，走产学研结合发展道路的办学方针，以提高质量为核心，以增强专业特色为重点，创新教材体系，深化教育教学改革，围绕国家行业建设规划，系统培养高端技能型人才，为我国建设行业发展提供人才支撑和智力支持。

本套教材的编写坚持贯彻以素质为基础，以能力为本位，以实用为主导的指导思路，毕业的学生具备本专业必需的文化基础、专业理论知识和专业技能，能胜任市政工程类专业设计、施工、监理、运行及物业设施管理的高端技能型人才，全国高职高专教育土建类教学指导委员会市政工程类专业分指导委员会在总结近几年教育教学改革与实践的基础上，通过开发新课程，更新课程内容，增加实训教材，构建了新的课程体系。充分体现了其先进性、创新性、适用性，反映了国内外最新技术和研究成果，突出高等职业教育的特点。

  "市政工程技术""给排水工程技术"两个专业教材的编写工作得到了教育部、住房和城乡建设部人事司的支持，在全国高职高专教育土建类专业教学指导委员会的领导下，市政工程类专业分指导委员会聘请全国各高职院校本专业多年从事"市政工程技术""给排水工程技术"专业教学、研究、设计、施工的副教授及以上的专家担任主编和主审，同时吸收工程一线具有丰富实践经验的工程技术人员及优秀中青年教师参加编写。该系列教材的出版凝聚了全国各高职高专院校"市政工程技术""给排水工程技术"两个专业同行的心血，也是他们多年来教学工作的结晶。值此教材出版之际，全国高职高专教育土建类教学指导委员会市政工程类专业分指导委员会谨向全体主编、主审及参编人员致以崇高的敬意。对大力支持这套教材出版的中国建筑工业出版社表示衷心的感谢，向在编写、审稿、出版过程中给予关心和帮助的单位和同仁致以诚挚的谢意。深信本套教材的使用将会受到高职高专院校和从事本专业工程技术人员的欢迎，必将推动市政工程类专业的建设和发展。

全国高职高专教育土建类专业教学指导委员会
市政工程类专业分指导委员会

第五版前言

本书由全国住房和城乡建设职业教育教学指导委员会市政工程类专业指导委员会组织编写，是给排水工程技术专业核心课程教材。根据2021年2月职业教育住房和城乡建设领域专业"十四五"规划教材工作（视频）会议以及2021年12月教育部关于《"十四五"职业教育规划教材建设实施方案》精神，鉴于新形势要求、新技术发展和部分新标准、新规范的颁布施行，确定对该教材进行再次修订，作为第五版出版发行。

本书适用于高职高专给排水工程技术、建筑设备工程技术、供热通风与空调工程技术、建筑智能化技术、工业设备安装工程技术、建筑消防技术等专业以及其他设置建筑给水排水工程课程的专业和高职本科教育给排水科学与工程、建筑环境与设备工程等专业的教材，也可作为上述各专业电大、函授、夜大、网络教育的教材以及作为相关专业师生、工程技术人员的参考用书。

本教材注重落实立德树人根本任务，促进学生成为德智体美劳全面发展的社会主义建设者和接班人。教材内容融汇思想政治教育，推进中华民族文化自信和自强。

本书在编写过程中，编制遵循的原则及本书的特点如下：

1. 具有足够的基本理论知识，以够用、实用为原则。

2. 技术上注重实用性。

3. 求新。随着《建筑给水排水设计标准》GB 50015—2019等相关新标准、新规范的颁布施行，书中有关的计算公式、表格、数据等，全部从现行标准、规范中选用；市场上的新设备、新材料和工程中的新工艺、新技术，以及新的发展趋势在书中也有介绍。

4. 便于自学与参考。每个教学单元后均有思考题与习题，还有课后拓展、部分解题思路与答案。有关章节编有例题，最后还附有综合性大型例题。便于学生能够更方便、更容易、更快捷地掌握建筑给水排水工程中的有关知识、技术和技能。

本书由重庆大学应用技术学院（又名重庆大学职业技术学院）张健（前言、绪论、教学单元1、教学单元6、教学单元7）、重庆大学应用技术学院郁勋（教学单元3、教学单元4、教学单元5）、辽宁建筑职业学院陈思荣（教学单元2）、河南城建学院余海静（教学单元2〈部分〉、教学单元8，提供了思政教育素材、电子课件、重点难点讲解视频、常用设计依据的电子资料和课后拓展、难题解题思路及答案）编写。本书综合性大型例题由重庆大学应用技术学院张健、郁勋、谢安编写。本书由张健、余海静主编，郁勋、陈思荣副主编，南京工业大学周虎城教授、武汉科技大学邵林广教授初审，周虎城教授主审。重庆市某企业的李勇、刘重龙工程师对本教材的编写，给予了帮助、支持，在此一并致以真诚的谢意！

由于编者水平有限，书中不足之处敬请广大读者批评指正。

第四版前言

本书由全国住房和城乡建设职业教育教学指导委员会市政工程类专业指导委员会组织编写，是给排水工程技术专业核心课教材。2017年5月，全国高职高专教育土建类专业教学指导委员会市政工程类专业指导分委员会在桂林召开会议，鉴于新形势要求、新技术发展和部分新规范的颁布施行，确定对该教材进行再次修订，作为第四版出版发行。

本书适用于高职高专给排水工程技术、建筑水电技术、建筑设备工程技术、供热通风与卫生工程等专业以及其他设置建筑给水排水工程课程的专业和应用性人才培养四年制本科教育给排水科学与工程、建筑环境与设备工程等专业的教材，也可作为上述各专业电大、函授、夜大、网络教育的教材以及作为相关专业师生、工程技术人员的参考用书。

本书在编写过程中，编制遵循的原则及本书的特点如下：

1. 具有足够的基本理论知识，以够用、实用为原则。

2. 技术上注重实用性。

3. 求新。随着《建筑给水排水设计规范》GB 50015等相关新规范的颁布施行，书中有关的计算公式、表格、数据等，全部从现行规范中选用；市场上的新设备、新材料和工程中的新工艺、新技术，以及新的发展趋势在书中也有介绍。

4. 便于自学与参考。每个教学单元后均有思考题与习题，有关章节编有例题，最后还附有综合性大型例题，便于学生能够更方便、更容易、更快捷地掌握建筑给水排水工程中的有关知识、技术和技能。

本书由重庆大学应用技术学院（又名重庆大学职业技术学院）张健（前言、绪论、教学单元1、教学单元6、教学单元7）、重庆大学应用技术学院郁勋（教学单元3、教学单元4、教学单元5）、辽宁建筑职业学院陈思荣（教学单元2）、河南城建学院余海静（教学单元8）编写。本书综合性大型例题由重庆大学应用技术学院张健、郁勋、谢安编写。张健主编，郁勋、陈思荣副主编，南京工业大学周虎城教授、武汉科技大学邵林广教授初审，周虎城教授主审。

由于编者水平有限，书中不足之处敬请广大读者批评指正。

第 三 版 前 言

本书是高职高专教育给水排水工程技术专业系列教材之一。它是根据全国高等学校给水排水工程技术专业指导委员会专科指导组 1998 年 10 月河南平顶山会议确定编写的，并于 2000 年 12 月第一次出版发行。2004 年 1 月，全国高职高专教育土建类专业教学指导委员会建筑设备类专业指导分委员会广州会议鉴于《建筑给水排水设计规范》GB 50015—2003 等一系列新规范的颁布施行，确定对该教材进行修订，作为第二版出版发行。2011 年 8 月，全国高职高专教育土建类专业教学指导委员会市政工程类专业指导分委员会呼和浩特会议鉴于《建筑给水排水设计规范》GB 50015—2003（2009 年版），等一系列新规范的颁布施行，确定对该教材再次进行修订，作为第三版出版发行。

本书适用于高职高专给排水工程技术、建筑水电技术、建筑设备工程技术、供热通风与卫生工程等专业以及其他设置建筑给水排水工程课程的专业和应用性人才培养四年制教育给排水科学与工程、建筑环境与设备工程等专业的教材，也可作为上述各专业电大、函授、夜大、网络教育的教材，以及作为上述各专业师生、工程技术人员的参考用书。

在编写过程中，编者遵循的原则及本书的特点是：

1. 具有足够的基本理论知识。

2. 技术上注重实用。

3. 求新。当前，《建筑给水排水设计规范》GB 50015 等相关新规范已经颁布施行，书中有关的计算公式、表格、数据等，全部从现行规范中选录；市场上的新设备、新材料和工程中的新工艺、新技术书中也有介绍。

4. 便于自学与参考。每章之后均有思考题，部分章节还有习题，有关章节编有例题，最后还附有综合性大型例题，以便于读者能够更方便、更容易、更快捷地掌握建筑给水排水工程的有关知识、技术和技能。

本书由重庆大学应用技术学院（又名：重庆大学职业技术学院）张健（前言、绪论、第一章、第六章、第七章）、重庆大学应用技术学院郁勋（第三章、第四章、第五章）、辽宁建筑职业学院陈思荣（第二章）、河南城建学院余海静（第八章）编写。本书综合性大型例题由重庆大学应用技术学院张健、郁勋、谢安编写。张健主编，郁勋、陈思荣副主编。由南京工业大学周虎城教授、武汉科技大学邵林广教授初审，周虎城教授主审。

由于编者水平所限，书中不足之处敬请读者批评指正。

第 二 版 前 言

本书是高职高专教育给水排水工程技术专业系列教材之一。它是根据全国高等学校给水排水工程技术专业指导委员会专科指导组 1998 年 10 月河南平顶山会议确定按 60～70 学时编写的，并于 2000 年 12 月第一次出版发行。2004 年 1 月，全国高职高专教育土建类专业教学指导委员会建筑设备类专业指导分委员会广州会议鉴于《建筑给水排水设计规范》GB 50015—2003 等一系列新规范的颁布施行，确定对该教材进行修订，作为第二版出版发行。

本书也可作为实用性人才培养四年制教育给水排水工程专业、供热通风与空调专业、建筑设备工程专业和房屋设备安装专业的教科书，还可作为上述各专业函授、夜大的教科书，以及作为上述各专业师生、工程技术人员的参考用书。

在编写过程中，编者遵循的原则及本书的特点是：

1. 具有足够的基本理论知识。

2. 技术上注重实用。

3. 求新。当前，《建筑给水排水设计规范》GB 50015 等相关新规范已经颁布施行，书中有关的计算公式、表格、数据等，全部从现行规范中选录；市场上的新设备、新材料书中也有介绍。

4. 便于自学与参考。每章之后均有思考题，部分章节还有习题，有关章节编有例题。

5. 为了提高学习者的实用能力，高职高专教育土建类专业教学指导委员会建筑设备类专业指导分委员会 2004 年 4 月北京会议还确定编写与该教材配套使用的《建筑给水排水工程应用实例》（徐州建筑职业技术学院张宝军主编）一书，以便于读者能够更方便、更容易、更快捷地掌握建筑给水排水工程的有关知识、技术和技能。

本书由重庆大学城市学院（又名：重庆大学职业技术学院）张健（前言、绪论、第一章、第六章、第七章）、重庆大学城市学院郁勋（第三章、第四章、第五章）、沈阳建筑大学职业技术学院陈思荣（第二章）、平顶山工学院余海静（第八章）合作编写。张健主编，郁勋、陈思荣副主编。由南京工业大学周虎城教授、武汉科技大学邵林广教授初审，周虎城教授主审。

由于编者水平所限，书中不足之处在所难免，敬请读者批评指正。

目　　录

绪　　论

建筑给水排水工程是给水排水工程的重要组成部分。它与城市给水排水工程、工业给水排水工程共同构成了完整的给水排水体系。

现代建筑工程是由建筑与结构、建筑设备（包括水、暖、电、气、通信、网络、信息、自动控制及智能化）和建筑装饰工程三大部分组成。建筑设备中的"水"即为"建筑给水排水工程"，它是现代建筑中必不可少的一个组成子项。因此，在规划、设计和建造与装饰施工中必须强调自身的特点，同时又要注意它与其他子项之间的有机联系和协调，使其在体现建筑物整体功能中充分发挥应有的作用与美感。

建筑给水排水工程是研究和解决以给人们提供卫生舒适、实用经济、观瞻丽美、安全可靠的生活与工作环境为目的，以合理利用与节约水资源、系统合理、造型美观和注重环境保护为约束条件的关于建筑给水、热水和饮水供应、消防给水、泳池水景、建筑排水、建筑中水、工业与居住小区给水排水和建筑水处理的综合性技术学科。

我国建筑给水排水工程领域中的研究与技术，自中华人民共和国成立以来，具有长足的发展。其发展过程可以归纳为四个阶段：第一阶段是 1964 年以前。该领域基本上是一块空白。中华人民共和国成立后，逐渐组建了给水排水专业技术队伍，开始设置给水排水专业，对全国性专业基础业务建设进行了开拓性的整理研究和统筹规范，如设计规范、设计手册、标准图集和专业教材等，陆续地编制和公布实施。第二阶段是 1965～1986 年。随着时间的推移，通过许许多多的工程实践，专业技术工作者发现照搬套用国外的某些理论和经验不完全适合我国国情，通过一些成功的经验以及失误和教训，总结出了适应我国国情的理论和经验，推出了一些新的计算公式和设计思路，如大面积工业厂房屋面雨水的内排水系统、建筑排水通气系统、生活给水设计秒流量公式等等。颁布了《建筑给水排水设计规范》并在 1968 年、1973 年、1985 年三次修订了《给水排水设计手册》，1983 年颁布施行了《高层民用建筑设计防火规范》。在此期间，基本形成和确立了我国独立的建筑给水排水技术体系。第三阶段是 1987～2005 年左右。建筑给排水专业队伍进一步发展壮大，设置给水排水专业的本科、专科（高职）、中职院校成倍增加，专业技术工作者积累和吸取了几十年的正反方面的经验与教训，使建筑给水排水工程在规划、设计、施工、管理、维护等方面都有了新的提高。在技术方面，以高层建筑给水排水为代表的高、难、新技术得以迅速发展，如自动喷水灭火系统、气体灭火装置、建筑给水加压设备（变频调速水泵、气压给水装置等）、新型排水通气系统、游泳池水处理、水景工程、建筑小区给水排水、建筑中水等方面的理论与技术都有新的突破和发展，水泵隔振、防止水击和复合管材、塑料管材等新的设备和材料也得到了快速的开发与应用。这期间，成立了全国建筑给水排水工程标准委员会和中国土木学会建筑给水排水委员会等学术组织，学术活动踊跃，加强了行业间的学术、技术交流。1992年编撰出版了《建筑给水排水设计手册》，2002年进行了修订。1995年对《高层民用建筑设计防火规范》进行了修订。1988年、1998年、2003年相继修订了《建筑给水排水设计规范》等相关规范。第四阶段是进入21世纪后2005年以来的时段。这个阶段应该是建筑给水排水工程快速发展、迈档升级的阶段。一方面是设计规范、设计手册等再次进行了修订、新版——2009年对《建筑给水排水设计规范》进行了修订，2019年再次修订，并更名为《建筑给水排水设计标准》；2014年《建筑设计防火规范》修订并合并了《高层民用建筑设计防火规范》；2008年、2019年对《建筑给水排水设计手册》进行了修订；2019年对《给水排水设计手册》进行了修订等。第二方面是随着科学技术的突飞猛进，与建筑给水排水工程相关的众多材料、设施、设备、部件等，有了快速发展，使得建筑给水排水设施的成品（包括大众化的公用设施）就从经济、实用向亮丽美观、自动程控、气派豪华等方面迈进。第三方面是美观、高档的设计思维、施工安装等理念业已形成，并从城市快速普及到了乡镇、农村。第四方面是广大民众的观念意识，也从满足简便实用，向追求舒适、享受、保健、美艳等方面着眼。相信在广大给水排水专业科技工作者的共同努力之下，建筑给水排水工程技术将日新月异，为广大民众的生活和工作提供更先进、更优质的服务。

但是，在建筑给水自动控制、高层建筑消防及热水水质控制、节约用水以及配合当代"海绵城市"建设等技术方面，纵观国内外现状，无论是理论还是有关产品、技术，需要进一步研究、开发和创新的问题及项目还很多。因此，掌握现有成形的知识，吸收国外先进技术，结合我国国情，创造更加完善的建筑给水排水技术体系，给人们提供更加舒适、环保的工作与生活环境，是今后应当努力的方向和重要任务。

本书主要介绍了建筑给水、建筑消防给水、建筑热水与饮水供应、建筑排水、屋面雨水排除、建筑中水以及居住小区给水排水、游泳池与水景给水排水工程的基本理论、设计原理和计算方法，还介绍了与之相关的施工安装、运行管理等方面的基本知识和技术，以及近年来建筑给水排水工程方面的新技术、新材料、新设备等。

建筑给水排水工程是给水排水工程专业的主要专业课，它与给水排水管道工程、水处理工程、水泵与水泵站等专业课有着紧密的联系，必须重视其有机的协调与衔接。由于该学科涉及的知识范围较广，在学习本课程之前，应当具有水力学、物理化学、微生物学、热工学、工程制图和建筑概论的基本知识和基本技能。同时，还要注意与后继学习的给水排水管道工程施工、给水排水工程概预算等课程之间的衔接。作为高职高专（含高职本科）层次的学生，必须重视的还有实践环节，应当通过认识实习、现场教学、工艺实习、生产实习、毕业实习等机会，深入工程实际，善于观察、勤于动手、多加思索、精于总结归纳，尽快地熟悉和掌握某些操作技能，培养动手能力，培养解决实际问题的能力。争取毕业时做到理论和实践并重，能尽快适应工作岗位，成为优秀的专业技术人才。

教学单元 1　建　筑　给　水

1.1　给水系统的分类与组成

建筑给水系统是将城镇给水管网（或自备水源给水管网）中的水引入一幢建筑或一个建筑群体，供人们生活、生产和消防之用，并满足各类用水对水质、水量和水压要求的冷水供应系统。

1.1.1　给水系统的分类

给水系统按照其用途可分为 4 类基本给水系统：

1. 生活给水系统

供人们在不同场合的饮用、烹饪、盥洗、洗涤、沐浴等日常生活用水的给水系统。其水质必须符合国家规定的生活饮用水卫生标准。

2. 生产给水系统

供给各类产品生产过程中所需的用水、生产设备的冷却、原料和产品的洗涤及锅炉用水等的给水系统。生产用水对水质、水量、水压及安全性随工艺要求的不同，而有较大的差异，其给水系统必须针对具体情况予以充分的满足。

3. 消防给水系统

供给各类消防设备扑灭火灾用水的给水系统。消防用水对水质的要求不高，但必须按照建筑设计防火规范保证供应足够的水量和水压。

4. 杂用水给水系统

供给公共卫生间冲洗、道路冲洒、绿化喷洒及浇灌、冲洗车辆、补充空调循环用水及景观水体等的给水系统。此类用水水质，可以是日常自来水，为了节约水资源也可以是水质标准偏低（如中水）的专用给水系统。这里所指为后者。

上述 4 类基本给水系统可以独立设置，也可根据各类用水对水质、水量、水压、水温的不同要求，结合室外给水系统的实际情况，经技术经济比较，或兼顾社会、经济、技术、环境等因素的综合考虑，设置成组合各异的共用系统。如生活、生产共用给水系统，生活、消防共用给水系统，生产、消防共用给水系统，生活、生产、消防共用给水系统。还可按供水用途的不同、系统功能的不同，设置成饮用水给水系统、杂用水（中水）给水系统、消火栓给水系统、自动喷水灭火给水系统、水幕消防给水系统，以及循环或重复使用的生产给水系统等等。

1.1.2　给水系统的组成

一般情况下，建筑给水系统由下列各部分组成，如图 1-1 所示（也可参见图 1-19）。

1. 水源

指城镇给水管网、室外给水管网或自备水源。

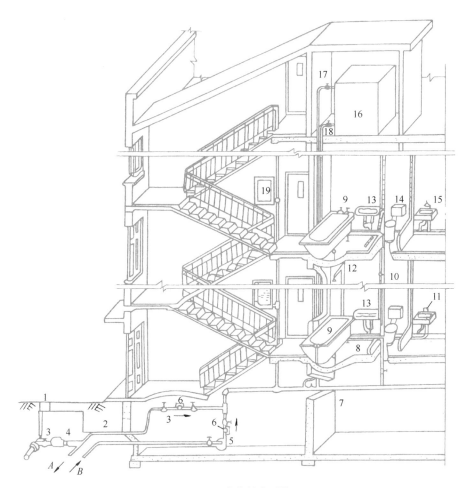

图 1-1　建筑给水系统

1—阀门井；2—引入管；3—闸阀；4—水表；5—水泵；6—止回阀；7—干管；8—支管；
9—浴盆；10—立管；11—水嘴；12—淋浴器；13—洗脸盆；14—大便器；15—洗涤盆；
16—水箱；17—进水管；18—出水管；19—消火栓；A—入贮水池；B—来自贮水池

2. 引入管

对于一幢单体建筑而言，引入管是由室外给水管网引入建筑内管网的管段。

3. 水表节点

水表节点是安装在引入管上的水表及其前后设置的阀门（新建建筑应在水表前设置管道过滤器）和泄水装置的总称。

此处水表用以计量该幢建筑的总用水量。水表前后的阀门用以水表检修、拆换时关闭管路之用。泄水口主要用于室内管道系统检修时放空之用，也可用来检测水表精度和测定管道进户时的水压值。设置管道过滤器的目的是保证水表正常工作及其量测精度。

水表节点一般设在水表井中，如图 1-2 所示。温暖地区的水表井一般设在室外，寒冷地区的水表井宜设在不会冻结之处。

在非住宅建筑内部给水系统中，需计量水量的某些部位和设备的配水管上也要

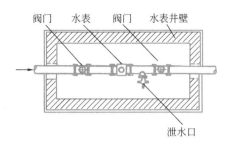
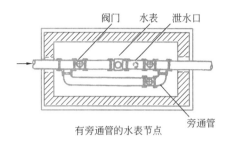

图 1-2 水表节点

安装水表。住宅建筑每户住家均应安装分户水表（水表前也宜设置管道过滤器）。分户水表以前大多设在每户住家之内。现在的分户水表宜相对集中设在户外容易读取数据处。对仍需设在户内的水表，宜采用远传水表或 IC 卡水表等智能化水表。

4. 给水管网

给水管网指的是建筑内水平干管、立管和横支管。

5. 配水装置与附件

即配水水嘴、消火栓、喷头与各类阀门（控制阀、减压阀、止回阀等）。

6. 增（减）压和贮水设备

当室外给水管网的水量、水压不能满足建筑用水要求，或建筑内对供水可靠性、水压稳定性有较高要求时，以及在高层建筑中需要设置各种设备，如水泵、气压给水装置、变频调速给水装置、水池、水箱等增压和贮水设备。当某些部位水压太高时，需设置减压设备。

7. 给水局部处理设施

当有些建筑对给水水质要求很高、超出我国现行生活饮用水卫生标准时或其他原因造成水质不能满足要求时，就需要设置一些设备、构筑物进行给水深度处理，以满足其用水要求。

1.2 给 水 方 式

给水方式是指建筑内给水系统的具体组成与具体布置的实施方案（同时，根据管网中水平干管的位置不同，又分为下行上给式、上行下给式、中分式以及枝状和环状等形式）。现将给水方式的基本类型介绍如下：

1.2.1 利用外网水压直接给水方式

1. 室外管网直接给水方式

当室外给水管网提供的水量、水压在任何时候均能满足建筑用水时，直接把室外管网的水引入建筑内各用水点，称为直接给水方式，如图 1-3 所示。

在初步设计过程中，可用经验法估算建

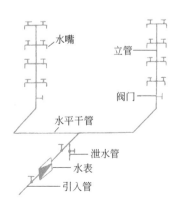

图 1-3 直接给水方式

5

筑所需水压，看能否采用直接给水方式：即 1 层为 100kPa，2 层为 120kPa，3 层以上每增加 1 层，水压增加 40kPa。

2. 单设水箱的给水方式

当室外给水管网提供的水压只是在用水高峰时段出现不足时，或者建筑内要求水压稳定，并且该建筑具备设置高位水箱的条件，可采用这种方式，如图 1-4 所示。该方式在用水低峰时，利用室外给水管网水压直接供水并向水箱注水。用水高峰时，水箱出水供给给水系统，从而达到调节水压和水量的目的。

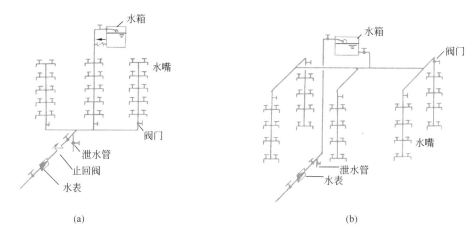

(a)   (b)

图 1-4　单设水箱的给水方式

1.2.2　设有增压与贮水设备的给水方式

1. 单设水泵的给水方式

当室外给水管网的水压经常不足时，可采用这种方式。当建筑内用水量大且较均匀时，可用恒速水泵供水，如图 1-5 所示。当建筑内用水不均匀时，宜采用多台水泵联合运行供水，以提高水泵的效率。

值得注意的是，因水泵直接从室外管网抽水，有可能使外网压力降低，影响外网上其他用户用水，严重时还可能形成外网负压，在管道接口不严密处，其周围的渗水会吸入管内，造成水质污染。因此，采用这种方式，必须征得供水部门的同意，并在管道连接处采取必要的防护措施，以防污染。

2. 设置水泵和水箱的给水方式

当室外管网的水压经常不足、室内用水不均匀，且室外管网允许直接抽水时，可采用这种方式，如图 1-6 所示。该方式中的水泵能及时向水箱供水，可减小水箱容积，又由于有水箱的调节作用，水泵出水量稳定，能在高效区运行。

3. 设置贮水池、水泵和水箱的给水方式

当建筑的用水可靠性要求高，室外管网水量、水压经常不足，且不允许直接从外网抽水，或者是用水量较大，外网不能保证建筑的高峰用水，再或是要求贮备一定容积的消防水量时，都应采用这种给水方式，如图 1-7 所示。

4. 设气压给水装置的给水方式

当室外给水管网压力低于或经常不能满足室内所需水压、室内用水不均匀，且不宜设置高位水箱时可采用此方式。该方式即在给水系统中设置气压给水设备，利用该设备气压水罐内气体的可压缩性，协同水泵增压供水，如图1-8所示。气压水罐的作用相当于高位水箱，但其位置可根据需要较灵活地设在高处或低处。

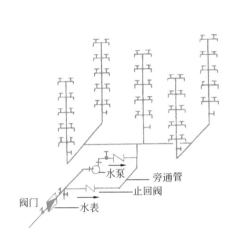

图1-5　设水泵的给水方式

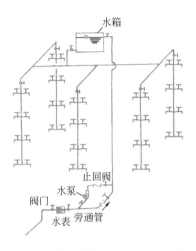

图1-6　设水泵和水箱的给水方式

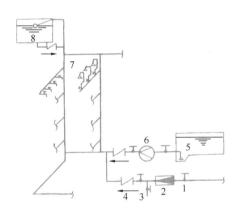

图1-7　设贮水池、水泵和水箱的给水方式

1—阀门；2—水表；3—泄水管；
4—止回阀；5—水池；6—水泵；
7—淋浴喷头；8—水箱

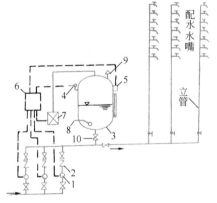

图1-8　气压给水方式

1—水泵；2—止回阀；3—气压水罐；
4—压力信号器；5—液位信号器；6—控制器；
7—补气装置；8—排气阀；9—安全阀；10—阀门

5．设变频调速给水装置的给水方式

当室外供水管网水压经常不足，建筑内用水量较大且不均匀，但又要求用水可靠性较高、水压恒定时，或者建筑物顶部不宜设高位水箱时，可以采用变频调速给水装置进行供水，如图1-9所示。这种供水方式可省去屋顶水箱，水泵效率较高，但一次性投资较大。

1.2.3　分区给水方式

分区给水方式适用于多层和高层建筑。

1．利用外网水压的分区给水方式

对于多层和高层建筑来说，室外给水管网的压力只能满足建筑下部若干层的供水要求。为了节约能源，有效地利用外网的水压，常将建筑物的低区设置成由室外给水管网直接供水，高区由增压贮水设备供水，如图1-9所示。为保证供水的可靠性，可将低区与高区的1根或几根立管相连接，在分区处设置阀门，以备低区进水管发生故障或外网压力不足时，打开阀门由高区向低区供水。

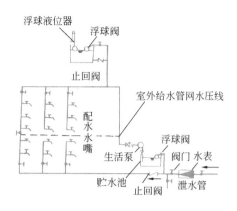

图1-9　分区给水方式

2. 设高位水箱的分区给水方式

此种方式一般适用于高层建筑。高层建筑生活给水系统的竖向分区，应根据使用要求、设备材料性能、维护管理条件、建筑高度、节约供水、能耗等综合因素合理确定。一般各分区最低卫生器具配水点处的静水压力不宜大于0.45MPa。静水压力大于0.35MPa的入户管（或配水横管），宜设减压或调压设施。

这种给水方式中的水箱，具有保证管网中正常压力的作用，还兼有贮存、调节、减压作用。根据水箱的不同设置方式又可分为4种形式：

（1）并联水泵、水箱给水方式

并联水泵、水箱给水方式是每一分区分别设置一套独立的水泵和高位水箱，向各区供水。其水泵一般集中设置在建筑的地下室或底层，如图1-10所示。

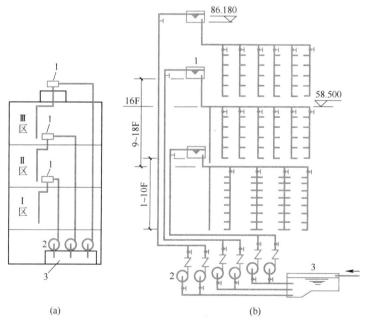

图1-10　并联水泵、水箱给水方式
（a）并联给水方式；（b）并联给水方式实例
1—水箱；2—水泵；3—水池

这种方式的优点是：各区自成一体，互不影响；水泵集中，管理维护方便；运行动力费用较低。缺点是：水泵数量多，耗用管材较多，设备费用偏高；分区水箱占用楼房空间多；系统中有高压水泵和高压管道。

（2）串联水泵、水箱给水方式

串联给水方式是水泵分散设置在各区的楼层之中，下一区的高位水箱兼作上一区的贮水池，如图1-11所示。

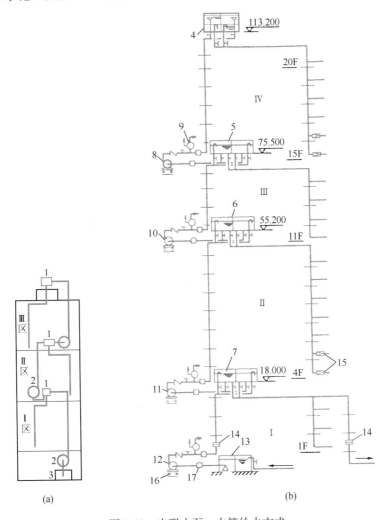

图 1-11　串联水泵、水箱给水方式

（a）串联给水方式；（b）串联给水方式实例

1—水箱；2—水泵；3—水池；4—Ⅳ区水箱；5—Ⅲ区水箱；6—Ⅱ区水箱；7—Ⅰ区水箱；

8—Ⅳ区加压泵；9—水锤消除器；10—Ⅲ区加压泵；11—Ⅱ区加压泵；12—Ⅰ区加压泵；

13—贮水池；14—孔板流量计；15—减压阀；16—减振台；17—软接头

这种方式的优点是：系统中无高压水泵和高压管道；运行动力费用经济。其缺点是：水泵分散设置，连同水箱所占楼房的平面、空间较大；水泵设在楼层，防振、隔声要求高，且管理维护不方便；若下部发生故障，将影响上部的供水。

（3）减压水箱给水方式

减压水箱给水方式是由设置在底层（或地下室）的水泵将整幢建筑的用水量提升至屋顶水箱，然后再分送至各分区水箱，分区水箱起到减压的作用，如图1-12所示。

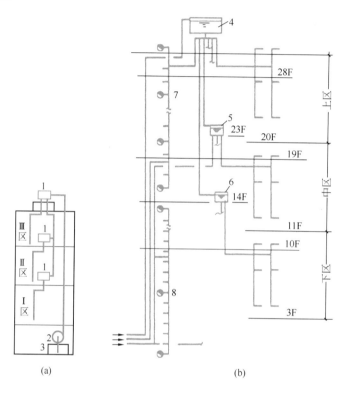

图 1-12　减压水箱给水方式
（a）减压水箱给水方式；（b）减压水箱给水方式实例
1—水箱；2—水泵；3—水池；4—屋顶贮水箱；5—中区减压水箱；
6—下区减压水箱；7—高区消防系统；8—低区消防系统

这种方式的优点是：水泵数量少，水泵房面积小，设备费用低，管理维护简单；各分区减压水箱容积小。其缺点是：水泵运行动力费用高；屋顶水箱容积大；建筑物高度大、分区较多时，下区减压水箱中浮球阀承压过大，易造成关闭不严的现象；上部某些管道部位发生故障时，将影响下部的供水。

（4）减压阀给水方式

减压阀给水方式的工作原理与减压水箱供水方式相同，其不同之处是用减压阀代替减压水箱，如图1-13所示。

3. 无水箱的给水方式

（1）多台水泵组合运行方式。

在不设水箱的情况下，为了保证供水量和保持管网中的压力恒定，管网中的水泵必须一直保持运行状态。但是建筑内的用水量在不同时间里是不相等的，因此，要达到供需平衡，可以采用同一区内多台水泵组合运行，这种方式的优点

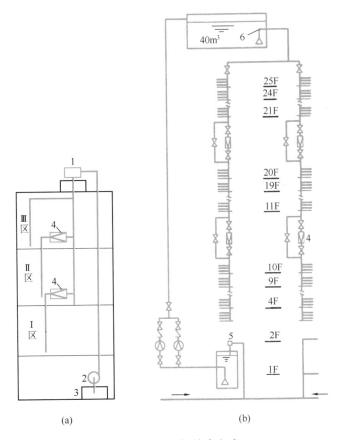

图 1-13　减压阀给水方式

（a）减压阀给水方式；（b）减压阀给水方式实例

1—水箱；2—水泵；3—水池；4—减压阀；

5—水位控制阀；6—控制水位打孔处

是，省去了水箱，增加了建筑有效使用面积。其缺点是，所用水泵较多，工程造价较高。根据不同组合还可分为下面两种形式：

1）并列给水方式。

即根据不同高度分区采用不同的水泵机组供水，如图 1-14 所示。这种方式初期投资大，但运行费用较少。

2）减压阀给水方式。

即整个供水系统共用一组水泵，分区处设减压阀，如图 1-15 所示。该方式系统简单，但运行费用高。

（2）气压给水装置给水方式。

气压给水装置给水方式是以气压罐取代了高位水箱，它控制水泵间歇工作，并保证管网中保持一定的水压（可参见图 1-8）。这种方式又可分两种形式：

1）并列气压给水装置给水方式。

这种方式如图 1-16 所示，其特点是每个分区有一个气压水罐，但初期投资大，气压水罐容积小，水泵启动频繁，耗电较多。

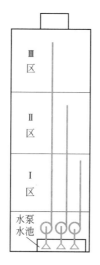 

图 1-14　无水箱并列给水方式　　　图 1-15　无水箱减压阀给水方式

2) 气压给水装置与减压阀给水方式。

这种方式如图 1-17 所示。它是由一个总的气压水罐控制水泵工作，水压较高的区用减压阀控制。优点是投资较省，气压水罐容积大，水泵启动次数较少。缺点是整个建筑一个系统，各分区之间将相互影响。

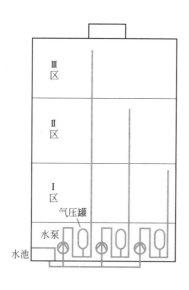  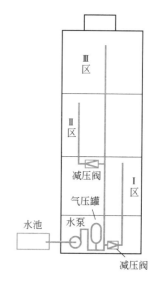

图 1-16　并列气压装置给水方式　　　图 1-17　气压装置减压阀给水方式

（3）变频调速给水装置给水方式。

此种方式的适用情况与（1）点所述多台水泵组合运行给水方式基本相同，只是将其中的水泵改用为变频调速给水装置即可，其常见形式为并列（图 1-14）给水方式。该方式的优缺点除（1）点所述之外，还需要成套的变速与自动控制设备，工程造价较高。随着经济、社会的发展，此种方式已被广泛应用。

1.2.4　分质给水方式

分质给水方式即根据不同用途所需的不同水质，分别设置独立的给水系统，如图1-18所示。饮用水给水系统供饮用、烹饪、盥洗等生活用水，水质符合《生活饮用水卫生标准》GB 5749。杂用水给水系统，水质较差，仅符合"生活杂用水水质标准"，只能用于建筑内冲洗便器、绿化、洗车、扫除等用水。为确保水质，还可采用饮用水与盥洗、沐浴等生活用水分设两个独立管网的分质给水方式。生活用水均先进入屋顶水箱（空气隔断）后，再经管网供给各用水点，以防回流污染；饮用水则根据需要，经深度处理达到直接饮用要求，再行输配。

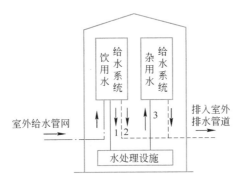

图 1-18　分质给水方式

1—生活废水；2—生活污水；3—杂用水

在实际工程中，如何确定合理的供水方案，应当全面分析该项工程所涉及的各项因素——如技术因素，它包括：对城市给水系统的影响、水质及卫生安全、水压、供水的可靠性、节水效果、操作管理、自动化程度等；经济因素，它包括：基建投资、年经常费用、经济节能、现值等；社会和环境因素，它包括：对建筑立面和城市观瞻的影响、对结构和基础的影响、占地面积、对周围环境的影响、建设难度和建设周期、抗寒防冻性能、分期建设的灵活性、对使用带来的影响等等，进行综合评定而确定。

有些建筑的给水方式，考虑到多种因素的影响，往往是两种或两种以上的给水方式适当组合而成，如图 1-19 所示。值得注意的是，有时候由于各种因素的制约，可能会使少部分卫生器具、给水附件处的水压超过规范推荐的数值，此时就应采取减压限流的措施。

纵观各种给水方式，结合近些年的工程实际，发现带有水箱的给水方式，其管理工作的难度偏大，不易满足设计要求，容易造成比较严重的给水水质的二次污染。因此，大城市中带水箱的给水方式，一般已不采用，而是采用1.2.3节中的第3点所述的"无水箱的给水方式"。如果给水系统中带有贮水池，其管理部门必须严格按照要求规范管理，杜绝造成水质的二次污染。

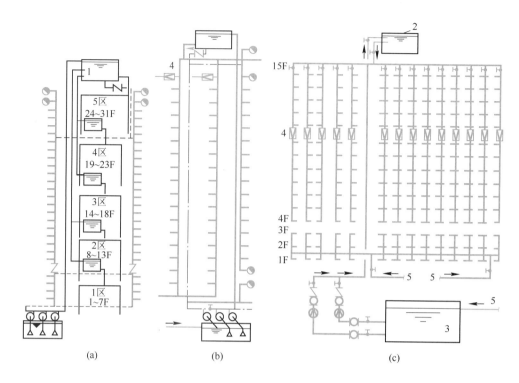

图 1-19 高层建筑给水系统工程实例

（a）某宾馆给水系统；（b）某高层住宅给水系统；（c）某招待所给水系统

1—总水箱 230m³（各区水箱均为 10m³）；2—40m³ 水箱两个；

3—室外钢筋混凝土贮水池；4—减压阀；5—接室外给水管

1.3 常用管材、附件

1.3.1 管道材料

建筑给水（包括热水供应）管材常用的有不锈钢管、铜管、塑料管、金属（钢、铜、铝）塑料复合管及有衬里的铸铁管和经可靠防腐处理的钢管等。

1. 塑料管

近些年来，给水塑料管的开发在我国取得了很大的进展。给水塑料管管材有聚氯乙烯管、聚乙烯管（高密度聚乙烯管、交联聚乙烯管）、聚丙烯管、聚丁烯管和 ABS 管等。塑料管有良好的化学稳定性，耐腐蚀，不受酸、碱、盐、油类等物质的侵蚀；物理机械性能也很好，不燃烧、无不良气味、质轻且坚，密度仅为钢的五分之一，运输安装方便；管壁光滑，水流阻力小；容易切割；还可制造成各种颜色；成本较低等优点。市场上也有专供输送热水使用的塑料管，其使用温度可达 95℃。为了防止普通钢管对管网水质的影响和污染，塑料管的使用、特别是小管径（50mm 以下）时普遍盛行，已基本替代质地较差的金属管。表 1-1 为聚丙烯管材（PPR 管）规格。

聚丙烯管材（PPR 管）规格 GB/T 18742.2—2017（摘录）（单位：mm）表 1-1

公称直径	最小外径	最大外径	公称壁厚						备注
			S6.3	S5	S4	S3.2	S2.5	S2	
16	16.0	16.3	—	—	2.0	2.2	2.7	3.3	
20	20.0	20.3	—	2.0	2.3	2.8	3.4	4.1	
25	25.0	25.3	2.0	2.3	2.8	3.5	4.2	5.1	
32	32.0	32.3	2.4	2.9	3.6	4.4	5.4	6.5	
40	40.0	40.4	3.0	3.7	4.5	5.5	6.7	8.1	
50	50.0	50.5	3.7	4.6	5.6	6.9	8.3	10.1	
63	63.0	63.6	4.7	5.8	7.1	8.6	10.5	12.7	
75	75.0	75.7	5.6	6.8	8.4	10.3	12.5	15.1	管材的长度一般为4m或6m
90	90.0	90.9	6.7	8.2	10.1	12.3	15.0	18.1	
110	110.0	111.0	8.1	10.0	12.3	15.1	18.3	22.1	
125	125.0	126.2	9.2	11.4	14.0	17.1	20.8	25.1	
140	140.0	141.3	10.3	12.7	15.7	19.2	23.3	28.1	
160	160.0	161.5	11.8	14.6	17.9	21.9	26.6	32.1	
180	180.0	181.7	13.3	16.4	20.1	24.6	29.0	36.1	
200	200.0	201.8	14.7	18.2	22.4	27.4	33.2	40.1	

注：1. 表中 S6.3、S5、S4、S3.2、S2.5、S2 表示承压能力（最大允许工作压力）等级。即：

　S6.3，表示此类管道能承受 1.0MPa 的压力；
　S5，表示此类管道能承受 1.25MPa 的压力；
　S4，表示此类管道能承受 1.6MPa 的压力；
　S3.2，表示此类管道能承受 2.0MPa 的压力；
　S2.5，表示此类管道能承受 2.5MPa 的压力；
　S2，表示此类管道能承受 3.2MPa 的压力。

　2. 为进一步提高 PP-R 管道性能，我国 PP-R 管道未来发展将由 PP-R 向 PP-RCT（改进结晶度）过渡。本表就适用于 β 晶型 PP-RCT 管材。

经过几十年的工程应用，塑料管也显露出一些缺陷：耐热性差，热胀系数大，阻燃性差；在室内作明装安装时，挠度大，易变形，美观性差；室外裸露安装时，管道变形大，易裂缝漏水，暴晒后老化快，易爆管；抗冲击性能低，受重力撞击时容易破裂，作埋地安装时，易受地下尖状硬物的破坏，若遇到其他不规范施工时，管道容易被挖断，且断后才易被发现等。由于塑料管的这些不足，其使用高峰已经过去。

2. 给水铸铁管

我国生产的给水铸铁管，按其材质分为球墨铸铁管和普通灰口铸铁管，按其浇注形式分为砂型离心铸铁直管和连续铸铁直管。铸铁管具有耐腐蚀性强（为保证其水质，还是应有衬里）、使用期长、价格较低等优点。其缺点是性脆、长度小、重量大。表 1-2 为铸铁管规格。

灰口、球墨铸铁管规格（GB/T 3422—2008、GB/T 13295—2013 摘录）　表 1-2

	公称直径 DN (mm)	外径 D_2 (mm)	壁厚 (mm)			管子总重量 (kg/节)								
						有效长度 4000mm			有效长度 5000mm			有效长度 6000mm		
			LA级	A级	B级	LA级	A级	B级	LA级	A级	B级	LA级	A级	B级
灰口连续铸铁管	75	93.0	9.0	9.0	9.0	73.2	73.2	73.2	90.3	90.3	90.3			
	100	118.0	9.0	9.0	9.0	95.1	95.1	95.1	117	117	117			
	150	169.0	9.0	9.2	10.0	139.5	142.3	153.1	172.1	175.6	189	205	209	225
	200	220.0	9.2	10.1	11.0	188.2	204.6	220.6	232.1	252.6	273	276	301	325

注：1. 表中 LA 级、A 级和 B 级的试验压力依次分别为 2.0MPa、2.5MPa 和 3.0MPa；
　　2. 标记示例：DN500mm，壁厚 A 级有效长度为 5m 的连续铸造灰口铸铁直管，其标记为：
　　　　A-500-5000-GB/T 3422—2008。

	DN (mm)	公称壁厚 (mm)	有效管长 (m)	直管每米重量 (kg)
球墨铸铁管	80	6.0		12.2
	100	6.0		15.1
	125	6.0		18.3
	150	6.0	4、5、5.5、6、9	22.8
	200	6.3		30.6
	250	6.8		40.2
	300	7.2		50.8

　　3. 钢管

　　钢管有焊接钢管、无缝钢管两种。焊接钢管又分镀锌钢管和不镀锌钢管。钢管镀锌的目的是防锈、防腐、避免水质变坏，延长使用年限。所谓镀锌钢管，应当是热浸镀锌工艺生产的产品。钢管的强度高，承受流体的压力大，抗振性能好，长度大，接头较少，韧性好，加工安装方便，重量比铸铁管轻。但抗腐蚀性差，易影响水质。因此，虽然以前在建筑给水中普遍使用钢管，但现在冷浸镀锌钢管已被淘汰，热浸镀锌钢管也限制场合使用（如果使用，需经可靠防腐处理）。表 1-3 为焊接钢管规格。

　　4. 其他管材

　　其他管材包括：铜管、不锈钢管、钢塑复合管、铝塑复合管等。

　　铜管可以有效地防止卫生洁具被污染，且光亮美观、豪华气派。其连接配件、阀门等亦是配套产品。根据我国几十年的使用情况，验证其效果优良。只是由于管材价格较高，现在多用于高级宾馆和其他的高级建筑之中。近些年在民用建筑中的使用亦呈上升趋势。

　　不锈钢管表面光滑，亮洁美观，摩擦阻力小；重量较轻，强度高且有良好的韧性，容易加工；耐腐性能优异，无毒无害，安全可靠，不影响水质。其配件、阀门均已配套。由于人们越来越讲究水质的高标准和室内装饰的美观，不锈钢管的使用呈快速上升之势。

钢塑复合管，为了保持钢管、塑料管各自的长处，同时又摒弃钢管、塑料管各自的缺陷，就生产出了钢塑复合管。钢塑复合管有衬塑和涂塑两类，也有相应的配件和附件。它兼有钢管强度高和塑料管耐腐蚀、保持水质等优点。现在越来越受到用户的青睐。

低压流体输送用焊接（镀锌）钢管规格 GB/T 3091—2015（摘录）　　表 1-3

公称直径 DN (mm)	外径 D (mm)	公称壁厚 t (mm)	重量 W (kg/m)	长度 L (m)	备注
15	21.3	2.2	1.04	(3.0)	
20	26.9	2.2	1.34	4.0～6.0	
25	33.7	2.5	1.92		
32	42.4	2.5	2.46	4.0～8.0	
40	48.3	2.75	3.09		
50	60.3	3.0	4.24		镀锌钢管比不镀锌钢管约重 3%～6%
65	76.1	3.0	5.41		
80	88.9	3.25	6.86		
100	114.3	3.25	8.90	4.0～12.0	
125	139.7	3.5	11.76		
150	165.1	3.5	13.95		
200	219.1	4.0	21.22		

铝塑复合管是中间以铝合金为骨架，内外壁均为聚乙烯等塑料的管道。除具有塑料管的优点外，还有耐压强度好、耐热、可挠曲、接口少、安装方便、美观等优点。目前管材规格大多为 $DN15～DN40$，多用作建筑给水系统的分支管。

在实际工程中，应根据水质要求、建筑使用要求和国家现行有关产品标准的要求等因素选择管材。生活给水管应选用耐腐蚀和连接方便的管材，一般可采用塑料管（高层建筑给水立管不宜采用塑料管）、塑料和金属的复合管、薄壁金属管（铜管、不锈钢管）等。生活直饮水管材可选用不锈钢管、铜管等。消防与生活共用给水管网，消防给水管管材常采用热浸镀锌钢管。自动喷水灭火系统的消防给水管应采用热浸镀锌钢管。热水系统的管材应采用热浸镀锌钢管、薄壁金属管、塑料管、塑料复合管等管材。埋地给水管道一般可采用塑料管、有衬里的球墨铸铁管和经可靠防腐处理的钢管等。

1.3.2 管道配件与管道连接

管道配件是指在管道系统中起连接、变径、转向、分支等作用的零件，又称管件。如弯头、三通、四通、异径管接头、承插短管和分水器等。各种不同管材有相应的管道配件，管道配件有带螺纹接头（多用于塑料管、钢管，如图1-20所示）、带法兰接头、带承插接头（多用于铸铁管、塑料管）等几种形式。

常用各种管材的连接方法如下：

1. 塑料管的连接方法

塑料管的连接方法一般有：螺纹连接（其配件为注塑制品）、焊接（热空气焊、热熔焊、电熔焊）、法兰连接、螺纹卡套压接，还有承插接口、胶粘连接等。

2. 铸铁管的连接方法

铸铁管的连接多用承插方式连接，连接阀门等处也用法兰盘连接。承插接口有柔性接口和刚性接口两类，柔性接口采用橡胶圈接口，刚性接口采用石棉水泥接口、膨胀性填料接口，重要场合可用铅接口。

3. 钢管的连接方法

钢管的连接方法有螺纹连接、焊接和法兰连接。

（1）螺纹连接

即利用带螺纹的管道配件连接。配件用可锻铸铁制成，抗腐性及机械强度均较大，也分镀锌与不镀锌两种，钢制配件较少。镀锌钢管必须用螺纹连接，其配件也应为镀锌配件。这种方法多用于明装管道。

（2）焊接

焊接是用焊机、焊条烧焊将两段管道连接在一起。优点是接头紧密，不漏水，不需配件，施工迅速，但无法拆卸。焊接只适用于不镀锌钢管。这种方法多用于暗装管道。

（3）法兰连接

在较大管径（50mm 以上）的管道上，常将法兰盘焊接（或用螺纹连接）在管端，再以螺栓将两个法兰连接在一起，进而两段管道也就连接在

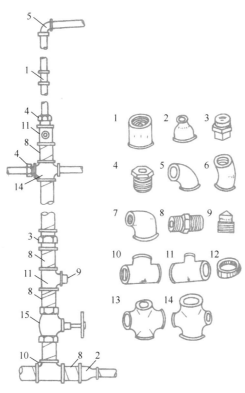

图 1-20　钢管螺纹管道配件及连接方法
1—管箍；2—异径管箍；3—活接头；4—补心；
5—90°弯头；6—45°弯头；7—异径弯头；8—内
管箍；9—管塞；10—等径三通；11—异径三通；
12—根母；13—等径四通；14—异径四通；
15—阀门

一起了。法兰连接一般用在连接阀门、止回阀、水表、水泵等处，以及需要经常拆卸、检修的管段上。

4. 铜管的连接方法

铜管的连接方法有：螺纹卡套压接、焊接（有内置锡环焊接配件、内置银合金环焊接配件、加添焊药焊接配件）等。

5. 不锈钢管的连接方法

不锈钢管一般有焊接、螺纹连接、法兰连接、卡套压接和铰口连接等。

6. 复合管的连接方法

钢塑复合管一般用螺纹连接，其配件一般也是钢塑制品。

铝塑复合管一般采用螺纹卡套压接，其配件一般是铜制品，它是先将配件螺母套在管道端头，再把配件内芯套入端内，然后用扳手扳紧配件与螺母即可。

1.3.3　管道附件

管道附件是给水管网系统中调节水量、水压，控制水流方向，关断水流等各类装置的总称。可分为配水附件和控制附件两类。

1. 配水附件

配水附件，即用以分配和调节水流的附件。一般称之为配水水嘴（水嘴亦称水龙头）。其种类有：

（1）按其材质分类

最常见的是不锈钢、全铜和塑料水嘴。还有铸铁、锌合金以及高分子复合材料水嘴。

（2）按其开启方式分类

1）螺旋截止阀式水嘴。一般安装在洗涤盆、污水盆、盥洗槽上。该水嘴需旋转多圈才能全开，比较麻烦；其阻力也较大；其橡胶衬垫容易磨损造成漏水。现用量越来越少。

2）旋塞手扳式水嘴。该水嘴手扳旋转 90°即完全开启，可在短时间内获得较大流量，阻力也较小。现很多场所都在使用这种水嘴。

3）抬启式水嘴。只需用手往上一抬，水嘴即可出水。按开启手柄数还可分为单手柄和双手柄抬起式水嘴。

4）感应式水嘴。只要把手伸到水嘴下，便会自动出水。现也应用较多。

（3）按其阀芯分类

1）瓷片式水嘴。该水嘴采用陶瓷片阀芯代替橡胶衬垫。陶瓷片阀芯是利用陶瓷淬火技术制成的一种耐用材料，它能承受高温和高腐蚀，有很高的硬度，平整、光滑、耐磨，解决了橡胶衬垫容易漏水的问题，是现在广泛推荐的产品。

2）不锈钢阀芯、铜芯水嘴。

3）橡胶阀芯（衬垫）水嘴。橡胶阀芯（衬垫）水嘴虽然有明显的缺陷，但还有使用。

（4）按水嘴结构分类

按其主体结构主要分为单联式、双联式等几种。单联式就是只接一根水管，双联式可以同时连接冷、热水管。

（5）按其功能分类

主要是按照水嘴使用场所、位置来划分。如：

1）盥洗水嘴。这种水嘴设在某些场所的洗脸（手）盆上供冷（或热水）用。除常规的外，还有莲蓬头式、鸭嘴式、角式、长脖式等多种形式。

2）混合水嘴。这种水嘴是将冷水、热水混合调节为温水的水嘴，供盥洗、洗涤、沐浴等使用。该类新型水嘴式样繁多、外观光亮、质地优良，其价格差异也较悬殊。

3）此外，还有消防水嘴、皮带水嘴、洗衣机水嘴、电热水嘴、小便器水嘴、电子自动水嘴等。

2. 控制附件

控制附件用以调节水量或水压、关断水流、改变水流方向等。

（1）截止阀

截止阀如图 1-21（a）所示。此阀关闭严密，但水流阻力大，适用在管径≤50mm 的管道上。

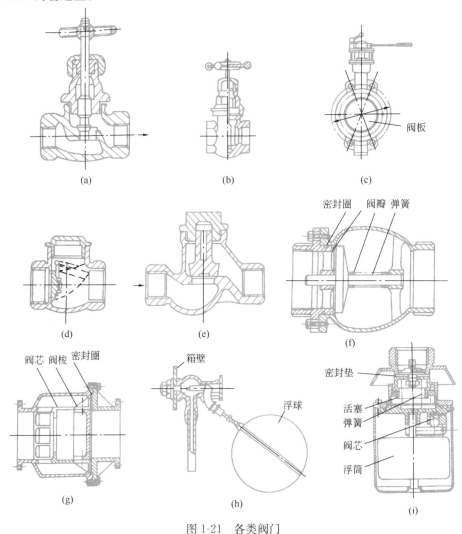

图 1-21　各类阀门

（a）截止阀；（b）闸阀；（c）蝶阀；（d）旋启式止回阀；（e）升降式止回阀；
（f）消声止回阀；（g）梭式止回阀；（h）浮球阀；（i）液压水位控制阀

（2）闸阀

如图 1-21（b）所示。此阀全开时水流呈直线通过，阻力较小。但如有杂质落入阀座后，阀门不能关闭严实，因而易产生磨损和漏水。当管径在 70mm 以上时采用此阀。

（3）蝶阀

如图 1-21（c）所示。阀板在 90°翻转范围内起调节、节流和关闭作用。其操作扭矩小，启闭方便，体积较小。适用于管径 70mm 以上或双向流动的管道上。

（4）止回阀

止回阀用以阻止水流反向流动。常用的有四种类型：

1）旋启式止回阀，如图 1-21（d）所示。此阀在水平、垂直管道上均可设置，它启闭迅速，易引起水击，不宜在压力大的管道系统中采用。

2）升降式止回阀，如图 1-21（e）所示。它是靠上下游压力差使阀盘自动启闭。水流阻力较大，宜用于小管径的水平管道上。

3）消声止回阀，如图 1-21（f）所示。这种止回阀是当水流向前流动时，推动阀瓣压缩弹簧，阀门打开。水流停止流动时，阀瓣在弹簧作用下在水击到来前即关阀，可消除阀门关闭时的水击冲击和噪声。

4）梭式止回阀，如图 1-21（g）所示，它是利用压差梭动原理制造的新型止回阀，不但水流阻力小，而且密闭性能好。

（5）浮球阀

浮球阀是一种用以自动控制水箱、水池水位的阀门，防止溢流浪费，如图 1-21（h）所示（还有其他式样）。其缺点是体积较大，阀芯易卡住引起关闭不严而溢水。

与浮球阀功用相同的还有液压水位控制阀，如图 1-21（i）所示。它克服了浮球阀的弊端，是浮球阀的升级换代产品。

（6）减压阀

减压阀的作用是降低水流压力。在高层建筑水压很大的部位使用它，可以简化给水系统，减少水泵数量或减少减压水箱，同时可增加建筑的使用面积，降低投资，防止水质的二次污染。在消火栓给水系统中可用它防止消火栓栓口处超压现象。因此，它的使用已越来越广泛。

减压阀常用的有两种类型，即弹簧式减压阀（图 1-22）和活塞式减压阀（也称比例式减压阀，如图 1-23 所示）。

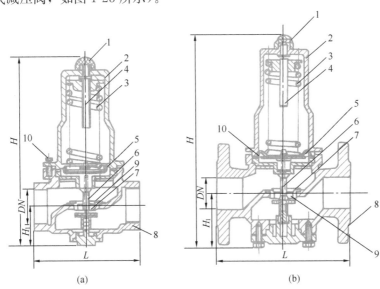

(a)　　　　　　　　　　　　(b)

图 1-22　弹簧式减压阀

(a) Y110（Y210）$DN15 \sim DN50$；(b) Y410（Y416）$DN65 \sim DN150$

1—盖形螺母；2—弹簧罩；3—弹簧；4—调节螺杆；5—膜片；
6—阀杆；7—阀瓣；8—阀体；9—节流口；10—O 形密封圈

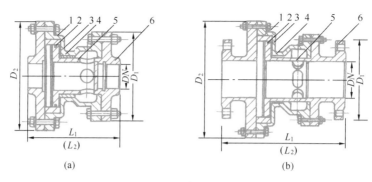

图 1-23　比例式减压阀

（a）Y13X‑10 $DN25\sim DN50$；（b）Y43X‑16 $DN65\sim DN150$

1—环套；2—O形密封圈；3—阀体；4—活塞套；5—进口端丝扣；6—进口端法兰

（7）安全阀

安全阀是一种保安器材。管网中安装此阀可以避免管网、用具或密闭水箱因超压而受到破坏。一般有弹簧式、杠杆式两种，如图 1-24 所示。

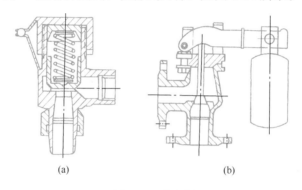

图 1-24　安全阀

（a）弹簧式；（b）杠杆式

除上述各种控制阀之外，还有脚踏阀、液压式脚踏阀、水力控制阀、弹性座封闸阀、静音式止回阀、液压阀、排气阀、温度调节阀、电磁阀和电动控制阀等。

1.4　水　　表

水表是一种用于计量用户用水量的计量仪表。随着社会的发展和进步，水表的种类、型号较多，每种类型、型号的水表都有自身的一些特点。我们在选择使用水表时，应根据用户的实际使用情况（用水量、压力、管理模式等）合理地选择水表类型、型号。

1.4.1　水表的类型

1）按计量原理分，有容积式和流速式水表。

2）按结构形式分，有旋翼式、螺翼式和旋转活塞式水表。

3）按水表计数器是否浸在被测水中分，有湿式、干式和液封式水表。

4）按计数器指示形式分，有指针式、轮式、指针与字轮组合式以及全电子液晶水表。

5）按口径分，有小口径（15～40mm）和大口径（50mm以上）水表。

6）按被测水温分，有冷水水表和热水水表。

7）按被测水压分，有普通型（常压）和高压水表。

8）其它类型水表，如智能水表、数传水表、定量水表、复式水表等。

1.4.2 容积式水表和速度式水表

1. 容积式水表。它是安装在管道中，由一些被逐次充满和排放流体的已知容积的容室和凭借流体驱动的机构，组成的一种水表（或简称定量排放式水表）。即通过计算流过该装置的体积的方法，积算出所流过的水的体积。容积式水表主要有旋转活塞式水表和圆盘式水表，在美国和原英联邦国家广泛应用。其计量等级高，且性能稳定性好，但对水质要求高、产品成本略高。

2. 流速式水表。在我国建筑给水系统中，广泛应用的是流速式水表。它是根据管径一定时，水流通过水表的速度与流量成正比的原理，从而达到测量的目的。它是安装在管道中，主要由外壳、翼轮、传动机构和计数器等部件组成的水表。当水流通过水表时，推动翼轮旋转，翼轮转轴传动一系列联动齿轮，指示针显示到度盘刻度上，便可读取流量的累积值。此外，也有计数器为字轮直读的形式。现在，还有采用全电子显示的水表。这种水表结构简单、生产工艺性好、产品成本低。

流速式水表根据翼轮结构形式的不同，又可分为旋翼式水表及螺翼式水表。图1-25常见流速式水表结构示意图。

旋翼式水表的旋转轴与水流方向垂直，如图1-25（a）所示。由于其流动阻力较大，多用于DN50及以下小口径水表，宜用于测量小的流量。翼轮垂直放置，其优点是：垂直翼轮以点支承，翼轮旋转摩擦阻力小，小流量性能比较优越；内置过滤网，隔阻杂质性能较好。

螺翼式水表的旋转轴与水流方向平行，流动阻力较小，多用于DN50及以上口径水表，宜用于测量较大的流量。此类水表又根据翼轮在水表中的状态分为水平螺翼式和垂直螺翼式水表。如图1-25（a）、（c）所示。

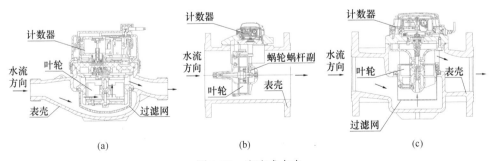

（a）　　　　　　　　　　（b）　　　　　　　　　　（c）

图1-25　流速式水表

（a）旋翼式水表；（b）水平螺翼式水表；（c）垂直螺翼式水表

流速式水表又分为干式和湿式两种。

干式水表的计数机件用金属圆盘将水隔开，计数器不与水接触，翼轮通过磁传方式将运动传递给计数器。优点在于计数器可长期保持清洁，缺点是结构复杂、零部件多、水表灵敏度差。

湿式水表的计数机件浸在水中，在计数盘上装有一块厚玻璃（或钢化玻璃）用以承受水压。它结构简单、计量准确、不易漏水，灵敏度高，使用居多。但如果水质浊度高，水中的尘粒沉积会降低水表精度，产生磨损，缩短水表寿命，宜用在水中不含杂质的管道上。如果计数器内的水长期处于不流动状态，水质易受污染，特别严重的会因为污染而无法读数。如果是南方地区户外安装，在光合作用下，易生青苔、产生水汽，导致抄表困难。

目前，国内部分主流产品的规格、技术参数见表1-4～表1-6。

旋翼式水表技术参数　　　　　　　表1-4

口径 (mm)	量程比 (Q_3/Q_1)	过载流量 Q_4 (m³/h)	常用流量 Q_3 (m³/h)	分界流量 Q_2 (m³/h)	最小流量 Q_1 (m³/h)	灵敏度 (L/h)	常用流量下 压力损失 (kPa)
15	100	3.125	2.5	0.04	0.025	≤8	
20	100	5	4	0.064	0.04	≤8	
25	100	7.875	6.3	0.101	0.063	≤15	≤63
40	100	20	16	0.256	0.16	≤40	
50	100	31.25	25	0.4	0.2	≤50	

WPD水平螺翼式水表技术参数　　　　　　　表1-5

口径 (mm)	量程比 (Q_3/Q_1)	过载流量 Q_4 (m³/h)	常用流量 Q_3 (m³/h)	分界流量 Q_2 (m³/h)	最小流量 Q_1 (m³/h)	常用流量下压力损失 (kPa)
40	80	50	40	0.8	0.5	≤20
50	200	78.75	63	0.51	0.32	≤40
80	200	125	100	0.8	0.5	≤20
100	200	200	160	1.28	0.8	≤20
150	200	500	400	3.2	2	≤20
200	200	800	630	5	3.15	≤10
250	160	1250	1000	10	6.25	≤10
300	125	2000	1600	20.5	12.8	≤10

垂直螺翼式水表技术参数　　　　　　　　　　　表 1-6

口径 (mm)	量程比 (Q_3/Q_1)	过载流量 Q_4 （m³/h）	常用流量 Q_3 （m³/h）	分界流量 Q_2 （m³/h）	最小流量 Q_1 （m³/h）	常用流量下压力损失 （kPa）
40	160	31.25	25	0.25	0.165	≤40
50	200	50	40	0.32	0.2	
80	200	78.75	63	0.5	0.315	
100	200	125	100	0.8	0.5	≤63
150	200	312.5	250	2	1.25	
200	200	500	400	3.2	2	

水表各技术参数的意义为：

1) 常用流量（Q_3）：额定工作条件下的最大允许流量。

2) 量程比（Q_3/Q_1）：常用流量与最小流量的比值（其值越大意味着水表计量范围越大，技术水平更高）。

3) 最小流量（Q_1）：水表的示值符合最大允许误差的最低流量（可由选定的 Q_3 及量程比确定）。

4) 分界流量（Q_2）：将最小流量 Q_1 到常用流量 Q_3 之间范围，划分为符合最大允许误差的"低（流量）区"和"高（流量）区"，其两个区的临界点即为分界流量（其值为最小流量的 1.6 倍）。

5) 过载流量（Q_4）：要求水表在短时间内符合最大误差要求条件下可以工作，随后在额定工作条件下仍能保持正常计量特性的最大流量（其值为常用流量的 1.25 倍）。

6) 灵敏度：水表能持续运动的最小流量，此时水表示值虽能走动，但误差很大。

7) 压力损失：水表在常用流量 Q_3 工作情况下的压力损失值。

水表压力损失取决于其结构形式及几何尺寸，水平螺翼式水表水流轴向进出，水流平稳，压力损失较小，在常用流量下为 10～20kPa；垂直螺翼式水表水流由水平-垂直-水平方向流动，压力损失较大，为 63kPa；旋翼式水表水流有复杂的转弯和旋转，流场紊流严重，压力损失偏大，为 63kPa。水表压力损失的大小直接关系到水表的流通能力、供水成本和用水高峰时的供水高程，是一个重要的技术指标。

3. 水表的选取

1) 水表类型的确定

应当考虑的因素有：供水压力、用水量大小、流量变化范围、正常计量范围、水温、管径、水质、工作时间、安装位置及空间等。一般当管径小于等于50mm 时，宜选用旋翼式水表；当管径大于等于 50mm，流量较大且流量变化幅度较小时，宜选用水平螺翼式水表；当管径大于等于 50mm，且偶尔需要大流量运行时，宜选用垂直螺翼式水表。在供水压力较低的地区，优先选用水平螺翼式水表。在安装空间受限的位置，尽量不采用垂直螺翼式而优先选用水平螺翼式。计量热水时，宜采用热水水表。一般优先采用湿式水表。

2）水表口径的确定

水表运行的最佳计量范围，应在分界流量 Q_2 到常用流量 Q_3 之间，此运行工况既能保证水表长期运行的计量精度，又能延长水表使用寿命。因此，当用水量均匀时（如工业企业生活间、公共浴室、洗衣房等），一般以通过水表设计流量 $Q_g \leqslant$ 水表的常用流量 Q_3，确定水表的口径；当用水量不均匀时（如住宅、集体宿舍、宾馆等），且高峰流量每昼夜不超过 3h，应按通过水表设计流量 Q_g 不超过水表的过载流量，确定水表的口径；当设计对象为生活（试产）、消防共用的给水系统时，用不包括消防流量的设计流量选定水表口径，但应加上消防流量复核，使其总流量不超过水表的过载流量限值。

1.4.3 智能水表

由于新型城镇化建设的推进，城区人口（用水户数）剧增。随着科学技术的发展，以及用水管理方式的改进与节约用水意识的提高，传统的"先用水、后收费"的用水方式和人工进户抄表（抄表劳动强度大、抄齐数据有难度）、结算水费的繁杂管理方式，已经不适应现代管理方式和生活方式。现在，已经运用新的科学技术手段，来改进自来水供水管理的方式。因此，电磁水表、TM 卡水表、IC 卡水表、智能远传水表、超声（波）水表等自动、智能水表应运而生。城市供水逐步实行网络化、智能化管理，朝着高效、准确、精细、易于抄表、便于监控的方向发展。

1. TM 卡水表

TM 卡智能水表（其外形如图 1-26 所示）是以旋翼式水表为基表，并带有显示预警、电动阀门、控制装置等的水表。其内部有微电脑测控系统，通过传感器检测水量，用 TM 卡传递水量数据，用来计量（定量）经自来水管道供给用户的引用冷水，适用于家庭使用。

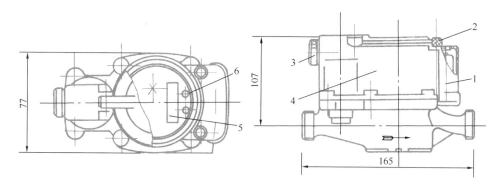

图 1-26　TM 卡智能水表外形

1—电池盒；2—防盗用螺钉；3—TM 卡密封盖；4—表体；5—计数显示；6—状态指示灯

TM 卡智能水表的安装位置要避免暴晒、冰冻、污染、水淹，以及沙石等杂物不能进入管道，水表要水平安装，字面朝上，水流方向应与表壳上的箭头一致。使用时，表内需装入 5 号锂电池 1 节（正常情况下可用 3～5 年）。用户持TM 卡（有三重密码）先到供水管理部门购买一定的水量，将 TM 卡插入水表的读写口（数据输入水表）即可用水。用户用去一部分水，水表内存储器的用水余额自动减少，新输入的水量能与剩余水量自动叠加。表面上有累计计数显示，供水部门和用户可核查用水总量。插卡后可显示剩余水量，当用水余额只有 $1m^3$ 时，水表有提醒用户再次购水的功能。

这种水表的特点和优越性是：将传统的先用水、后结算交费的用水方式，改变为先预付水费、后限额用水的方式，使供水部门可提前收回资金、减少拖欠水费的损失；将传统的人工进户抄表、结算水费的方式，改变为无需上门抄表、自动计费、主动交费的方式，减轻了供水部门工作人员的工作量；用户无需接待抄表人员、减少计量纠纷，还能提示人们节约用水；供水部门可实现计算机全面管理，提高自动化程度，提高工作效率。

2. 远传智能水表

远传智能水表是机械水表与电子采集发讯模块组合一体而成，电子模块完成信息采集、数据处理、存储并将数据传递给中继器（或手持式抄表器）。它可以实时地将用户用水量记录并予保存，或者直接读取当前累计数值。每块水表都有唯一的代码，当智能水表接收到抄表指令后，可即时将水表数据上传给管理系统。

智能远传水表作为一种先进的水表计量仪表，代表了当今水表计量技术的最高水平。自来水公司使用智能远传表进行计量，具有诸多普通机械水表所不可比拟的优势：彻底解决入户抄表的诸多问题、解决了数据抄读误差纠纷问题、减轻了抄表人员的劳动强度、可方便地分析与及时发现管网漏泄问题、可及时发现故障水表等问题。

（1）光电直读远传水表（也称有线远传水表）

以机械式水表为基表，配以电子远传装置（计数器内置基于光电编码技术的光电直读模块）的水表，如图 1-27 所示。它实现了准确、可靠、稳定地读取水表当前累计水量，瞬间通电即可抄读水量数据，停电不影响计量。具有防水保护，指示装置不受水、雾的影响。一般口径 DN50 及以下的有卧式和立式两种形式，口径 DN80 及以上的只有卧式形式。

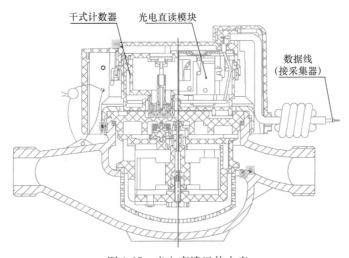

图 1-27　光电直读远传水表

（2）无线远传水表

以机械式水表为基表，配以无磁传感装置的水表，其（平面）外观如图 1-28 所示。水表最小分度指示装置上安装有半圆金属片，水表外置无磁金属片感应装置，通过电感线圈感应采集机械水表最小分度指针的旋转圈数，并进行累计计算和存储，从而实现水表的机械水量数值转换为数字信号进行存储和远程传输。水表由电池供电，电池寿命大于 10 年。具有防水保护，适应潮湿、水雾环境。目前多为小口径水表，有卧式、立式两种形式。

无线远传水表相对有线远传水表而言，无线远传水表具有更大的发展潜力。无线远传水表具有不用布线、调试难度小、随时安装随时接通的优点，并且无线远传水表每个表都是单一接点，水表的维护和更换非常便利，而且无线远传水表采用电池供电（电池寿命大于 10 年）方式，因此安装不受其他行业（如：电力部门）限制。所以智能无线远传水表以其安装灵活、组网方便的优点将成为未来智能水表发展的趋势。这种水表由于能采集更低位指针转数，可及时发现表后诸如泄漏、忘记关闭龙头等异常情况。

（3）无线远传阀控水表

以旋翼式机械水表为基表，配以无线远传控制阀门等装置，采用光电编码直读、远传水量数据，其外观如图 1-29 所示。目前市面上无线远传阀控水表，按流量传感器的方式不同，有旋转活塞（容积式）水表、翼轮（速度式）水表，超声波（速度式）水表、电磁（速度式）水表等。该水表可实现预付费、阶梯水价、异常报警、防止恶意欠费等功能。目前多为小口径水表，有卧式、立式两种形式。

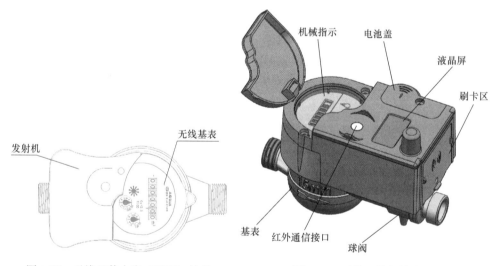

图 1-28　无线远传水表（平面）外观　　　　图 1-29　无线远传阀控水表

（4）超声波水表

它是采用超声计量原理，通过通信总线、数据集中器、数据中心等系统采集水量数据的水表，其基本结构如图 1-30 所示。表内没有活动部件，压力损失低，适应复杂条件下的计量。可显示瞬时流量、累计水量、正反水流方向及流量、水温、压力等参数，量程比宽、灵敏度高。能实时远传数据，可用于阶梯水量计

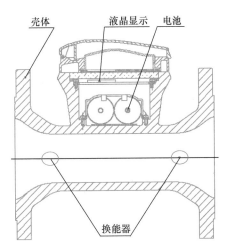

壳体　　　液晶显示　　电池

换能器

图 1-30　超声波水表基本结构图

价。内置高能锂电池，预期寿命 10 年。外壳防护严实，可在水下工作。随着超声传感器技术日渐成熟，成本逐渐降低，超声波水表的应用逐步得以大规模推广，特别在大口径管网上应用越来越多，通常为卧式形式。超声波水表技术参数见表 1-7。

超声波水表技术参数　　　　　　　　　　　　表 1-7

口径 (mm)	量程比 (Q_3/Q_1)	过载流量 Q_4 (m³/h)	常用流量 Q_3 (m³/h)	分界流量 Q_2 (m³/h)	最小流量 Q_1 (m³/h)	常用流量下压力损失 (kPa)
40	250	31.25	25	0.16	0.1	≤25
50	500	50	40	0.128	0.08	≤25
80	500	78.75	63	0.2016	0.126	≤25
100	500	125	100	0.32	0.2	≤25
150	500	312.5	250	0.8	0.5	≤25
200	500	500	400	1.28	0.8	≤25
250	500	787.5	630	2.016	1.26	≤25
300	500	1250	1000	3.2	2	≤25

智能水表的选用，宜详尽参见水表说明书。在使用过程中，应当注意：

安装位置选择。因为水表带有电子装置，应选择在不被水淹、冰冻的环境安装水表。由此可以延长水表的使用寿命，并且故障的概率将大为降低。

水表的防冻。若在比较寒冷地区，又必须户外安装时，水表应安装在背风位置，并用保温棉将其包裹。长时间无人居住（用水）的情况，应关闭表前阀，同时开启户内水嘴。

水表防爆、防裂。若在比较炎热地区，应安装在阴凉通风处，避免暴晒、雨淋。

防止水表"自走"。用水量大的用户，表前宜安装带有橡胶密封装置的止回阀。长期不用水的用户，宜将表后阀暂时关闭，待需要用水时再开启。

供水、用水应按照使用用途、付费或管理单元，分项、分级安装满足使用要求和经计量检定合格的计量装置。以达到节约用水的目的及养成节约用水的习惯。

1.5 给水管道的布置与敷设

给水管道的布置与敷设，必须深入了解地域地理、该建筑物的建筑和结构的设计情况、使用功能、其他建筑设备（电气、供暖、空调、通风、燃气、通信及网络信息等）的设计方案，兼顾消防给水、热水供应、建筑中水、建筑排水等系统，进行综合考虑。

1.5.1 给水管道的布置

室内给水管道布置，一般应符合下列原则。

1. 满足良好的水力条件，确保供水的可靠性，力求经济合理

引入管宜布置在用水量最大处或尽量靠近不允许间断供水处，给水干管的布置也是如此。给水管道的布置应力求短而直，尽可能与墙、梁、柱、桁架平行。不允许间断供水的建筑，应从室外环状管网不同管段接出 2 条或 2 条以上引入管，在室内将管道连成环状或贯通枝状双向供水，若条件达不到，可采取设贮水池（箱）或增设第二水源或加压输水泵等安全供水措施。

2. 保证建筑物的使用功能和生产安全

给水管道不能妨碍生产操作、生产安全、交通运输和建筑物的使用。故管道不应穿越配电间，以免因渗漏造成电气设备故障或短路；不应穿越电梯机房、通信机房、大中型计算机房、计算机网络中心和音像库房等房间；不能布置在遇水易引起燃烧、爆炸、损坏的设备、产品和原料上方，还应避免在生产设备、配电柜上方布置管道。

3. 保证给水管道的正常使用

生活给水引入管与污水排出管管道外壁的水平净距不宜小于 1.0m，室内给水管与排水管之间的最小净距，平行埋设时不宜小于 0.5m；交叉埋设时不应小于 0.15m，且给水管应在排水管的上面。埋地给水管道应避免布置在可能被重物压坏处；为防止振动，管道不得穿越生产设备基础，如必须穿越时，应与有关专业人员协商处理并采取保护措施；管道不宜穿过伸缩缝、沉降缝、变形缝，如必须穿过，应设置补偿管道伸缩和剪切变形的装置，如：软接头法（使用橡胶管或波纹管）、丝扣弯头法、活动支架法等；为防止管道腐蚀，管道不得设在烟道、风道、电梯井和排水沟内，不宜穿越橱窗、壁柜，不得穿过大小便槽，给水立管距大、小便槽端部不得小于 0.5m。

塑料给水管应远离热源，立管距灶台边缘不得小于 0.4m，与供暖管道、燃气热水器边缘的净距不得小于 0.2m，且不得因热辐射使管外壁温度大于 40℃；塑料给水管道不得与水加热器或热水炉直接连接，应有不小于 0.4m 的金属管段过渡；塑料管与其他管道交叉敷设时，应采取保护措施或用金属套管保护，建筑物内塑料立管穿越楼板和屋面处应为固定支承点。

给水管道的伸缩补偿装置，应按直线长度、管材的线膨胀系数、环境温度和管内水温的变化、管道节点的允许位移量等因素经计算确定，应尽量利用管道自身的折角补偿温度变形。

4. 便于管道的安装与维修

布置管道时，其周围要留有一定的空间，在管道井中布置管道要排列有序，以满足安装维修的要求。需进入检修的管道井，其通道不宜小于0.6m。管道井每层应设检修设施，每两层应有横向隔断。检修门宜开向走廊。给水管道与其他管道和建筑结构的最小净距应满足安装操作需要且不宜小于0.3m。

5. 管道布置形式

给水管道的布置按供水可靠程度要求可分为枝状和环状两种形式。前者单向供水，供水安全可靠性差一些，但节省管材，造价低；后者管道相互连通，双向供水，安全可靠，但管线长，造价高些。一般建筑内给水管网宜采用枝状布置。高层建筑、重要建筑宜采用环状布置。

按水平干管的敷设位置又可分为上行下给、下行上给和中分式三种形式。干管设在顶层顶棚下、吊顶内或技术夹层中，由上向下供水的为上行下给式，如图1-4（b）。适用于设置高位水箱的居住与公共建筑和地下管线较多的工业厂房；干管埋地、设在底层或地下室中，由下向上供水的为下行上给式，如图1-5所示。适用于利用室外给水管网水压直接供水的工业与民用建筑；水平干管设在中间技术层内或中间某层吊顶内，由中间向上、下两个方向供水的为中分式，适用于屋顶用作露天茶座、舞厅或设有中间技术层的高层建筑。同一幢建筑的给水管网也可同时兼有以上两种形式，如图1-9所示。

1.5.2　给水管道的敷设

1. 敷设形式

给水管道的敷设有明装、暗装两种形式。

明装即管道外露，其优点是安装维修方便，造价低。但外露的管道影响美观，表面易结露、积尘。一般用于对卫生、美观没有特殊要求的建筑。

暗装即管道隐蔽，如敷设在管道井、技术层、管沟、墙槽、顶棚或夹壁墙中，或直接埋地或埋在楼板的垫层里，其优点是管道不影响室内的美观、整洁，但施工复杂，维修困难，造价高。适用于对卫生、美观要求较高的建筑如宾馆、高级公寓、高级住宅和要求无尘、洁净的车间、实验室、无菌室等。给水管道暗装时，不得直接敷设在建筑物结构层内；干管和立管应敷设在吊顶、管井、管廊内，支管可敷设在吊顶、楼（地）面的垫层和墙槽内；敷设在垫层，墙槽内的管材宜采用塑料管、复合管或耐腐蚀的金属管材，不得采用可拆卸的连接方式，柔性管材宜采用分水器向各卫生器具配水，中途不得有连接配件，两端接口应明露，其管径不宜大于25mm。

2. 敷设要求

引入管进入建筑内，一种情形是从建筑物的浅基础下通过，另一种是穿越承重墙或基础。其敷设方法如图1-31所示。在地下水位高的地区，引入管穿地下室外墙或基础时，应采取防水措施，如设防水套管等。

室外埋地引入管要防止地面活荷载和冰冻的影响，车行道下管顶覆土厚度不宜小于0.7m，并应敷设在冰冻线以下0.15m处。建筑内埋地管在无活荷载和冰冻影响时，其管顶离地面高度不宜小于0.3m。当将交联聚乙烯管或聚丁烯管用

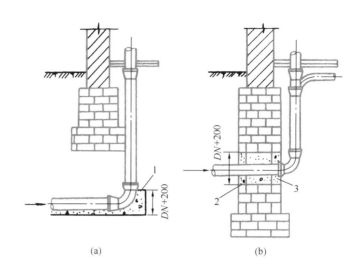

图 1-31　引入管进入建筑物

（a）从浅基础下通过；（b）穿基础

1—混凝土支座；2—黏土；3—M5 水泥砂浆封口

作埋地管时，应将其设在套管内，其分支处宜采用分水器。

给水横管穿承重墙或基础、立管穿楼板时均应预留孔洞。暗装管道在墙中敷设时，也应预留墙槽，以免临时打洞、刨槽影响建筑结构的强度。管道预留孔洞和墙槽的尺寸，详见表 1-8。横管穿过预留洞时，管顶上部净空不得小于建筑物的沉降量，以保护管道不致因建筑沉降而损坏，其净空一般不小于 0.10m。

给水管预留孔洞、墙槽尺寸　　　　表 1-8

管 道 名 称	管径（mm）	明管留孔尺寸（mm）长（高）×宽	暗管墙槽尺寸（mm）宽×深
立　　管	≤25 32～50 70～100	100×100 150×150 200×200	130×130 150×130 200×200
2 根立管	≤32	150×100	200×130
横 支 管	≤25 32～40	100×100 150×130	60×60 150×100
引 入 管	≤100	300×200	

给水横干管宜敷设在地下室、技术层、吊顶或管沟内，宜有 0.002～0.005 的坡度坡向泄水装置；立管可敷设在管道井内，冷水管应在热水管右侧；给水管道与其他管道同沟或共架敷设时，宜敷设在排水管、冷冻管的上面或热水管、蒸汽管的下面；给水管不宜与输送易燃、可燃或有害的液体或气体的管道同沟敷设；通过铁路或地下构筑物下面的给水管道，宜敷设在套管内。

管道在空间敷设时，必须采取固定措施，以保证施工方便与管系稳定。固定管道常用的支托架如图 1-32 所示。给水钢质立管一般每层须安装 1 个管卡，当层高大于 5.0m 时，每层须安装 2 个。水平钢管支托架最大间距见表 1-9。

钢管支托架最大间距（m）　　　　　　　　　　　　表 1-9

公称直径 DN（mm）	15	20	25	32	40	50	70	80	100	125	150
保 温 管	1.5	2	2	2.5	3	3	4	4	4.5	5	6
非保温管	2.5	3	3.5	4	4.5	5	6	6	6.5	7	8

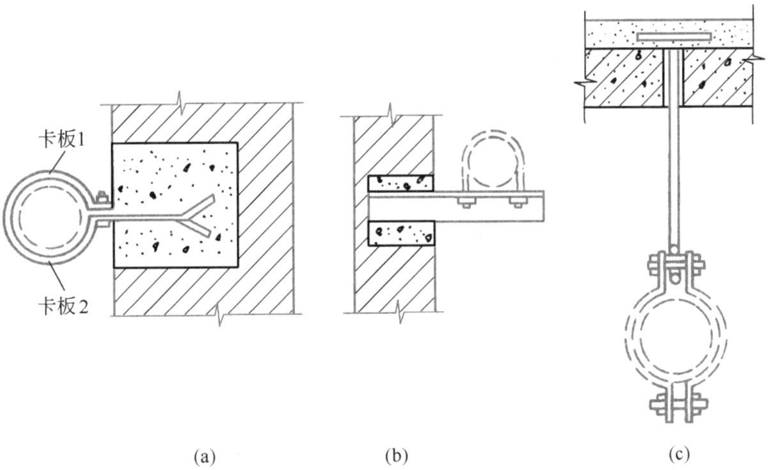

（a）　　　　　　　　（b）　　　　　　　　（c）

图 1-32　支托架

（a）管卡；（b）托架；（c）吊环

明装的复合管管道、塑料管管道也需安装相应的固定卡架，塑料管道的卡架相对密集一些。各种不同的管道都有不同的要求，使用时，请按生产厂家的施工规程进行安装。

1.5.3　给水管道的防护

1. 防腐

金属管道的外壁容易氧化锈蚀，必须采取措施予以防护，以延长管道的使用寿命。通常明装的、埋地的金属管道外壁都应进行防腐处理。常见的防腐做法是管道除锈后，在外壁涂刷防腐涂料（具体施工方法见施工教材）。管道外壁所做的防腐层数，应根据防腐的要求确定。当给水管道及配件设在含有腐蚀性气体房间内时，应采用耐腐蚀管材或在管外壁采取防腐措施。

2. 防冻

当管道及其配件设置在温度低于 0℃ 以下的环境时，为保证使用安全，应当采取保温防冻措施。

3. 防露

在湿热的气候条件下，或在空气湿度较高的房间内，给水管道内的水温较低，空气中的水分会凝结成水附着在管道表面，严重时会产生滴水。这种管道结露现象，一方面会加速管道的腐蚀，另外还会影响建筑物的使用，如使墙面受潮、粉刷层脱落，影响墙体质量和建筑美观，有时还可能造成地面少量积水或影

33

响地面上的某些设备、设施的使用等。因此，在这种场所就应当采取防露措施（具体做法与保温相同）。

4. 防漏

如果管道布置不当，或者是管材质量和敷设施工质量低劣，都可能导致管道漏水。这不仅浪费水量、影响正常供水，严重时还会损坏建筑，特别是湿陷性黄土地区，埋地管漏水将会造成土壤湿陷，影响建筑基础的稳固性。防漏的办法一是避免将管道布置在易受外力损坏的位置，或采取必要且有效的保护措施，免其直接承受外力；二是要健全管理制度，加强管材质量和施工质量的检查监督；三是在湿陷性黄土地区，可将埋地管道设在防水性能良好的检漏管沟内，一旦漏水，水可沿沟排至检漏井内，便于及时发现和检修（管径较小的管道，也可敷设在检漏套管内）。

5. 防振

当管道中水流速度过大，关闭水嘴、阀门时，易出现水击现象，会引起管道、附件的振动，不仅会损坏管道、附件造成漏水，还会产生噪声。为防止管道的损坏和噪声的污染，在设计时应控制管道的水流速度，尽量减少使用电磁阀或速闭型阀门、水嘴。住宅建筑进户支管阀门后，应装设一个家用可曲挠橡胶接头进行隔振，并可在管道支架、吊架内衬垫减振材料，以减小噪声的扩散。

1.6 水 质 防 护

从城市给水管网引入小区和建筑的水其水质一般都符合《生活饮用水卫生标准》，但若小区和建筑内的给水系统设计、施工安装和管理维护不当，就可能造成水质被污染的现象，导致疾病传播，直接危害人民的健康和生命，或者导致产品质量不合格，影响工业的发展。所以，必须重视和加强水质防护，确保供水安全。

1.6.1 水质污染的现象及原因

1. 与水接触的材料选择不当

如制作材料或防腐涂料中含有害（毒）物质，逐渐溶于水中，将直接污染水质。金属管道内壁的氧化锈蚀也直接污染水质。

2. 水在贮水池（箱）中停留时间过长

如贮水池（箱）容积过大，其中的水长时间不用，或池（箱）中水流组织不合理，形成了死角，水停留时间太长，水中的余氯量耗尽后，有害微生物就会生长繁殖，使水腐败变质。

3. 管理不善、要求不严

如水池（箱）的人孔不严密，通气口和溢流口敞开设置，尘土、蚊虫、蛇鼠、雀鸟等均可能通过以上孔口进入水中游动或溺死池（箱）中，加之长时间不清理、除淤，很容易造成污染。

4. 构造、连接不合理

配水附件安装不当，若出水口设在用水设备、卫生器具上沿或溢流口以下时，当溢流口堵塞或发生溢流的时候，遇上给水管网因故供水压力下降较多，恰巧此时开启配水附件，污水即会在负压作用下吸入管道造成回流污染；饮用水管道与大便器冲洗管直接相连，并且用普通阀门控制冲洗，当给水系统压力下降时，此时恰巧开启阀门也会出现回流污染；饮用水与非饮用水管道直接连接，如图 1-33 所示，当非饮用水压力大于饮用水压力且连接管中的止回阀（或阀门）密闭性差，则非饮用水会渗入饮用水管道造成污染；埋地管道与阀门等附件连接不严密，平时渗漏，当饮用水断流，管道中出现负压时，被污染的地下水或阀门井中的积水即会通过渗漏处进入给水系统等。

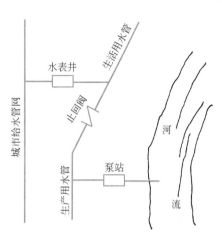

图 1-33　饮用水与非饮用水管道直接连接

1.6.2　水质污染的防止措施

随着社会的不断进步与发展，人们对生活的质量要求日益提高，保健意识也在不断增强，对工业产品的质量同样引起重视。为防止不合格水质对人们带来的种种危害，当今市面上大大小小、各式各样的末端给水处理设备以及各种品牌的矿泉水、纯净水、桶装水、瓶装水应运而生。但是，这些措施生产的水量小、价格高，且其自身也难以真正、完全地保证质量，不能从根本上来保证社会大量的、合格的民用与工业用水。因此，通过专业技术人员在设计、施工中采用先进合理的工艺方法、技术措施和优质材料等，一方面制备产出量大质优的水，另一方面具有安全可靠的供水管道系统（如正在不断发展的城市直饮水系统），使社会上具有良好的保证供水水质的体系，具有重要的社会意义。保障水质、防止污染是涉及多方位的复杂工程，除一些新的理论、技术需要不断探讨、实施外，管道和水池（箱）的材质，供水系统的设计方案、施工技术、管理方法等方面，都必须遵照国家相关规范、标准，切实做到防止污染、防止渗透、防止回流、防水腐蚀等。一般常规技术措施还有：

饮用水管道与贮水池（箱）不要布置在易受污染处，设置水池（箱）的房间应有良好的通风设施，非饮用水管道不能从饮水贮水设备中穿过，也不得将非饮用水接入。生活饮用水水池（箱）不得利用建筑本体结构（如基础、墙体、地板等）作为池底、池壁、池盖，其四周及顶盖上均应留有检修空间。生活饮用水水池（箱）与其他用水水池（箱）并列设置时，应有各自独立的分隔墙，不得共用一幅分隔墙，隔墙与隔墙之间应有排水措施。贮水池设在室外地下时，距污染源构筑物（如化粪池、垃圾堆放点）不得小于 10m 的净距（当净距不能保证时，可采取提高饮用水池标高或化粪池采用防漏材料等措施），周围 2m 以内不得有污水管和污染物。室内贮水池不应在有污染源的房间下面。

贮水池（箱）的本体材料和表面涂料，不得影响水质卫生。若需防腐处理，应采用无毒涂料。若采用玻璃钢制作时，应选用食品级玻璃钢为原料；不宜采用内壁容易锈蚀、氧化以及释放其他有害物质的管材作为输、配水管道。不得在大便槽、小便槽、污水沟内敷设给水管道，不得在有毒物质及污水处理构筑物的污染区域内敷设给水管道。生活饮用水管道在堆放及操作安装中，应避免外界的污染，验收前应进行清洗和封闭。

贮水池（箱）的人孔盖应是带锁的密封盖，地下水池的人孔凸台应高出地面0.15m。通气管和溢流管口要设铜（钢）丝网罩，以防杂物、蚊虫等进入，还应防止雨水、尘土进入。其溢流管、排水管不能与污水管直接连接，应采取间接排水的方式；生活饮用水管的配水出口，不允许被任何液体或杂质所淹没。生活饮用水的配水出口与用水设备（卫生器具）溢流水位之间，应有不小于出水口直径2.5倍的空气间隙；生活饮用水管道不得与非饮用水管道连接，城市给水管道严禁与自备水源的供水管道直接连接。生活饮用水管道在与加热设备连接时，应有防止热水回流使饮用水升温的措施；从生活饮用水贮水池抽水的消防水泵出水管上，从给水管道上直接接出室内专用消防给水管道、直接吸水的管道泵、垃圾处理站的冲洗水管、动物养殖场的动物饮水管道，从生活饮用水管道系统上接至有害、有毒场所的贮水池（罐）、装置、设备的连接管上等，其起端应设置管道倒流防止器或其他有效的防止倒流污染的装置；从生活饮用水管道系统上接至对健康有危害的化工剂罐区、化工车间、实验楼（医药、病理、生化）等连接管上，除应设置倒流防止器外，还应设置空气间隙；从生活饮用水管道上直接接出消防软管卷盘、接软管的冲洗水嘴等，其管道上应设置真空破坏器；生活饮用水管道严禁与大便器（槽）、小便斗（槽）采用非专用冲洗阀直接连接冲洗；非饮用水管道工程验收时，应逐段检查，以防与饮用水管道误接在一起，其管道上的放水口应有明显标志，避免非饮用水被人误饮和误用。

生活饮用水贮水池（箱）必须加强管理，定期清洗。其水泵机组吸水口及池内水流组织应采取合理的技术措施，保证水流合理，使水不至于形成死角长期滞留池中而使水质变坏。当贮水48h内不能得到更新时，应设置消毒处理装置。

1.7 给水设计流量

1.7.1 建筑内用水情况和用水定额

建筑内用水包括生活、生产和消防用水三部分。

消防用水具有偶然性，其用水量视火灾情形而定，计算方法详见教学单元2。生产用水在生产班期间内比较均匀且有规律性，其用水量根据地区条件、工艺过程、设备情况、产品性质等因素，按消耗在单位产品上的水量或单位时间内消耗在生产设备上的水量计算确定。生活用水是满足人们生活上各种需要所消耗的用水，其用水量受当地气候、建筑物使用性质、卫生器具和用水设备的完善程度、使用者的生活习惯及水价等多种因素的影响，一般不均匀。

对于生活用水，应根据现行的《建筑给水排水设计标准》GB 50015（以下简称《设计标准》）作为依据，进行计算。《设计标准》中规定的用水定额见表1-10至表1-13。

住宅生活用水定额及小时变化系数 表 1-10

住宅类别	卫生器具设置标准	最高日用水定额 [L/（人·d）]	平均日用水定额 [L/（人·d）]	最高日小时变化系数 K_h
普通住宅	有大便器、洗脸盆、洗涤盆、洗衣机、热水器和沐浴设备	130～300	50～200	2.8～2.3
	有大便器、洗脸盆、洗涤盆、洗衣机、集中热水供应（或家用热水机组）和沐浴设备	180～320	60～230	2.5～2.0
别墅	有大便器、洗脸盆、洗涤盆、洗衣机、洒水栓，家用热水机组和沐浴设备	200～350	70～250	2.3～1.8

注：1. 当地主管部门对住宅生活用水定额有具体规定时，应按当地规定执行。

2. 别墅生活用水定额中含庭院绿化用水和汽车抹车用水，不含游泳池补充水。

公共建筑生活用水定额及小时变化系数 表 1-11

序号	建筑物名称		单位	生活用水定额（L）		使用时数（h）	最高日小时变化系数 K_h
				最高日	平均日		
1	宿舍	居室内设卫生间	每人每日	150～200	130～160	24	3.0～2.5
		设公用盥洗卫生间		100～150	90～120		6.0～3.0
2	招待所、培训中心、普通旅馆	设公用卫生间、盥洗室	每人每日	50～100	40～80	24	3.0～2.5
		设公用卫生间、盥洗室、淋浴室		80～130	70～100		
		设公用卫生间、盥洗室、淋浴室、洗衣室		100～150	90～120		
		设单独卫生间、公用洗衣室		120～200	110～160		
3	酒店式公寓		每人每日	200～300	180～240	24	2.5～2.0
4	宾馆客房	旅客	每床位每日	250～400	220～320	24	2.5～2.0
		员工	每人每日	80～100	70～80	8～10	2.5～2.0
5	医院住院部	设公用卫生间、盥洗室	每床位每日	100～200	90～160	24	2.5～2.0
		设公用卫生间、盥洗室、淋浴室		150～250	130～200		
		设单独卫生间		250～400	220～320		
		医务人员	每人每班	150～250	130～200	8	2.0～1.5
	门诊部、诊疗所	病人	每病人每次	10～15	6～12	8～12	1.5～1.2
		医务人员	每人每班	80～100	60～80	8	2.5～2.0
	疗养院、休养所住房部		每床位每日	200～300	180～240	24	2.0～1.5
6	养老院、托老所	全托	每人每日	100～150	90～120	24	2.5～2.0
		日托		50～80	40～60	10	2.0

续表

序号	建筑物名称		单位	生活用水定额（L）		使用时数（h）	最高日小时变化系数 K_h
				最高日	平均日		
7	幼儿园、托儿所	有住宿	每儿童每日	50～100	40～80	24	3.0～2.5
		无住宿		30～50	25～40	10	2.0
8	公共浴室	淋浴	每顾客每次	100	70～90	12	2.0～1.5
		浴盆、淋浴		120～150	120～150		
		桑拿浴（淋浴、按摩池）		150～200	130～160		
9	理发室、美容院		每顾客每次	40～100	35～80	12	2.0～1.5
10	洗衣房		每千克干衣	40～80	40～80	8	1.5～1.2
11	餐饮业	中餐酒楼	每顾客每次	40～60	35～50	10～12	1.5～1.2
		快餐店、职工及学生食堂		20～25	15～20	12～16	
		酒吧、咖啡馆、茶座、卡拉OK房		5～15	5～10	8～18	
12	商场	员工及顾客	每平方米营业厅面积每日	5～8	4～6	12	1.5～1.2
13	办公	坐班制办公	每人每班	30～50	25～40	8～10	1.5～1.2
		公寓式办公	每人每日	130～300	120～250	10～24	2.5～1.8
		酒店式办公		250～400	220～320	24	2.0
14	科研楼	化学	每工作人员每日	460	370	8～10	2.0～1.5
		生物		310	250		
		物理		125	100		
		药剂调制		310	250		
15	图书馆	阅览者	每座位每次	20～30	15～25	8～10	1.2～1.5
		员工	每人每日	50	40		
16	书店	顾客	每平方米营业厅每日	3～6	3～5	8～12	1.5～1.2
		员工	每人每班	30～50	27～40		
17	教学、实验楼	中小学校	每学生每日	20～40	15～35	8～9	1.5～1.2
		高等院校		40～50	35～40		
18	电影院、剧院	观众	每观众每场	3～5	3～5	3	1.5～1.2
		演职员	每人每场	40	35	4～6	2.5～2.0
19	健身中心		每人每次	30～50	25～40	8～12	1.5～1.2
20	体育场（馆）	运动员淋浴	每人每次	30～40	25～40	4	3.0～2.0
		观众	每人每场	3	3		1.2

续表

序号	建筑物名称		单位	生活用水定额 (L)		使用时数 (h)	最高日小时变化系数 K_h
				最高日	平均日		
21	会议厅		每座位每次	6~8	6~8	4	1.5~1.2
22	会展中心（展览馆、博物馆）	观众	每平方米展厅每日	3~6	3~5	8~16	1.5~1.2
		员工	每人每班	30~50	27~40		
23	航站楼、客运站旅客		每人次	3~6	3~6	8~16	1.5~1.2
24	菜市场地面冲洗及保鲜用水		每平方米每日	10~20	8~15	8~10	2.5~2.0
25	停车库地面冲洗水		每平方米每次	2~3	2~3	6~8	1.0

注：1. 中等院校、军营等宿舍设置公用卫生间和盥洗室，当用水时段集中时，最高日小时变化系数 K_h 宜取高值 6.0~4.0；其他类型宿舍设置公用卫生间和盥洗室时，最高日小时变化系数 K_h 宜取低值 3.5~3.0。

2. 除注明外，均不含员工生活用水，员工最高日用水定额为每人每班 40~60L，平均日用水定额为每人每班 30~45L。

3. 大型超市的生鲜食品区按菜市场用水。

4. 医疗建筑用水中已含医疗用水。

5. 空调用水应另计。

工业企业建筑生活、淋浴用水定额　　　　表 1-12

生活用水定额 [L/（班·人）]		小时变化系数	注
管理人员	30~50	2.5~1.5	每班工作时间以 8h 计
车间工人	30~50		

工业企业建筑淋浴用水定额

车间卫生特征			每人每班淋浴用水定额(L)	
有毒物质	生产性粉尘	其他		
极易经皮肤吸收引起中毒的剧毒物质（如有机磷、三硝基甲苯、四乙基铅等）		处理传染性材料、动物原料（如皮毛等）	60	淋浴用水延续时间为 1h
易经皮肤吸收或有恶臭的物质，或高毒物质（如丙烯腈、吡啶、苯酚等）	严重污染全身或对皮肤有刺激的粉尘（如炭黑、玻璃棉等）	高温作业、井下作业		
其他毒物	一般粉尘（如棉尘）	重作业	40	
不接触有毒物质及粉尘，不污染或轻度污染身体（如仪表、金属冷加工、机械加工等）				

汽车冲洗最高日用水定额 表 1-13

冲洗方式	高压水枪冲洗 [L/(辆·次)]	循环用水冲洗补水 [L/(辆·次)]	抹车、微水冲洗 [L/(辆·次)]	蒸汽冲洗 [L/(辆·次)]
轿车	40～60	20～30	10～15	3～5
公共汽车	80～120	40～60	15～30	—
载重汽车				

注：1. 污车冲洗台自动冲洗设备用水定额有特殊要求时，其值应按产品要求确定。
　　2. 在水泥和沥青路面行驶的汽车，宜选用下限值；路面等级较低时，宜选用上限值。

1.7.2 给水系统设计流量

1. 最高日用水量

建筑内生活用水的最高日用水量可按公式（1-1）计算：

$$Q_d = \frac{\sum m_i \cdot q_{di}}{1000} \tag{1-1}$$

式中　Q_d——最高日用水量，m^3/d；

　　　m_i——用水单位数（人数、床位数等）；

　　　q_{di}——最高日生活用水定额，L/（人·d）、L/（床·d）等（见表 1-10～表 1-13）。

最高日用水量一般在确定贮水池（箱）容积、计算设计秒流量等过程中使用。

2. 最大时用水量

根据最高日用水量，进而可算出最大时用水量：

$$Q_h = \frac{Q_d}{T} \cdot K_h = Q_p \cdot K_h \tag{1-2}$$

式中　Q_h——最大时用水量，m^3/h；

　　　T——建筑物内每天用水时间，h；

　　　Q_p——最高日平均时用水量，m^3/h；

　　　K_h——小时变化系数。

最大时用水量一般用于确定水泵流量和高位水箱容积等。

3. 生活给水设计秒流量

给水管道的设计流量是确定各管段管径、计算管路水头损失、进而确定给水系统所需压力的主要依据。因此，设计流量的确定应符合建筑内的用水规律。建筑内的生活用水量在一定时间段（如 1 昼夜，1 小时）里是不均匀的，为了使建筑内瞬时高峰的用水都得到保证，其设计流量应为建筑内卫生器具配水最不利情况组合出流时的瞬时高峰流量，此流量又称设计秒流量。

对于住宅、宿舍、旅馆、宾馆、酒店式公寓、医院、疗养院、办公楼、幼儿园、养老院、商场、图书馆、书店、客运站、航站楼、会展中心、中小学教学楼、公共厕所等建筑，由于用水设备使用不集中，用水时间长，同时给水百分数随卫生器具数量增加而减少。为简化计算，将 1 个直径为 15mm 的配水水嘴的额定流量 0.2L/s 作为一个当量，其他卫生器具的给水额定流量与它的比值，即为该卫生器具的当量。这样，便可把某一管段上不同类型卫生器具的流量换算成当量值。

当前，我国生活给水管网设计秒流量的计算方法，按建筑的性质及用水特点分为 3 类：

（1）住宅建筑的设计秒流量，按下列步骤和方法计算：

1）根据住宅配置的卫生器具给水当量、使用人数、用水定额、使用时数及小时变化系数，按公式（1-3）计算出最大用水时卫生器具给水当量平均出流概率：

$$U_\circ = \frac{q_{\mathrm{L}} m K_{\mathrm{h}}}{0.2 \cdot N_{\mathrm{G}} \cdot T \cdot 3600} \quad （\%） \tag{1-3}$$

式中　$U_\circ$——生活给水管道的最大用水时卫生器具给水当量平均出流概率，%；

q_{L}——最高用水日的用水定额，按表 1-10 取用；

m——每户用水人数；

K_{h}——小时变化系数，按表 1-10 取用；

N_{G}——每户设置的卫生器具给水当量数（按表 1-14 选用）；

T——用水时数，h；

0.2——一个卫生器具给水当量的额定流量，L/s。

卫生器具的给水额定流量、当量、连接管公称尺寸和工作压力　　表 1-14

序号	给水配件名称		额定流量（L/s）	当量	连接管公称尺寸（mm）	工作压力（MPa）
1	洗涤盆、拖布盆、盥洗槽	单阀水嘴	0.15~0.20	0.75~1.00	15	0.100
		单阀水嘴	0.30~0.40	1.5~2.00	20	
		混合水嘴	0.15~0.20（0.14）	0.75~1.00（0.70）	15	
2	洗脸盆	单阀水嘴	0.15	0.75	15	0.100
		混合水嘴	0.15（0.10）	0.75（0.50）		
3	洗手盆	感应水嘴	0.10	0.50	15	0.100
		混合水嘴	0.15（0.10）	0.75（0.5）		
4	浴盆	单阀水嘴	0.20	1.00	15	0.100
		混合水嘴（含带淋浴转换器）	0.24（0.20）	1.2（1.0）		
5	淋浴器	混合阀	0.15（0.10）	0.75（0.50）	15	0.100~0.200
6	大便器	冲洗水箱浮球阀	0.10	0.50	15	0.050
		延时自闭式冲洗阀	1.20	6.00	25	0.100~0.150
7	小便器	手动或自动自闭式冲洗阀	0.10	0.50	15	0.050
		自动冲洗水箱进水阀	0.10	0.50		0.020
8	小便槽穿孔冲洗管（每 m 长）		0.05	0.25	15~20	0.015
9	净身盆冲洗水嘴		0.10（0.07）	0.50（0.35）	15	0.100
10	医院倒便器		0.20	1.00	15	0.100

续表

序号	给水配件名称		额定流量（L/s）	当量	连接管公称尺寸（mm）	工作压力（MPa）
11	实验室化验水嘴（鹅颈）	单联	0.07	0.35	15	0.020
		双联	0.15	0.75		
		三联	0.20	1.00		
12	饮水器喷嘴		0.05	0.25	15	0.050
13	洒水栓		0.40	2.00	20	0.050～0.100
			0.70	3.50	25	
14	室内地面冲洗水嘴		0.20	1.00	15	0.100
15	家用洗衣机水嘴		0.20	1.00	15	0.100

注：1. 表中括弧内的数值系在有热水供应时，单独计算冷水或热水时使用。

2. 当浴盆上附设淋浴器时，或混合水嘴有淋浴器转换开关时，其额定流量和当量只计水嘴，不计淋浴器，但水压应按淋浴器计。

3. 家用燃气热水器，所需水压按产品要求和热水供应系统最不利配水点所需工作压力确定。

4. 绿地的自动喷灌应按产品要求设计。

5. 卫生器具给水配件所需额定流量和工作压力有特殊要求时，其值应按产品要求确定。

若某给水干管管段上有两条或两条以上具有不同最大用水时卫生器具给水当量平均出流概率的给水支管时，则该给水干管管段的最大时卫生器具给水当量平均出流概率按公式（1-4）计算：

$$\overline{U}_o = \frac{\sum U_{oi} N_{gi}}{\sum N_{gi}} \tag{1-4}$$

式中 $\overline{U}_o$——给水干管的卫生器具给水当量平均出流概率，%；

U_{oi}——支管的最大用水时卫生器具给水当量平均出流概率，%；

N_{gi}——相应支管的卫生器具给水当量总数。

公式（1-3）中的 U_o 与公式（1-4）中的 $\overline{U}_o$ 均为平均出流概率，其意义基本相同，只是针对不同情况的管段而已。

2）根据计算管段上的卫生器具给水当量总数，可按公式（1-5）计算得出该管段的卫生器具给水当量的同时出流概率：

$$U = 100 \frac{1 + \alpha_c (N_g - 1)^{0.49}}{\sqrt{N_g}} \ (\%) \tag{1-5}$$

式中 U——计算管段的卫生器具给水当量同时出流概率，%；

α_c——对应于 U_o 的系数（按表1-15查用）；

N_g——计算管段的卫生器具给水当量总数。

3）根据计算管段上的卫生器具给水当量同时出流概率，按公式（1-6）计算得计算管段的设计秒流量：

$$q_g = 0.2 \cdot U \cdot N_g \tag{1-6}$$

式中　q_g——计算管段的设计秒流量，L/s。

　　为了计算快速、方便，在计算出 U_o 后，即可根据计算管段的 N_g 值从表 1-16（摘录）中直接查得给水设计秒流量。该表可用内插法。

　　当计算管段的卫生器具给水当量总数超过表 1-16（含摘录以外）中的最大值时，其流量应取最大用水时平均秒流量，即 $q_g = 0.2 U_o N_g$。

$U_o \sim \alpha_c$ 对应值　　　　　　　　　　　　　　　　表 1-15

U_o（%）	α_c	U_o（%）	α_c	U_o（%）	α_c
1.0	0.00323	3.0	0.01939	5.0	0.03715
1.5	0.00697	3.5	0.02374	6.0	0.04629
2.0	0.01097	4.0	0.02816	7.0	0.05555
2.5	0.01512	4.5	0.03263	8.0	0.06489

给水管段设计秒流量计算表（摘录）$[U:(\%); q_g:(L/s)]$　　表 1-16

U_o	1.0		1.5		2.0		2.5	
N_g	U	q_g	U	q_g	U	q_g	U	q_g
1	100.00	0.20	100.00	0.20	100.00	0.20	100.00	0.20
2	70.94	0.28	71.20	0.28	71.49	0.29	71.78	0.29
3	58.00	0.35	58.30	0.35	58.62	0.35	58.96	0.35
4	50.28	0.40	50.60	0.40	50.94	0.41	51.30	0.41
5	45.01	0.45	45.34	0.45	45.69	0.46	46.06	0.46
6	41.12	0.49	41.45	0.50	41.81	0.50	42.18	0.51
7	38.09	0.53	38.43	0.54	38.79	0.54	39.17	0.55
8	35.65	0.57	35.99	0.58	36.36	0.58	36.74	0.59
9	33.63	0.61	33.98	0.61	34.35	0.62	34.73	0.63
10	31.92	0.64	32.27	0.65	32.64	0.65	33.03	0.66
11	30.45	0.67	30.80	0.68	31.17	0.69	31.56	0.69
12	29.17	0.70	29.52	0.71	29.89	0.72	30.28	0.73
13	28.04	0.73	28.39	0.74	28.76	0.75	29.15	0.76
14	27.03	0.76	27.38	0.77	27.76	0.78	28.15	0.79
15	26.12	0.78	26.48	0.79	26.85	0.81	27.24	0.82
16	25.30	0.81	25.66	0.82	26.03	0.83	26.42	0.85
17	24.56	0.83	24.91	0.85	25.29	0.86	25.68	0.87
18	23.88	0.86	24.23	0.87	24.61	0.89	25.00	0.90
19	23.25	0.88	23.60	0.90	23.98	0.91	24.37	0.93
20	22.67	0.91	23.02	0.92	23.40	0.94	23.79	0.95
22	21.63	0.95	21.98	0.97	22.36	0.98	22.75	1.00

续表

U_0	1.0		1.5		2.0		2.5	
N_g	U	q_g	U	q_g	U	q_g	U	q_g
24	20.72	0.99	21.07	1.01	21.45	1.03	21.85	1.05
26	19.92	1.04	20.27	1.05	20.65	1.07	21.05	1.09
28	19.21	1.08	19.56	1.10	19.94	1.12	20.33	1.14
30	18.56	1.11	18.92	1.14	19.30	1.16	19.69	1.18
32	17.99	1.15	18.34	1.17	18.72	1.20	19.12	1.22
34	17.16	1.19	17.81	1.21	18.19	1.24	18.59	1.26
36	16.97	1.22	17.33	1.25	17.71	1.28	18.11	1.30
38	16.53	1.26	16.89	1.28	17.27	1.31	17.66	1.34
40	16.12	1.29	16.48	1.32	16.86	1.35	17.25	1.38
42	15.74	1.32	16.09	1.35	16.47	1.38	16.87	1.42
44	15.38	1.35	15.74	1.39	16.12	1.42	16.52	1.45
46	15.05	1.38	15.41	1.42	15.79	1.45	16.18	1.49
48	14.74	1.42	15.10	1.45	15.48	1.49	15.87	1.52
50	14.45	1.45	14.81	1.48	15.19	1.52	15.58	1.56
55	13.79	1.52	14.15	1.56	14.53	1.60	14.92	1.64
60	13.22	1.59	13.57	1.63	13.95	1.67	14.35	1.72

（2）宿舍（居室内设卫生间）、旅馆、宾馆、酒店式公寓、门诊部、诊疗所、医院、疗养院、幼儿园、养老院、办公楼、商场、图书馆、书店、客运站、航站楼、会展中心、教学楼、公共厕所等建筑的生活给水设计秒流量，按公式（1-7）计算：

$$q_g = 0.2\alpha\sqrt{N_g} \tag{1-7}$$

式中　q_g——计算管段的给水设计秒流量，L/s；

　　　N_g——计算管段的卫生器具给水当量总数；

　　　α——根据建筑物用途而定的系数，按表 1-17 采用。

根据建筑物用途而定的系数值　　　　　　　　　表 1-17

建筑物名称	α 值	建筑物名称	α 值
幼儿园、托儿所、养老院	1.2	教学楼	1.8
门诊部、诊疗所	1.4	医院、疗养院、休养所	2.0
办公楼、商场	1.5	酒店式公寓	2.2
图书馆	1.6	宿舍（居室内设卫生间）、旅馆、招待所、宾馆	2.5
书店	1.7	客运站、航站楼、会展中心、公共厕所	3.0

当计算值小于该管段上一个最大卫生器具给水额定流量时，应采用一个最大

的卫生器具给水额定流量作为设计秒流量；当计算值大于该管段上按卫生器具给水额定流量累加所得流量值时，应按卫生器具给水额定流量累加所得流量值采用。

有大便器延时自闭冲洗阀的给水管段，大便器延时自闭冲洗阀的给水当量均以0.5计，计算得到的q_g附加1.20L/s的流量后，为该管段的给水设计秒流量。

综合楼建筑的α值应按加权平均法计算。

(3) 宿舍（设公用盥洗卫生间）、工业企业的生活间、公共浴室、职工（学生）食堂或营业餐馆的厨房、体育场馆、剧院、普通理化实验室等建筑的生活给水管道的设计秒流量，按公式(1-8)计算：

$$q_g = \sum q_{go} n_o b_g \tag{1-8}$$

式中　q_g——计算管段的给水设计秒流量，L/s；

　　　q_{go}——同类型的一个卫生器具给水额定流量，L/s；

　　　n_o——同类型卫生器具数；

　　　b_g——卫生器具的同时给水百分数，应按表1-18～表1-20选用。

宿舍（设公用盥洗卫生间）、工业企业生活间、公共浴室、影剧院、体育场馆等
卫生器具同时给水百分数（%）　　　　　　　　　　　　　表 1-18

卫生器具名称	同时给水百分数				
	宿舍（设公用盥洗卫生间）	工业企业生活间	公共浴室	影剧院	体育场馆
洗涤盆（池）		33	15	15	15
洗手盆		50	50	50	70（50）
洗脸盆、盥洗槽水嘴	5～100	60～100	60～100	50	80
浴盆		—	50	—	—
无间隔淋浴器	20～100	100	100	—	100
有间隔淋浴器	5～80	80	60～80	（60～80）	（60～100）
大便器冲洗水箱	5～70	30	20	50（20）	70（20）
大便槽自动冲洗水箱	100	100	—	100	100
大便器自闭式冲洗阀	1～2	2	2	10（2）	5（2）
小便器自闭式冲洗阀	2～10	10	10	50（10）	70（10）
小便器（槽）自动冲洗水箱	—	100	100	100	100
净身盆		33	—	—	—
饮水器		30～60	30	30	30
小卖部洗涤盆		—	50	50	50

注：1. 表中括号内的数值系电影院、剧院的化妆间、体育场馆的运动员休息室使用。

　　2. 健身中心的卫生间，可采用本表体育场馆运动员休息室的同时给水百分率。

职工食堂、营业餐馆厨房设备同时给水百分数（%）　　　　表 1-19

厨房设备名称	同时给水百分数	厨房设备名称	同时给水百分数
洗涤盆（池）	70	开水器	50
煮锅	60	蒸汽发生器	100
生产性洗涤机	40	灶台水嘴	30
器皿洗涤机	90		

注：职工或学生饭堂的洗碗台水嘴，按100%同时给水，但不与厨房用水叠加。

实验室化验水嘴同时给水百分数（%）　　　　　　　　　　表 1-20

化验水嘴名称	同时给水百分数	
	科研教学实验室	生产实验室
单联化验水嘴	20	30
双联或三联化验水嘴	30	50

当计算值小于该管段上一个最大卫生器具给水额定流量时，应采用一个最大的卫生器具给水额定流量作为设计秒流量。

大便器自闭式冲洗阀应单列计算，当单列计算值小于 1.2L/s 时，以 1.2L/s 计；大于 1.2L/s 时，以计算值计。

1.8　给水管网水力计算

建筑给水管网的水力计算是在完成给水管线布置、绘出管道轴测图、初步选定出计算管路（也叫最不利管路）以后进行。

1.8.1　计算目的与类型

1. 计算目的

水力计算的目的，一是确定给水管网各管段的管径。二是求出计算管路通过设计秒流量时各管段产生的水头损失，进而确定管网所需水压。

2. 计算类型

根据 1.2 节中提到的不同给水方式所形成的管网系统，分为两大类：

（1）复核型。如直接给水方式的供水系统，除确定管径外，主要是校核室外给水管网的压力能否满足最不利点配水口或消火栓所需的水压要求。

（2）设计型。如设有升压、贮水设备等给水系统，除确定管径外，还要通过计算确定升压装置的扬程和高位水箱的高度。

1.8.2　管径的确定方法

在计算出各管段的设计秒流量后，再选定适当的流速，即可用下式求出管径：

$$d = \sqrt{\frac{4q_{\text{g}}}{\pi v}} \tag{1-9}$$

式中　　d——计算管段的管径，m；

q_{g}——管段的设计秒流量，m^3/s；

v——选定的管中流速，m/s。

管中流速的选定，可直接影响到管道系统技术、经济的合理性。如流速过大，会产生噪声，易引起水击而损坏管道或附件，并将增加管网的水头损失，提高建筑内给水系统所需的压力。如流速过小，又将造成管材投资偏大。

综合以上因素，给水管道的流速应确定在经济流速或控制流速范围内，可参照表 1-21 中的数值采用。

生活与生产给水管道的水流速度　　　　表 1-21

公称直径（mm）	15～20	25～40	50～70	≥80
水流速度（m/s）	≤1.0	≤1.2	≤1.5	≤1.8

1.8.3　给水管网水头损失的计算

1. 沿程水头损失

沿程水头损失可由下式计算：

$$h_y = Li \tag{1-10}$$

式中　h_y——管段的沿程水头损失，kPa；

　　　L——管段的长度，m；

　　　i——管道单位长度的水头损失，kPa/m。可按公式（1-11）计算。

$$i = 105 C_h^{-1.85} d_j^{-4.87} q_g^{1.85} \tag{1-11}$$

式中　d_j——管道计算内径，m；

　　　q_g——管段的给水设计流量，m^3/s；

　　　C_h——海澄－威廉系数。不同管材其取值为：

各种塑料管、内衬（涂）塑管 $C_h=140$；

铜管、不锈钢管 $C_h=130$；

内衬水泥、树脂的铸铁管 $C_h=130$；

普通钢管、铸铁管 $C_h=100$。

从前面所述的内容看，水力计算主要涉及 q_g、d、v、i 等参数，为使用方便，已经根据诸多因素，编制了各种管材的水力计算表，如表 1-22、表 1-23，也可参见《给水排水设计手册》第 1 册和《建筑给水排水设计手册》，表中数据可供直接使用。使用时根据管段的 q_g 和控制流速，便可查出管径［不必再用式（1-9）进行计算］、i 值，用公式（1-10）算出沿程水头损失即可。

给水塑料管水力计算表（摘录）　　　　表 1-22
（流量 q_g 为 L/s、管径 dn 为 mm、流速 v 为 m/s、单位管长的水头损失 i 为 kPa/m）

q_g	dn15 v	i	dn20 v	i	dn25 v	i	dn32 v	i	dn40 v	i	dn50 v	i	dn70 v	i	dn80 v	i	dn100 v	i
0.10	0.50	0.275	0.26	0.060														
0.15	0.75	0.564	0.39	0.123	0.23	0.033												
0.20	0.99	0.940	0.53	0.206	0.30	0.055	0.20	0.02										
0.30	1.49	1.930	0.79	0.422	0.45	0.113	0.29	0.040										
0.40	1.99	3.210	1.05	0.703	0.61	0.188	0.39	0.067	0.24	0.021								
0.50	2.49	4.77	1.32	1.04	0.76	0.279	0.49	0.099	0.30	0.031								
0.60	2.98	6.60	1.58	1.44	0.91	0.386	0.59	0.137	0.36	0.043	0.23	0.014						
0.70			1.84	1.90	1.06	0.507	0.69	0.181	0.42	0.056	0.27	0.019						
0.80			2.10	2.40	1.21	0.643	0.79	0.229	0.48	0.071	0.30	0.023						

续表

q_g	dn15		dn20		dn25		dn32		dn40		dn50		dn70		dn80		dn100	
	v	i	v	i	v	i	v	i	v	i	v	i	v	i	v	i	v	i
0.90			2.37	2.96	1.36	0.792	0.88	0.282	0.54	0.088	0.34	0.029	0.23	0.012				
1.00					1.51	0.955	0.98	0.340	0.60	0.106	0.38	0.035	0.25	0.014				
1.50					2.27	1.96	1.47	0.698	0.90	0.217	0.57	0.072	0.39	0.029	0.27	0.012		
2.00							1.96	1.160	1.20	0.361	0.76	0.119	0.52	0.049	0.36	0.020	0.24	0.008
2.50							2.46	1.730	1.50	0.536	0.95	0.217	0.65	0.072	0.45	0.030	0.30	0.011
3.00									1.81	0.741	1.14	0.245	0.78	0.099	0.54	0.042	0.36	0.016
3.50									2.11	0.974	1.33	0.322	0.91	0.131	0.63	0.055	0.42	0.021
4.00									2.41	1.230	1.51	0.408	1.04	0.166	0.72	0.069	0.48	0.026
4.50									2.71	1.520	1.70	0.503	1.17	0.205	0.81	0.086	0.54	0.032
5.00											1.89	0.606	1.30	0.247	0.90	0.104	0.60	0.039
5.50											2.08	0.718	1.43	0.293	0.99	0.123	0.66	0.046
6.00											2.27	0.838	1.56	0.342	1.08	0.143	0.72	0.052
6.50													1.69	0.394	1.17	0.165	0.78	0.062
7.00													1.82	0.445	1.26	0.188	0.84	0.071
7.50													1.95	0.507	1.35	0.213	0.90	0.080
8.00													2.08	0.569	1.44	0.238	0.96	0.090
8.50													2.21	0.632	1.53	0.265	1.02	0.102
9.00													2.34	0.701	1.62	0.294	1.08	0.111
9.50													2.47	0.772	1.71	0.323	1.14	0.121
10.00															1.80	0.354	1.20	0.134

给水钢管（水煤气管）水力计算表（摘录）　　　表 1-23

（流量 q_g 为 L/s、管径 DN 为 mm、流速 v 为 m/s、单位管长的水头损失 i 为 kPa/m）

q_g	DN15		DN20		DN25		DN32		DN40		DN50		DN70		DN80		DN100	
	v	i	v	i	v	i	v	i	v	i	v	i	v	i	v	i	v	i
0.05	0.29	0.284																
0.07	0.41	0.518	0.22	0.111														
0.10	0.58	0.985	0.31	0.208														
0.12	0.70	1.37	0.37	0.288	0.23	0.086												
0.14	0.82	1.82	0.43	0.38	0.26	0.113												
0.16	0.94	2.34	0.50	0.485	0.30	0.143												
0.18	1.05	2.91	0.56	0.601	0.34	0.176												
0.20	1.17	3.54	0.62	0.727	0.38	0.213	0.21	0.052										
0.25	1.46	5.51	0.78	1.09	0.47	0.318	0.26	0.077	0.20	0.039								
0.30	1.76	7.93	0.93	1.53	0.56	0.442	0.32	0.107	0.24	0.054								
0.35			1.09	2.04	0.66	0.586	0.37	0.141	0.28	0.080								
0.40			1.24	2.63	0.75	0.748	0.42	0.179	0.32	0.089								
0.45			1.40	3.33	0.85	0.932	0.47	0.221	0.36	0.111	0.21	0.0312						

续表

q_g	DN15		DN20		DN25		DN32		DN40		DN50		DN70		DN80		DN100	
	v	i	v	i	v	i	v	i	v	i	v	i	v	i	v	i	v	i
0.50			1.55	4.11	0.94	1.13	0.53	0.267	0.40	0.134	0.23	0.0374						
0.55			1.71	4.97	1.04	1.35	0.58	0.318	0.44	0.159	0.26	0.0444						
0.60			1.86	5.91	1.13	1.59	0.63	0.373	0.48	0.184	0.28	0.0516						
0.65			2.02	6.94	1.22	1.85	0.68	0.431	0.52	0.215	0.31	0.0597						
0.70					1.32	2.14	0.74	0.495	0.56	0.246	0.33	0.0683	0.20	0.020				
0.75					1.41	2.46	0.79	0.562	0.60	0.283	0.35	0.0770	0.21	0.023				
0.80					1.51	2.79	0.84	0.632	0.64	0.314	0.38	0.0852	0.23	0.025				
0.85					1.60	3.16	0.90	0.707	0.68	0.351	0.40	0.0963	0.24	0.028				
0.90					1.69	3.54	0.95	0.787	0.72	0.390	0.42	0.107	0.25	0.0311				
0.95					1.79	3.94	1.00	0.869	0.76	0.431	0.45	0.118	0.27	0.0342				
1.00					1.88	4.37	1.05	0.957	0.80	0.473	0.47	0.129	0.28	0.0376	0.20	0.0164		
1.10					2.07	5.28	1.16	1.14	0.87	0.564	0.52	0.153	0.31	0.0444	0.22	0.0195		
1.20							1.27	1.35	0.95	0.663	0.56	0.18	0.34	0.0518	0.24	0.0227		
1.30							1.37	1.59	1.03	0.769	0.61	0.208	0.37	0.0599	0.26	0.0261		
1.40							1.48	1.84	1.11	0.884	0.66	0.237	0.40	0.0683	0.28	0.0297		
1.50							1.58	2.11	1.19	1.01	0.71	0.27	0.42	0.0772	0.30	0.0336		
1.60							1.69	2.40	1.27	1.14	0.75	0.304	0.45	0.0870	0.32	0.0376		
1.70							1.79	2.71	1.35	1.29	0.80	0.340	0.48	0.0969	0.34	0.0419		
1.80							1.90	3.04	1.43	1.44	0.85	0.378	0.51	0.107	0.36	0.0466		
1.90							2.00	3.39	1.51	1.61	0.89	0.418	0.54	0.119	0.38	0.0513		
2.0									1.59	1.78	0.94	0.460	0.57	0.13	0.40	0.0562	0.23	0.0147
2.2									1.75	2.16	1.04	0.549	0.62	0.155	0.44	0.0666	0.25	0.0172
2.4									1.91	2.56	1.13	0.645	0.68	0.182	0.48	0.0779	0.28	0.0200
2.6									2.07	3.01	1.22	0.749	0.74	0.21	0.52	0.0903	0.30	0.0231
2.8											1.32	0.869	0.79	0.241	0.56	0.103	0.32	0.0263
3.0											1.41	0.998	0.85	0.274	0.60	0.117	0.35	0.0298
3.5											1.65	1.36	0.99	0.365	0.70	0.155	0.40	0.0393
4.0											1.88	1.77	1.13	0.468	0.81	0.198	0.46	0.0501
4.5											2.12	2.24	1.28	0.586	0.91	0.246	0.52	0.0620
5.0											2.35	2.77	1.42	0.723	1.01	0.30	0.58	0.0749
5.5											2.59	3.35	1.56	0.875	1.11	0.358	0.63	0.0892
6.0													1.70	1.04	1.21	0.421	0.69	0.105
6.5													1.84	1.22	1.31	0.494	0.75	0.121
7.0													1.99	1.42	1.41	0.573	0.81	0.139
7.5													2.13	1.63	1.51	0.657	0.87	0.158
8.0													2.27	1.85	1.61	0.748	0.92	0.178
8.5													2.41	2.09	1.71	0.844	0.98	0.199
9.0													2.55	2.34	1.81	0.946	1.04	0.221
9.5															1.91	1.05	1.10	0.245
10.0															2.01	1.17	1.15	0.269

注：DN100mm 以上的给水管道水力计算，可参见《给水排水设计手册》第 1 册和《建筑给水排水设计手册》。

2. 局部水头损失

局部水头损失用下式计算：

$$h_j = \Sigma\,\zeta\,\frac{v^2}{2g} \tag{1-12}$$

式中　h_j——管段中局部水头损失之和，kPa；

　　　$\sum\zeta$——管段局部阻力系数之和；

　　　v——管道部件下游的流速，m/s；

　　　g——重力加速度，m/s²。

给水管网中，管道部件很多，同类部件由于构造的差异，其ζ值也不同，故宜按管道的连接方式，采用管（配）件折算补偿长度（也称当量长度）法计算，部分螺纹管件和阀门的摩阻损失的折算补偿长度见表 1-24。由于详细计算较为繁琐，或当管道的管（配）件当量长度资料不足时，在实际工程中，一般按管网沿程水头损失的百分比或经验值计入即可，其百分比取值为：

部分螺纹管件和阀门的摩阻损失的折算补偿长度　　　　表 1-24

管件内径 （mm）	各种管件的折算管道长度（m）						
	90°标准弯头	45°标准弯头	标准三通 90°转角流	三通直向流	闸板阀	球 阀	角 阀
9.5	0.3	0.2	0.5	0.1	0.1	2.4	1.2
12.7	0.6	0.4	0.9	0.2	0.1	4.6	2.4
19.1	0.8	0.5	1.2	0.2	0.2	6.1	3.6
25.4	0.9	0.5	1.5	0.3	0.2	7.6	4.6
31.8	1.2	0.7	1.8	0.4	0.2	10.6	5.5
38.1	1.5	0.9	2.1	0.5	0.3	13.7	6.7
50.8	2.1	1.2	3.0	0.6	0.4	16.7	8.5
63.5	2.4	1.5	3.6	0.8	0.5	19.8	10.3
76.2	3.0	1.8	4.6	0.9	0.6	24.3	12.2
101.6	4.3	2.4	6.4	1.2	0.8	38.0	16.7
127.0	5.2	3	7.6	1.5	1.0	42.6	21.3
152.4	6.1	3.6	9.1	1.8	1.2	50.2	24.3

注：本表的螺纹接口是指管件无凹口的螺纹，即管件与管道在连接点内径有突变，管件内径大于管道内径。当管件为凹口螺纹，或管件与管道为等径焊接，其折算补偿长度取本表值的二分之一。

（1）管（配）件内径与管道内径一致，采用三通分水时，取 25%~30%；采用分水器分水时，取 15%~20%。

（2）管（配）件内径略大于管道内径，采用三通分水时，取 50%~60%；采用分水器分水时，取 30%~35%。

（3）管（配）件内径略小于管道内径，管（配）件的插口插入管口内连接，采用三通分水时，取 70%~80%；采用分水器分水时，取 35%~40%。

某些配件局部水头损失的经验值可按如下数值采用：

（1）水表的水头损失，应按选用产品所给定的压力损失值计算。在未确定具体产品时，住宅入户管上的水表，宜取 0.01MPa；建筑物或小区引入管上的水表，在生活用水工况时，宜取 0.03MPa；在校核消防工况时，宜取 0.05MPa。

（2）比例式减压阀的水头损失，宜按阀后静水压的 10%～20% 取值。

（3）管道过滤器的局部水头损失，宜取 0.01MPa。

（4）倒流防止器、真空破坏器的局部水头损失，应按相应产品测试参数确定。

1.8.4　给水系统所需的供水压力

给水系统所需水压可由下式确定：

$$H = H_1 + H_2 + H_3 + H_1 \tag{1-13}$$

1-1　给水系统所需的供水压力

式中　H——给水系统所需的供水压力，kPa；

　　　H_1——引入管起点至管网最不利点位置高度所要求的静水压力，kPa；

　　　H_2——计算管路的水头损失（沿程与局部水头损失之和），kPa；

　　　H_3——水表的水头损失，kPa（按式 1-1 计算或采用经验值）；

　　　H_1——管网最不利点所需的最低工作压力，kPa，见表 1-13。

1.8.5　管网水力计算的方法和步骤

建筑物室内给水管网通常采用列表查阅水力计算表的方法进行水力计算。现以下行上给式枝状管网为例，列出计算步骤。

（1）根据多方面的综合因素，初步确定给水方式。

（2）根据建筑功能和建筑空间，以及建筑图中用水点分布情况，布置给水管道，并绘制出平面图和计算用轴测（草）图。

（3）绘制水力计算用表格，参见表 1-24（其目的是便于将每一步的计算结果填入表内，使计算明了清晰，并便于检查校核）。

（4）对计算用轴测图中的节点进行编号，并将两节点间的管段长度记入计算表之中。

（5）选择最不利点，确定计算管路。若在轴测图上能明确判定最不利点，从引入管起点至最不利点则为计算管路。若在轴测图上难以明确判定最不利点，则应同时选择几条可能的计算管路，分别计算各管路所需压力，其值最大者方为该给水系统所需的供水压力（如果是与消防共用的给水系统，其最不利点也可能是位置最高且流程最远的消火栓或自动喷水灭火喷头处）。

（6）按建筑的性质选用设计秒流量公式，计算各管段的设计秒流量。

（7）根据设计秒流量，查水力计算表，进行管网的水力计算。在计算出管路的总水头损失时，如系统中有水表，则应算出水表的水头损失，进而求出给水系统所需压力 H。

（8）校核。当室外给水管网压力（也称资用水头）H_0（也可能是水泵所提供的扬程）大于建筑所需压力 H 时，设计方案可行（在实际工程中，通常应使 H_0 略大于 H，其大于的幅度一般为 5%～10%。H_0 较小时，宜接近高限，H_0 较大时，宜接近低限）。

当 H_0 大于 H 许多时，可将管网中部分管段的管径调小一些，以节约能源和投资。

当 H_0 略小于 H 时,可适当放大部分管段的管径,减小管道系统的水头损失,达到上述的要求。

当 H_0 小于 H 许多时,则应修正原方案,在给水系统中增设增压设备。

(9)确定非计算管路各管段的管径。对于非计算管路,其管径也是根据管段的设计秒流量,查水力计算表确定。其水头损失就不必计算了。

(10)如给水系统中需设置增压、贮水设备,还应对这些设备进行计算选型。

【例 1-1】一幢 3 层高的小型旅馆,较远端男卫生间的给水平面布置图如图 1-34 所示,每一层卫生器具的设置与数量完全相同(大便器采用自动延时自闭冲洗阀),管道采用塑料管。室外给水管在宿舍的东侧,管道埋深为 0.80m,室外管网的常年水压 H_0 为 0.22MPa(从引入管轴线算起)。试进行给水系统的水力计算。

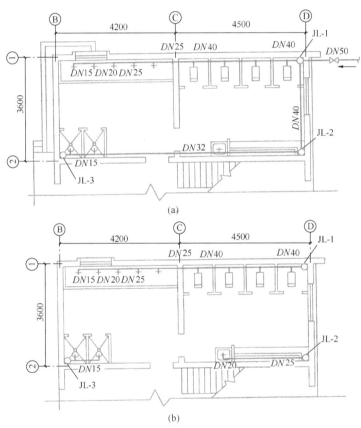

图 1-34 室内给水管网平面图
(a)底层给水管网平面布置图;(b)二、三层给水管网平面布置图

【解】(1)由于该建筑只有 3 层,所需水压经估算约为 $16mH_2O$,拟采用直接给水方式,管网布置成下行上给式。

(2)绘出轴测图(计算草图)如图 1-35 所示。

(3)绘出水力计算用表格,见表 1-25。

(4)在轴测图上进行节点编号,将各管段管长填入表 1-25 之中。

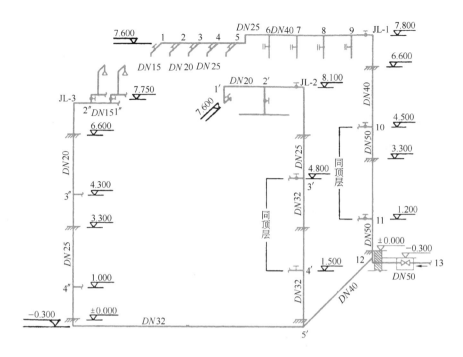

图 1-35　给水管网计算草图

给水管网水力计算表　　　　　　　　　　　　　　　　　表 1-25

顺序号	管段编号	卫生器具名称、当量值和数量					当量总数 N_g	流量 q_g (L·s⁻¹)	管径 DN (mm)	流速 v (m·s⁻¹)	单阻 i (kPa·m⁻¹)	管长 L (m)	管段沿程水头损失 h_g (kPa)	备注
		淋浴器	污水盆	盥洗槽水嘴	小便槽冲洗管	大便器自闭式冲洗阀								
	自　至	0.75	1.5	0.75	0.25	0.5								
1	1～2			1			0.75	0.15	15	0.75	0.564	0.7	0.40	公式计算值＞器具额定流量
2	2～3			2			1.50	0.30	20	0.79	0.422	0.7	1.12	公式计算值＞器具累加流量
3	3～4			3			2.25	0.45	25	0.69	0.234	0.7	0.16	公式计算值＞器具累加流量
4	4～5			4			3.00	0.60	25	0.91	0.386	0.7	0.27	公式计算值＞器具累加流量
5	5～6			5			3.75	0.75	25	1.14	0.575	1.8	1.04	公式计算值＞器具累加流量
6	6～7			5		1	4.25	2.05	40	1.23	0.379	1.1	0.42	公式计算值＞器具累加流量。附加1.20L/s
7	7～8			5		2	4.75	2.15	40	1.29	0.414	1.1	0.46	公式计算值＞器具累加流量。附加1.20L/s

续表

顺序号	管段编号 自	至	淋浴器 0.75	污水盆 1.5	盥洗槽水嘴 0.75	小便槽冲洗管 0.25	大便器自闭式冲洗阀 0.5	当量总数 N_g	流量 q_g (L·s⁻¹)	管径 DN (mm)	流速 v (m·s⁻¹)	单阻 i (kPa·m⁻¹)	管长 L (m)	管段沿程水头损失 h_g (kPa)	备注
8	8	9			5		3	5.25	2.25	40	1.35	0.449	1.1	0.49	公式计算值＞器具累加流量。附加 1.20L/s
9	9	10			5		4	5.75	2.35	40	1.41	0.484	4.0	1.94	公式计算值＞器具累加流量。附加 2.10L/s
10	10	11			10		8	11.50	2.90	50	1.10	0.239	3.3	0.79	附加 1.20L/s
11	11	12			15		12	17.25	3.28	50	1.25	0.288	1.5	0.43	附加 1.20L/s
	7.52×1.30＝9.78kPa													7.52	
1	1'	2'		1				1.50	0.30	20	0.79	0.422	2.1	0.89	公式计算值＞器具额定流量
2	2'	3'		1		3.0		2.25	0.45	25	0.69	0.234	4.8	1.12	小便槽冲洗管长 3.0m 公式计算值＞器具累加流量
3	3'	4'		2		6.0		4.50	0.90	32	0.88	0.282	3.3	0.93	公式计算值＞器具累加流量
4	4'	5'		3		9.0		6.75	1.30	32	1.27	0.555	1.8	1.00	
	3.94×1.3=5.12kPa													3.94	
1	1"	2"	1					0.75	0.15	15	0.75	0.564	1.2	0.68	公式计算值＞器具额定流量
2	2"	3"	2					1.50	0.30	20	0.79	0.422	3.9	1.65	公式计算值＞器具累加流量
3	3"	4"	4					3.00	0.60	25	0.91	0.386	3.3	1.27	公式计算值＞器具累加流量
4	4"	5'	6					4.50	0.90	32	0.88	0.282	10	2.82	公式计算值＞器具累加流量
	6.42×1.30=8.35kPa													6.42	
1	5'	12	6	3		9.0		11.25	1.68	40	1.11	0.258	3.2	0.83	
2	12	13	6	3	15	9.0	12	28.50	3.87	50	1.46	0.386	4.0	1.54	附加 1.20L/s

(5) 确定最不利点及计算管路。由于该系统的最不利点不很明显，难以"一眼看出"，图中的 1 点、6 点、1′点和 1″点都可能是最不利点。故要进行分析并经计算后才能确定。

初步分析：1 点高程为 7.60m，参见表 1-14 取盥洗槽水嘴的最低工作压力为 5.0mH₂O；6 点高程较大，为 7.80m，取自闭式冲洗阀的最低工作压力为 10.0mH₂O；1′点高程最大，为 8.10m，取污水池水嘴的最低工作压力为

$5.0 mH_2O$；$1''$点高程居中，为 7.75m，取淋浴器阀门前的最低工作压力为 $5.0 mH_2O$，且流程又最远。相互比较一下，最不利点可能在 6 点、$1'$点和 $1''$点之中。因此，在计算表中列出 3 条计算管路进行计算。

（6）选用 1-9 式 $q_g = 0.2\alpha\sqrt{N_g}$，参见表 1-17，取 $\alpha = 2.5$，计算各管段设计秒流量，并填入表 1-25 中。

（7）查塑料管水力计算表（表 1-22），进行水力计算，将数据填入表 1-25 中（局部损失取沿程损失的 30％计）。

（8）确定最不利点。

6 点所需水压：

$$H = 7.8 - (-1.10) + 1.3(0.42 + 0.46 + 0.49 + 1.94 + 0.79 + 0.43$$
$$+ 1.54) \times \frac{1}{10} + 10.0$$
$$= 19.69 mH_2O$$

$1'$点所需水压：

$$H = 8.1(-1.10) + 1.30(3.94 + 0.83 + 1.43) \times \frac{1}{10} + 5.0 = 15.01 mH_2O$$

$1''$点所需水压：

$$H = 7.75 - (-1.10) + 1.30(6.42 + 0.83 + 1.43) \times \frac{1}{10} + 5.0 = 14.98 mH_2O$$

故 6 点为最不利点，13～12～11～6 为计算管路。

（9）校核。由初步计算结果看出，该集体宿舍所需水压 H 略小于室外管网提供的压力 H_0，且 H_0 大于 H 10％左右，比较合理。其直接给水方式和所计算出的管径（包括非计算管路的管径）即可确定下来。

在实际工程中，有些管段不一定完全按理论计算施工，如 1～3～6 管段，计算出的管径有 $DN15$、$DN20$、$DN25$ 三种规格。实际施工时，可能从管段 1～3 到管段 5～6 全部安装成 $DN25$（或 $DN20$）的管道，使其既实用又美观。

在实际工程设计中，建筑给水系统管网的水力计算有相当多的重复性计算工作，特别是大型建筑的给水系统，或者是给水环状管网的水力计算，非常繁杂，人工计算费时费神。现已有多种管道水力计算软件（也可针对各种管道材质），应用计算机代替手工计算的重复劳动，既省时省力，又提高了计算精确度。读者可参看有关专著。

1.9　给水增压与调节设备

1.9.1　水泵

在建筑给水系统中，当现有水源的水压较小，不能满足给水系统对水压的需要时，常采用设置水泵进行增高水压来满足给水系统对水压的需求。

1. 适用建筑给水系统的水泵类型

在建筑给水系统中，一般采用离心式水泵（有卧式与立式之分）。

为节省占地面积，可采用结构紧凑、安装管理方便的立式离心泵或管道泵；

当采用设水泵、水箱的给水方式时，通常是水泵直接向水箱输水，水泵的出水量与扬程几乎不变，可选用恒速离心泵；当采用不设水箱而须设水泵的给水方式时，可采用变频调速泵组供水。

2. 水泵的选择

选择水泵除满足设计要求外，还应考虑节约能源，使水泵在大部分时间保持高效运行。要达到这个目的，正确地确定其流量、扬程至关重要。

（1）流量的确定

在生活（生产）给水系统中，当无水箱（罐）调节时，其流量均应按设计秒流量确定；有水箱调节时，水泵流量应按最大时流量确定；当调节水箱容积较大，且用水量均匀，水泵流量可按平均时流量确定。

消防水泵的流量应按室内消防设计水量确定。

（2）扬程的确定

水泵的扬程应根据水泵的用途、与室外给水管网连接的方式来确定。

当水泵从贮水池吸水向室内管网输水时，其扬程由下式确定：

$$H_b = H_z + H_s + H_c \qquad (1\text{-}14)$$

当水泵从贮水池吸水向室内管网中的高位水箱输水时，其扬程由下式确定：

$$H_b = H_{z1} + H_s + H_v \qquad (1\text{-}15)$$

当水泵直接由室外管网吸水向室内管网输水时，其扬程由下式确定：

$$H_b = H_z + H_s + H_c - H_0 \qquad (1\text{-}16)$$

式中 H_b——水泵扬程，kPa；

       H_z——水泵吸入端最低水位至室内管网中最不利点所要求的静水压，kPa；

       H_s——水泵吸入口至室内最不利点的总水头损失（含水表的水头损失），kPa；

       H_c——室内管网最不利点处用水设备的最低工作压力，kPa；

       H_{z1}——水泵吸入端最低水位至水箱最高水位要求的静水压，kPa；

       H_v——水泵出水管末端的流速水头，kPa；

       H_0——室外给水管网所能提供的最小压力，kPa。

如遇式（1-18）所限定的情况，计算出 H_b 选定水泵后，还应以室外给水管网的最大压力校核水泵的工作效率和超压情况。如果超压过大，会损坏管道或附件，则应采取设置水泵回流管、管网泄压管等保护性措施。

3. 水泵的设置

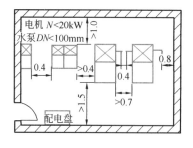

图 1-36 水泵机组的布置间距（m）

水泵机组一般设置在水泵房内，泵房应远离需要安静、要求防振、防噪声的房间，并有良好的通风、采光、防冻和排水的条件；泵房的条件和水泵的布置要便于起吊设备的操作，其间距要保证检修时能拆卸、放置泵体和电机（其四周宜有 0.7m 的通道），并能进行维修操作，如图 1-36 所示。水泵机组外轮廓面与墙和相邻机组间的距离见表 1-26。

水泵机组外轮廓面与墙和相邻机组间的间距　　　　　　表 1-26

电动机额定功率 （kW）	水泵机组外廓面与墙面 之间最小间距（m）	相邻水泵机组外轮廓面之间 最小距离（m）
≤22	0.8	0.4
>22～<55	1.0	0.8
≥55～≤160	1.2	1.2

注：1. 水泵侧面有管道时，外轮廓面计至管道外壁面。

　　2. 水泵机组是指水泵与电动机的联合体，或已安在金属座架上的多台水泵联合体。

　　每台水泵一般宜设独立的吸水管，如必须设置成几台水泵共用吸水管时，吸水管应管顶平接；水泵装置宜设计成自动控制运行方式，间歇抽水的水泵应尽可能设计成自灌式吸水（特别是消防泵），自灌式吸水的水泵吸水管上应装设阀门。在不可能时才设计成吸上式，吸上式的水泵均应设置引水装置；每台水泵的出水管上应装设阀门、止回阀和压力表，并宜有防水击措施。水泵直接从室外管网吸水时，应在吸水管上装设阀门、倒流防止器和压力表，并应绕水泵设装有阀门和止回阀的旁通管。

　　与水泵连接的管道力求短、直；水泵基础应高出地面 0.1～0.3m；水泵吸水管内的流速宜控制在 1.0～1.2m/s 以内，出水管内的流速宜控制在 1.5～2.0m/s 以内。

　　为减小水泵运行时振动产生的噪声，应尽量选用低噪声水泵，也可在水泵基座下安装橡胶、弹簧减振器或橡胶隔振器（垫）。在吸水管、出水管上装设可曲挠橡胶接头，采用弹性吊（托）架，以及其他新型的隔振技术措施等。当有条件和必要时，建筑上还可采取隔振和吸声措施，如图 1-37 所示。

　　生活和消防水泵应设备用泵，生产用水泵可根据工艺要求确定是否设置备用泵。

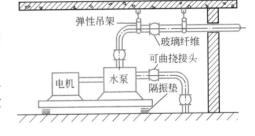

弹性吊架　玻璃纤维　可曲挠接头　电机　水泵　隔振垫

图 1-37　水泵隔振安装结构示意图

1.9.2　贮水池

　　贮水池是贮存和调节水量的构筑物。当一幢（特别是高层建筑）或数幢相邻建筑所需的水量、水压明显不足，或者是用水量很不均匀（在短时间内特别大），城市供水管网难以满足时，应当设置贮水池。

　　贮水池可设置成生活用水贮水池、生产用水贮水池、消防用水贮水池等。贮水池的形状有圆形、方形、矩形和因地制宜的异形。小型贮水池可以是砖石结构，混凝土抹面，大型贮水池应该是钢筋混凝土结构。不管是哪种结构，必须牢固，保证不漏（渗）水。

　　1. 贮水池的容积

　　贮水池的容积与水源供水能力、生活（生产）调节水量、消防贮备水量和生产事故备用水量有关，可根据具体情况加以确定：

　　消防贮水池的有效容积应按消防的要求确定；生产用水贮水池的有效容积应按生产工艺、生产调节水量和生产事故水量等情况确定；生活用水贮水池的有效容积应按进水量与用水量变化曲线经计算确定。当资料不足时，宜按建筑最高日用水量的 20%～25% 确定。

2. 贮水池的设置

贮水池可布置在通水良好、不结冻的室内地下室或室外泵房附近，不宜毗邻电气用房和居住用房或在其上方。生活贮水池应远离（一般应在 10m 以上）化粪池、厕所、厨房等卫生环境不良的房间，应有防污染的技术措施；生活贮水池不得兼作他用，消防和生产事故贮水池可兼作喷泉池、水景镜池和游泳池等，但不得少于两格；消防贮水池中包括室外消防用水量时，应在室外设有供消防车取水用的吸水口；昼夜用水的建筑物贮水池和贮水池容积大于 500m³ 时，应分成两格，以便清洗、检修。

贮水池外壁与建筑本体结构墙面或其他池壁之间的净距，应满足施工或装配的要求；无管道的侧面，其净距不宜小于 0.7m；有管道的侧面，其净距不宜小于 1.0m，且管道外壁与建筑本体墙面之间的通道宽度不宜小于 0.6m；设有人孔的池顶顶板面与上面建筑本体板底的净空不应小于 0.8m。

贮水池的设置高度应利于水泵自灌式吸水，且宜设置深度不小于 1.0m 的集（吸）水坑，以保证水泵的正常运行和水池的有效容积；贮水池应设进水管、出（吸）水管、溢流管、泄水管、人孔、通气管和水位信号装置。溢流管应比进水管大一号，溢流管出口应高出地坪 0.10m；通气管直径应为 200mm，其设置高度应距覆盖层 0.5m 以上；水位信号应反映到泵房和操纵室；必须保证污水、尘土、杂物不得通过人孔、通气管、溢流管进入池内；贮水池进水管和出水管应分别设置且应布置在相对位置，以便贮水经常流动，避免滞留和死角，以防池水腐化变质。

1.9.3 吸水井

当室外给水管网水压不足，但能够满足建筑内所需水量时，可不需设置贮水池，水泵直接从管网吸水升压。若室外管网不允许直接抽水时，则需设置仅满足水泵吸水要求的吸水井。

吸水井的容积应大于最大一台水泵 3min 的出水量。

吸水井可设在室内底层或地下室，也可设在室外地下或地上，对于生活用吸水井，应有防污染的措施。

吸水井的尺寸应满足吸水管的布置、安装和水泵正常工作的要求，吸水管在井内布置的最小尺寸如图 1-38 所示。

1.9.4 水箱

按不同用途，水箱可分为高位水箱、减压水箱、冲洗水箱、断流水箱等多种类型。其形状多为矩形和圆形，制作材料有钢板（包括普通、搪瓷、镀锌、复合与不锈钢板等）、钢筋混凝土、玻璃钢和塑料等。这里主要介绍在给水系统中使用较广的起到保证水压和贮存、调节水量的高位水箱。

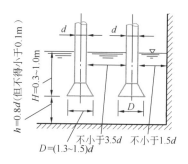

图 1-38 吸水管在井内布置的最小尺寸

1. 水箱的有效容积

水箱的有效容积，在理论上应根据用水和进水流量变化曲线确定。但变化曲线难以获得，故常按经验确定：

对于生活用水的调节水量，由水泵联动提升进水时，可按不小于最大时用水量的50%计；仅在夜间由城镇给水管网直接进水的水箱，生活用水贮量应按用水人数和最高日用水定额确定；生产事故备用水量应按工艺要求确定；当生活和生产调节水箱兼作消防用水贮备时，水箱的有效容积除生活或生产调节水量外，还应包括10min的室内消防设计流量（这部分水量平时不能动用）。

水箱内的有效水深一般采用0.70～2.50m。水箱的保护高度一般为200mm。

2. 水箱设置高度

水箱的设置高度可由下式计算：

$$H \geqslant H_s + H_c \tag{1-17}$$

式中　H——水箱最低水位至配水最不利点位置高度所需的静水压，kPa；

　　　H_s——水箱出口至最不利点管路的总水头损失，kPa；

　　　H_c——最不利点用水设备的最低工作压力，kPa。

贮备消防水量的水箱，满足消防设备所需压力有困难时，应采取设置增压泵等措施。

3. 水箱的配管与附件

水箱的配管与附件如图1-39所示。

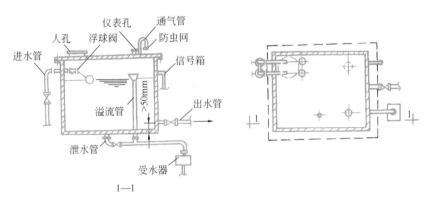

图1-39　水箱配管与附件示意图

进水管：进水管一般由水箱侧壁接入（进水管口的最低点应高出溢流水位25～150mm），也可从顶部或底部接入。进水管的管径可按水泵出水量或管网设计秒流量计算确定。

当水箱直接利用室外管网压力进水时，进水管出口应装设（优先采用）液压水位控制阀（控制阀的直径应与进水管管径相同）或浮球阀，进水管上还应装设检修用的阀门，当管径≥50mm时，控制阀（或浮球阀）不少于2个，且进水管标高应一致。从侧壁进入的进水管其中心距箱顶应有150～200mm的距离。

当水箱由水泵加压供水时，应设置水位自动控制水泵运行时的装置。

出水管：出水管可从侧壁或底部接出，出水管内底或管口应高出水箱内底且应大于50mm；出水管管径应按设计秒流量计算；出水管不宜与进水管在同一侧面；为便于维修和减小阻力，出水管上应装设阻力较小的闸阀，不允许安装阻力大的截止阀；水箱进出水管宜分别设置；如进水、出水合用一根管道，则应在出水管上装设阻力较小的旋启式止回阀，止回阀的标高应低于水箱最低水位1.0m；消防和生活合用的水箱除了确保消防贮备水量不作他用的技术措施外，还应尽量避免产生死水区。

溢流管：水箱溢流管可从底部或侧壁接出，溢流管的进水口宜采用水平喇叭口集水（若溢流管从侧壁接出，喇叭口下的垂直距离不宜小于溢流管径的4倍）并应高出水箱最高水位50mm，溢流管上不允许设置阀门，溢流管出口应设网罩，管径应比进水管大一级。溢流管出口不得与污、废水管道系统直接连接，还应设置防护措施。

泄水管：水箱泄水管应自底部接出，管上应装设闸阀，其出口可与溢水管相接，但不得与污、废水管道系统直接相连，其管径应按水箱泄空时间和泄水受体排泄能力确定，但一般不小于50mm。

水位信号装置：该装置是反映水位控制阀失灵报警的装置。可在溢流管口（或内底）齐平处设信号管，一般自水箱侧壁接出，常用管径为15mm，其出口接至经常有人值班的控制中心内的洗涤盆上。若设置的是其他信号报警装置，其信息亦应传至监控中心。

若水箱液位与水泵连锁，则应在水箱侧壁或顶盖上安装液位继电器或信号器，并应保持一定的安全容积：最高电控水位应低于溢流水位100mm；最低电控水位应高于最低设计水位200mm以上。

为了就地指示水位，应在观察方便、光线充足的水箱侧壁上安装玻璃液位计，便于直接监视水位。

通气管：在水箱盖上应设通气管，以使箱内空气流通。其管径一般不小于50mm，管口应朝下并设网罩等防护措施。

人孔：为便于清洗、检修，箱盖上应设人孔。

4. 水箱的布置与安装

水箱间：水箱间的位置应结合建筑、结构条件和便于管道布置来考虑，能使管线尽量简短，同时应有良好的通风、采光和防蚊蝇条件，室内最低气温不得低于5℃。水箱间的净高不得低于2.20m，并能满足布管要求。水箱间的承重结构应为非燃烧材料。

水箱的布置：水箱布置间距要求见表1-27。对于大型公共建筑和高层建筑，为保证供水安全，宜将水箱分成两格或设置两个水箱。

水箱布置间距（m） 表1-27

箱外壁至墙面的距离		水箱之间的距离	箱顶至建筑最低点的距离
有管道、阀门一侧	无管道一侧		
1.0	0.7	0.7	0.8

注：1. 水箱旁有管道闸门时，管道、阀门外壁与建筑本体墙面之间的通道宽度不宜小于0.6m。
2. 当水箱按表中布置有困难时，允许水箱之间或水箱与墙壁之间的一面不留检修通道。

金属水箱的安装：用槽钢（工字钢）梁或钢筋混凝土支墩支承。为防水箱底与支承接触面发生腐蚀，应在它们之间垫以石棉橡胶板、橡胶板或塑料板等绝缘材料。

水箱底距地面宜有不小于800mm的净空高度，以便安装管道和进行检修。

有些建筑对抗震和隔声减振有要求时，水箱的安装方法参见《给水排水设计手册》第2册。

当在城区设计室内给水系统时，是否设置水箱（水池），应认真考察、多方论证，并严格遵循当地专业管理部门的规定。

1.9.5 气压给水设备

气压给水设备是利用密闭贮罐内空气的可压缩性，进行贮存、调节、压送水量和保持水压的装置，其作用相当于高位水箱或水塔。

1. 分类与组成

气压给水设备按罐内水、气接触方式，可分为补气式和隔膜式两类。按输水压力的稳定状况，可分为变压式和定压式两类。

（1）补气变压式气压给水设备，如图1-40所示。当罐内压力较小（如P_1）时，水泵向室内给水系统加压供水，水泵出水除供用户外，多余部分进入气压罐，罐内水位上升，空气被压缩。当压力达到较大（如P_2）时，水泵停止工作，用户所需的水由气压罐提供。随着罐内水量的减少，空气体积膨胀，压力将逐渐降低，当压力降至P_1时，水泵再次启动。如此往复，实现供水的目的。用户对水压允许有一定波动时，常采用这种方式。

（2）补气定压式气压给水设备，如图1-41所示。目前常见的做法，是在上述变压式供水管道上安装压力调节阀7，将调节阀出口水压控制在要求范围内，使供水压力稳定。当用户要求供水压力稳定时，宜采用这种方式。

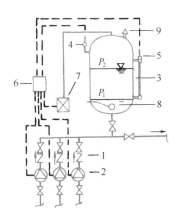

图1-40　单罐变压式气压给水设备

1—止回阀；2—水泵；3—气压水罐；

4—压力信号器；5—液位信号器；6—控制器；

7—补气装置；8—排气阀；9—安全阀

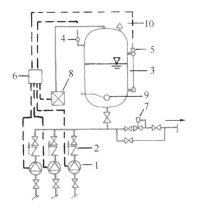

图1-41　定压式气压给水设备

1—水泵；2—止回阀；3—气压水罐；

4—压力信号器；5—液位信号器；6—控制器；

7—压力调节阀；8—补气装置；9—排气阀；10—安全阀

上述两种方式的气压罐内还设有排气阀，其作用是防止罐内水位下降至最低水位以下后，罐内空气随水流泄入管网。这种气压给水设备，罐中水、气直接接触，在运行过程中，部分气体会溶于水中，气体将逐渐减少，罐内压力随之下降，时间稍长，就不能满足设计要求。为保证系统正常工作，需设补气装置。补气的方法很多（如采用空气压缩机补气、在水泵吸水管上安装补气阀、在水泵出水管上安装水射器或补气罐等），这里介绍设补气罐的补气方式，如图 1-42 所示。当气压罐中压力达到 P_2 时，电接点压力表指示水泵停止工作，补气罐内水位下降，形成负压，进气止回阀自动开启进气。当气压罐内水位下降使压力降至 P_1 时，电接点压力表指示水泵开启，补气罐中水位上升，压力升高，进气止回阀自动关闭，补气罐中的空气随着水流进入气压水罐。当补入空气过量时，可通过自动排气阀排除部分空气。

（3）隔膜式气压给水设备。在气压水罐中设置帽形或胆囊形（胆囊形优于帽形）弹性隔膜，将气水分离，既使气体不会溶于水中，又使水质不易被污染，补气装置也就不需设置，图 1-43 为胆囊形隔膜式气压给水设备示意图。

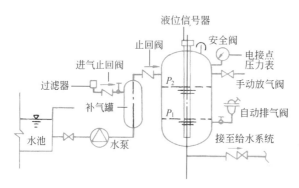

图 1-42　设补气罐的补气方法

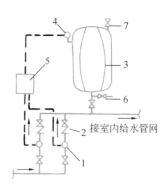

图 1-43　隔膜式气压给水设备示意图
1—水泵；2—止回阀；3—隔膜式
气压水罐；4—压力信号器；5—控制器；
6—泄水阀；7—安全阀

生活给水系统中的气压给水设备，必须注意水质防护措施。如气压水罐和补气罐内壁应涂无毒防腐涂料，隔膜应用无毒橡胶制作，补气装置的进气口都要设空气过滤装置，采用无油润滑型空气压缩机等。

2. 气压给水设备的特点

（1）气压给水设备与高位水箱相比，有如下优点：

灵活性大，设置位置限制条件少，便于隐蔽；便于安装、拆卸、搬迁、扩建、改造，便于管理维护；占地面积少，施工速度快，土建费用低；水在密闭罐之中，水质不易被污染；具有消除管网系统中水击的作用。

（2）气压给水设备的缺点

贮水量少，调节容积小，一般调节水量为总容积的 15％～35％；给水压力不太稳定，变压式气压给水压力变化较大，可能影响给水配件的使用寿命；供水可靠性较差。由于有效容积较小，一旦因故停电或自控失灵，断水的概率较大；与其容积相对照，钢材耗量较大；因是压力容器，对用材、加工条件、检验手段均有严格要求；耗电较多，水泵启动频繁，启动电流大；水泵不是都在高效区工作，平均效率低；水泵扬程要额外增加 $\Delta P=P_2-P_1$ 的电耗，这部分是无用功但又是必需的，一般增加 $15\%\sim25\%$ 的电耗。因此，推荐采用 2 台以上水泵并联工作的气压给水系统。

3. 气压给水设备的计算

计算内容主要是：确定气压水罐的总容积和调节容积，确定配套水泵的流量和扬程。

(1) 气压罐容积的计算

计算的前提是：已知气压罐最低工作压力 P_1［即供水管网中最不利点所需压力——用式 (1-13) 算出的数值］。

计算的依据是波义耳——马略特定律。由图1-44可得出：

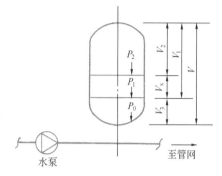

图 1-44　气压水罐容积计算

$$V_z P_0 = V_1 P_1 = V_2 P_2 \qquad (1\text{-}18)$$

$$V_t = V_1 - V_2 = \frac{q_b}{4n} \quad (\text{此处推导不详述}) \qquad (1\text{-}19)$$

气压水罐总容积可按下式计算：

$$V_x = \alpha_a \cdot V_t = \frac{\alpha_a q_b}{4n} \qquad (1\text{-}20)$$

$$V = \frac{\beta V_x}{1-\alpha_b} \qquad (1\text{-}21)$$

式中　P_0——气压水罐无水时的绝对压力，MPa；

$\quad\ \ P_1$——气压水罐内最低工作压力（绝对压力），MPa；

$\quad\ \ P_2$——气压水罐内最高工作压力（绝对压力。其值不得使管网配水点的水压大于 0.55MPa），MPa；

$\quad\ \ V_1$——气压水罐内为 P_1 时，气体的体积，m³；

$\quad\ \ V_2$——气压水罐内为 P_2 时，气体的体积，m³；

$\quad\ \ V_t$——气压水罐的理论调节容积，m³；

$\quad\ \ V_x$——实际采用的气压水罐调节容积，m³；

$\quad\ \ V_z$——气压水罐的理论总容积，m³；

$\quad\ \ V$——实际采用的气压水罐总容积，m³；

$\quad\ \ q_b$——平均工作压力时，配套水泵的计算流量，其值不应小于管网最大时流量的 1.2 倍；当由几台水泵并联运行时，为最大一台水泵的流量，m³/h；

$\quad\ \ n$——水泵 1h 内最大启动次数，一般采用 6～8 次；

$\quad\ \ \alpha_a$——安全系数，宜采用 1.0～1.3；

$\quad\ \ \alpha_b$——气压水罐内的工作压力比，即 P_1 与 P_2 之比，宜采用 0.65～0.85。在有特殊要求（如农村给水、消防给水）时，也可在 0.5～0.90 范围内选用；

β——容积附加系数 $\beta=\dfrac{V}{V_1}$，隔膜式气压水罐宜采用 1.05（补气式立式水罐宜采用 1.10；补气式卧式水罐宜采用 1.25）。

图 1-44 中 V_3 为水的保护容积，即设计最低工作压力时罐内水容积，$V_3=V-V_1$，m^3。

（2）水泵的选型

在气压给水系统中，为尽量提高水泵的平均工作效率，一般应选择流量—扬程特性曲线较陡的 W 型旋涡泵、DA 型多级离心泵或 MS 型离心泵。

对于变压式气压给水设备，应根据 P_1（给水系统所需压力）和采用的 α 值确定 P_2，其出水压力（扬程）在 P_1 与 P_2 之间变化。要尽量使水泵在压力为 P_1 时，其流量接近设计秒流量；当压力为 P_2 时，水泵流量接近最大时流量；罐内为平均压力时，水泵流量应不小于最大时流量的 1.2 倍。

对于定压式气压给水设备，确定的方法与变压式相同，但水泵的扬程应根据 P_1 选择，流量应不小于设计秒流量。

【例 1-2】一住宅楼共 160 户人家，平均每户 4 口人，用水量定额为 200L/（人·d），小时变化系数为 2.5，拟采用隔膜式气压给水设备供水，试计算气压水罐总容积。

【解】该住宅最高日最大时用水量为：

$$q_h=\frac{160\times4\times200\times2.5}{24\times1000}=13.33m^3/h$$

水泵的流量为：

$$q_b=1.2q_h=1.2\times13.33=16.0m^3/h$$

取 $\alpha_a=1.3$，$n=6$，据公式（1-22），则气压罐的调节容积为：

$$V_x=\alpha_a\cdot V_t=\frac{\alpha_a q_b}{4n}=1.3\times\frac{16.0}{4\times6}=0.87m^3$$

取 $\beta=1.05$，$\alpha_b=0.75$，据公式（1-23），气压罐的总容积为：

$$V=\frac{\beta V_x}{1-\alpha_b}=\frac{1.05\times0.87}{1-0.75}=3.65m^3$$

1.9.6 变频调速供水设备

在实际给水系统中，为提高供水的可靠性，用于增压的水泵都是根据管网最不利工况下的流量、扬程而选定的，但管网中高峰用水量时间不长，用水量在大多数时间里都小于最不利工况时的流量，其扬程将随流量的下降而上升，使水泵经常处于扬程过剩的情况下运行。因此，势必形成水泵能耗增高、效率降低的运行工况。为了解决供需不相吻合的矛盾，提高水泵的运行效率，又由于现代电子技术、自动化控制技术的快速发展，变频调速供水设备应运而生，它能够根据管网中的实际用水量及水压，通过自动调节水泵的转速而达到供需平衡。现在变频调速供水设备已成为成熟的技术，在实际工程中得到了广泛的运用。

就一台变频调速水泵而言，它只能在一定的转速范围内变化，才能保持高效率运行。为了扩大应用范围，变频调速供水设备一般都采用变频调速泵与恒速泵组合供水方式。在用水极不均匀的情况下，为避免在给水系统小流量用水时降低水泵机组的效率，还应并联配备小型水泵或小型气压罐与变频调速装置共同工作，在小流量用水时，大型水泵均停止工作，仅利用小泵或小气压罐向系统供水。

变频调速供水设备的主要优点是：效率高、耗能低；运行稳定可靠，自动化程度高；设备紧凑，占地面积少（省去了水箱、大气压罐）；基本不造成水质的二次污染；对管网系统中用水量变化适应能力强。适用于不便设置其他水量调节设备的给水系统。但造价略高，所需管理水平亦高些，且要求电源可靠。

图 1-45　变频调速给水装置原理图

1—压力传感器；2—微机控制器；3—变频调速器；4—恒速泵控制器；5—变频调速泵；6、7、8—恒速泵；9—电控柜；10—水位传感器；11—液位自动控制阀

1. 工作原理和节能分析

（1）工作原理：如图 1-45 所示。供水系统中扬程发生变化时，压力传感器即向微机控制器输入水泵出水管压力的信号，若出水管压力值大于系统中设计供水量对应的压力时，微机控制器即向变频调速器发出降低电源频率的信号，水泵转速随即降低，使水泵出水量减少，水泵出水管的压力降低。反之亦然。

（2）节能分析：目前变频调速设备中水泵的运行方式，按水泵出口工况常分为两种：水泵变频调速恒压变流量运行和水泵变频调速变压变流量运行。两种运行方式的能量消耗与水泵恒速运行时能量消耗的比较，可用图1-46水泵耗能分析

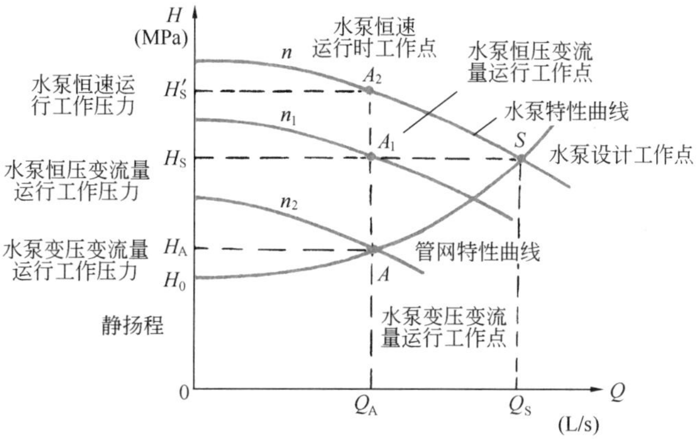

图 1-46　水泵耗能分析图

图解释。

从图 1-46 可以看出，水泵在恒速运行时，当管网中流量 Q_S 降为 Q_A 时，根据水泵恒速（转速为 n）运行特性曲线，则此时水泵的供水压力将从设计供水压力 H_S 升高至 H_S'，理论上水泵此时需要输出功率 $Q_A H_S'$（再乘以 γ，下同）。但从图上管网特性曲线分析，此时管网需要消耗的功率则只为 $Q_A H_A$。水泵多消耗的功率 $Q_A H_S' - Q_A H_A$ 实际上是无效地消耗于管网之中。

如果采用水泵变频调速出口恒压（压力为 H_S）运行，当管网中流量从设计流量 Q_S 降为 Q_A 时，由于水泵变频调速使转速从 n 变为 n_1，水泵的供水压力仍维持在 H_S，理论上水泵此时要输出功率 $Q_A H_S$，此功率将小于恒速运行时消耗的功率 $Q_A H_S'$，但仍大于管网需要消耗的功率 $Q_A H_A$。同理，多消耗的功率 $Q_A H_S - Q_A H_A$ 仍然是无效消耗于管网之中。

如果采用变频调速变压变流量运行，当管网中的流量从设计流量 Q_S 降为 Q_A 时，由于水泵变频调速使转速从 n 变为 n_2，并使水泵的供水压力刚好等于 H_A，此时理论上水泵输出功率为 $Q_A H_A$，刚好等于管网需要消耗的功率 $Q_A H_A$。所以，应该说这种运行方式是最节能的。

2. 设备分类与构造

（1）恒压变流量供水设备。该设备可单泵运行，亦可几台水泵组合运行，组合运行其中一台为变频调速泵，其他为恒速泵（含一台备用泵）。设备中除水泵机组外，还有电气控制柜（箱）、测量和传感仪表、管路和管路附件、底盘等组成。控制柜（箱）内有电气接线、开关、保护系统、变频调速系统和信息处理自动闭合控制系统等。该设备（4 台泵，1 台备用），安装运行工况示意图如图 1-47 所示。运行时（3 台泵，1 台备用）水量供应示意图如图 1-48 所示。

恒压变流量供水设备，它的控制参数的设定一般设置为设备出口恒压。所

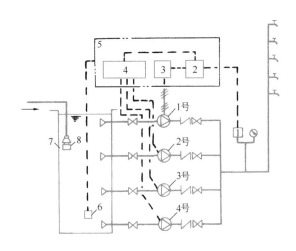

图 1-47　恒压变流量供水系统安装运行工况示意图

1—压力传感器；2—可编程序控制器；3—变频调节器；
4—恒速泵控制器；5—电控柜；6—水位传感器；
7—水池；8—液位自动控制阀

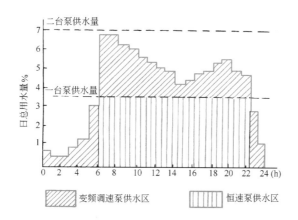

图 1-48 3 台主泵（其中 1 台备用）运行时水量供应示意图

以，自动控制系统比较简单，容易实现，运行调试工作量较少。当给水管网中动扬程比静扬程所占比例较小时，可以采用恒压变流量供水设备。

（2）变压变流量供水设备。变压变流量供水设备是指设备的出口按给水管网运行要求变压变流量供水。设备的构造和恒压变流量供水设备基本相同，只是控制信号的采集和处理及传感系统与恒压变流量设备不一致。

变压变流量供水设备的控制参数的设定，可以在给水管网最不利点（控制点）恒压控制，亦可以在设备出口按时段恒压控制，还可在设备出口按设定的管网运行特性曲线变压控制。所以，变压变流量供水设备关键是解决好控制参数的设定和传感问题。

变压变流量供水设备节能效果好，同时可改善给水管网对流量变化的适应性，提高了管网的供水安全可靠性。并且，管道和设备的保养、维修工作量与费用大大减少。但这种设备控制信号的采集和传感系统更为复杂一些，调试工作量大，设计时必须有一定的管网基本技术资料。

（3）带有小水泵或小气压罐的变频调速变压（恒压）变流量供水设备。该设备是为了解决小流量或零流量供水情况下耗电量大的问题，在系统中加设了小流量供水小泵或小型气压罐，由流量传感器或可编程序控制器进行控制，可以进一步降低耗电量，该装置安装运行工况示意图如图 1-49 所示，其运行时水量供应示意图如图 1-50 所示。此供水设备有更为优良的运行工况，应优先予以考虑。

当生活给水系统供水压力要求稳定的场合，且工作水泵为 2 台及以上时，配置变频调速器的水泵数量不宜少于 2 台。

3. 设计计算与设备的选型

变频调速供水设备电气控制柜一般是定型标准系列产品，设备选型时，只要根据给水管网系统提出的设计流量和扬程，确定设备的类型（恒压与变压），选择合适的控制柜，选泵组装即可（具体可详见产品说明书）。

（1）设计流量的计算。设备如用于建筑内，其出水量应按管网无调节装置以设计秒流量作为设计流量。

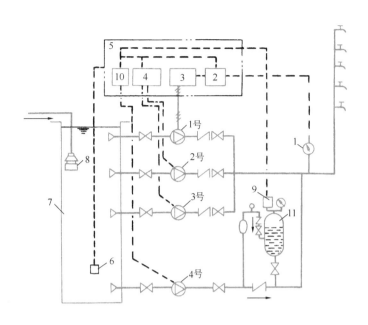

图 1-49　恒压变流量系统（带小流量供水设备）安装运行工况示意图
1—压力传感器；2—可编程序控制器；3—变频调节器；4—恒速泵控制器；
5—电控柜；6—水位传感器；7—水池；8—液位自动控制阀；9—压力开关；
10—小泵控制器；11—小气压罐

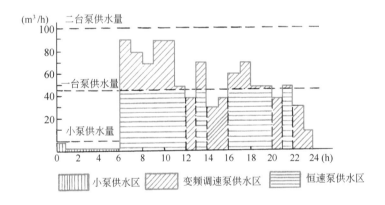

图 1-50　三台主泵（其中一台备用）一台小泵运行时水量供应图

设备如用于建筑小区内，其出水量应与给水管网的设计流量相同（如果加压的服务范围为居住小区干管网，应取小区最大时流量作为设计流量；如果加压服务范围为居住组团管网，应按其担负的卫生器具当量总数计算得出的设计秒流量作为设计流量）。

（2）设计扬程的计算。如果设备确定为变频调速恒压变流量供水设备，可根据管网设计流量时管网中最不利供水点的要求，计算出设备的供水扬程，此扬程即为设计扬程（H_S），取设备出口的设计恒压等于 H_S 即可。

如果设备确定为变频调速变压变流量供水设备，可根据管网设计流量时管网中最不利点的要求，计算出设备的供水扬程（H_S），以 H_S 作为设备出口变压的上限值，再根据管网运行的特性设定出口分时段变压，或按管网特性曲线数学模型设定变压变流量供水。变压变流量供水设备也可用管网最不利点恒压供水压力，进行设定，控制设备操作运行。

现市面上有各种类型的变频调速供水设备定型产品，生产厂家的设备各具特点，选用时需认真查阅厂家的产品样本，按其产品说明书选定。

采用变频调速供水设备时，应采用双电源或双回路供电方式；电机应有过载、短路、过压、缺相、欠压过热等保护功能；恒速水泵的工作点应在水泵特性曲线最高效率点附近，变频调速水泵在额定转速时的工作点，应位于水泵高效区的末端。

思 考 题 与 习 题

1. 建筑给水系统根据其用途分有哪些类别？
2. 建筑给水系统一般由哪些部分组成？
3. 建筑给水系统的给水方式有哪些？每种方式各有什么特点？各种方式适用怎样的条件？
4. 有一幢8层住宅建筑，试估算其所需水压为多少 kPa？
5. 常用建筑给水管材有哪些？各有什么特点？如何选用？
6. 不同材质的管道各有哪些连接方法？
7. 不同类型的阀门各有什么特点？如何选用？
8. 一幢综合性建筑，给水设置为生活、生产、消防共用系统，引入管上需安装一总水表。经计算总水表通过的生活、生产用水设计流量为 $200m^3/h$，消防用水设计流量为 30L/s。试选定水表口径、进行复核、并计算其水头损失。
9. 建筑给水管道的布置形式有哪些？布置管道时主要应考虑哪些因素？
10. 建筑给水管道的敷设形式有哪几种？敷设管道时主要应考虑哪些因素？
11. 应当如何防止建筑给水系统的水质被二次污染？
12. 建筑给水管网为何要用设计秒流量公式计算设计流量？常用的公式有哪几种？各适用什么建筑物？
13. 给水管网水力计算的目的是什么？
14. 给水管网水力计算时，为计算简便（或资料不足时），各种给水系统的局部水头损失如何取值？
15. 建筑给水系统所需压力包括哪几部分？
16. 如何确定贮水池、水箱的容积？水箱应当如何配管？
17. 水泵吸水管、压水管的布置应注意哪些问题？
18. 气压给水设备有什么特点？其工作原理是怎样的？
19. 变频调速供水设备有什么特点？
20. 有2幢19层的住宅建筑，每层4个单元，每个单元2家住户，平均每户4口人。该2幢建筑为一个给水系统，用水定额为 180L/（人·d），小时变化系数为2.5。给水系统中拟设置隔膜式气压给水设备。试计算气压水罐的总容积。

1-2 教学单元1
习题解析

教学单元 2　建筑消防给水

建筑消防应遵循国家有关基本建设的方针政策，贯彻"预防为主，防消结合"的方针，认真总结国内外建筑防火设计实践经验和消防科技成果。

2.1　消防系统的类型、灭火机理和适用范围

2.1.1　火灾与燃烧的基本理论

（1）火灾

火灾是在时间和空间上失去控制的燃烧。

燃烧是可燃物与氧化剂作用发生的放热反应，通常伴有火焰、发光和发烟现象。

（2）火灾的必要条件

燃烧的发生和发展，必须具备可燃物、氧化剂和温度（引火源）三个必要条件，通常被称为燃烧三角形。

燃烧通常分为无焰燃烧和有焰燃烧，有焰燃烧除三个必要条件外，还必须具备未受抑制的链式反应，即自由基的存在，这便是燃烧四面体，由于自由基的存在使燃烧继续发展扩大。

（3）燃烧的充分条件

燃烧的充分条件是一定的可燃物浓度、一定的氧气含量、一定的点火能量、不受抑制的链式反应。无焰燃烧必须具备前 3 项充分条件，当其中之一不能满足时，即无法燃烧。

（4）火灾的分类

根据可燃物的燃烧性能来划分，可分为 A、B、C、D、E 五类火灾。

A 类为可燃固体火灾，一般是有机物质，如木材、棉麻等；

B 类为可燃液体，如汽油、柴油等；

C 类为可燃气体，如甲烷、天然气和煤气等；

D 类为活泼金属，如钾、钠、镁等；

E 类为电气火灾。

（5）燃烧与爆炸

1）闪燃和闪点：在液体（固体）表面上产生足够的可燃蒸气，遇火能产生一闪即灭的燃烧现象称为闪燃。在规定的试验条件下，在液体（固体）表面上能产生闪燃的最低温度称为闪点。闪点愈低火灾危险性愈大，闪点是火灾危险性分类的重要依据。

2）燃点与自燃和自燃点：一种物质燃烧时所放出的燃烧热使该物质能蒸发

出足够的蒸气来维持其燃烧所需的最低温度称为该物质的燃点。燃点一般高于闪点。可燃物质在没有外部火花、火焰等火源的作用下，因受热或自身发热并蓄热所产生的自然燃烧称为自燃，在规定条件下，可燃物质产生自燃的最低温度是该物质的自燃点。

3）爆炸与爆炸极限：由于物质急剧的氧化或分解反应产生的温度增加、压力增加或两者同时增加的现象称为爆炸。可燃气体、蒸汽或粉尘与空气混合后遇火会产生爆炸的最低或最高浓度，称为爆炸极限。

（6）燃烧的特点

1）气体燃烧是直接燃烧，燃烧容易，加热到燃点就燃烧，所需的热量仅用于氧化或分解。

2）可燃液体的燃烧是液体蒸气进行燃烧，液体燃烧是面燃烧。在敞口储罐的火灾中有可能产生沸溢、溅出和冒泡现象，造成大面积火灾。

3）固体可燃物必须经过受热、蒸发、热分解过程，使固体上方可燃气体浓度达到燃烧极限，才能持续不断地发生燃烧。

（7）燃烧产物

由燃烧或热分解作用而产生的全部物质称作燃烧产物，燃烧产物通常为气体、热量和烟雾等。燃烧生成的气体有一氧化碳（CO）、氰化氢（HCN）、二氧化碳（CO_2）、氯化氢（HCl）、二氧化硫（SO_2）等，热量形成热气流或热辐射，烟雾是含碳物质不完全燃烧所产生的固体或液体微粒。

（8）轰燃

起火空间一定范围内的所有物体表面同时燃烧的瞬间称为轰燃。轰燃是火灾由初期阶段向充分发展阶段转变的一个相对短暂的阶段，是燃烧速率急剧增大的结果。

（9）滚燃

火灾烟雾中的可燃气体也在燃烧，称为滚燃。

2.1.2 灭火机理

1. 灭火机理

灭火是破坏燃烧条件，使燃烧终止反应的过程。灭火的基本原理可归纳为冷却、窒息、隔离和化学抑制，前 3 种主要是物理过程，第 4 种为化学过程。

（1）冷却灭火。对一般可燃物而言，它们之所以能够持续燃烧，其条件之一就是它们在火焰或热的作用下，达到了各自的燃点。因此，将可燃固体冷却到燃点以下，将可燃液体冷却到闪点以下，燃烧反应就会中止。用水扑灭一般固体物质的火灾，主要是通过冷却作用来实现的。水能大量吸收热量，使燃烧物的温度迅速降低，火焰熄灭。

（2）窒息灭火。氧的浓度是燃烧的必要充分条件，用二氧化碳、氮气、水蒸气等稀释氧的浓度，燃烧不能持续，达到灭火的目的。多用于密闭或半密闭空间。

（3）隔离灭火。可燃物是燃烧条件中的主要因素，如果把可燃物与火焰以及氧隔离开，燃烧反应会自动中止。如切断流向着火区的可燃气体或液体的通道；

71

或喷洒灭火剂把可燃物与氧和热隔离开，是常用的灭火方法。

（4）化学抑制灭火。物质的有焰燃烧中的氧化反应，都是通过链式反应进行的，产生大量的自由基。灭火剂能抑制自由基的产生，自由基浓度降低，链式反应中止，火灾扑灭。

2. 水灭火机理

水灭火的主要机理是冷却，但因系统的不同可伴有其他灭火功能，如窒息、预湿润、阻隔辐射热、稀释、乳化等灭火功能。

水是利用自身的吸热和汽化潜热来冷却的，水的冷却作用是其他灭火剂所无法替代的。水汽化后变为水蒸气，在燃烧物周围形成一道屏障，阻挡新鲜空气的吸入。当燃烧物周围氧气浓度降低到一定值时，火焰将被窒息、最后熄灭。

以水为灭火剂的灭火系统有消火栓灭火系统、消防炮、自动喷水灭火系统、水喷雾灭火系统、细水雾灭火系统等。

（1）消火栓灭火机理。消火栓灭火机理主要是冷却。可扑灭 A 类火灾，以及其他火灾的暴露防护和冷却。消火栓是依靠水枪充实水柱的冲击力使水进入着火区，用水从着火点的外部进行冷却灭火的，水的浪费较大。同时，由于消火栓充实水柱的力量较大，可能在小火时把火场周围的物品冲坏。着火面积较大时，消火栓只能控制建筑内物品的燃烧速度，而不能抑制热量生成和扑灭火灾。

（2）自动喷水灭火机理。自动喷水灭火机理主要是冷却，也伴有预湿润等灭火功能，可扑灭 A 类火灾，以及其他火灾的暴露防护和隔断。灭火时是从火灾的内部喷水灭火，而且水的冲击力小，对火场周围的物品无损害。

自动喷水—泡沫联用系统的灭火机理是冷却和隔离、窒息 3 种灭火机理同时存在。水幕系统阻隔辐射热，雨淋系统具有冷却和预湿润作用。

（3）水喷雾灭火机理。水喷雾具有冷却、窒息、乳化某些液体和稀释作用，可扑灭 A、B 类和电气火灾，以及其他火灾的暴露防护和冷却。

（4）细水雾灭火机理。细水雾灭火机理是以冷却为主，同时伴有窒息作用。可扑灭 A、B 类和电气火灾，以及其他火灾的暴露防护和冷却。细水雾因其水滴粒径极小，遇到热量后迅速蒸发，该系统与自动喷水系统和喷雾系统相比，因水滴更小，水的蒸发速度快且彻底，因此用水量少。

（5）消防炮灭火机理。消防水炮灭火机理主要是冷却，可扑灭 A 类火灾和暴露防护及冷却。消防泡沫炮灭火机理主要是隔离，可扑灭 A、B 类火灾。消防干粉炮灭火机理是隔离、化学抑制，可扑灭 A、B 和 C 类火灾。

3. 泡沫系统灭火机理

泡沫灭火系统分为低、中、高 3 种泡沫系统，其灭火机理主要是隔离作用，同时伴有窒息作用。可扑灭 A、B 类火灾。低倍数泡沫的发泡倍数是 20 倍以下，中倍数泡沫的发泡倍数为 21～200，高倍数泡沫的发泡倍数为 201～1000。

4. 洁净气体系统灭火机理

洁净气体系统灭火机理因灭火剂而异，一般是由冷却、窒息隔离和化学抑制等机理组成。可扑灭 A、B、C 和电气火灾类火灾。洁净气体具有化学稳定性好、耐储存、腐蚀性小、不导电、毒性低、蒸发后不留痕迹的优点，适用于扑救多种类型的火灾。常用洁净气体系统有七氟丙烷、IG541、三氟甲烷、二氧化碳。

5. 干粉灭火机理

干粉灭火剂以磷酸氢盐和碳酸氢盐灭火剂为主，通常可分为物理灭火和化学灭火两种功能。一般认为物理灭火主要是干粉灭火剂吸收燃烧产生的热量，使显热变成潜热，燃烧反应温度骤降，不能维持持续反应所需的热量，燃烧反应中止，火焰熄灭。磷酸氢盐适合扑灭 A 类火灾，碳酸氢盐适合于扑灭 B 和 C 类火灾。

2.1.3　火灾危险性分类

1. 建筑分类

民用建筑根据其建筑高度和层数可分为单、多层民用建筑和高层民用建筑。民用建筑的分类见表 2-1。

民用建筑的分类　　　　　　　　　　　　　　　　　　表 2-1

名称	高层民用建筑		单、多层民用建筑
	一类	二类	
住宅建筑	建筑高度大于 54m 的住宅建筑（包括设置商业服务网点的住宅建筑）	建筑高度大于 27m，但不大于 54m 的住宅建筑（包括设置商业服务网点的住宅建筑）	建筑高度不大于 27m 的住宅建筑（包括设置商业服务网点的住宅建筑）
公共建筑	1. 高度大于 50m 的公共建筑； 2. 建筑高度 24m 以上部分任一楼层建筑面积大于 1000m² 的商店、展览、电信、邮政、财贸金融建筑和其他多种功能组合的建筑； 3. 医疗建筑、重要公共建筑； 4. 省级以上的广播电视和防灾指挥调度建筑、网局级和省级电力调度建筑； 5. 藏书超过 100 万册的图书馆、书库	除一类高层公共建筑外的其他高层公共建筑	1. 建筑高度大于 24m 的单层公共建筑； 2. 建筑高度不大于 24m 的其他公共建筑

2. 建筑物保护分级

建筑物保护分级分为 4 级：重要建筑、一类建筑、二类建筑、三类建筑。具体分级见表 2-2。

建筑物保护分级　　　　　　　　　　　　　　　　表 2-2

重要建筑	① 地市级及以上党政机关办公楼； ② 高峰使用人数或座位数超过 1500 人（座）的体育馆、会堂、会议中心、电影院、剧场、室内娱乐场所、车站和客运站等公众聚会场所； ③ 藏书量超过 50 万册的图书馆，博物馆、档案馆、展览馆，地市级及以上的文物古迹等建筑； ④ 省级以上邮政楼、电信楼等通信、指挥调度建筑； ⑤ 省级及以上的银行等金融机构办公楼； ⑥ 高峰使用人数超过 5000 人的露天体育场、露天游泳场及其他露天公众聚会娱乐场所； ⑦ 使用人数超过 500 人的中小学校，使用人数超过 200 人的幼儿园、托儿所、残疾人员康复设施，150 床位及以上的医院的门诊楼、住院楼（有围墙者，从围墙边算起）、养老院、疗养院等医疗、卫生、教育建筑； ⑧ 建筑面积超过 15000m² 的其他公共建筑物； ⑨ 地铁、隧道
一类建筑	除重要公共建筑物以外的下列建筑物： ① 高层民用建筑； ② 县级及以上党政机关办公楼，藏书量超过 10 万册的图书馆、博物馆、档案馆、展览馆，地市级的文物古迹，县级及以上邮政楼、电信楼，支行级及以上的银行办公楼； ③ 总建筑面积超过 5000m² 的居住建筑（含宿舍）； ④ 总建筑面积超过 3000m² 的百货商店、商场、商住楼、专业商店、综合楼、办公楼、证券交易所，总建筑面积超过 5000m² 的菜市场； ⑤ 中小学校、幼儿园、托儿所、养老院、疗养所、残疾人员康复设施，150 床位及以上的医院的门诊楼、住院楼（有围墙者，从围墙边算起）； ⑥ 高峰使用人数或座位数超过 800 人（座）的体育馆、会堂、电影院、剧场、室内娱乐场所、车站和客运站； ⑦ 高峰使用人数超过 1000 人的体育场、露天游泳场及其他露天娱乐场所； ⑧ 总建筑面积超过 6000m² 的其他建筑； ⑨ 车位超过 50 个的汽车库和车位超过 150 个的停车场； ⑩ 城市主干道的桥梁、高架路、长度超过 100m 的地下街等
二类建筑	除重要公共建筑物、一类保护物以外的下列建筑物： ① 总建筑面积超过 1000m² 的居住建筑（含宿舍）或居住建筑群； ② 总建筑面积超过 1000m² 的百货商店、商场、商住楼、专业商店、综合楼、办公楼、证券交易所，总建筑面积超过 1500m² 的菜市场； ③ 不属于一类保护物的体育馆、会堂、电影院、剧场、室内娱乐场所、车站和客运站、体育场、露天游泳场及其他露天娱乐场所； ④ 总建筑面积超过 2000m² 的其他建筑； ⑤ 车位超过 20 个的汽车库和车位超过 50 个的停车场； ⑥ 一般桥梁、地下街等
三类建筑	除重要公共建筑物、一类二类保护物以外的建筑物

2.1.4　水灭火类型和范围

1. 水消防类型

水消防系统主要是依靠水对燃烧物的冷却降温作用来扑灭火灾。

水消防系统可以分为多种类型。按照设置的位置与灭火范围，可分为室外消防系统和室内消防系统；按照管网中的给水压力，分为高压系统、临时高压系统和低压系统；按照使用范围和水流形态的不同，分为消火栓给水系统（包括室外消火栓给水系统、室内消火栓给水系统）和自动喷水灭火系统（包括湿式系统、干式系统、预作用系统、重复启闭预作用系统、雨淋系统、水幕系统、水喷雾系统）。

2. 适用范围

水是自然界中分布最广、价格最低廉的灭火剂，因此水灭火系统的适用范围也最广泛。

《建筑设计防火规范》GB 50016—2014 的适用范围包括：住宅（包括底层设置商业服务网点的住宅）、民用建筑、公共建筑、地下民用建筑以及所有的工业建筑。

2.1.5　高层建筑室内消防的特点

1. 火种多、火势猛、蔓延快

由于高层建筑电气设备、通信设施、广播系统、动力设备等种类繁多，再加上人员众多、人流频繁，因而，引起火灾的火种多。室内的大部分装饰材料和家具设施均属易燃物，容易发生火灾。高层建筑中的电梯井、楼梯井、垃圾井、管道井、通风井和通风道等都有拔风的作用，都是火灾蔓延的通道，一旦发生火灾，火势凶猛、蔓延速度快。

2. 灭火困难

目前，消防车的供水高度不超过 24m，再加上消防队员身负消防设备，沿楼梯快速上到一定高度后，呼吸和心跳都超过身体的限度，因此，靠外部力量来救高层建筑内的火灾是很困难的，主要得靠室内的消防设备来进行灭火。

3. 人员疏散困难

在高层建筑中，含有大量一氧化碳和有害物的烟雾扩散蔓延速度比火焰蔓延迅速，竖向扩散速度比横向扩散迅速，人会在几分钟内因缺氧晕倒而被毒死、烧死，再加上外来人员不熟悉安全通道和出口，疏散极为困难。

4. 经济损失大、政治影响大

高层建筑一旦发生火灾，又不能及时扑灭，会造成大量人员伤亡和巨大财产损失，还可能产生政治影响和国际影响。

因此，高层建筑必须设置完善的消防设备、报警设施，以最快的速度扑灭初期火灾。目前常用的消防设备有消火栓消防设备、自动喷水灭火设备等。

2.2　市政消防系统

2.2.1　市政消防系统的组成与作用

市政消防系统由市政消防水源、市政消防管道系统和市政消火栓组成。

市政消防系统既可供消防车取水，又可由消防车经水泵接合器向室内消防系统供水，增补室内的消防用水量不足，以控制和扑救火灾。

2.2.2 市政消防给水设计水量

市政消防用水可由市政给水管网提供，有条件的可就近利用天然水源，也可利用建筑的室内（外）水池中的储备消防用水作为消防水源。

1. 城镇市政消防用水量可按下式计算：

$$Q = N \cdot q \tag{2-1}$$

式中　Q——城镇市政消防用水量，L/s；

　　　N——同一时间火灾起数，见表 2-3；

　　　q——一次灭火用水量，L/次，见表 2-3。

城镇同一时间内的火灾起数和一起火灾灭火设计流量　　表 2-3

人数（万人）	同一时间内的火灾起数（起）	一次火灾灭火设计流量（L/s）
≤1.0	1	15
≤2.5	1	20
≤5.0	2	30
≤10.0	2	35
≤20.0	2	45
≤30.0	2	60
≤40.0	2	75
≤50.0	3	75
≤70.0	3	90
>70.0	3	100

2. 建筑物的室外消火栓用水量

单、低层建筑和工业建筑室外消火栓的用水量不应小于表 2-4 的规定；当一个单位内有泡沫设备、带架水枪、自动喷水灭火设备以及其他消防用水设备时，其消防用水量，应将上述设备所需的全部消防用水量加上表 2-4 规定的室外消火栓用水量的 50%，但采用的水量不应小于表 2-4 的规定。

建筑物的室外消火栓设计流量（L/s）　　表 2-4

耐火等级	建筑物名称及类别			建筑物体积（m³）					
				≤1500	1501~3000	3001~5000	5001~20000	20001~50000	>50000
一、二级	工业建筑	厂房	甲、乙	15	15	20	25	30	35
			丙	15	15	20	25	30	40
			丁、戊	15	15	15	15	15	20
		仓库	甲、乙	15	15	25	25	—	—
			丙	15	15	25	25	35	45
			丁、戊	15	15	15	15	15	20

续表

耐火等级	建筑物名称及类别			建筑物体积（m³）					
				≤1500	1501~3000	3001~5000	5001~20000	20001~50000	>50000
一、二级	民用建筑	住宅		15					
		公共建筑	单层及多层	15			25	30	40
			高层	—			25	30	40
	地下建筑（包括地铁）、平战结合的人防工程			15			20	25	30
三级	工业建筑	乙、丙		15	20	30	40	45	—
		丁、戊		15	15	15	20	25	35
	单层及多层民用建筑			15	15	20	25	30	—
四级	丁、戊类厂房或库存房			15	15	20	25	—	—
	单层及多层民用建筑			15	15	20	25	—	—

注：1. 成组布置的建筑物应按消火栓设计流量较大的相邻两座建筑物的体积之和确定。

2. 火车站、码头和机场的中转库房，其室外消火栓用水量应按相应耐火等级的丙类库房确定。

3. 国家级文物保护单位的重点砖、木结构的建筑物室外消防用水量，按三级耐火等级民用建筑物消防用水量确定。

4. 当单座建筑的总建筑面积大于 500000m² 时，建筑物室外消火栓设计流量应按本表规定的最大值加一倍。

2.2.3　室外消防水压

室外消防管网的水压可分为高压管网、临时高压管网和低压管网。

1. 高压消防管网

管网内经常可保持充足的水压，可直接从消火栓接水龙带水枪灭火，不再需要其他加压设备。水压可按下式计算：

$$H = H_Z + h_1 + h_2 \tag{2-2}$$

式中　H——管网最不利点消火栓栓口水压，kPa；

H_Z——室外消火栓口至消防时最不利处水枪出水口的高程差，kPa；

h_1——6 条直径为 65mm 的麻质水带的水头损失之和，kPa；

h_2——消防水枪喷口处所需水压（按水枪喷口直径 19mm、充实水柱为 100kPa 计算），kPa。

2. 室外临时高压管网

消防管网平时水压不高，当发生火警时，开启泵站内的高压消防泵来满足消防水压的要求。

3. 室外低压消防管网

管网内平时水压较低，也不具备固定专用的高压消防泵，主要由消防车或移动式消防泵提供水压。

2.2.4 室外消防管道、室外消火栓和消防水池

1. 室外消防给水管道的布置

室外消防给水管道是指从市政给水管网接往居住小区、工厂和一些公共建筑的给水管道。按用途分为：生产用水与消防用水合并的给水管道系统；生活用水与消防用水合并的给水管道系统；生活用水、生产用水与消防用水合并的给水管道系统；独立的消防给水管道系统。

消防管网的布置形式分树枝状管网和环状管网。环状管网的输水干管不得少于 2 条，若一条输水干管发生故障后，另一条输水干管应可保证 100% 的消防供水。为提高供水的安全可靠性，对室外消防水量较大及高层建筑的室外消防给水管道应布置为环状，环状管道应用阀门分成若干独立管段，每段内消火栓的数量不宜超过 5 个，且室外消防管道的直径不应小于 100mm。在室外消防水量小于 15L/s 及管网建设初期时，可采用枝状管网。设计时应根据具体情况正确地选择室外消防管网的形式。

2. 室外消火栓的布置

室外消火栓有地上式与地下式两种。在我国南方气候温暖的地区可采用地上式或地下式消火栓；在北方寒冷地区宜采用地下式消火栓；室外地下式消火栓应有直径为 100mm 和 65mm 的栓口各 1 个；室外地上式消火栓应有 1 个直径为 150mm 或 100mm 和 2 个直径为 65mm 的栓口；消火栓应有明显的标志。寒冷地区设置的室外消火栓应有防冻措施。

室外消火栓应沿道路设置，道路宽度超过 60m 时，宜在道路两边设置消火栓，并靠近十字路口；消火栓距路边不应超过 2m，距房屋外墙不宜小于 5m；室外消火栓应设置在便于消防车使用的地点；甲、乙、丙类液化储罐区和液化石油气储罐区的消火栓，应设在防火堤外，但距罐壁 15m 范围内的消火栓，不应计算在该罐可使用的数量内；室外消火栓应沿高层建筑周围均匀布置，并不宜集中布置在建筑物的一侧；人防工程室外消火栓距人防工程出入口不宜小于 5m；停车场室外消火栓宜沿停车场周边设置，且距最近一排汽车不宜小于 7m，距加油站或油库不宜小于 15m。

室外消火栓的保护半径不应超过 150m，间距不应超过 120m；在市政消火栓保护半径 150m 以内，如消防水量不超过 15L/s 时，可不设室外消火栓；室外消火栓的数量应按室外消防用水量计算决定，每个室外消火栓的用水量应按 10～15L/s 计算。

3. 消防水池

消防水池用以贮存火灾延续时间内室内外消防用水总量。当生产、生活用水量达到最大时，市政给水管道、进水管或天然水源不能满足室内外消防用水量，或市政给水管道为枝状，或只有一条进水管，且消防用水量之和超过 25L/s 时，应设消防水池。

消防水池的有效容积：当室外给水管网能保证室外消防用水量时，消防水池的有效容量应满足在火灾延续时间内室内消防用水量的要求。当室外给水管网不能保证室外消防用水量时，消防水池的有效容量应满足在火灾延续时间内室内消

防用水量与室外消防用水量不足部分之和的要求。当室外给水管网供水充足且在火灾情况下能保证连续补水时，消防水池的容量可减去火灾延续时间内补充的水量。

补水量应按出水量较小的补水管计算，且补水管的流速不宜大于 2.5m/s。消防水池的补水时间不宜超过 48h，缺水地区或独立的石油库区可延长到 96h。消防水池总容量超过 500m³ 时，应分设成两个能独立使用的消防水池。

消防水池的容量应满足在火灾延续时间内室内外消防用水总量的要求。《建筑设计防火规范》（2018 年版）GB 50016—2014 规定，公共建筑和居住建筑的火灾延续时间应按 2h 计算。

消防水池的有效容积应按公式（2-3）确定：

$$V_a = \sum_{i=1}^{n} Q_{pi} \cdot t_i - Q_b \cdot T_b \tag{2-3}$$

式中　V_a——消防水池的有效容积，m³；

$\qquad$ Q_{pi}——建筑内各种灭火系统的设计流量，m³/h；

$\qquad$ Q_b——在火灾延续时间内可连续补充的水量，m³/h；

$\qquad$ t_i——各种水消防系统灭火的火灾延续时间的最大值，h，公共建筑和居住建筑为 2.0h，自动喷水灭火系统、泡沫灭火系统和防火分隔水幕按相应现行国家标准确定；

$\qquad$ T_b——火灾的延续时间，h。

供消防车取水的消防水池，应设置取水井或取水口，且吸水管高度不超过 6m。取水井的有效容积不得小于消防车上最大一台（组）水泵 3min 的出水量，一般不宜小于 3m³。取水井或取水口与建筑物（水泵房除外）的距离不宜小于 15m；吸水井中吸水管的布置应根据吸水管的数量、管径、管材、接口方式、水表的布置、安装、检修和正常工作（防止消防泵吸入空气）要求确定。

供消防车取水的消防水池，保护半径不应大于 150m，并应设取水口，其取水口与建筑物（水泵房除外）的距离不宜大于 15m；与甲、乙、丙类液体储罐的距离不宜小于 40m；与液化石油气储罐的距离不宜小于 60m。若有防止辐射热的保护设施时，可减为 40m。供消防车取水的消防水池应保证消防车的吸水高度不超过 6m；室外消防水池与被保护建筑物的外墙距离不宜小于 5m，并不宜大于 100m；消防用水与生产、生活用水合并的水池，应有确保消防用水不作他用的技术设施；寒冷地区的消防水池应有防冻设施。

消防水池的有效水深是设计最高水位至消防水池最低有效水位之间的距离。消防水池最低有效水位是消防水泵吸水喇叭口或出水管喇叭口以上 0.6m 水位，当消防水泵吸水管或消防水箱出水管上设置防止旋流器时，最低有效水位为防止旋流器顶部以上 0.15m，如图 2-1 所示。溢流水位宜高出设计最高水位 0.05m 左右，溢水管喇叭口应与溢流水位在同一水位线上，溢水管比进水管大 2 号，溢水管上不应装有阀门。溢水管、泄水管不应与排水管直接连通。

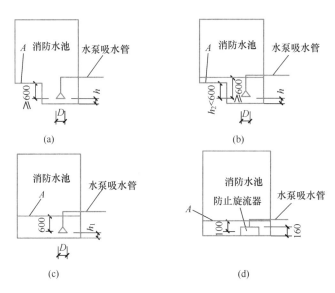

图 2-1　消防水池最低水位

A—消防水池最低水位；D—吸水喇叭口直径；

h—喇叭口底到吸水井底的距离；h_1—喇叭口底到池底的距离；

h_2—出水喇叭口以上水位

2.3　室内消火栓系统

室内消火栓系统在建筑物内使用广泛，用于扑灭初期火灾，在建筑高度超过消防车供水能力时，室内消火栓系统除扑救初期火灾外，还要扑救较大火灾。根据我国目前普遍使用的登高消防器材的性能，消防车供水的能力，麻织水带的耐压程度和建筑的结构状况，并参考国外对低层与高层建筑起始高度划分的标准，我国公安部规定：低层与高层建筑的高度分界线为 24m；高层与超高层建筑的高度分界线为 100m；建筑高度为建筑室外地面到女儿墙或檐口的高度。

低层建筑的室内消火栓给水系统是指 9 层及 9 层以下的住宅建筑、高度小于 24m 的其他民用建筑和高度不超过 24m 的厂房、车库以及单层公共建筑的室内消火栓消防系统。这些建筑物的火灾能依靠一般消防车的供水能力直接进行灭火。

2.3.1　室内消防给水的设置范围

我国现行的《建筑设计防火规范》（2018 年版）GB 50016—2014 规定，下列建筑应设置室内消火栓：

建筑占地面积大于 300m² 的厂房（仓库）；特等、甲等剧场，超过 800 个座位的其他等级的剧院和电影院等，超过 1200 个座位的礼堂、体育馆等；体积超过 5000m³ 的车站、码头、机场的候车（船、机）楼、展览建筑、商店、旅馆建筑、病房楼、门诊楼、图书馆建筑等单、多层建筑；高层公共建筑和建筑高度大于 21m 的住宅建筑；建筑高度大于 15m 或体积大于 10000m³ 的办公建筑、教学建筑和其他单、多层民用建筑。

下列建筑物可不设室内消火栓：耐火等级为一、二级且可燃物较少的单层、多层丁、戊类厂房（仓库）；耐火等级为三、四级且建筑体积不超过 3000m³ 的丁类厂房和建筑体积不超过 5000m³ 的戊类厂房（仓库）；存有与水接触能引起燃烧爆炸的物品的建筑和室内没有生产、生活给水管道，室外消防用水取自储水池且建筑体积不超过 5000m³ 的建筑物。

2.3.2　室内消火栓给水系统的组成

室内消火栓给水系统一般由消火栓箱、消火栓、水带、水枪、消防管道、消防水池、高位水箱、水泵接合器、加压水泵、报警装置及消防泵启动按钮等组成。图 2-2 所示为设有消防水泵和水箱的室内消火栓给水系统。

1. 消火栓设备

消火栓设备包括水枪、水带和消火栓，均安装在消火栓箱内，如图 2-3 所示。

水枪一般采用直流式，接口直径分 50mm 和 65mm 两种，喷嘴口径有 13mm、16mm、19mm 三种。水带直径有 50mm、65mm 两种。喷嘴口径 13mm 的水枪配置口径 50mm 的水带，16mm 水枪可配置 50mm 或 65mm 的水带，19mm 水枪配置 65mm 的水带。水带长度分为 10m、15m、20m、25m 四种规格，水带材质有麻织和化纤两种，有衬橡胶与不衬橡胶之分。消火栓、水带和水枪均采用内扣式快速式接

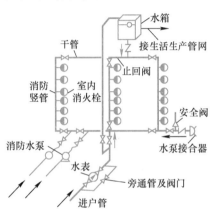

图 2-2　设有消防水泵和水箱的室内消火栓给水系统

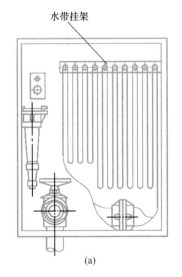

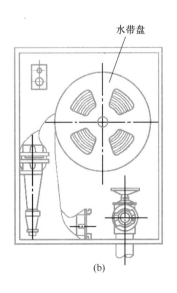

图 2-3　消火栓箱（一）

（a）挂置式栓箱；（b）盘卷式栓箱

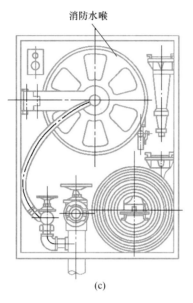
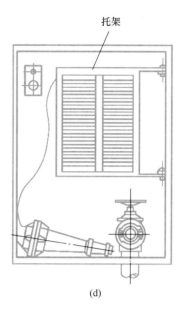

图 2-3　消火栓箱（二）

（c）卷置式栓箱（配置消防水喉）；（d）托架式栓箱

口。消火栓有单出口和双出口两种，单出口消火栓口径有 50mm 和 65mm 两种，双出口消火栓口径为 65mm，双出口消火栓展开示意图如图 2-4 所示。当每支水枪最小流量小于 3L/s 时，选用 50mm 消火栓和水带、口径 13mm 或 16mm 水枪；流量大于 3L/s 时，选用口径 65mm 消火栓和水带、口径 19mm 水枪。

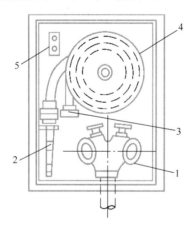

图 2-4　双出口消火栓

1—消火栓；2—水枪；3—水带接口；
4—水带；5—水泵启动按钮

2. 水泵接合器

下列场所的室内消火栓给水系统应设置水泵接合器：

高层民用建筑；设有消防给水的住宅、超过 5 层的其他多层民用建筑；超过 2 层或建筑面积大于 10000 ㎡ 的地下或半地下建筑（室）、室内消火栓设计流量大于 10L/s 平战结合的人防工程；高层工业建筑和超过 4 层的多层工业建筑；城市交通隧道。

水泵接合器一端由消防给水干管引出，另一端设于消防车易于使用和接近的地方，距人防工程出入口不宜小于 5m，距室外消火栓或消防水池的距离宜为 15～40m。水泵接合器有地上、地下和墙壁式三种，如图 2-5 所示。当采用地下式水泵接合器时，应有明显的标志。水泵接合器的设计参数和尺寸见表 2-5 和表 2-6。

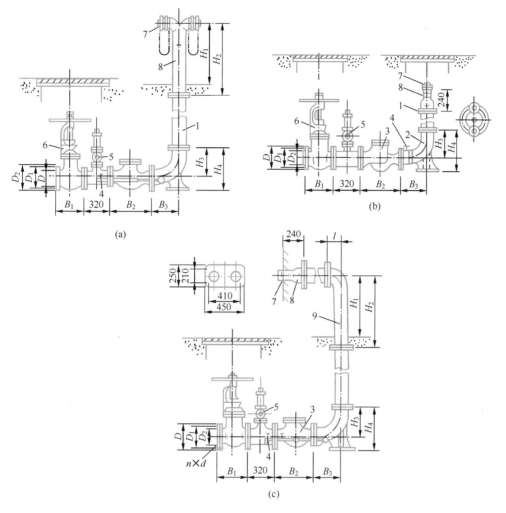

图 2-5　水泵接合器外形图

（a）SQ 型地上式；（b）SQ 型地下式；（c）SQ 型墙壁式

1—法兰接管；2—弯管；3—升降式单向阀；4—放水阀；5—安全阀；6—楔式闸阀；
7—进水用消防接口；8—本体；9—法兰弯管

水泵接合器型号及基本参数　　　　　　　　　　　表 2-5

型号规格	形式	公称直径 （mm）	公称压力 （MPa）	进水口形式	进水口口径 （mm）
SQ100 SQX100 SQB100	地上 地下 墙壁	100	1.6	内扣式	65×65
SQ150 SQX150 SQB150	地上 地下 墙壁	150	1.6	内扣式	80×80

水泵接合器的基本尺寸 表 2-6

公称直径 (mm)	结构尺寸								法兰					消防接口 DWS65
	B_1	B_2	B_3	H_1	H_2	H_3	H_4	l	D	D_1	D_2	d	n	
100	300	350	320	700	800	210	318	130	220	180	158	17.5	8	DWS80
150	350	480	310	700	800	325	465	160	285	240	212	22	8	

2.3.3 室内消火栓及消防给水管道的布置

1. 室内消火栓的设置

除无可燃物的设备层外，设置室内消火栓的建筑物，其各层均应设置消火栓。布置室内消火栓应保证每一个防火分区同层有 2 支水枪的充实水柱同时到达任何部位。对于建筑高度不大于 24m 且体积不大于 5000m³ 的多层仓库，可采用 1 支水枪充实水柱到达室内任何部位。消防电梯前室应设室内消火栓；冷库的室内消火栓应设在常温穿堂或楼梯间内；设有消火栓的建筑，如为平屋顶时，宜在平屋顶上设置试验和检查用的消火栓；室内消火栓应设置在位置明显易于操作的部位。栓口离地面或操作基面高度宜为 1.1m，其出水方向宜向下或与设置消火栓的墙面呈 90°角；栓口与消火栓箱内边缘的距离不应影响消火栓水带的连接。室内消火栓的间距应由计算确定。同一建筑物内应采用统一规格的消火栓、水枪和水带，每根水带的长度不应超过 25m。

水枪充实水柱长度应由计算确定，一般不应小于 7m，但甲乙类厂房、超过 6 层的公共建筑和超过 4 层的厂房（仓库），不应小于 10m；高层厂房（仓库）、高架仓库和体积大于 25000 m³ 的商店、体育馆、影剧院、会堂、展览建筑、车库、码头、机场建筑等，不应小于 13m 水柱；室内消火栓栓口处的出水压力大于 0.5MPa 时，应有减压设施；静水压力大于 1.0MPa 时，应采用分区给水系统。

2. 消火栓的保护半径和间距

消火栓的保护半径是指消火栓、水带和水枪选定后，水枪上倾角不超过 45° 条件下，以消火栓为圆心，消火栓能充分发挥作用的半径。可按下式计算：

$$R = L_d + S_k \cdot \cos 45° \tag{2-4}$$

式中　R——消火栓保护半径，m；

　　　L_d——水带的总长度，m，每根水带的长度不应超过 25m，并应乘以水带的弯转曲折系数 0.8；

　　　S_k——充实水柱长度，m。

如图 2-6（a）所示。当室内只有一排消火栓，并且要求有 1 股水柱达到室内任何部位时，消火栓的间距按下式计算：

$$S_1 = 2\sqrt{R^2 - b^2} \tag{2-5}$$

式中　S_1——1 股水柱时消火栓间距，m；

　　　R——消火栓的保护半径，m；

b——消火栓的最大保护宽度，m，外廊式建筑 b 为建筑宽度，内廊式建筑 b 为走道两侧中最大一边宽度。

如图 2-6（b）所示。当室内只有一排消火栓，且要求有 2 股水柱同时达到室内任何部位时，消火栓的间距按下式计算：

$$S_2 = \sqrt{R^2 - b^2} \tag{2-6}$$

式中　S_2——2 股水柱时消火栓间距，m；

R、b 同上式。

如图 2-6（c）所示。当房间宽度较宽，需要布置多排消火栓，且有 1 股水柱达到室内任何部位时，消火栓的间距按下式计算：

$$S_n = \sqrt{2}R \tag{2-7}$$

如图 2-6（d）所示。当室内需要布置多排消火栓，且要求有 2 股水柱同时达到室内任何部位时，消火栓的间距可按 S_n 的一半计算。

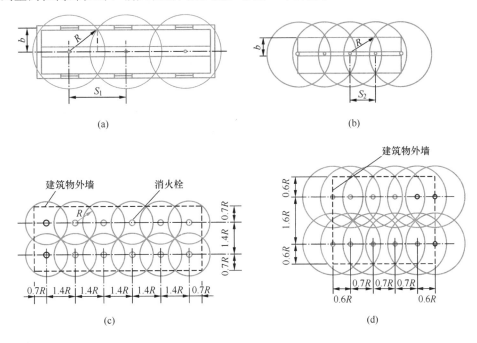

（a）　　　　　　　　　　　　　　　　　（b）

（c）　　　　　　　　　　　　　　　　　（d）

图 2-6　消火栓布置间距

（a）单排 1 股水柱的消火栓布置间距；（b）单排 2 股水柱的消火栓布置间距；

（c）多排消火栓 1 股水柱的消火栓布置间距；（d）多排消火栓 2 股水柱的消火栓布置间距

3. 室内消防管道的布置

室外消防给水管道应布置成环状，其进水管不宜少于 2 条，并宜从 2 条市政给水管道引入，当其中 1 条进水管发生故障时，其余进水管应仍能保证全部用水量。

低层建筑消火栓给水系统可与生活、生产给水系统合并，也可单独设置。消火栓给水系统的管材常采用热浸镀锌钢管。

室内消防给水管道应连成环状，且至少应有 2 条进水管与室外管网或消防水泵连接；当其中 1 条进水管发生事故时，其余的进水管应仍能供应全部消防水量；室内消防竖管应连成环状；室内消防竖管直径不应小于 DN100；室内消火栓给水管网宜与自动喷水灭火系统的管网分开设置；当合用消防泵时，供水管路应在报警阀前分开设置；按前述要求设置水泵接合器，其数量应按室内消防用水量确定。

消防用水与其他用水合并的室内管道，当其他用水达到最大小时流量时，应仍能保证供应全部消防用水量。允许直接吸水的市政给水管网，当生产、生活用水量达到最大且能满足室内外消防用水量时，消防泵宜直接从市政管网吸水。严寒地区非采暖的厂房（仓库）及其他建筑的室内消火栓系统，可采用干式系统，但在进水管上应设快速启闭装置，管道最高处应设置排气阀。

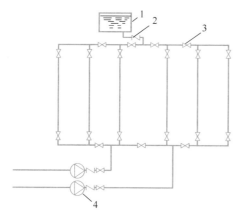

图 2-7　室内消防管网阀门布置图
1—消防水箱；2—止回阀；3—阀门；4—水泵

阀门设置以便于检修而又不过多影响室内供水为原则。室内消防给水管道应采用阀门分成若干独立段；阀门的布置，应保证检修管道时关闭停用的竖管不超过 1 根。当竖管超过 4 根时，可关闭不相邻的 2 根，如图 2-7 所示。室内消防管道上的阀门应处于常开状态，且有明显的启闭标志。

室内消火栓给水系统和自动喷水灭火系统应设置水泵接合器，消防给水为竖向分区时，在消防车供水压力范围内的分区，应分别设置水泵接合器，并设置在室外便于消防车使用的地点，距室外消火栓或消防水池 15～40m。每个水泵接合器的流量按 10～15L/s 计算。水泵接合器宜采用地上式，当采用地下式水泵接合器时，应有明显标志。水泵接合器的类型、布置和计算要求同低层建筑。

2.3.4　室内消防用水量与水压

1. 消防水量

建筑物内同时设置消火栓系统、自动喷水灭火系统、水喷雾灭火系统、泡沫灭火系统或固定消防炮灭火系统时，其室内消防用水量应按需要同时开启的上述系统用水量之和计算；当上述多种消防系统需要同时开启时，室内消火栓用水量可减少 50%，但不小于 10L/s。室内消火栓用水量应根据同时使用水枪数量和充实水柱长度，由计算确定，但不小于表 2-7 的规定。

2. 消防水压

室内消火栓是依靠消火栓喷嘴喷出的射流水股来扑灭火焰的，水枪的射流不但要射及火焰，还应有足够的水压和射流密度，以确保灭火效果。在火场扑灭火灾，水枪的上倾角一般不宜超过 45°，在最不利情况下，也不能超过 60°，若上倾角太大，着火物下落时会伤及灭火人员。因此，消火栓系统的水压应保证消火栓

建筑物室内消火栓设计流量　　　　　　　　　　　　表 2-7

建筑物名称			高度 h（m）、层数、体积 V（m³）、座位数 n（个）、火灾危险性		消火栓设计流量（L/s）	同时使用消防水枪数量（支）	每根竖管最小流量（L/s）
工业建筑	厂房	$h{\leqslant}24$	甲、乙、丁、戊		10	2	10
			丙	$V{\leqslant}5000$	10	2	10
				$V{>}5000$	20	4	15
		$24{<}h{\leqslant}50$	乙、丁、戊		25	5	15
			丙		30	6	15
		$h{>}50$	乙、丁、戊		30	6	15
			丙		40	8	15
	仓库	$h{\leqslant}24$	甲、乙、丁、戊		10	2	10
			丙	$V{\leqslant}5000$	15	3	15
				$V{>}5000$	25	5	15
		$h{>}24$	丁、戊		30	6	15
			丙		40	8	15
民用建筑	单层及多层	科研楼、试验楼	$V{\leqslant}10000$		10	2	10
			$V{>}10000$		15	3	10
		车站、码头、机场的候车（船、机）楼和展览建筑（包括博物馆）等	$5000{<}V{\leqslant}25000$		10	2	10
			$25000{<}V{\leqslant}50000$		15	3	10
			$V{>}50000$		20	4	15
		剧院、电影院、会堂、礼堂、体育馆等	$800{<}n{\leqslant}1200$		10	2	10
			$1200{<}n{\leqslant}5000$		15	3	10
			$5000{<}n{\leqslant}10000$		20	4	15
			$n{>}10000$		30	6	15
		旅馆	$5000{<}V{\leqslant}10000$		10	2	10
			$10000{<}V{\leqslant}25000$		15	3	10
			$V{>}25000$		20	4	15
		商店、图书馆、档案馆等	$5000{<}V{\leqslant}10000$		15	3	10
			$10000{<}V{\leqslant}25000$		25	5	15
			$V{>}25000$		40	8	15
		病房楼、门诊楼等	$5000{<}V{\leqslant}25000$		10	2	10
			$V{>}25000$		15	3	10
		办公楼、教学楼、公寓、宿舍等其他建筑	高度超过 15m 或 $V{>}10000$		15	3	10
		住宅	$21{<}h{\leqslant}27$		5	2	5

续表

建筑物名称			高度 h(m)、层数、体积 V(m³)、座位数 n(个)、火灾危险性	消火栓设计流量(L/s)	同时使用消防水枪数量(支)	每根竖管最小流量(L/s)
民用建筑	高层	住宅	$27<h\leqslant54$	10	2	10
			$h>54$	20	4	10
		二类公共建筑	$h\leqslant50$	20	4	10
		一类公共建筑	$h\leqslant50$	30	6	15
			$h>50$	40	8	15
国家级文物保护单位的重点砖木、木结构的古建筑			$V\leqslant10000$	20	4	10
			$V>10000$	25	5	15
地下建筑			$V\leqslant5000$	10	2	10
			$5000<V\leqslant10000$	20	4	15
			$10000<V\leqslant25000$	30	6	15
			$V>25000$	40	8	20
人防工程	展览厅、影院、剧场、礼堂、健身体育场所等		$V\leqslant1000$	5	1	5
			$1000<V\leqslant2500$	10	2	10
			$V>2500$	15	3	10
	商场、餐厅、旅馆、医院等		$V\leqslant5000$	5	1	5
			$5000<V\leqslant10000$	10	2	10
			$10000<V\leqslant25000$	15	3	10
			$V>25000$	20	4	10
	丙、丁、戊类生产车间、自行车库		$V\leqslant2500$	5	1	5
			$V>2500$	10	2	10
	丙、丁、戊类物品库房、图书资料档案库		$V\leqslant3000$	5	1	5
			$V>3000$	10	2	10

注：1. 丁、戊类高层工业建筑室内消火栓的用水量可按本表减少 10L/s，同时使用水枪数量可按本表减少 2 支。
2. 消防软管卷盘或轻便消防水龙及住宅楼梯间中的干式消防竖管上设置的消火栓，其消防水量可不计入室内消防用水量。
3. 当一座建筑有多种使用功能时，室内消火栓设计流量应分别按本表中不同功能计算，且应取最大值。

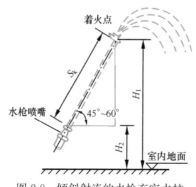

图 2-8　倾斜射流的水枪充实水柱

出口在接出水带、经过水枪后，仍能形成一定长度且密集不分散的水柱，即充实水柱 S_k。手提式水枪的充实水柱规定为：从喷嘴出口起至射流 90% 的水量穿过直径 38cm 圆圈为止的一段射流长度，如图 2-8 所示。

（1）消火栓水枪充实水柱的计算。消火栓水枪充实水柱长度可按下式计算：

$$S_k = \frac{H_1 - H_2}{\sin\alpha} \qquad (2-8)$$

式中 S_k —— 水枪充实水柱长度，m，一般不小于 7m；

H_1 —— 被保护建筑物的层高，m；

H_2 —— 消防水枪距地（楼）面的高度，m，一般为 1m；

α —— 水枪上倾角，一般为 45°，最大不应超过 60°。

（2）消火栓栓口水压计算。室内消火栓栓口的最低水压，按下式计算：

2-1 室内消火栓
栓口水压的计算

$$H_{xh} = h_d + H_q + H_{sk} = A_d L_d q_{xh}^2 + \frac{q_{xh}^2}{B} + H_{sk} \tag{2-9}$$

式中 H_{xh} —— 消火栓栓口的最低水压，0.01MPa；

h_d —— 消防水带的水头损失，0.01MPa；

H_q —— 水枪造成一定长度充实水柱所需水压，见表 2-8，0.01MPa；

A_d —— 水带的比阻，见表 2-9；

L_d —— 水带长度，m；

q_{xh} —— 水枪喷嘴射出流量，见表 2-8，L/s；

B —— 水枪水流特性系数，见表 2-10；

H_{sk} —— 消火栓栓口水头损失，宜取 0.02MPa。

水枪充实水柱、压力和流量   表 2-8

S_k充实水柱 （m）	不同水枪喷嘴直径的压力和流量					
	13mm		16mm		19mm	
	H_q压力 （0.01MPa）	q_{xh}流量 （L/s）	H_q压力 （0.01MPa）	q_{xh}流量 （L/s）	H_q压力 （0.01MPa）	q_{xh}流量 （L/s）
6	8.1	1.7	8	2.5	7.5	3.5
7	9.6	1.8	9.2	2.7	9.0	3.8
8	11.2	2.0	10.5	2.9	10.5	4.1
9	13	2.1	12.5	3.1	12	4.3
10	15	2.3	14	3.3	13.5	4.6
11	17	2.4	16	3.5	15	4.9
12	19	2.6	17.5	3.8	17	5.2
12.5	21.5	2.7	19.5	4.0	18.5	5.4
13	24	2.9	22	4.2	20.5	5.7
13.5	26.5	3.0	24	4.4	22.5	6.0
14	29.6	3.2	26.5	4.6	24.5	6.2
15	33	3.4	29	4.8	27	6.5
15.5	37	3.6	32	5.1	29.5	6.8
16	41.5	3.8	35.5	5.3	32.5	7.1
17	47	4.0	39.5	5.6	33.5	7.5

水带的比阻 A_d 值　　　　　　　　　　　　　　　　表 2-9

水带口径（mm）	衬胶水带的比阻 A_d 值
50	0.00677
65	0.00172

水枪水流特性系数 B 值　　　　　　　　　　　　　　表 2-10

喷嘴直径（mm）	13	16	19	22	25
B 值	0.346	0.793	1.577	2.834	4.727

通过对室内最不利消防点的出水口水压计算和室内消防管道的水头损失计算，即可计算出室内消防需要的消防水压。按消防最不利点计算消防水压后，还应进行其他各消火栓的出口压力校核，若消火栓出口水压超过 0.5MPa 时，应采取减压措施。

2.3.5　消火栓系统的给水方式

根据建筑物高度、室外管网压力、流量和室内消防流量、水压等要求，室内消防系统可分为三类：

1. 无加压泵和水箱的室内消火栓给水系统

常在建筑物不太高，室外给水管网的压力和流量完全能满足室内最不利点消火栓的设计水压和流量时采用，如图 2-9 所示。

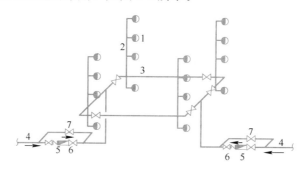

图 2-9　无加压泵和水箱的室内消火栓给水系统
1—室内消火栓；2—室内消防竖管；3—干管；4—进户管；
5—水表；6—止回阀；7—旁通管及阀门

2. 设有水箱的室内消火栓给水系统

常用在室外给水管网压力变化较大的城市或居住区，当生活、生产用水量达到最大时，室外管网不能保证室内最不利点消火栓的压力和流量，而当生活、生产用水量较小时，室外管网压力又较大，能向高位水箱补水。因此，常设水箱调节生活、生产用水量，同时贮存 10min 的消防用水量，如图 2-10 所示。

3. 设置消防水泵和水箱的室内消火栓给水系统

当室外给水管网的水压不能满足室内消火栓给水系统水压时，选用此方式。水箱应储备 10min 的室内消防用水量，水箱采用生活用水泵补水，严禁消防泵补

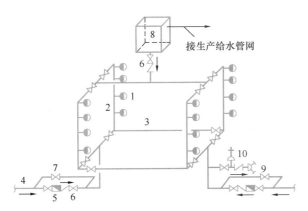

图 2-10　设有水箱的室内消火栓给水系统

1—室内消火栓；2—消防竖管；3—干管；4—进户管；5—水表；

6—止回阀；7—旁通管及阀门；8—水箱；9—水泵接合器；10—安全阀

水。水箱进入消防管网的出水管上应设止回阀，以防消防时消防泵出水进入水箱，如图 2-11 所示。

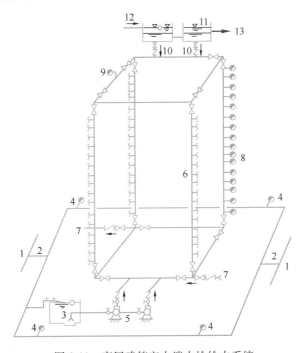

图 2-11　高层建筑室内消火栓给水系统

1—室外给水管网；2—进户管；3—贮水池；4—室外消火栓；5—消防泵；

6—消防管网；7—水泵接合器；8—室内消火栓；9—屋顶消火栓；10—止回阀；

11—水表；12—给水；13—生活用水

2.3.6　消防管道的水力计算

室内消防管道水力计算的主要任务，是根据室内消火栓的设计流量，确定消防给水管道的管径、系统所需水压、水箱的高度及选择消防水泵的扬程。

（1）管道沿程水头损失计算方法与给水管网计算相同。

（2）管道局部水头损失，消火栓系统按管道沿程损失的10％确定。

（3）计算最不利点的确定：当室内要求有两个或多个消火栓同时使用时，在单层建筑中以最高最远的两个或多个消火栓作为计算最不利点；在多层建筑中按表2-11进行流量分配。

消防竖管流量分配 表2-11

室内消防计算流量 （L/s）	最不利消防竖管分配流量 （L/s）	相邻消防竖管分配流量 （L/s）
5	5	
10	10	
15	10	5
20	15	5
30	20	10

（4）消防系统流量、流速和管径的确定：消防用水与其他用水合并的给水管道，可按其他用水最大秒流量和管中允许流速计算管径，并按消防时最大秒流量（此时淋浴用水量可按15％计算，浇洒及洗刷用水量可不计算在内）及消防给水管道内水流速度不宜大于2.5m/s进行校核。

（5）消防立管管径，应以水枪喷口直径和充实水柱长度计算出消防水枪射流量与规范要求比较确定之后，按表2-7和表2-8的流量分配要求，再依据设计流速确定管径，且同一系统消防立管管径相同，并上下不变径。

（6）水箱高度和消防泵扬程的确定：水箱的设置高度应保证最不利点静水压力要求；消防水泵的扬程，应按消防时最不利点的静水压、计算管路的水头损失和该点消火栓出口水压，经计算确定。

（7）消火栓出口压力校核：如低层出口压力过大，水枪射流反作用力太大或实际射流量太大，应进行减压计算。

2.3.7 消防给水设施

1. 消防水箱

消防水箱的主要作用：在发生火灾时，提供扑救初期火灾的消防用水量和水压。采用临时高压消防给水系统时，应设高位消防水箱或气压水罐；采用常高压给水系统时，可不设高位消防水箱。因此，消防水箱的设计应包括水箱容积与水箱安装高度的计算。

按照我国《消防给水及消火栓系统技术规范》GB 50974—2014的规定：一类高层公共建筑，不应小于36m³，但当建筑高度大于100m时，不应小于50m³，当建筑高度大于150m时，不应小于100m³；多层公共建筑、二类高层公共建筑和一类高层住宅，不应小于18m³，当一类高层住宅建筑高度大于100m时，不应小于36m³；二类高层住宅，不应小于12m³；建筑高度大于21m的多层住宅，不应小于6m³；工业建筑室内消防给水设计流量当不大于25L/s时，不应小于

$12m^3$，大于 25L/s 时，不应小于 $18m^3$；总建筑面积大于 $10000m^2$ 且小于 $30000m^2$ 的商业建筑，不应小于 $36m^3$，总建筑面积大于 $30000m^2$ 的商业建筑，不应小于 $50m^3$。

高位消防水箱的设置高度应高于其所服务的水灭火设施，且保证最不利点消火栓静水压力要求，并符合下列规定：一类高层公共建筑，不应低于 0.1MPa，但当建筑高度超过 100m 时，不应低于 0.15MPa；高层住宅、二类高层公共建筑、多层公共建筑，不应低于 0.07MPa，多层住宅不宜低于 0.07MPa；工业建筑不应低于 0.1MPa，当建筑体积小于 $20000m^3$ 时，不宜低于 0.07MPa；当高位消防水箱不能满足上述要求时，应采取加压措施。

2. 气压水罐

气压水罐一般可分为两种形式，稳压气压水罐和代替屋顶消防水箱的气压水罐。

（1）稳压气压水罐。当屋顶消防水箱的高度不能满足最不利点消火栓静水压力或当建筑物无法设置屋顶消防水箱（或设置屋顶消防水箱不经济）时，可采用稳压气压水罐稳压，但必须经当地消防局批准。稳压气压水罐的调节水容量不小于 450L，稳压水容积不小于 50L，最低工作压力 P_1 应为最不利点所需的压力，工作压力比宜为 0.5～0.9，设备的选择可见现行国家标准图集。

（2）代替屋顶消防水箱的气压水罐。对于 24m 以下的设有中轻危险等级的自动喷水灭火系统的建筑物，当采用临时高压消防给水系统，且无条件设置屋顶消防水箱时，可采用 5L/s 流量的气压给水设备供应 10min 初期用水量。即气压罐的有效调节容积为 $3m^3$。其他建筑物或其他消防给水系统，其有效容积可按上述有关规定设计。

3. 消防水泵与水泵房

（1）消防水泵额定流量的确定

临时高压消防给水系统应设置消防水泵，其额定流量应根据系统选择来确定。当系统为独立消防给水系统时，其额定流量为该系统设计灭火水量；当为联合消防给水系统时，其额定流量应为消防时同时作用各系统组合流量的最大者。

当消防给水管网与生产、生活给水管网合用时，生产、生活、消防水泵的流量不小于生产、生活最大小时用水量和消防用水量之和，但淋浴用水量可按 15% 计算，浇洒及洗刷用水量可不计算在内。

（2）消防水泵额定扬程的确定

消防水泵的扬程应满足各种灭火系统的压力要求，通常根据各系统最不利点所需水压值确定。其计算公式如下：

$$H = (1.05 \sim 1.10)(\Sigma h + Z + P_0) \tag{2-10}$$

式中　　H——水泵扬程或系统入口的供水压力，MPa；

1.05～1.10——安全系数，一般根据供水管网大小来确定，当系统管网小时，取 1.05，当系统管网大时，取 1.10；

Σh——管道沿程和局部的水头损失的累计值，MPa；

Z —— 最不利点处消防用水设备与消防水池的最低水位或系统入口管水平中心线之间的高程差，当系统入口管或消防水池最低水位高于最不利点处消防用水设备时，Z 应取负值，MPa；

P_0 —— 最不利点处灭火设备的工作压力，MPa。

（3）消防水泵的选择

消防水泵应设有备用泵，其工作能力不应小于最大一台消防工作泵。但符合下列条件之一时，可不设备用泵：室外消防用水量不超过 25L/s 的工厂、仓库、堆场和储罐；室内消防用水量不大于 10L/s 时。

消防水泵应保证在火警后 30s 内启动。消防水泵与动力机械应直接连接。

临时高压消防给水系统的消防水泵应采用一用一备，或多用一备，备用泵应与工作泵的性能相同。当为多用一备时，应考虑水泵流量叠加时，对水泵出口压力的影响。

（4）泵房管道系统设计要求

消防泵房应有不少于 2 条的出水管直接与环状消防给水管网连接。当其中 1 条出水管关闭时，其余的出水管应仍能通过全部用水量。出水管上应设置试验和检查用的压力表和 DN65 的放水阀门。当存在超压时，出水管上应设置防超压措施。

一组消防泵的吸水管不应少于 2 条，当其中 1 条关闭时，其余的吸水管应仍能通过全部用水量。消防水泵应采用自灌式吸水，并应在吸水管上设置检修阀门。几种消防水泵吸水管的布置如图 2-12 所示。

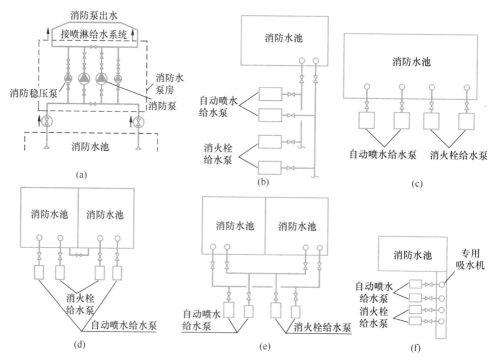

图 2-12　几种消防水泵吸水管的布置

消防水泵应采用自灌式吸水，且在消防水池最低水位时，仍能自灌吸水。吸水管上应装设闸阀或带自锁装置的蝶阀。当市政给水管网能满足消防时用水量要求，且市政部门同意水泵可从市政环形干管直接吸水时，消防泵应直接从室外给水管网吸水。消防水泵直接从室外管网吸水时，水泵扬程计算应考虑利用室外管网的最低水压，并以室外管网的最高水压校核水泵的工作情况，但应保证室外给水管网压力不低于 0.1MPa（从地面算起）。

水泵吸水管的流速可采用 $1\sim1.2\mathrm{m/s}$（$DN<250\mathrm{mm}$）或 $1.2\sim1.6\mathrm{m/s}$（$DN\geqslant250\mathrm{mm}$），水泵出水管的流速可采用 $1.5\sim2.0\mathrm{m/s}$。

消防水泵的出水管上应设止回阀、闸阀（或蝶阀）。消防水泵房内应设置检测消防水泵供水能力的压力表和流量计。

4. 减压节流装置

当发生火灾消防泵工作时，同一立管上不同高度的消火栓压力是不同的，当栓口压力超过 0.5MPa 时，射流的后作用力使消防人员难以控制水枪射流方向，从而影响灭火效果。因此，压力过大的消火栓应采取减压措施。减压值应为消火栓口实际压力值减去消火栓工作压力值。

常用的减压装置为减压孔板。常为铝制或铜制的孔板，其中央有一圆孔，水流过截面较小的孔洞，造成局部损失而减压。在实际运用中，只需确定孔板的孔径。

通过减压孔板的压力损失可按下式确定：

$$H_{\mathrm{k}} = 0.01\xi\frac{V_{\mathrm{k}}^{2}}{2g} \tag{2-11}$$

式中　H_{k}——减压孔板的水头损失，kPa；

　　　V_{k}——减压孔板后管道内水的平均流速，m/s；

　　　ξ——减压孔板的局部阻力系数，按表 2-12 确定。

减压孔板的局部阻力系数　　　　表 2-12

d_{k}/d_{j}	0.3	0.4	0.5	0.6	0.7	0.8
ξ	292	83.3	29.5	11.7	4.75	1.83

注：d_{k}为减压孔板的孔口直径，m；d_{j}为安装减压孔板的管道计算内径，m。

2.3.8　高层建筑室内消火栓系统的给水方式

1. 不分区室内消火栓系统的给水方式

建筑物内消火栓栓口的静水压力不应大于 1.0MPa，当大于 1.0MPa 时，应采取分区给水系统。消火栓的出水压力大于 0.50MPa 时，应采取减压措施。参见图 2-13。

2. 分区室内消火栓系统的给水方式

当系统工作压力大于 2.4MPa 或消火栓口处静水压力大于 1.0MPa 时，消防系统应分区供水。可分为以下三种方式：

（1）分区并联供水方式。其特点是分区设置水泵和水箱，水泵集中布置在地

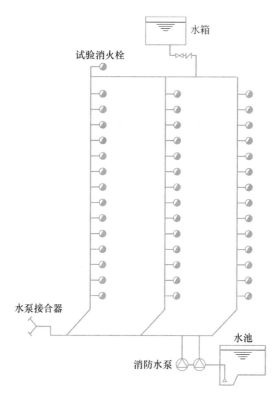

图 2-13　不分区室内消火栓给水系统

下室，各区独立运行互不干扰，供水可靠，便于维护管理，但管材耗用较多，投资较大，水箱占用上层使用面积。如图 2-14（a）所示。

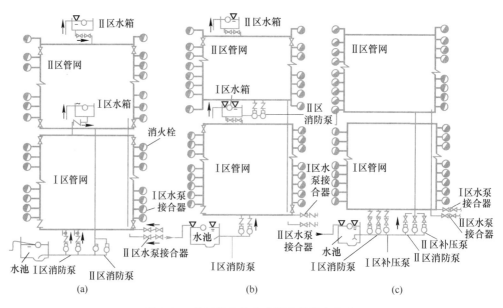

图 2-14　分区供水的室内消火栓供水方式

（a）分区并联供水方式；（b）分区串联供水方式；（c）分区无水箱供水方式

（2）分区串联供水方式。其特点是分区设置水箱和水泵，水泵分散布置，自下区水箱抽水供上区用水，设备与管道简单，节省投资，但水泵布置在楼板上，振动和噪声干扰较大，占用上层使用面积较大，设备分散，维护管理不便，上区供水受下区限制。如图 2-14（b）所示。

（3）分区无水箱供水方式。其特点是分区设置变速水泵或多台并联水泵，根据水量调节水泵转速或运行台数，供水可靠，设备集中，便于管理，不占用上层使用面积，能耗较少，但水泵型号、数量较多，投资较大，水泵调节控制技术要求高。适用于各类型高层工业与民用建筑。如图 2-14（c）所示。

2.4　自动喷水灭火系统

自动喷水灭火系统是一种在发生火灾时，能自动打开喷头喷水灭火并同时给出火警信号的消防灭火设施。自动喷水灭火系统应在人员密集、不易疏散、外部增援灭火与救生较困难、性质重要或火灾危险性较大的场所中设置。自动喷水灭火系统是当今世界公认的最为有效的自救灭火设施，是应用最广泛、用量最大的自动灭火系统。国内外应用实践证明：该系统具有安全可靠、经济实用、灭火成功率高等优点。

自动喷水灭火系统从喷头的开启形式可分为闭式喷头系统和开式喷头系统；按报警阀的形式可分为湿式系统、干式系统、干湿两用系统、预作用系统和雨淋系统等；按对保护对象的功能又可分为暴露防护型（水幕或冷却等）和控制灭火型；按喷头形式又可分为传统型（普通型）喷头和洒水型喷头、大水滴型喷头和快速响应早期抑制型喷头等。

2.4.1　闭式自动喷水灭火系统

闭式自动喷水灭火系统是指在自动喷水灭火系统中采用闭式喷头，平时系统为封闭系统，发生火灾时喷头自动打开，成为开式喷水系统。

1. 闭式自动喷水灭火系统的设置原则

（1）不小于 50000 纱锭的棉纺厂的开包、清花车间；不小于 5000 纱锭的麻纺厂的分级、梳麻车间，服装、针织高层厂房；面积超过 1500m² 的木器厂房；火柴厂的烤梗、筛选部位；泡沫塑料厂的预发、成型、切片、压花部位；高层丙类厂房；建筑面积大于 500m² 的丙类地下厂房。

（2）每座占地面积超过 1000m² 的棉、毛、丝、麻、化纤、毛皮及其制品仓库；每座占地面积超过 600m² 的火柴仓库；邮政楼中建筑面积大于 500m² 的空邮袋库；建筑面积超过 500m² 的可燃物品地下仓库；可燃、难燃物品的高架仓库和高层仓库（冷库除外）。

（3）特等、甲等或超过 1500 个座位的其他等级的剧院；超过 2000 个座位的会堂或礼堂；超过 3000 个座位的体育馆；超过 5000 人的体育场的室内人员休息室与器材间等。

（4）任一楼层建筑面积大于 1500m² 或总建筑面积大于 3000m² 的展览建筑、商店、旅馆建筑，以及医院中同样建筑规模的病房楼、门诊楼、手术部；建筑面积大于 500m² 的地下商店。

（5）设置有送回风道（管）的集中空气调节系统且总建筑面积大于 3000m² 的办公楼等。

（6）设置在地下、半地下或地上四层及四层以上或设置在建筑的首层、二层和三层且任一层建筑面积大于 300m² 的地上歌舞娱乐放映场所（游泳场所除外）。

（7）藏书超过 50 万册的图书馆。

（8）建筑高度超过 100m 的高层建筑及其裙房，除游泳池、溜冰场、建筑面积小于 5.00m² 的卫生间、不设集中空调且户门为甲级防火门的住宅的户内用房和不宜用水扑救的部位外，均应设自动喷水灭火系统。

（9）建筑高度不超过 100m 的一类高层建筑及其裙房，除游泳池、溜冰场、建筑面积小于 5.00m² 的卫生间、普通住宅、设集中空调的住宅的户内用房和不宜用水扑救的部位外，均应设自动喷水灭火系统。

（10）二类高层公共建筑中的公共活动用房、走道、办公室和旅馆的客房、自动扶梯底部及可燃物品仓库应设自动喷水灭火系统。

（11）高层建筑中的歌舞娱乐放映场所、空调机房、公共餐厅、公共厨房以及经常有人停留或可燃物较多的地下室、半地下室房间等，应设自动喷水灭火系统。

（12）人防工程及下列部位：建筑面积大于 1000m² 的人防工程；大于 800 个座位的电影院和礼堂的观众厅，且吊顶下面至观众席地坪不大于 8m 时；舞台使用面积大于 200m² 时。

（13）Ⅰ、Ⅱ、Ⅲ类地上汽车库，停车数超过 10 辆的地下汽车库，机械式立体汽车库或复式汽车库以及采用垂直升降梯作汽车疏散出口的汽车库、Ⅰ类修车库。

2. 自动喷水灭火系统的设置场所火灾危险等级

现行的《自动喷水灭火系统设计规范》GB 50084—2017 将建筑物分为三级四类，即轻、中、严重危险级和仓库危险级四类，可参见表 2-13。

设置场所火灾危险等级 表 2-13

火灾危险等级		设置场所
轻危险级		建筑高度为 24m 及以下的旅馆、办公楼；仅在走道设置闭式系统的建筑等
中危险级	Ⅰ级	（1）高层民用建筑：旅馆、办公楼、综合楼、邮政楼、金融电信楼、指挥调度楼、广播电视楼（塔）等 （2）公共建筑（含单、多高层）：医院、疗养院；图书馆（书库除外）、档案馆、展览馆（厅）；影剧院、音乐厅和礼堂（舞台除外）及其他娱乐场所；火车站和飞机场及码头的建筑；总面积小于 5000m² 的商场、总面积小于 1000m² 的地下商场等 （3）文化遗产建筑：木结构古建筑、国家文物保护单位等 （4）工业建筑：食品、家用电器、玻璃制品等工厂的备料与生产车间等；冷藏库、钢屋架等建筑构件

续表

火灾危险等级		设置场所
中危险级	Ⅱ级	（1）民用建筑：书库、舞台（葡萄架除外）、汽车停车场、总建筑面积 5000m² 及以上的商场、总建筑面积 1000m² 及以上的地下商场、净空高度不超过 8m、物品高度不超过 3.5m 的自选商场等 （2）工业建筑：棉毛麻丝及化纤的纺织、织物及制品，木材木器及胶合板，谷物加工、烟草及制品，饮用酒（啤酒除外），皮革及制品，造纸及纸制品，制药等工厂的备料与生产车间
严重危险级	Ⅰ级	印刷厂、酒精制品、可燃液体制品等工厂的备料与车间，净空高度不超过 8m、物品高度不超过 3.5m 的自选商场等
	Ⅱ级	易燃液体喷雾操作区域、固体易燃物品、可燃的气溶胶制品、溶剂清洗、喷涂、油漆、沥青制品等工厂的备料及生产车间，摄影棚，舞台"葡萄架"下部
仓库危险级	Ⅰ级	食品、烟酒，木箱、纸箱包装的不燃物品，仓储式市场的货架区等
	Ⅱ级	木材、纸、皮革、谷物及制品、棉毛麻丝化纤及制品、家用电器、电缆、塑料与橡胶及其制品、钢塑混合材料制品、各种塑料瓶盒包装的不燃物品及各类物品混杂储存的仓库等
	Ⅲ级	塑料与橡胶及其制品，沥青制品等

3. 系统组成和工作原理

闭式自动喷水灭火系统由水源、加压蓄水设备、闭式喷头、管网、水流指示器和报警装置等组成。按充水与否分为下列四种类型。

（1）湿式自动喷水灭火系统。湿式系统，由闭式洒水喷头、水流指示器、湿式报警阀组以及管道和供水设施等组成，而且管道内始终充满水并保持一定压力，如图 2-15 所示。

发生火灾时，火点温度达到开启闭式喷头温度时，喷头出水灭火，水流指示器发出电信号报告起火区域，报警阀组或稳压泵的压力开关输出启动供水泵信号，完成系统的启动，以达到持续供水的目的。系统启动后，由供水泵向开放的喷头供水，开放的喷头将水按设计的喷水强度均匀喷洒，实施灭火。

湿式系统结构简单，处于警戒状态，由消防水箱或稳压泵、气压给水设备等稳压设施维持管道内充水的压力。适合在温度不低于4℃（低于4℃，水有冰冻的危险）并不高于70℃的环境中使用，因此绝大多数的常温场所采用此系统。

（2）干式自动喷水灭火系统。干式系统与湿式系统的区别在于采用干式报警组，警戒状态下配水管道内充压缩空气等有压气体，为保持气压，需要配套设置补气设施。干式系统配水管道中维持的气压，根据干式报警阀入口前管道需要维持的水压、结合干式报警阀的工作性能确定。如图 2-16 所示。

闭式喷头开放后，配水管道有一个排气过程。系统开始喷水的时间，将因排气充水过程而产生滞后，因此喷头出水不如湿式系统及时，削弱了系统的灭火能力。但因管网中平时不充水，对建筑装饰无影响，对环境温度也无要求，适用于环境温度不适合采用湿式系统的场所。为减少排气时间，一般要求管网的容积不

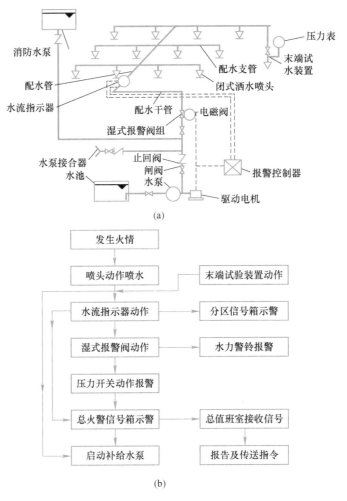

图 2-15　湿式自动喷水灭火系统示意图

(a) 湿式系统图；(b) 工作原理流程图

大于 3000L。

(3) 干、湿交替自动灭火系统。当环境温度满足湿式系统设置条件时，报警阀后的管段充以有压水，形成湿式系统；当环境温度不满足湿式系统设置条件时，报警阀后的管段充以压缩空气，形成干式系统。一般用于冬季可能冰冻又不供暖的建筑物、构筑物内。管网在冬季为干式（充气），在夏季转换成湿式（充水）。

(4) 预作用喷水灭火系统。该系统采用预作用报警阀组，并由配套使用的火灾自动报警系统启动。处于戒备状态时，配水管道为不充水的空管。利用火灾探测器的热敏性能优于闭式喷头的特点，由火灾报警系统开启雨淋阀后为管道充水，使系统在闭式喷头动作前转换为湿式系统，如图 2-17 所示。

下列场所适合采用预作用系统：在严禁因管道泄漏或误喷造成水渍污染的场所替代湿式系统；为了消除干式系统滞后喷水现象，用于替代干式系统。

对灭火后必须及时停止喷水的场所，应采用重复启闭预作用系统。该系统能

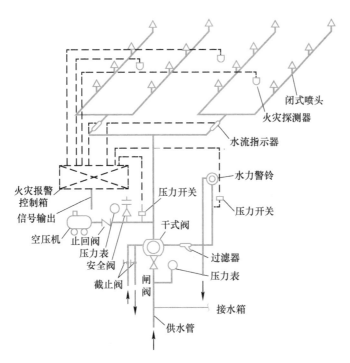

图 2-16 干式自动喷水灭火系统示意图

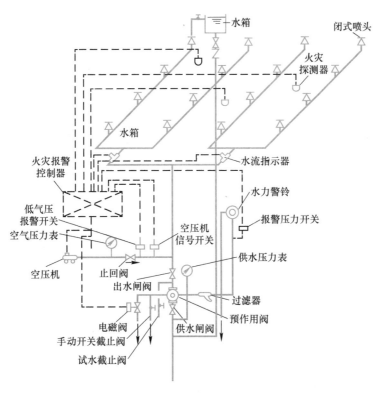

图 2-17 预作用系统示意图

在扑灭火灾后自动关闭报警阀，发生复燃时又能再次开启报警阀恢复喷水，适用于灭火后必须及时停止喷水，要求减少不必要水渍损失的场所。为了防止误动作，该系统采用了一种既可输出火警信号，又可在环境恢复常温时发出关停系统信号的感温探测器，可重复启动水泵和打开具有复位功能的雨淋阀，直至彻底灭火。

4.系统组件

（1）闭式喷头。闭式喷头按热敏元件不同分为易熔金属元件喷头和玻璃球喷头两种。当达到一定温度时热敏元件开始释放，自动喷水。按溅水盘的形式和安装位置分为直立型、下垂型、边墙型、普通型、吊顶型和干式下垂型喷头，如图2-18所示，各种喷头的适用场所、技术性能和色标见表2-14和表2-15。为保证喷头的灭火效果，要按环境温度来选择喷头温度，喷头的动作温度要比环境最高温度高30℃左右。备用喷头的数量不少于总数的1%，且每种型号均不得少于10只。

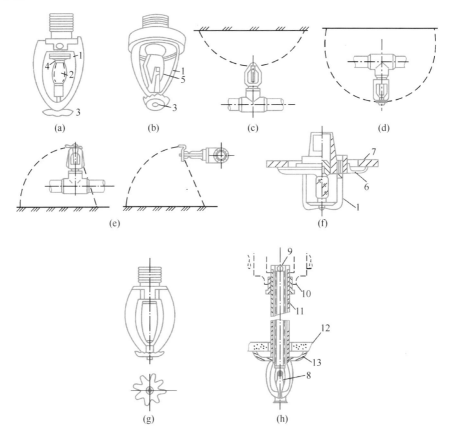

图 2-18　闭式喷头构造示意图

（a）玻璃球洒水喷头；（b）易熔合金洒水喷头；（c）直立型；（d）下垂型；

（e）边墙型（立式、水平式）；（f）吊顶型；（g）普通型；（h）干式下垂型

1—支架；2—玻璃球；3—溅水盘；4—喷水口；5—合金锁片；6—装饰罩；7—吊顶；

8—热敏元件；9—钢球；10—铜球密封圈；11—套筒；12—吊顶；13—装饰罩

各种类型喷头适用场所　　　　　　　　表 2-14

喷头类型		适用场所
闭式喷头	玻璃球洒水喷头	因其外形美观、体积小、重量轻、耐腐蚀，适用于宾馆等美观要求高、环境温度不低于 10℃和具有腐蚀性场所
	易熔金属元件洒水喷头	适用于环境温度低于 10℃、外观要求不高、腐蚀性不大的工厂、仓库和民用建筑
	直立型洒水喷头	适用于安装在管路下经常有移动物体的场所、尘埃较多的场所
	下垂型洒水喷头	适用于各种保护场所
	边墙型洒水喷头	适用于安装空间狭窄、通道状建筑
	吊顶型洒水喷头	属装饰型喷头，可安装于旅馆、客厅、餐厅、办公室等建筑
	普通型洒水喷头	可直立、下垂安装，适用于有可燃吊顶的房间
	干式下垂型洒水喷头	专用于干式喷水灭火系统的下垂型喷头
特殊喷头	自动启闭洒水喷头	具有自动启闭功能，适用于降低水渍损失场所
	快速反应洒水喷头	适用于要求启动时间短的场所
	大水滴洒水喷头	适用于高架库房等火灾危险等级高的场所
	扩大覆盖面洒水喷头	喷水保护面积可达 30～36m²，可降低系统造价

几种类型喷头的技术性能参数　　　　　　　　表 2-15

喷头类别	喷头公称口径（mm）	动作温度（℃）和颜色	
		玻璃球喷头	易熔元件喷头
闭式喷头	10、15、20	57—橙、68—红、79—黄、93—绿、141—蓝、182—紫红、227—黑、260—黑、343—黑	57～77—本色 80～107—白 121～149—蓝 163～191—红 204～246—绿 260～302—橙 320～343—黑
开式喷头	10、15、20	—	—
水幕喷头	6、8、10、12、16、19	—	—

　　（2）报警阀组。自动喷水灭火系统应设报警阀组。保护室内钢屋架等建筑构件的闭式系统，应设独立的报警阀组。水幕系统应设独立的报警阀组或感温雨淋阀。湿式系统和预作用系统的报警阀组控制的喷头数不宜超过 800 只，干式系统不宜超过 500 只。每个报警阀组供水的最高与最低位置喷头，其高程差不宜大于 50m。报警阀应设在明显、便于操作的地点，距地面高度宜为 1.2m，且地面应有排水设施。连接报警阀进出口的控制阀应采用信号阀。

　　报警阀的主要作用是开启和关闭管网水流、传递控制信号并启动水力警铃直接报警。报警阀分为湿式报警阀、干式报警阀和干湿式报警阀，如图 2-19 所示。

　　1）湿式报警阀。安装在湿式系统的立管上，安装示意图见图 2-20。工作原理：平时阀门前后水压相等，由于阀门的自重，其处于关闭状态。当发生火灾时，闭式喷头喷水，报警阀上面水压下降，于是阀板开启，开始向管网供水，同时水沿着报警阀的环形槽进入报警口，流向延迟器、水力警铃，警铃发出声响报

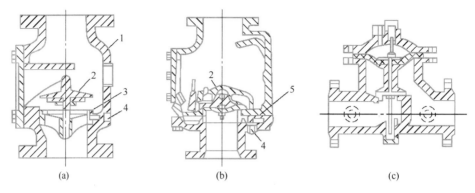

图 2-19　报警阀构造示意图

（a）座圈型湿式阀；（b）差动型干式阀；（c）雨淋阀

1—阀体；2—阀瓣；3—沟槽；4—水力警铃接口；5—弹性隔膜

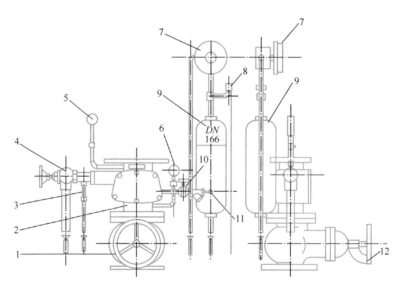

图 2-20　湿式报警阀安装示意图

1—控制阀；2—报警阀；3—警铃阀；4—放水阀；5、6—压力表；

7—水力警铃；8—压力开关；9—延迟器；10—警铃管阀门；

11—滤网；12—软锁

警，压力开关开启，给出电接点信号报警并启动水泵。

2）干式报警阀。安装在干式系统立管上。原理同湿式报警阀。其区别在于阀板上面的总压力由阀前水压和阀后管中的气压所构成。平时靠作用于阀瓣两侧的气压与水压的力矩差使阀瓣封闭，发生火灾时，气体一侧的压力下降，作用于水体一侧的力矩使阀瓣开启，向喷头供水灭火。干式报警阀安装示意图见图 2-21。

3）干湿式报警阀。用于干湿交替灭火系统，由湿式报警阀与干式报警阀依次连接而成，在寒冷季节用干式装置，在温暖季节用湿式装置。充有压气体时与干式报警阀作用相同，充水时与湿式报警阀作用相同。干湿两用报警阀由干式报警阀、湿式报警阀上下叠加组成，如图 2-22 所示。干式阀在上，湿式阀在下。干

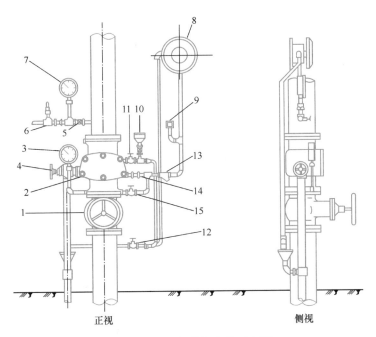

正视　　　　　　　　　　　侧视

图 2-21　干式报警阀安装示意图

1—控制阀；2—干式报警阀；3—阀前压力表；4—放水阀；5—截止阀；6—止回阀；
7—压力开关；8—水力警铃；9—压力继电器；10—注水漏斗；11—注水阀；
12—截止阀；13—过滤器；14—止回阀；15—试警铃阀

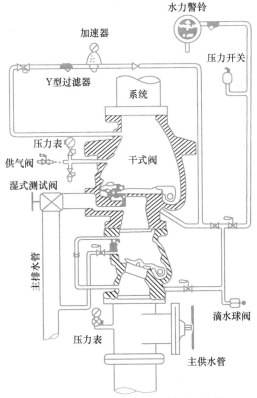

图 2-22　干湿两用报警阀构造示意图

式系统时,干式报警阀起作用。湿式系统时,干式报警阀的阀瓣被置于开启状态,只有湿式报警阀起作用,系统工作过程与湿式系统完全相同。

(3) 水流报警装置。水流报警装置包括水力警铃、水流指示器和压力开关。

1) 水力警铃。水力警铃安装在湿式系统的报警阀附近,当有水流通过时,水流冲动叶轮打铃报警。水力警铃不得由电动报警装置取代。水力警铃的工作压力不应小于 0.05MPa,并应设在有人值班的地点附近,与报警阀相连接的管道,其管径应为 20mm,总长不宜大于 20m。

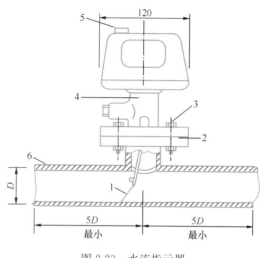

图 2-23 水流指示器

1—桨片;2—法兰底座;3—螺栓;
4—本体;5—接线孔;6—喷水管道

2) 水流指示器。水流指示器安装在湿式系统各楼层配水干管或支管上,是用于自动喷水灭火系统中将水流信号转换成电信号的一种报警装置,如图 2-23 所示。当开始喷水时,水流指示器将电信号送至报警控制器,并指示火灾楼层。每个防火分区、每个楼层均应设水流指示器,仓库内顶板下喷头与货架内喷头应分别设置水流指示器,当水流指示器入口前设置控制阀时,应采用信号阀。

3) 压力开关。压力开关安装于延迟器和报警阀的管道上,水力警铃报警时,自动接通电动警铃报警,并把信号传至消防控制室或启动消防水泵。雨淋系统和防火分隔水幕,其水流报警装置宜采用压力开关。

(4) 延迟器。安装于报警阀与水力警铃之间的信号管道上,用以防止水源进水管发生水锤时引起水力警铃错动作。报警阀开启后,需经 30s 左右水充满延迟器后方可冲打水力警铃报警。

(5) 火灾探测器。目前常用的火灾探测器有感烟、感温和感光探测器。感烟探测器是利用火灾发生地点的烟雾浓度进行探测;感温探测器是通过起火点空气环境的温升进行探测;感光探测器是通过起火点的发光强度进行探测。火灾探测器一般布置在房间或过道的顶棚下。

(6) 末端试水装置。每个报警阀组控制的最不利点喷头处,应设末端试水装置,其他防火分区、楼层均应设直径为 25mm 的试水阀。末端试水装置和试水阀应便于操作,且应有足够排水能力的排水设施。由试水阀、压力表、试水接头及排水管组成,用于检测系统和设备的安全可靠性。末端试水装置的出水,应采取孔口出流的方式排入排水管道。如图 2-24 所示。

5. 喷头的选用与布置

(1) 喷头选择的一般原则。

在无吊顶的场所应采用直立喷头,在有吊顶的场所喷头应采用下垂型喷头或吊顶型喷头；轻危险级、中危险Ⅰ级场所可采用侧墙型喷头。

干式、预作用系统宜采用直立型喷头或干式下垂型喷头。

中、轻危险等级场所和保护生命场所宜采用快速反应喷头，喷头不易捕捉热量的位置应采用快速反应喷头。

采用标准喷头时，当保护场所的喷水强度不小于12L/(min·m²)或者经计算喷头的工作压力大于0.15MPa时，宜采用流量系数大的标准喷头。

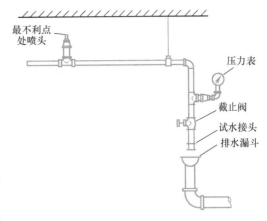

图 2-24 末端试水装置

防火分隔水幕应采用开式洒水喷头、水幕喷头，或同时采用以上两种喷头，防护冷却水幕可采用水幕喷头或专用喷头（如玻璃幕墙专用喷头）。

同一隔间内应采用热敏性能、流量系数相同的喷头，但当局部有热源时允许采用温度等级高的喷头，而在宾馆客房的小走廊允许采用流量系数小的喷头。

每个雨淋阀控制的喷水区域内，应采用相同流量系数的喷头。喷头的温度等级一般应高出正常环境温度30℃。用于保护钢屋架的闭式喷头，宜采用公称动作温度141℃的喷洒头。

（2）喷头的布置原则。

满足喷头的水力特性和布水特性的要求，喷头的布置应不超出其最大保护面积；喷头布置应设在顶板或吊顶下易于接触到火灾热气流并有利于均匀洒水的位置，应防止障碍物屏障热气流和破坏洒水分布；喷头的布置应均匀洒水和满足设计喷水强度的要求；喷头的布置应不超出其最大保护面积以及喷头最大和最小间距。

1）边墙型标准喷头的布置。边墙型标准喷头的保护跨度与间距见表2-16。

标准喷头的保护跨度与间距（m）   表 2-16

设置场所火灾危险等级	轻危险级	中危险Ⅰ级
配水支管上喷头的最大距离	3.6	3.0
单排喷头的最大保护跨度	3.6	3.0
两排相对喷头的最大保护跨度	7.2	6.0

注：1. 两排相对喷头应交错布置。

2. 室内跨度大于两排相对喷头的最大保护跨度时，应在两排相对喷头中间增设一排喷头。

2）直立式边墙型喷头，其溅水盘与顶板的距离不应小于100mm，且不宜大于150mm，与背墙的距离不应小于50mm，并不应大于100mm。水平式边墙型喷头，溅水盘与顶板的距离不应小于150mm，且不应大于300mm。

3）图书馆、档案馆、商场、仓库中的通道上方宜设有喷头。喷头与被保护

107

对象的水平间距,不应小于0.3m;喷头溅水盘与保护对象的最小垂直距离不应小于表2-17的规定。

溅水盘与被保护对象的最小垂直距离(m)　　　　表2-17

喷头类型	最小垂直距离
标准喷头	0.45
其他喷头	0.90

4)喷头上方如有孔洞、缝隙,应在喷头的上方设置集热板;在管道等有孔隙的遮挡物下面设置喷头时,喷头上方应设置集热板;集热板宜为面积0.12m²的金属板。

5)当局部场所设置自动喷水灭火系统时,与相邻不设自动喷水灭火系统场所连通的走道或连通开口的外侧,应设喷头。

6)设置自动喷水灭火系统的建筑,当吊顶上闷顶、技术夹层内的净空高度大于800mm,且内部有可燃物时,应在闷顶或技术夹层内设置喷头。

7)当屋面坡度大于16.7%时,可认为斜屋面或顶板,顶板或吊顶为斜面时,喷头应垂直于斜面,并应按斜面距离确定喷头间距。坡度较大屋顶脊处应设一排喷头。喷头溅水盘至屋脊的垂直距离,屋顶坡度大于1/3时,不应大于0.8m;屋顶坡度小于1/3时,不应大于0.6m。

8)喷头应根据顶棚、吊顶的装饰要求布置成正方形、矩形、平行四边形等形式,如图2-25所示。

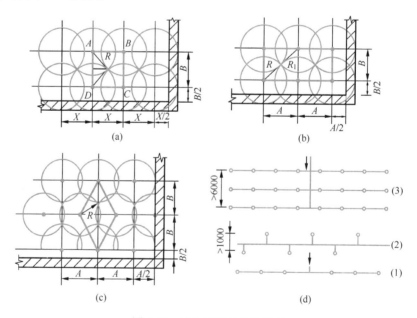

图2-25　喷头布置的几种形式

(a)喷头正方形布置;(b)喷头长方形布置;(c)喷头菱形布置;(d)单、双排及水幕防火带平面布置
X—喷头间距;R—喷头计算喷水半径;A—长边喷头间距;B—短边喷头间距;
(1)单排;(2)双排;(3)防火带

9）直立型、下垂型标准喷头的布置，包括同一配水管上喷头的间距及相邻配水管的间距，应根据系统的喷水强度、喷头的流量系数和工作压力确定，并不应大于表 2-18 的规定，且不宜小于 2.4m。其溅水板与顶板的距离，不应小于75mm 且不宜大于 150mm（吊顶型、吊顶下安装的喷头除外）。

同一根配水支管上喷头的间距及相邻配水支管的间距   表 2-18

喷水强度 （L/(min·m²)）	正方形布置的边长 （m）	矩形或平行四边形布置 的长边边长（m）	一个喷头的 最大保护面积 （m²）	喷头与端墙的 最大距离 （m）
4	4.4	4.5	20.0	2.2
6	3.6	4.0	12.5	1.8
8	3.4	3.6	11.5	1.7
≥12	3.0	3.6	9.0	1.5

注：1. 仅在走道设置单排喷头的闭式系统，其喷头间距应按走道地面不留漏喷空白点确定。

2. 喷水强度大于 8L/(min·m²) 时，宜采用流量系数 $K > 80$ 的喷头。

3. 货架内置喷头的间距均为不应小于 2m，并不应大于 3m。

（3）喷头与障碍物的关系。

直立、下垂型喷头与梁、通风管的距离如图 2-26 所示和表 2-19 的要求。

喷头与梁、通风管道的距离（m）   表 2-19

喷头溅水盘与梁或通风管道的底面的最大垂直距离 b		喷头与梁、通风管道的 水平距离 a
标准喷头	其他喷头	
0	0	$a < 0.3$
0.06	0.04	$0.3 \leq a < 0.6$
0.14	0.14	$0.6 \leq a < 0.9$
0.24	0.25	$0.9 \leq a < 1.2$
0.35	0.38	$1.2 \leq a < 1.5$
0.45	0.55	$1.5 \leq a < 1.8$
>0.45	>0.55	$a = 1.8$

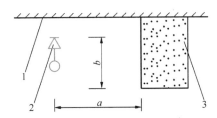

图 2-26 喷头与梁、通风管道的距离

1—顶板；2—直立型喷头；3—梁（或通风管道）

标准直立、下垂型喷头溅水盘以下 0.45m 范围内，其他直立型、下垂型喷头的溅水盘以下 0.9m 范围内，如有屋架等间断障碍物或管道时，喷头与邻近障碍物的最小水平距离宜符合表 2-20 的规定，如图 2-27 所示。

喷头与邻近障碍物的最小水平距离（m） 表 2-20

喷头与邻近障碍物的最小水平距离 a	
c、e 或 $d \leqslant 0.2$	c、e 或 $d > 0.2$
$3c$ 或 $3e$（c 与 e 取最大值）或 $3d$	0.6

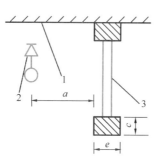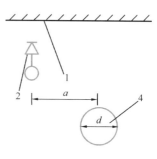

图 2-27 直立、下垂型喷头与屋架等间断障碍物的距离

1—顶板；2—喷头；3—屋架；4—管道

当梁、通风管道、成排布置的管道、桥架等障碍物的宽度大于 1.2m 时，其下方应增设喷头。增设喷头的上方如有缝隙时应设集热罩，如图 2-28 所示。

（4）直立型、下垂型喷头与不到顶隔墙的水平距离 e，不得大于喷头溅水盘与不到顶隔墙顶面垂直距离 f 的 2 倍，如图 2-29 所示。

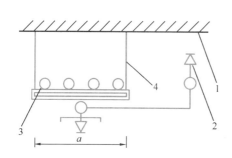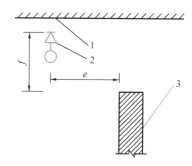

图 2-28 障碍物下方增设喷头

1—顶板；2—喷头；3—排管；4—集热罩

图 2-29 喷头与不到顶隔墙的距离

1—顶板；2—喷头；3—不到顶隔墙

（5）靠墙障碍物横截面边长不小于 750mm 时，障碍物下应设喷头；靠墙障碍物的横截面边长小于 750mm 时，喷头与靠墙障碍物的距离，如图 2-30 所示，并应符合公式（2-12）。

$$a \geqslant (e-200)+b \tag{2-12}$$

式中 a——喷头与障碍物侧面的水平间距，mm；

b——喷头溅水盘与障碍物底面的垂直间距，mm；

e——障碍物横截面的边长，mm，$e < 750$。

边墙型喷头两侧 1m 与正前方 2m 范围内，顶板或吊顶下不应有阻挡喷水的障碍物。

防火分隔水幕的喷头布置，应保证水幕的宽度不小于 6m。采用水幕喷头时，喷头不应少于 3 排；防护冷却水幕的喷头宜布置成单排。

6. 配水管网的布置

自动喷水系统配水管网的布置，应根据建筑的具体情况布置成中央式和侧边式两种形式，如图 2-31 所示。配水管网应采用内外壁热镀锌钢管。报警阀入口前管道采用内壁不防腐的钢管时，应在该管道的末端设过滤器。系统管道的连接，应采用沟槽式连接件（卡箍）或丝扣、法兰连接。报警阀前采用内壁不防腐钢管时，可焊接连接。

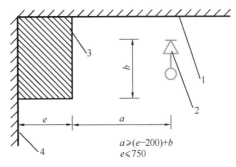

$$a \geqslant (e-200)+b$$
$$e \leqslant 750$$

图 2-30　直立、下垂型喷头与靠墙障碍物的距离

1—顶板；2—喷头；3—障碍物；4—墙面

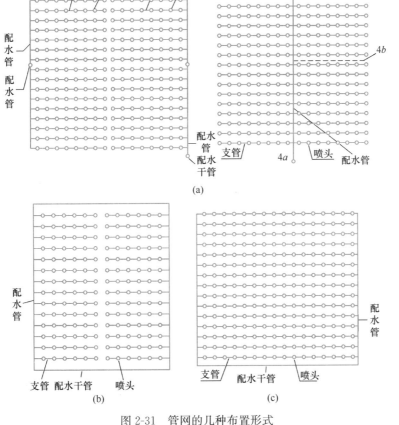

(a)

(b)　　　　(c)

图 2-31　管网的几种布置形式

（a）枝状管网布置示意；（b）环状管网布置示意；（c）格栅状管网布置示意

系统中直径不小于 100mm 的管道，分段采用法兰或沟槽式连接件（卡箍）连接。水平管道上法兰间的管道长度不宜大于 20m；立管上法兰间的距离，不应跨越 3 个及以上楼层。净空高度大于 8m 的场所内，立管上应有法兰。短立管及

末端试水装置的连接管，其管径不应小于 25mm。干式系统、预作用系统的供气管道，采用钢管时，管径不宜小于 15mm；采用铜管时，管径不宜小于 10mm。配水支管管径不应小于 25mm。

配水管道的工作压力不应大于 1.20MPa，并不应设置其他用水设施。

管道的直径应经水力计算确定。配水管道的布置，应使配水管入口的压力均衡。轻危险级、中危险级场所中各配水管入口的压力均不宜大于 0.40MPa。

干式系统的配水管道充水时间，不宜大于 1min；预作用系统与雨淋系统的配水管道充水时间，不宜大于 2min。

配水管两侧每根配水支管控制的标准喷头数，轻危险级、中危险级场所不应超过 8 只，同时在吊顶上下安装喷头的配水支管，上下侧均不应超过 8 只。严重危险级及仓库危险级场所均不应超过 6 只。轻危险级、中危险级场所中配水支管、配水管控制的标准喷头数，不应超过表 2-21 的规定。

轻危险级、中危险级场所中配水支管、配水管控制的标准喷头数　　表 2-21

公称直径（mm）	控制的标准喷头数（只）	
	轻危险级	中危险级
25	1	1
32	3	3
40	5	4
50	10	8
65	18	12
80	48	32
100	—	64

自动喷水灭火系统应设消防水泵接合器，一般不少于 2 个，每个按 10～15L/s 计算。

分隔阀门应设在便于维修的地方，分隔阀门应经常处于开启状态，一般用锁链锁住。分隔阀门最好采用明杆阀门。

7. 管网水力计算

自动喷水灭火系统管网水力计算的目的是确定管网各管段管径、计算管网所需的供水压力、确定高位水箱的设置高度、选择消防水泵和采取必要的减压措施。

（1）水力计算的步骤

1）判断保护对象的性质、划分危险等级和选择系统；

2）确定作用面积和喷水强度；

3）确定喷头的形式和保护面积；

4）确定作用面积内的喷头数；

5）确定作用面积的形状；

6）确定第一个喷头的压力和流量；

7）计算第一根支管上各喷头流量、支管各管段的水头损失以及支管流量和压力，并计算出相同支管的流量系数；

8）根据支管流量系数计算出配水干管各支管的流量、水头损失，并计算出作用面积内的流量、压力和作用面积流量系数；

9）计算系统供水压力或水泵扬程以及灭火剂的用量等；

10）确定系统水源和减压措施。

（2）消防用水量

系统的设计流量，是指最不利一组作用面积内喷头的流量之和；管段计算流量是具体确定一组作用面积内管网各管段的计算流量，然后确定管段的管径。

作用面积法计算系统的设计流量是《自动喷水灭火系统设计规范》GB 50084—2017 推荐的计算方法。

水力计算选定的最不利点处作用面积宜为矩形，其长边应平行于配水支管，其长度不宜小于作用面积平方根的 1.2 倍。

系统的设计流量，应按最不利点处作用面积内喷头同时喷水的总流量确定：

$$Q_s = \frac{1}{60} \sum_{i=1}^{n} q_i \qquad (2\text{-}13)$$

式中　Q_s——系统设计流量，L/s；

q_i——最不利点处作用面积内各喷头节点的流量，L/min；

n——最不利点处作用面积内的喷头数。

根据喷头的保护面积和喷水强度求喷头的出流量公式：

$$q = DA_s \qquad (2\text{-}14)$$

式中　q——喷头的出流量，L/min；

D——相应危险等级的设计喷水强度，L/(min·m²)；

A_s——喷头的保护面积，m²。

根据喷头的工作压力求喷头的出流量公式：

$$q = K\sqrt{10P} \qquad (2\text{-}15)$$

式中　q——喷头的出流量，L/min；

K——喷头的流量系数，玻璃球喷头 $K=0.133$ 或水压用 mH₂O 时 $K=0.42$；

P——喷头出口处的压力（喷头工作压力），MPa。

系统设计流量的计算，应保证任意作用面积内的平均喷水强度不低于表 2-22 和表 2-23 的规定值。最不利点处作用面积内任意 4 只喷头围合的平均喷水强度，轻危险级、中危险级不应低于表 2-22 规定值的 85%；严重危险级和仓库危险级不应低于表 2-22 和表 2-23 的规定值。

建筑内有不同类型的系统或有不同危险等级的场所时，系统的设计流量，应按其设计流量的最大值确定。

当建筑内同时设有自动喷水灭火系统和水幕系统时，系统的设计流量，应按同时启用的自动喷水灭火系统和水幕系统的用水量计算，并取二者之和中的最大值确定。

民用建筑和工业厂房的系统设计参数　　　　　表 2-22

火灾危险等级		净空高度（m）	喷水强度 [L/(min·m²)]	作用面积（m²）
轻危险级			4	
中危险级	I	≤8	6	160
	II		8	
严重危险级	I		12	260
	II		16	

注：系统最不利点处喷头工作压力不应低于 0.05MPa。

非仓库类高大净空场所设置自动喷水灭火系统时，湿式系统设计的基本参数见表 2-23。

对仅在走道设置单排喷头的闭式系统，其作用面积应按最大疏散距离所对应的走道面积确定。

（3）水力计算

管道内的水流速度宜采用经济流速，必要时可超过 5m/s，但不应大于 10m/s。

非仓库类高大净空场所的系统设计基本参数　　　　　表 2-23

适用场所	净空高度（m）	喷水强度 [L/(min·m²)]	作用面积（m²）	喷头选型	喷头最大间距（m）
中庭、影剧院、音乐厅、单一功能体育馆等	8～12	6	260	$K=80$	3
会展中心、多功能体育馆、自选商场等	8～12	12	300	$K=115$	

注：1. 喷头溅水盘与顶板的距离应符合规范要求。

2. 最大储物高度超过 3.5m 的自选商场应按 16L/(min·m²) 确定喷水强度。

3. 表中"～"两侧的数据，左侧为"大于"、右侧为"不大于"。

1）沿程水头损失计算，见式（1-12）。

2）管道的局部水头损失，宜采用当量长度法计算。

各种管件和阀门的当量长度，见表 2-24。

各种管件和阀门的当量长度（m）　　　　　表 2-24

管件名称	管件直径 DN（mm）											
	25	32	40	50	70	80	100	125	150	200	250	300
45°弯头	0.3	0.3	0.6	0.6	0.9	0.9	1.2	1.5	2.1	2.7	3.3	4.0
90°弯头	0.6	0.9	1.2	1.5	1.8	2.1	3.1	3.7	4.3	5.5	5.5	8.2
三通四通	1.5	1.8	2.4	3.1	3.7	4.6	6.1	7.6	9.2	10.7	15.3	18.3
碟阀	—	—	—	1.8	2.1	3.1	3.7	2.7	3.1	3.7	5.8	6.4

续表

管件名称	管件直径 DN（mm）											
	25	32	40	50	70	80	100	125	150	200	250	300
闸阀	—	—	—	0.3	0.3	0.3	0.6	0.6	0.9	1.2	1.5	1.8
止回阀	1.5	2.1	2.7	3.4	4.3	4.9	6.7	8.3	9.8	13.7	16.8	19.8
异径弯头	32	40	50	70	80	100	125	150	200	—	—	—
	25	32	40	50	70	80	100	125	150			
	0.2	0.3	0.3	0.5	0.6	0.8	1.1	1.3	1.6			
U 形过滤器	12.3	15.4	18.5	24.5	30.8	36.8	49	61.2	73.5	98	122.5	—
Y 形过滤器	11.2	14	16.8	22.4	28	33.6	46.2	57.4	68.6	91	113.4	—

注：当异径接头的出口直径不变而入口直径提高 1 级时，其当量长度应增大 50%；提高 2 级或 2 级以上时，其当量长度应增加 1.0 倍。

3）水泵扬程或系统入口的供水压力应按下式计算：

$$H = \Sigma h + P_0 + Z \tag{2-16}$$

式中　H——水泵扬程或系统入口的供水压力，MPa；

　　　Σh——管道沿程和局部的水头损失的累计值，MPa，湿式报警阀、水流指示器取值 0.02MPa，雨淋阀取值 0.07MPa（蝶阀型报警阀与马鞍型水流指示器的取值由生产厂家提供）；

　　　P_0——最不利点处喷头的工作压力，MPa；

　　　Z——最不利点处喷头与消防水池的最低水位或系统入口管水平中心线之间的高程差，当系统入口管或消防水池最低水位高于最不利点处喷头时，Z 应取负值，MPa。

（4）减压措施

自动喷水灭火系统有多层喷水管网时，低层喷头的流量大于高层喷头的流量，造成浪费，应采取减压措施。常用的减压措施有设置减压阀、减压孔板、节流管等。

1）减压孔板应符合下列规定：①应设置在直径不小于 50mm 的水平管段上，前后管段的长度均不宜小于该管段直径的 5 倍；②孔口直径不应小于设置管段直径的 30%，且不应小于 20mm；③应采用不锈钢板材制作。如图 2-32 所示。减压孔板的水头损失，按式（2-11）计算。

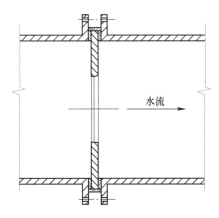

图 2-32　减压孔板结构示意图

2）选用节流管减压时，节流管直径宜按上游管段直径 1/2 确定；长度不宜小于 1m；节流管内部的平均流速不应大于 20m/s。如图 2-33 所示。

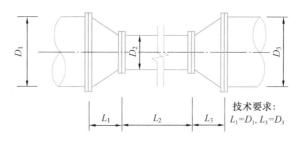

图 2-33　节流管结构示意图

节流管的水头损失，应按下式计算：

$$H_{\mathrm{g}} = 0.01\zeta \frac{V_{\mathrm{g}}^2}{2g} + 0.0000107L \frac{V_{\mathrm{g}}^2}{d_{\mathrm{g}}^{1.3}} \tag{2-17}$$

式中　H_{g}——节流管的水头损失，MPa；

ζ——节流管中渐缩管与渐扩管的局部阻力系数之和，取值 0.7；

V_{g}——节流管内水的平均流速，m/s；

d_{g}——节流管的计算内径，m，取值应按节流管内径减 1mm 确定；

L——节流管的长度，m。

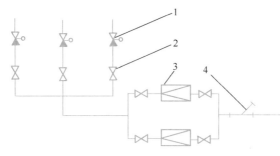

图 2-34　减压阀安装示意图
1—报警阀；2—闸阀；3—减压阀；4—过滤器

3）设置减压阀应符合下列规定：①应设在报警阀组入口前；②入口前应设过滤器；③当连接两个以上报警阀组时，应设置备用减压阀；④垂直安装的减压阀，水流方向宜向下。如图 2-34 所示。

2.4.2　开式自动喷水灭火系统

开式自动喷水灭火系统采用开式喷头（图 2-35），平时报警阀处于关闭状态，管网中无水，系统为敞开状态。当发生火灾时报警阀开启，管网充水，喷头开始喷水灭火。

开式自动喷水灭火系统分为雨淋自动喷水灭火系统、水幕自动喷水灭火系统和水喷雾自动喷水灭火系统。

1. 雨淋自动喷水灭火系统

当建筑物发生火灾时，由感温（或感光、感烟）等火灾探测器接到火灾信号后，通过自动控制雨淋阀门，开式喷头一齐自动喷水灭火，如图 2-36 所示。不仅可以扑灭着火处的火源，而且可以同时自动向整个被保护的面积上喷水，从而防止火灾的蔓延和扩大。具有出水量大，灭火及时等优点。

（1）雨淋自动喷水灭火系统的适用范围

1）火柴厂的氯酸钾压碾厂房，建筑面积超过 $100\mathrm{m}^2$ 生产、使用硝化棉、喷漆

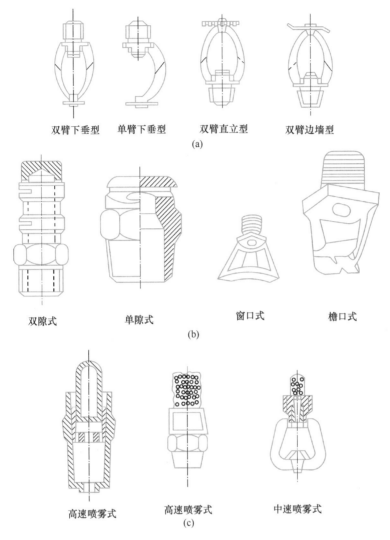

图 2-35　开式喷头构造示意图
(a) 开启式洒水喷头；(b) 水幕喷头；(c) 喷雾喷头

棉、火胶棉、硝酸纤维素胶片、硝化纤维的厂房；

2）建筑面积超过 60m² 或储存量超过 2t 的硝化棉、喷漆棉、火胶棉、硝酸纤维素胶片、硝化纤维仓库；

3）日装瓶量超过 3000 瓶的液化石油气储配站的灌瓶间、实瓶库；

4）特等、甲等或超过 1500 个座位的其他等级的剧院和超过 2000 个座位的会堂或礼堂的舞台的葡萄架下部；

5）建筑面积不小于 400m² 演播室，建筑面积不小于 500m² 的电影摄影棚；

6）乒乓球厂的轧坯、切片、磨球、分球检验部位。

(2) 系统组成和工作原理

雨淋灭火系统由开式喷头、雨淋阀、火灾探测器、管道系统、报警控制装置、控制组件和供水设备等组成，如图 2-36 和表 2-25 所示。

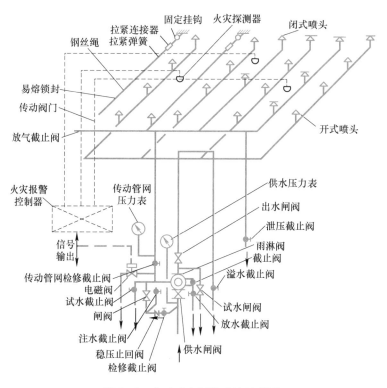

图 2-36　自动喷水雨淋系统示意图

雨淋灭火系统主要部件说明　　　　　　　　　　　　　表 2-25

编号	名称	用途	工作状态	
			平时	失火时
1	闸阀	进水总管	常开	开
2	雨淋阀	自动控制消防供水	常闭	自动开启
3	闸阀	系统检修用	常开	开
4	截止阀	雨淋管网充水	微开	微开
5	截止阀	系统放水	常闭	闭
6	闸阀	系统试水	常闭	闭
7	截止阀	系统溢水	微开	微开
8	截止阀	检修	常开	开
9	止回阀	传动系统稳压	开	开
10	截止阀	传动管注水	常闭	闭
11	带 φ3 小孔闸阀	传动管补水	阀闭孔开	阀闭孔开
12	截止阀	试水	常闭	常闭
13	电磁阀	电动控制系统动作	常闭	开
14	截止阀	传动管网检修	常开	开

续表

编号	名称	用途	工作状态	
			平时	失火时
15	压力表	测传动管水压	两表相等	水压小
16	压力表	测供水管水压	两表相等	水压大
17	手动旋塞	人工控制泄压	常闭	人工开启
18	火灾报警控制箱	接收电信号发出指令		
19	开式喷头	雨淋灭火	不出水	喷水灭火
20	闭式喷头	探测火灾，控制传动管网动作	闭	开
21	火灾探测器	发出火灾信号		
22	钢丝绳			
23	易熔锁封	探测火灾	闭锁	熔断
24	拉紧弹簧	保持易熔锁封受拉力 250N	拉力 250N	拉力为 0
25	拉紧连接器			
26	固定挂钩			
27	传动阀门	传动管网泄压	常闭	开启
28	截止阀	放气	常闭	常闭

发生火灾时，火灾探测器把探测到的火灾信号立即送到控制器，控制器将信号作声光显示并输出控制信号，打开管网上的传动阀门，自动放掉传动管网中的有压水，使雨淋阀上传动水压骤然降低，雨淋阀启动，消防水便立即充满管网，同时开式喷头开始喷水，压力开关和水力警铃发出声光报警，作反馈指示，控制中心的消防人员便可观测系统的工作情况。

（3）系统组件

1）开式洒水喷头。开式喷头与闭式喷头的区别在于缺少热敏元件组成的释放机构。由本体、支架、溅水盘等组成。分为双臂下垂型、单臂下垂型、双臂直立型和双臂边墙型四种，如图 2-35 所示。

2）雨淋阀（又称成组作用阀）。雨淋阀用于雨淋、预作用、水幕、水喷雾自动灭火系统，在立管上安装，室温不低于 4℃。

隔膜式雨淋阀启动灭火后，可以借进水压力自动复位，如图 2-37 所示。

雨淋阀组的电磁阀，其入口应设过滤器。并联设置雨淋阀组的雨淋系统，其雨淋阀控制腔的入口应设止回阀。

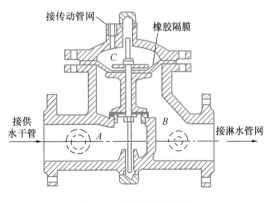

图 2-37　隔膜式雨淋阀

当一个雨淋阀门的供水量不能满足一组开式自动喷水系统时，可用几个雨淋阀并联安装，如图2-38、图2-39所示。

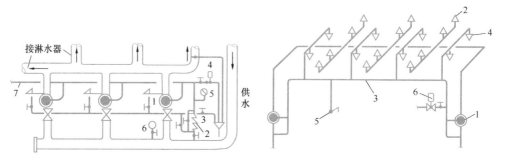

图 2-38　雨淋阀并联示例一
1—雨淋阀门；2—止回阀；3—小孔闸阀；
4—电磁阀；5、6—压力表；7—传动管网

图 2-39　雨淋阀并联示例二
1—雨淋阀门；2—开式喷头；3—传动管网；
4—闭式喷头；5—手动开关；6—电磁阀

3）火灾探测传动系统。

① 带易熔锁封的钢丝绳传动控制系统，如图2-40所示。易熔锁封的公称动作温度，应根据房间内在操作条件下可能达到的最高气温选用，见表2-26。

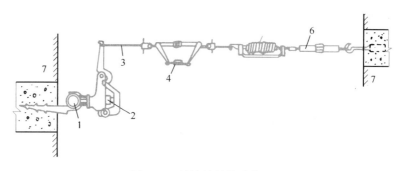

图 2-40　易熔锁封传动装置
1—传动管网；2—传动阀门；3—钢丝绳；4—易熔锁封；5—拉紧弹簧；
6—拉紧连接器；7—墙壁

易熔锁封选用温度　　　　　　　　　　　　　　　　　　　表 2-26

公称动作温度（℃）	适用环境温度（℃）
72	顶棚下不超过 38
100	顶棚下不超过 65
141	顶棚下不超过 107

带钢丝绳的易熔锁封，通常布置在淋水管的上面，房间整个顶棚的下面。易熔锁封之间的水平距离一般为3m，易熔锁封距顶棚的距离不应大于40cm。

工作原理：靠拉紧弹簧的拉力使传动阀保持密封状态。当发生火灾时，室内温度上升，易熔锁封熔化，钢丝绳拉紧，传动阀开启放水，传动管网水压骤然下降，雨淋阀自动开启，开式喷头向整个保护区喷水灭火。同时，水流指示器将信号送至报警控制器，自动启动消防泵。其工作原理流程，如图2-41所示。

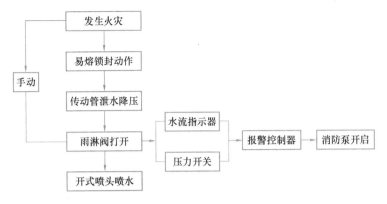

图 2-41 钢丝绳装置工作原理图

② 带闭式喷头的传动控制系统。在保护露天设备时，雨淋系统用带易熔元件的闭式喷头或带玻璃球塞的闭式喷头作为系统探测火灾的感温元件，把系统安装在保护区内，并在闭式喷头的传动管路内充水或充压缩空气（即干式系统），使其起到传递信号的作用。工作原理与带易熔锁封的钢丝绳控制系统一致，不同处在于使用闭式喷头出水泄压，管理比较方便，节省投资，如图 2-42、图 2-43 所示。

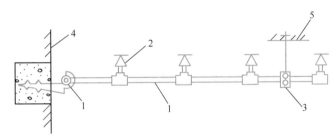

图 2-42 闭式喷头传动管网

1—传动管网；2—闭式喷头；3—管道吊架；4—墙壁；5—顶棚

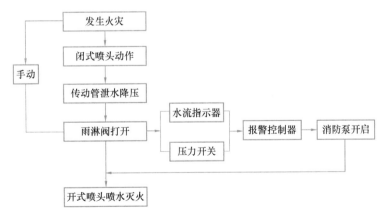

图 2-43 闭式喷头传动管网工作原理

闭式喷头公称动作温度的选用同闭式自动喷水灭火系统。闭式喷头的水平距离一般为 3m，距顶棚的距离不大于 150mm。

装置闭式喷头传动管的直径：当传动管充水时为 25mm，充气时为 15mm。传动管应有不小于 0.005 的坡度坡向雨淋阀。

③ 手动旋塞传动控制系统。发生火灾时，可人工开启快启阀门，使传动管网放水泄压，启动雨淋阀喷水灭火，工程中常用手动旋塞作为快启阀。

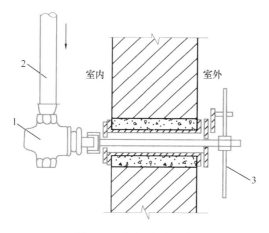

图 2-44 长柄手动开关
1—旋塞（d=20mm）；2—传动管网（d=25mm）；
3—长柄手动开关室外操作装置

手动旋塞应设在主要出入口处明显而易于开启的场所。也可把手动旋塞引至室外，从室外开启雨淋系统。若冬季可能结冰时，应将旋塞设在室内，将手柄接长引至室外。如图 2-44 所示。

在设计时，采用何种传动系统，要视具体情况而定。但设置自动控制系统时，必须同时设置手动控制装置。

4）雨淋管网的设置。在一组雨淋系统装置中，雨淋阀超过 3 个时，雨淋阀前的供水干管，应采用环状管网。环状管网应设置检修阀，检修时关闭的雨淋阀门的数量，不应超过 2 个。

开式喷头在空管式雨淋系统中，喷头可向上或向下安装，在充水式雨淋系统中，喷头应向上安装。最不利点喷头的供水压力应不小于 0.05MPa。

干、支管的平面布置：每根配水支管上装设的喷头不宜超过 6 个，每根配水干管的一端所负担分布支管的数量也不应多于 6 根，以免水量分布不均匀。干、支管的平面布置如图 2-45 所示。

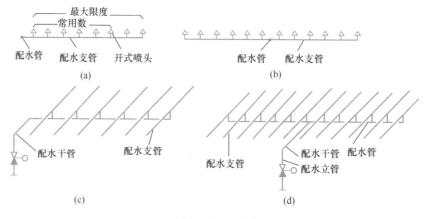

图 2-45 喷头与干、支管的平面布置
(a) 当喷头数为 6～8 个时的布置形式；(b) 当喷头数为 6～12 个时的布置形式；
(c) 当配水支管不大于 6 条时的布置形式；(d) 当配水支管为 6～12 条时的布置形式

2. 水幕系统

（1）水幕自动喷水灭火系统的设置范围：

1）特等、甲等或超过 1500 个座位的其他等级的剧院和超过 2000 个座位的会堂或礼堂的舞台口，以及与舞台相连的侧台、后台的门窗洞口；

2）应设防火墙等防火分隔物而无法设置的局部开口部位；

3）需要冷却保护的防火卷帘或防火幕的上部；

4）高层建筑超过 800 人座位的剧院、礼堂的舞台口宜设防火幕或水幕分隔。

（2）水幕系统的组成。系统组成与雨淋系统基本相同，如图 2-46 所示。

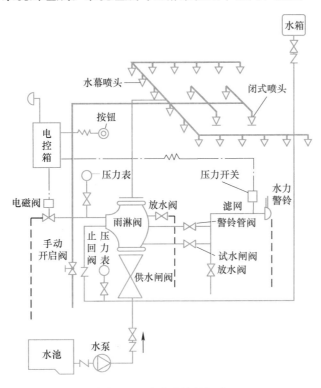

图 2-46　水幕系统的组成

（3）水幕系统的工作原理。水幕系统不具备直接灭火的能力，而是用密集喷洒所形成的水墙或水帘，或配合防火卷帘等分隔物，阻断烟气和火势的蔓延，属于暴露防护系统。可单独使用，用来保护建筑物的门、窗、洞口或在大空间造成防火水帘起防火分隔作用。

防火分隔水幕不宜用于尺寸超过 15m（宽）×8m（高）的开口。对于防护冷却水幕可参考湿式系统或雨淋系统来确定系统的大小。

该系统的控制阀可采用雨淋阀、干式报警阀或手动控制阀。设置要求与雨淋系统相同，其他组件也与雨淋系统相同。水幕喷头的构造形式，见图 2-35。

（4）雨淋系统和水幕系统的设计流量，应按雨淋阀控制的喷头的流量之和确定。多个雨淋阀并联的雨淋系统，其系统设计流量，应按同时启用雨淋阀的流量之和的最大值确定。水幕系统设计的基本参数见表 2-27。

水幕系统设计的基本参数 表 2-27

水幕类型	喷水高度（m）	喷水强度［L/(s•m)］	喷头工作压力（MPa）
防火分隔水幕	≤12	2	0.1
防护冷却水幕	≤4	0.5	

注：防护冷却水幕的喷水点高度每增加 1m，喷水强度应增加 0.1L/(s•m)，但超过 9m 时喷水强度仍采用 1.0L/(s•m)。

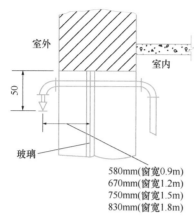

图 2-47 窗口水幕喷头到玻璃面的距离

（5）水幕喷头应均匀布置，并应符合下列要求：①水幕作为保护使用时，喷头成单排布置，并喷向被保护对象；②舞台口和面积大于 3m² 的洞口部位布置双排水幕喷头；③每组水幕系统的安装喷头数不宜超过 72 个；④在同一配水支管上应布置相同口径的水幕喷头。

窗口水幕喷头到玻璃面的距离如图 2-47 所示。檐口下水幕喷头的布置如图 2-48 所示。

建筑物转角处的阀门和止回阀的布置，应在建筑物的某一侧开启水幕喷头时，相邻侧的邻近一排窗口水幕喷头也应同时开启，如图 2-49 所示。

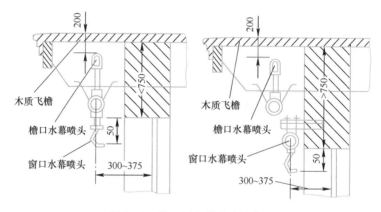

图 2-48 檐口下水幕喷头的布置

3. 水喷雾自动灭火系统

水喷雾自动灭火系统利用高压水，经过各种形式的喷雾喷头将雾状水流喷射在燃烧物上，一方面使燃烧物和空气隔绝产生窒息，另一方面进行冷却，对油类火灾能使油面起乳化作用，对水溶性液体火灾能起稀释作用，同时由于喷雾不会造成液体飞溅、电气绝缘性好的特点，在扑灭闪点高于 60℃液体火灾、电气火灾中得到了广泛的应用。如图 2-50 所示为变压器水雾喷头布置示意图。

（1）水喷雾灭火系统的设置范围。

1）单台容量在 40MW 及以上的厂矿企业可燃油油浸电力变压器、单台容量在 90MW 及以上可燃油油浸电厂电力变压器，或单台容量在 125MW 及以上的独立变电所油浸电力变压器；

2）飞机发动机试车台的试车部位；

3）高层建筑的下列房间应设置水喷雾灭火系统：可燃油油浸电力变压器室、充可燃油的高压电容器和多油开关室；

（2）系统的组成。水喷雾灭火系统由水源、供水设备、管道、雨淋阀组、过滤器和水雾喷头等组成。

（3）设计的基本参数。水喷雾灭火系统的设计基本参数应根据防护目的和保护对象确定，设计喷雾强度和持续喷雾时间不应小于表 2-28 的规定。

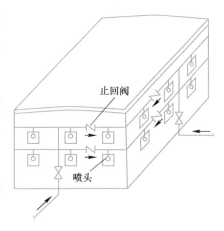

图 2-49　建筑物转角处阀门的布置

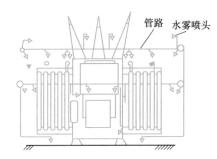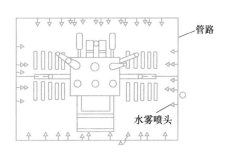

图 2-50　变压器水雾喷头布置示意图

设计喷雾强度与持续喷雾时间　　　　　　　　　　　　　表 2-28

防护目的	保护对象			设计喷雾强度 [L/(min·m²)]	持续喷雾时间 (h)
灭火	固体灭火			15	1
	液体火灾	闪点 60～120℃的液体		20	0.5
		闪点高于 120℃的液体		13	
	电气火灾	油浸式电力变压器、油开关		20	0.4
		油浸式电力变压器的集油坑		6	
		电缆		13	
防护冷却	甲乙丙类液体生产、储存、装卸设施			6	4
	甲乙丙类液体储罐	直径 20m 以下		6	4
		直径 20m 及以上			6
	可燃气体生产、输送、装卸、储存设施和灌瓶间、瓶库			9	6

水雾喷头的工作压力，当用于灭火时不应小于 0.35MPa；用于防护冷却时不应小于 0.2MPa。

水喷雾灭火系统的响应时间，当用于灭火时不应大于45s；当用于液化气生产、储存装置或装卸设施防护冷却时不应大于60s；用于其他设施防护冷却时不应大于300s。

采用水喷雾灭火系统的保护对象，其保护面积应按其外表面面积确定；开口容器的保护面积应按液面面积确定。

（4）喷头布置。水雾喷头与保护对象之间的距离不得大于水雾喷头的有效射程。水雾喷头的平面布置方式可为矩形或菱形。当按矩形布置时，水雾喷头之间的距离不应大于1.4倍水雾喷头的水雾锥底圆半径；当按菱形布置时，水雾喷头之间的距离不应大于1.7倍水雾喷头的水雾锥底圆半径。如图2-51所示。

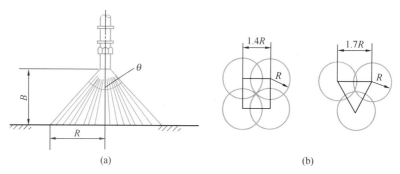

图2-51　水雾喷头的平面布置方式

（a）水雾喷头的喷雾半径；（b）水雾喷头间距及布置形式

R—水雾锥底圆半径（m）；B—喷头与保护对象的间距（m）；θ—喷头雾化角

（5）系统的组件。

1）水雾喷头，水喷雾喷头按进口水压可分为中速水喷雾喷头和高速水喷雾喷头；按构造可分为双级切向孔式、单级涡流式、双级离心式、双级切向混流式等。双级水雾喷头的结构如图2-52所示。

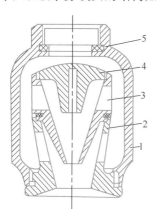

图2-52　双级水雾喷头结构

1—外壳；2—2级喷嘴；3—1级喷嘴；4—顶盖；5—密封圈

水雾喷头在一定水压下，利用离心或撞击原理将水分解成细小水滴，喷头前的水压一般控制在0.5～0.7MPa。

水雾喷头的选型应符合下列要求：扑救电气火灾应选用离心雾化型水雾喷头；腐蚀性环境应选用防腐型水雾喷头；粉尘场所设置的水雾喷头应有防尘罩。

2）雨淋阀组，雨淋阀组是由雨淋阀、电磁阀、压力开关、水力警铃、压力表以及配套的通用阀门组成的阀组。

雨淋阀组的功能应符合下列要求：接通或关断水喷雾灭火系统的供水；接收电信号可电动开启雨淋阀，接收传动管信号可液动或气动开启雨淋阀；具有手动应急操作阀；显示雨淋阀启、闭状态；驱动水力警铃；监测供水压力；电磁阀前应设过滤器。

雨淋阀的设置与雨淋系统相同。

（6）流量计算和水力计算。

1）按式（2-18）计算水雾喷头流量：

$$q = K\sqrt{10P} \tag{2-18}$$

式中　q —— 喷头出流量，L/min；

　　　K —— 流量系数；

　　　P —— 喷头最小工作压力，MPa。

2）按式（2-19）计算保护对象的水雾喷头数量：

$$N = \frac{S \cdot W}{q} \tag{2-19}$$

式中　N —— 保护对象的水雾喷头数量，只；

　　　S —— 保护对象的保护面积，m^2；

　　　W —— 保护对象的设计喷雾强度，$L/(min \cdot m^2)$；

　　　q —— 按式（2-18）求出的喷头流量，L/min。

3）从最不利点喷头开始，依次计算各节点处的水压和喷头出流量，计算方法同闭式系统的水力计算。

4）按式（2-20）确定系统计算流量：

$$Q_j = \frac{1}{60}\sum_{i=1}^{n} q_i \tag{2-20}$$

式中　Q_j —— 系统设计流量，L/s；

　　　q_i —— 各水雾喷头的实际流量，L/min；

　　　n —— 系统启动后同时喷雾的水雾喷头的数量。

当采用雨淋阀控制同时喷雾的水雾喷头数量时，水喷雾灭火系统的计算流量应按系统中同时喷雾的水雾喷头的最大用水量确定。

5）取计算流量的 1.05～1.10 倍作为系统设计流量，计算管网水头损失。

6）根据最不利喷头的实际工作压力、最不利喷头与贮水池最低工作水位的高程差、设计流量下管路的总水头损失三者之和确定水泵扬程。

2.4.3　局部应用系统

1. 局部应用系统的设置原则

局部应用系统适用于室内最大净空高度不超过 8m 的民用建筑中，局部设置且保护区域总建筑面积不超过 1000m² 的湿式系统，同时应符合《自动喷水灭火系统设计规范》GB 50084—2017 的有关规定。

2. 供水要求

（1）当室内消火栓水量能满足局部应用系统用水量时，局部应用系统可与室内消火栓合用室内消防用水、稳压设施、消防水泵及供水管道等。

（2）无室内消火栓的建筑或室内消火栓系统设计供水量不能满足局部应用系统要求时，应符合如下要求：

1）城市供水能够同时保证最大生活用水量和系统的流量与压力时，城市供水管可直接向系统供水。

2）城市供水不能同时保证最大生活用水量和系统的流量与压力，但允许水泵从城市供水管直接吸水时，系统可设直接从城市供水管的消防加压水泵。

3）城市供水不能同时保证最大生活用水量和系统的流量与压力，也不允许从城市供水管直接吸水时，系统应设储水池（罐）和消防水泵，储水池（罐）的有效容积应按系统用水量确定，并可扣除系统持续喷水时间内仍能连续补水的水量。

4）可按三级负荷供电，且可不设备用泵。

5）应采用防止污染生活用水的措施。

3. 报警控制装置

局部应用系统应设报警控制装置。报警控制装置应具有显示水流指示器、压力开关及水泵、信号等组件状态和输出启动水泵控制信号的功能。

不设报警阀组或采用消防加压水泵直接从城市供水管吸水的局部应用系统，应采取压力开关联运消防水泵的控制方式。不设报警阀组的系统可采用电动警铃报警。

4. 设计参数

（1）局部应用系统应采用快速响应喷头，喷水强度不应低于 $6L/(min \cdot m^2)$，持续喷水时间不应低于 0.5h。

（2）局部应用系统保护区域内的房间和走道均应布置喷头。喷头的选型、布置和按开放喷头数确定的作用面积，应符合如下要求：

1）采用流量系数 $K=80$ 快速响应喷头的系统，喷头的布置应符合中危险级Ⅰ级场所的有关规定，作用面积应符合表 2-29 的规定。

局部应用系统采用流量系数 $K=80$ 快速响应喷头时的作用面积　　表 2-29

保护区域总建筑面积和最大厅室建筑面积		开放喷头数
保护区域总建筑面积超过 300m² 或最大厅室建筑面积超过 200m²		10
保护区域总建筑面积不超过 300m²	最大厅室建筑面积不超过 200m²	8
	最大厅室内喷头少于 6 只	大于最大厅室内喷头数 2 只
	最大厅室内喷头少于 3 只	5

2）采用 $K=115$ 快速响应扩展覆盖喷头的系统，同一配水支管上喷头的最大间距和相邻配水支管的最大间距，正方形布置时不应大于 4m，矩形布置时长边不应大于 4.6m，喷头至墙的距离不应大于 2.2m，作用面积应按开放喷头数不少于 6 只确定。

3）采用 $K=80$ 喷头且喷头总数不超过 20 只，或采用 $K=115$ 喷头且喷头总数不超过 12 只的局部应用系统，可不设报警阀组。

不设报警阀组的局部应用系统，配水管可与室内消防竖管连接，其配水管的入口处应设过滤器和带有锁定装置的控制阀。

2.5　其他固定灭火设施简介

随着我国的能源、化工、电子、轻工等工业突飞猛进地发展，规模巨大的工业、民用建筑大量涌现，各种火灾频频发生，传统的灭火剂——水对一些火灾无能为力，甚至还可能带来更大的损失，作为保护公民人身安全、公共财产和公民财产安全的设施——各种固定灭火系统，也日益显示其重要性。因此，对不同性质的火灾，要采用不同的灭火方法和手段，才能有效地熄灭和控制火灾。

为保护大气臭氧层不被破坏，现已淘汰灭火效率较高的卤代烷灭火剂 1301 和 1211，使用二氧化碳、三氟甲烷、七氟丙烷和惰性气体等洁净气体作为气体灭火系统的灭火剂。

目前，国内替代 1301 的洁净气体灭火剂有 IG-541、七氟丙烷（HFC-227ea）、三氟甲烷（HFC-23）和 CO_2 四种，有些场所采用细水雾和 EBM 气溶胶替代 1301，但上述替代物各有优缺点，在实践中应根据具体情况确定。

洁净气体灭火系统可用于扑救下列火灾：电气火灾；液体火灾或可熔化的固体火灾；灭火前应能切断气源的气体火灾；固体表面火灾。

2.5.1　手提灭火器

1. 灭火器配置场所

为了有效地扑救工业与民用建筑初起火灾，减少火灾损失，保护人身和财产的安全，需要合理配置灭火器。《建筑灭火器配置设计规范》GB 50140—2005 适用于生产、使用或储存可燃物的新建、改建、扩建的工业与民用建筑工程存在可燃的气体、液体、固体等物质，需要配置灭火器的场所。不适用于生产或储存炸药、弹药、火工品、花炮的厂房或库房。

2. 灭火器配置场所的火灾种类和危险等级

（1）火灾种类。根据灭火器配置场所内的物质及其燃烧特性划分为以下五类：

A 类火灾：固体物质火灾。

B 类火灾：液体火灾或可熔化固体物质火灾。

C 类火灾：气体火灾。

D 类火灾：金属火灾。

E 类火灾（带电火灾）：物体带电燃烧的火灾。

（2）危险等级。民用建筑灭火器配置场所的危险等级，根据其使用性质，人员密集程度，用电用火情况，可燃物数量，火灾蔓延速度，扑救难易程度等因素确定。

轻危险级：使用性质一般，人员不密集，用电用火较少，可燃物较少，起火后蔓延较缓慢，扑救较易的场所。

中危险级：使用性质较重要，人员较密集，用电用火较多，可燃物较多，起火后蔓延较迅速，扑救较难的场所。

严重危险级：使用性质重要，人员密集，用电用火多，可燃物多，起火后蔓延迅速，扑救困难，容易造成重大财产损失或人员群死群伤的场所。

3. 灭火器的选择

灭火器的选择应考虑灭火器配置场所的火灾种类、危险等级、灭火器的灭火效能和通用性、灭火剂对保护物品的污损程度、灭火器设置点的环境温度、使用灭火器人员的体能等因素。在同一灭火器配置场所，宜选用相同类型和操作方法的灭火器。当同一灭火器配置场所存在不同火灾种类时，应选用通用型灭火器。

在同一灭火器配置场所，当选用两种或两种以上类型灭火器时，应采用灭火剂相容的灭火器。不相容的灭火剂见表2-30。

不相容的灭火剂 表 2-30

灭火剂类型	不相容的灭火剂	
干粉与干粉	磷酸铵盐	碳酸氢钠、碳酸氢钾
干粉与泡沫	碳酸氢钠、碳酸氢钾	蛋白泡沫
泡沫与泡沫	蛋白泡沫、氟蛋白泡沫	水成膜泡沫

4. 灭火剂类型的选择

A 类火灾场所应选择水型灭火器、磷酸铵盐干粉灭火器、泡沫灭火器等。

B 类火灾场所应选择泡沫灭火器、碳酸氢钠干粉灭火器、磷酸铵盐干粉灭火器、二氧化碳灭火器、灭 B 类火灾的水型灭火器。极性溶剂的 B 类火灾场所应选择灭 B 类火灾的抗溶性灭火器。

C 类火灾场所应选择磷酸铵盐干粉灭火器、碳酸氢钠干粉灭火器、二氧化碳灭火器。

D 类火灾场所应选择扑灭金属火灾的专用灭火器。

E 类火灾场所应选择磷酸铵盐干粉灭火器、碳酸氢钠干粉灭火器或二氧化碳灭火器，但不得选用装有金属喇叭喷筒的二氧化碳灭火器。

5. 灭火器的设置要求

灭火器应设置在位置明显和便于取用的地点，且不得影响安全疏散。对有视线障碍的灭火器设置点，应设置指示其位置的发光标志。灭火器的摆放应稳固，其铭牌应朝外。手提式灭火器宜设置在灭火器箱内或挂钩、托架上，其顶部离地面高度不应大于 1.50m；底部离地面高度不宜小于 0.08m。灭火器箱不得上锁。灭火器不宜设置在潮湿或强腐蚀性的地点。

一个计算单元内配置的灭火器数量不得少于 2 具。每个设置点的灭火器数量不宜多于 5 具。当住宅楼每层的公共部位建筑面积超过 100m^2 时，应配置 1 具 1A 的手提式灭火器；每增加 100m^2 时，增配 1 具 1A 的手提式灭火器。

设置在 A 类火灾场所的灭火器，其最大保护距离应符合表 2-31 的规定。设置在 B、C 类火灾场所的灭火器，其最大保护距离应符合表 2-32 的规定。D 类火灾场所的灭火器，其最大保护距离应根据具体情况研究确定。E 类火灾场所的灭火器，其最大保护距离不应低于该场所内 A 类或 B 类火灾的规定。

A 类火灾场所的灭火器最大保护距离（m）　　　　　　表 2-31

灭火器形式 危险等级	手提式灭火器	推车式灭火器
严重危险级	15	30
中危险级	20	40
轻危险级	25	50

B、C 类火灾场所的灭火器最大保护距离（m）　　　　　　表 2-32

灭火器形式 危险等级	手提式灭火器	推车式灭火器
严重危险级	9	18
中危险级	12	24
轻危险级	15	30

A 类火灾场所灭火器的最低配置基准应符合表 2-33 的规定，B、C 类火灾场所灭火器的最低配置基准应符合表 2-34 的规定。D 类火灾场所的灭火器最低配置基准应根据金属的种类、物态及其特性等研究确定。E 类火灾场所的灭火器最低配置基准不应低于该场所内 A 类（或 B 类）火灾的规定。

A 类火灾场所灭火器的最低配置基准　　　　　　表 2-33

危险等级	严重危险级	中危险级	轻危险级
单具灭火器最小配置灭火级别	3A	2A	1A
单位灭火级别最大保护面积（m^2/A）	50	75	100

B、C 类火灾场所灭火器最低配置基准　　　　　　表 2-34

危险等级	严重危险级	中危险级	轻危险级
单具灭火器最小配置灭火级别	89B	55B	21B
单位灭火级别最大保护面积（m^2/A）	0.5	1.0	1.5

6. 灭火器配置设计计算

灭火器配置的设计与计算应按计算单元进行。灭火器最小需配灭火级别和最少需配数量的计算值应进位取整。每个灭火器设置点实配灭火器的灭火级别和数量不得小于最小需配灭火级别和数量的计算值。灭火器设置点的位置和数量应根据灭火器的最大保护距离确定，并应保证最不利点至少在 1 具灭火器的保护范围内。

当一个楼层或一个水平防火分区内各场所的危险等级和火灾种类相同时，可将其作为一个计算单元；当一个楼层或一个水平防火分区内各场所的危险等级和火灾种类不相同时，应将其分别作为不同的计算单元；同一计算单元不得跨越防火分区和楼层；建筑物应按其建筑面积确定；可燃物露天堆场，甲、乙、丙类液体储罐区，可燃气体储罐区应按堆垛、储罐的占地面积确定。

计算单元的最小需配灭火级别应按式（2-21）计算：

$$Q = K\frac{S}{U} \tag{2-21}$$

式中 Q——计算单元的最小需配灭火级别，A 或 B；

　　　S——计算单元的保护面积，m^2；

　　　U——A 类或 B 类火灾场所单位灭火级别最大保护面积，m^2/A 或 m^2/B；

　　　K——修正系数，修正系数 K 应按表 2-35 的规定取值。

修正系数　　　　　　　　　　　　　　　　表 2-35

计算单元	K
未设室内消火栓系统和灭火系统	1.0
设有室内消火栓系统	0.9
设有灭火系统	0.7
设有室内消火栓系统和灭火系统	0.5
可燃物露天堆场 甲、乙、丙类液体储罐区 可燃气体储罐区	0.3

歌舞娱乐放映游艺场所、网吧、商场、寺庙以及地下场所等的计算单元的最小需配灭火级别应按式（2-22）计算：

$$Q = 1.3K\frac{S}{U} \tag{2-22}$$

计算单元中每个灭火器设置点的最小需配灭火级别应按式（2-23）计算：

$$Q_e = \frac{Q}{N} \tag{2-23}$$

式中 Q_e——计算单元中每个灭火器设置点的最小需配灭火级别，A 或 B；

　　　N——计算单元中的灭火器设置点数，个。

灭火器配置的设计计算程序：

（1）确定各灭火器配置场所的火灾种类和危险等级；

（2）划分计算单元，计算各计算单元的保护面积；

（3）计算各计算单元的最小需配灭火级别；

（4）确定各计算单元中的灭火器设置点的位置和数量；

（5）计算每个灭火器设置点的最小需配灭火级别；

（6）确定每个设置点灭火器的类型、规格与数量；

（7）确定每具灭火器的设置方式和要求；

（8）在工程设计图上用灭火器图例和文字标明灭火器的型号、数量与设置位置。

2.5.2　二氧化碳灭火系统

二氧化碳灭火作用主要在于窒息，冷却只为其次，是一种物理的、没有化学变化的气体灭火系统，因其具有不污染保护物、灭火快、空间淹没效果好等优点，在工业发达国家应用相当广泛。一般可以使用卤代烷灭火系统的场合均可采用二氧化碳灭火系统，由于卤代烷灭火剂施放氟氯会破坏地球的臭氧层，为了保护地球环境，而淘汰了灭火效率较高的卤代烷 1301 和 1211，二氧化碳灭火系统已日益被重视，但因二氧化碳灭火系统对人有致命的危害、造价高，一般很少在民用建筑中应用。我国制定的二氧化碳灭火系统设计规范规定，二氧化碳灭火系统适用于扑救下列一些火灾：液体或可熔化的固体（如石蜡、沥青）火灾；固体表面火灾及部分固体（如棉花、纸张）深位火灾；电气火灾；气体火灾（灭火前不能切断气源的除外）。

下列部位应设置气体灭火系统：国家、省级或超过 100 万人口城市广播电视发射塔楼内的微波机房、分米波机房、米波机房、变配电室和不间断电源（UPS）室；国际电信局、大区中心、省中心和一万路以上的地区中心的长途程控交换机房、控制室和信令转接点室；2 万线以上的市话汇接局和六万门以上的市话端局程控交换机房、控制室和信令转接点室；中央及省级治安、防灾和网局级以上的电力等调度指挥中心的通信机房和控制室；主机房的建筑面积不小于 140m² 的电子计算机房中的主机房和基本工作间的已记录磁（纸）介质库；其他特殊重要设备室。

下列单位应设置二氧化碳等气体灭火系统，但不得采用卤代烷 1211、1301 灭火系统：国家、省级或藏书超过 100 万册的图书馆的特藏库；中央和省级的档案馆中的珍藏库和非纸质档案库；大、中型博物馆中的珍品仓库；一级纸、绢质文物的陈列室；中央和省级广播电视中心内，建筑面积不小于 120m² 的音像制品库房。

二氧化碳灭火系统由储存装置（含储存容器、单向阀、容器阀、集流管及称重检漏装置等）、管道、管件、二氧化碳喷头及选择阀组成。如图 2-53 所示。

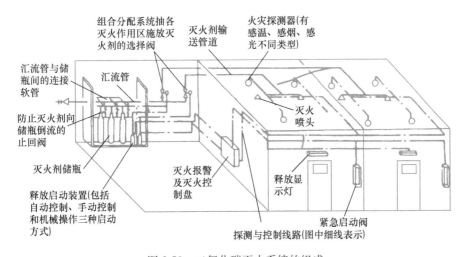

图 2-53　二氧化碳灭火系统的组成

二氧化碳灭火系统按灭火方式分全淹没灭火方式和局部施用灭火方式。二氧化碳从储存系统中释放出来，液态的二氧化碳大部分迅速被汽化，大约 1kg 液态

二氧化碳会产生 $0.5m^3$ 的二氧化碳气体。它将在被保护的封闭空间里扩散开来，直至充满全部空间，形成均一且高于所有被保护物质要求的灭火浓度，此时就能扑灭空间里任意部位的火灾。这一灭火方式称为全淹没灭火方式。局部应用系统是采用专用的喷头，使喷出的二氧化碳能直接、集中地施放到正在燃烧的物体上。因此要求喷放的二氧化碳能穿透火焰，并在燃烧物的燃烧表面上达到一定的供给强度，延续一定的时间，这样才使得燃烧熄灭，用于不需封闭空间条件的具体保护对象的非深位火灾。

二氧化碳灭火系统的控制程序大致包括如图 2-54 所示的内容与环节。

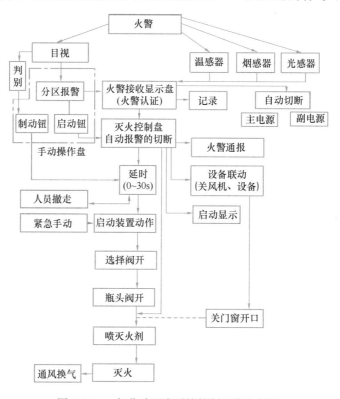

图 2-54　二氧化碳灭火系统控制程序方框图

当被保护的区域发生了火灾，相继会有两个探测器捕捉到火警信息输给报警控制设备，此时，即行发出火灾报警信号及发送灭火指令（亦可由人目测后人为发出）。启动系统安排一个延迟过程，一般为 0~30s，留给人们安全撤离火区用。

对于全淹没灭火方式，灭火动作后，为防止复燃，应保持 20min 才可进行通风换气、开放门窗。

2.5.3　蒸汽灭火系统

水蒸气是含热量高的惰性气体。水蒸气能冲淡燃烧区的可燃气体，降低空气中氧的含量，使燃烧窒息，有良好的灭火作用。饱和蒸汽的灭火效果优于过热蒸汽，尤其扑灭高温设备的油气火灾，不仅能迅速扑灭泄漏处火灾，而且不会引起设备的损坏（用水扑救高温设备火灾会引起设备破裂危险）。蒸汽灭火系统具有设备简单、造价低、淹没性好等优点，但不适用于体积大、面积大的火区，不适用于扑灭电气设备、贵重仪表、文物档案等火灾。

蒸汽灭火系统有固定式和半固定式两种。

固定式蒸汽灭火系统为全淹没式灭火系统，用于扑灭整个房间、舱室的火灾，即使燃烧房间惰性化而熄灭火焰，对保护空间的容积不大于 500m³ 效果较好。固定式蒸汽灭火系统，一般由蒸汽源、输汽干管、支管、配汽管等组成，如图 2-55 所示。

半固定式蒸汽灭火系统用于扑救局部火灾，利用水蒸气的机械冲击力量吹散可燃气体，并瞬间在火焰周围形成蒸汽层扑灭火灾。半固定式蒸汽灭火系统由蒸汽源、输汽干管、支管、接口短管等组成，如图 2-56 所示。蒸汽喷枪如图 2-57 所示。

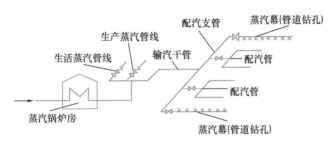

图 2-55　固定式蒸汽灭火系统

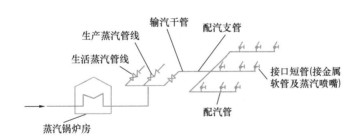

图 2-56　半固定式蒸汽灭火系统

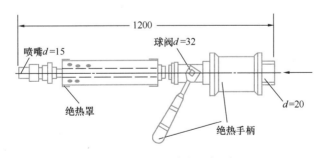

图 2-57　蒸汽喷枪示意图

2.5.4　干粉灭火系统

干粉灭火系统是以干粉为灭火剂。干粉灭火剂是干燥的易于流动的细微粉末，平时储存于干粉灭火器或干粉灭火设备中，灭火时靠加压气体（二氧化碳或氮气）的压力将干粉从喷嘴射出，以粉雾的形式灭火，又称为干化学灭火剂。

干粉灭火剂由基料和添加剂组成,基料起灭火作用,添加剂则用于改善干粉灭火剂的流动性、防潮性、防结块等性能。目前,品种最多、用量最大的是B、C类干粉,即用于B类火灾和C类火灾的干粉。按成分可分为钠盐干粉、钾盐干粉、氨基干粉和金属干粉(用于D类火灾)等。主要对燃物起到化学抑制、防止燃爆作用,使燃烧物熄灭。灭火剂的选用应根据燃烧物的性质确定。

1. 干粉灭火系统的适用范围

干粉灭火设备对A、B、C、D四类火灾都可以使用,但大量的还是B、C类火灾,一般适用如下场所:易燃、可燃液体和可熔化的固体火灾;可燃气体和可燃液体以压力形式喷射的火灾;各种电气火灾;木材、纸张、纺织品等A类火灾的明火;D类火灾指金属火灾,如钾、钠等。

干粉灭火系统不适于扑救的火灾:不能用于扑救自身能够释放氧气或提高氧源的化合物火灾(如过氧化物等);不能扑救普通燃烧物质的深部位的火或阴燃火;不宜扑救精密仪器、精密电气设备、计算机等火灾,因易产生污染和破坏。

2. 干粉灭火系统的组成工况

干粉灭火系统是将干粉通过供应装置、输送管路和固定喷嘴,或通过干粉输送软带与干粉喷枪、干粉喷炮相连接并经喷嘴、喷枪、喷炮喷放干粉。

3. 干粉灭火系统的特点

灭火时间短、效率高;对石油及石油产品的灭火效果尤为显著;绝缘性能好,可扑救带电设备的火灾;对人畜无毒或低毒,对环境不会产生危害;灭火后,对机器设备的污损较小;以有相当压力的二氧化碳或氮气作为喷射动力,或以固体发射剂为喷射动力,不受电源限制;干粉能较长距离输送,干粉设备可远离火区;寒冷地区使用不需要防冻;不用水,特别适用于缺水地区;干粉灭火剂长期储存不变质。

干粉灭火系统按其安装方式可分为固定式、半固定式;按喷射方式可分为全淹没式和局部施用式;按其控制启动方式又可分为自动启动控制和手动控制。

2.5.5 泡沫灭火系统

泡沫灭火系统是以泡沫为灭火剂。其主要灭火机理是通过泡沫的隔断作用,将燃烧液体与空气隔离而实现灭火。因为泡沫中水的成分占96%以上,所以它同时伴有冷却而降低燃烧液体蒸发以及灭火过程中产生的水蒸气的窒息作用,使燃烧熄灭。泡沫灭火系统广泛应用于油田、炼油厂、油库、发电厂、汽车库、飞机库、矿井坑道等场所。

泡沫灭火剂有普通型泡沫、蛋白泡沫、氟蛋白泡沫、水成膜泡沫、成膜氟蛋白泡沫等。

泡沫灭火系统主要由消防泵、泡沫比例混合装置、泡沫产生装置及管道等组成。

泡沫灭火系统按发泡倍数分为低倍数、中倍数和高倍数灭火系统;按使用方式可分为全淹没式、局部应用式和移动式灭火系统;按泡沫的喷射方式分为液上喷射、液下喷射和喷淋喷射三种形式。

发泡倍数在 20 倍以下称为低倍数泡沫灭火系统，发泡倍数在 21～200 倍之间称为中倍数泡沫灭火系统，发泡倍数在 201～2000 倍之间称为高倍数泡沫灭火系统。

泡沫灭火系统的适用范围：石油化工装置区易于泄漏处、固体物资仓库、易燃液体仓库、有火灾危险的工业厂房、地下建筑工程、各种船舶的机舱泵舱和货舱等、贵重仪器设备和物质、可燃液体及液化石油气和液化天然气的流淌火灾等。

思 考 题 与 习 题

1. 以水为灭火剂的消防系统有哪几类，各自的工作原理是什么，适用什么范围？

2. 市政消火栓给水系统有何作用，如何布置？

3. 室外消防给水系统按水压可分为哪几类？

4. 室外与室内消火栓给水系统有何区别及联系？

5. 室内消火栓给水系统由哪几部分组成？

6. 消火栓的布置有何要求？

7. 消火栓系统分区供水有哪几种形式，分区的条件是什么？

8. 如何确定消火栓充实水柱的长度？

9. 常用的自动喷水灭火系统有哪几种，适用条件是什么？

10. 自动喷水灭火系统的主要组件有哪些，其作用是什么？

11. 闭式喷头的公称动作温度如何确定？

12. 水喷雾灭火系统有何特点，适用条件是什么？

13. 水喷雾灭火系统与自动喷水灭火系统有何区别？

14. 二氧化碳灭火系统有何特点，适用条件是什么？

15. 蒸汽灭火系统适用什么条件？

16. 干粉灭火系统的特点是什么？

17. 泡沫灭火系统的灭火机理是什么？

18. 手提灭火器的设置要求是什么？

19. 一座高度为 48.5m 的高级旅馆，由两条市政给水管供水，每条管供水 36m³/h，室外消火栓由市政给水管供水，室内消火栓水量为 30L/s，喷淋水量为 2830L/s，计算消防水池的有效容积。

20. 一厂房在两工段之间设防火卷帘，为保证卷帘的完整性和隔热性，在其上部设水幕，水幕宽度为 20m、高度为 10m，计算其消防用水量。

21. 用于扑救某固体火灾的水喷雾系统，其保护面积为 52m²，共布置 6 个喷头，采用一组雨淋阀，系统分配到每个喷头的平均出流量为 2.5L/s，求消防水池的最小储水容积。

22. 一地下车库设有自动喷水灭火系统，选用标准喷头，车库高度为 7.5m，柱网规格为 8.4m×8.4m，每个柱网均匀布置 9 个喷头，在不考虑立管阻力的情况下，求最不利作用面积内满足喷水强度要求的第一个喷头的工作压力。

23. 有一座 4 层建筑物，层高 5m，按照中危 Ⅱ 级设置了自动喷水灭火系统，各层自动喷水灭火系统的布置方式完全相同，其最不利作用面积的设计流量为 1600L/min，作用面积所需压力为 0.295MPa。最不利层最有利作用面积处的压力为 0.455MPa，在不计其他管道水头损失，不考虑系统减压时，计算最有利层最有利作用面积处的出流量与最不利层最不利作用面积处的设计流量的比值及流量。

24. 某高层建筑室内消火栓消防用水量为 30L/s,消火栓系统高位水箱贮存的水量为多少?

25. 有一高层工业厂房,已知层高为 8m,水枪与地面夹角为 45°,在不考虑水枪流量时,所需的充实水柱长度为多少?

26. 某建筑内有自动喷水灭火系统,作用面积为 200m²,喷水强度为 6L/(min·m²),求作用面积内的理论流量和设计流量。

2-2 教学单元2
习题解析

课后拓展——消防灭火救援无人机

支撑知识点:消防系统的灭火机理

思政元素:创新精神、责任意识、安全意识

西北工业大学的科团队研发了"消防灭火救援无人机"。该团队研发了两种新型消防灭火装置,一种用于扑灭高层建筑火灾,一种用于扑灭森林火灾。

2019 年 3 月 30 日,四川凉山州木里县雅砻江镇立尔村突发森林火灾,当地消防人员迅速开展灭火工作。但在灭火过程中,风向风力突变导致 31 名年轻的消防员壮烈牺牲。在保家卫国方面,消防员肩负着责任和使命,他们心中那份勇气、使命和担当的职业精神和奉献精神值得学习。新型消防灭火装置的研发与未来的实际应用,必然将大大提高灭火效率和能力,同时极大降低火灾发生时的人员伤亡事故。新型消防灭火装置从研发、生产、调试、运行到使用需要经历一个过程,当代大学生要注重培养工匠精神,将专业知识学精,注重新产品研发过程中的每一个细节,做到严谨细致,严格遵循国家标准。

练一练:5~10 人为一组,查阅资料、视频,火灾相关消防知识等。以小组为单位分享、讨论。

教学单元3 建 筑 排 水

3.1 排水系统的分类、体制和组成

3.1.1 排水系统的分类

建筑内部排水系统的任务是把建筑内的生活污水、生活废水、工业废水和屋面雨、雪水收集起来，有组织地及时畅通地排至室外排水管网、处理构筑物或水体。按系统排除的污、废水种类的不同，可将建筑内排水系统分为以下几类：

1. 粪便污水排水系统

独立排除大便器（槽）、小便器（槽）以及与此相似卫生设备排出的污水的排水系统。

2. 生活废水排水系统

独立排除洗涤盆（池）、淋浴设备、洗脸盆、化验盆等卫生器具排出的洗涤废水的排水系统。

3. 生活污水排水系统

排除粪便污水和生活废水的合流排水系统。

4. 生产污水排水系统

排除生产过程中被污染较重的工业废水的排水系统。生产污水须经过处理后才允许回用或排放，如含酚污水，含氰污水，酸、碱污水等。

5. 生产废水排水系统

排除生产过程中只有轻度污染或水温提高，只需经过简单处理即可循环或重复使用的较洁净的工业废水的排水系统，如冷却废水、洗涤废水等。

6. 屋面雨水排水系统

排除降落在屋面的雨、雪水的排水系统。

3.1.2 排水体制选择

1. 排水体制

建筑内部排水体制分为分流制和合流制两种，分别称为建筑内部分流排水和建筑内部合流排水。

建筑内部分流排水是指居住建筑和公共建筑中的粪便污水和生活废水；工业建筑中的生产污水和生产废水各自由单独的排水管道系统排除。

建筑内部合流排水是指建筑中两种或两种以上的污、废水合用一套排水管道系统排除。

建筑内部生活排水应与雨水分流排出，设置单独的屋面雨水排水系统，迅速、及时地将雨水排至室外雨水管渠或地面。

2. 排水体制选择

建筑内部排水体制确定时，应根据污水性质、污染程度、结合建筑外部排水系统体制、有利于综合利用、污水的处理和中水开发等方面的因素考虑。

（1）建筑内下列情况下宜采用生活污水与生活废水分流的排水系统：

1）建筑物使用性质对卫生标准要求较高时；

2）生活废水量较大，且政府有关部门要求污水、废水分流且生活污水需经化粪池处理后才能排入城镇排水管道时；

3）生活废水需回收利用时；

4）消防排水、生活水池（箱）排水、游泳池放空排水、空调冷凝排水、室内水景排水、无洗车的车库和无机修的机房地面排水等宜与生活废水分流，单独设置废水管道排入室外雨水管道。

（2）下列建筑排水应单独排水至水处理或回收构筑物：

1）职工食堂、营业餐厅的厨房含有油脂的废水；

2）汽车冲洗水；

3）含有致病菌，放射性元素超过排放标准的医疗、科研机构的污水；

4）水温超过40℃的锅炉、水加热器等加热设备排污水；

5）用作中水水源的生活排水；

6）实验室有害有毒废水。

（3）建筑物雨水管道应单独设置，雨水回收利用可按现行国家标准《建筑与小区雨水控制及利用工程技术规范》GB 50400 执行。

（4）建筑中水泵水收集管道应单独设置，且应符合现行国家标准《建筑中水设计标准》GB 50336 的规定。

3.1.3 排水系统的组成

建筑内部排水系统的任务是要能迅速通畅地将污废水排到室外，并能保持系统气压稳定，同时将管道系统内有害有毒气体排到一定空间以保证室内环境卫生，如图 3-1 所示。完整的排水系统可由以下部分组成。

1. 卫生器具和生产设备受水器

卫生器具是建筑内部排水系统的起点，用以满足人们日常生活或生产过程中各种卫生要求，并收集和排出污废水的设备。

2. 排水管道

排水管道包括器具排水管（指连接卫生器具和横支管的一段短管，除坐式大便器外，其间设有一个存水弯，其水封深度不得小于 50mm）、横支管、立管、埋地干管和排出管。

3. 通气管道

建筑内部排水系统是水气两相流动，当卫生器具排水时，需向排水管道内补给空气，以减小气压变化，防止卫生器具水封破坏，使水流通畅，同时也需将排水管道内的有毒有害气体排放到一定空间的大气中去，补充新鲜空气，减缓金属管道的腐蚀。

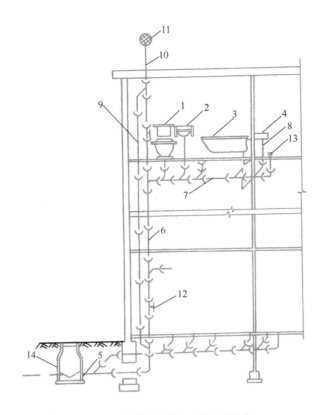

图 3-1　建筑内部排水系统的组成

1—大便器；2—洗脸盆；3—浴盆；4—洗涤盆；5—排出管；6—立管；7—横支管；8—支管；
9—通气立管；10—伸顶通气管；11—网罩；12—检查口；13—清扫口；14—检查井

4. 清通设备

为疏通建筑内部排水管道，保障排水畅通，常需设检查口、清扫口、带清扫门的 90°弯头或三通、室内埋地横干管上的检查井等。

5. 抽升设备

工业与民用建筑的地下室、人防建筑物、高层建筑地下技术层、地下铁道、立交桥等地下建筑物的污废水不能自流排至室外时，常需设抽升设备。

6. 污水局部处理构筑物

当建筑内部污水未经处理不能排入其他管道或市政排水管网和水体时，须设污水局部处理构筑物。

3.2　卫生器具及其设备和布置

卫生器具是建筑内部排水系统的重要组成部分，随着建筑标准的不断提高，人们对建筑卫生器具的功能要求和质量要求越来越高，卫生器具一般采用不透水、无气孔、表面光滑、耐腐蚀、耐磨损、耐冷热、便于清扫、有一定强度的材料制造，如陶瓷、塑料、复合材料等，卫生器具正向着冲洗功能强、节水消声、设备配套、便于控制、使用方便、造型新颖、色彩协调方面发展。

141

卫生器具的材质和技术要求，均应符合现行国家标准《卫生陶瓷》GB/T 6952 和现行行业标准《非陶瓷类卫生洁具》JC/T 2116 的规定。

3.2.1 卫生器具

1. 便溺器具

便溺器具设置在卫生间和公共厕所，用来收集粪便污水。便溺器具包括便器和冲洗设备。

大便器的选用应根据使用对象、设置场所、建筑标准等因素确定，且应选用节水型大便器。

（1）大便器和大便槽：

1）坐式大便器，按冲洗的水力原理可分为冲洗式和虹吸式两种，如图 3-2 所示。

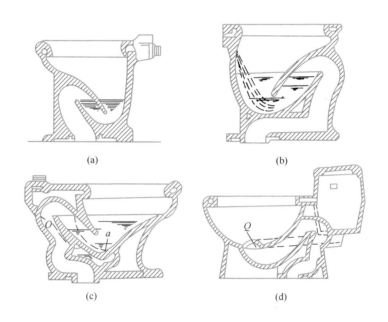

图 3-2　坐式大便器

(a) 冲洗式；(b) 虹吸式；(c) 喷射虹吸式；(d) 旋涡虹吸式

冲洗式坐便器环绕便器上口是一圈开有很多小孔口的冲水槽。冲洗开始时，水进入冲洗槽，经小孔沿便器表面冲下，便器内水面涌高，将粪便冲出存水弯边缘。冲洗式便器的缺点是受污面积大、水面面积小，每次冲洗不一定能保证将污物冲洗干净。

虹吸式坐便器是靠虹吸作用，把粪便全部吸出。在冲洗槽进水口处有一个冲水缺口，部分水从缺口处冲射下来，加快虹吸作用，但虹吸式坐便器在突出冲洗能力强的同时，会造成流速过大而发生较大噪声。为改变这些问题，出现了两种新类型，一种为喷射虹吸式坐便器，另一种为旋涡虹吸式坐便器。

喷射虹吸式坐便器除了部分水从空心边缘孔口流下外，另一部分水从大便器边部的通道 O 处冲下来，由 a 口中向上喷射，其特点是冲洗作用快，噪声较小。

旋涡虹吸式坐便器上圈下来的水量很小，其旋转已不起作用，因此在水道冲水出口 Q 处，形成弧形水流成切线冲出，形成强大旋涡，将漂浮的污物借助于旋涡向下旋转的作用，迅速下到水管入口处，并在入口底受反作用力的作用，迅速进入排水管道，从而大大加强了虹吸能力，有效地降低了噪声。坐式大便器都自带存水弯。

后排式坐便器与其他坐式大便器不同之处在于排水口设在背后，便于排水横支管敷设在本层楼板上时选用，如图 3-3 所示。

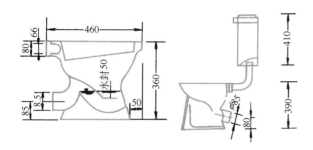

图 3-3　后排式坐式大便器

2）蹲式大便器，一般用于普通住宅、集体宿舍、公共建筑物的公用厕所、防止接触传染的医院内厕所。蹲式大便器的压力冲洗水经大便器周边的配水孔，将大便器冲洗干净，如图 3-4 所示，蹲式大便器比坐式大便器的卫生条件好。

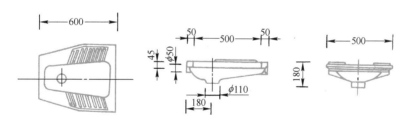

图 3-4　蹲式大便器

蹲式大便器不带存水弯，设计安装时需另外配置存水弯。

3）大便槽，用于学校、火车站、汽车站、码头、游乐场所及其他标准较低的公共厕所，可代替成排的蹲式大便器，常用瓷砖贴面，造价低。大便槽一般宽 200～300mm，起端槽深 350mm，槽的末端设有高出槽底 150mm 的挡水坎，槽底坡度不小于 0.015，排水口设存水弯，如图 3-5 所示。

（2）小便器，设于公共建筑

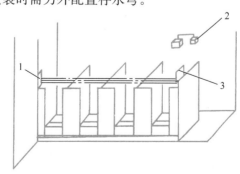

图 3-5　光电数控冲洗装置大便槽

1—发光器；2—接收器；3—控制箱

143

的男厕所内,有的住宅卫生间内也需设置。小便器有挂式、立式和小便槽三类,其中立式小便器用于标准高的建筑,小便槽用于工业企业、公共建筑和集体宿舍等建筑的卫生间,如图 3-6~图 3-8 所示。

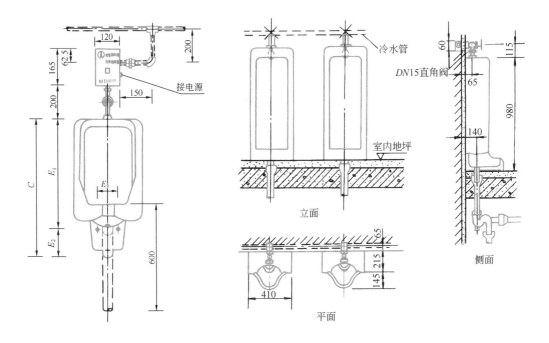

图 3-6　光控自动冲洗壁挂式小便器安装　　　　图 3-7　立式小便器安装

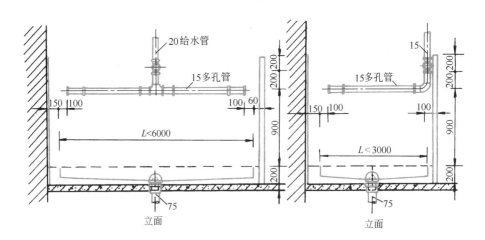

图 3-8　小便槽

2. 盥洗器具

(1)洗脸盆,一般用于洗脸、洗手、洗头,常设置在盥洗室、浴室、卫生间和理发室,也用于公共洗手间或厕所内洗手,医院各治疗间洗器皿和医生洗手等。洗脸盆的高度及深度应适宜,盥洗不用弯腰较省力,不溅水,可用流动水比较卫生,也可作为不流动水盥洗,灵活性较好。洗脸盆有长方形、椭圆形和三角

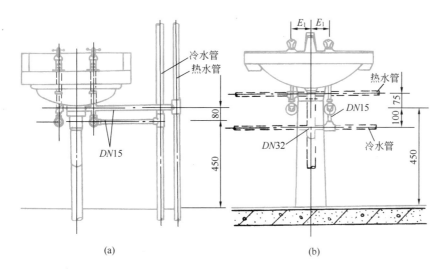

图 3-9　洗脸盆

（a）普通型；（b）柱式

形，安装方式有墙架式、台式和柱脚式，如图 3-9 所示。

（2）净身盆，与大便器配套安装，供便溺后洗下身用，更适合妇女或痔疮患者使用。一般用于标准较高的旅馆客房卫生间，也用于医院、疗养院、工厂的妇女卫生室和家庭卫生间内，如图3-10 所示。

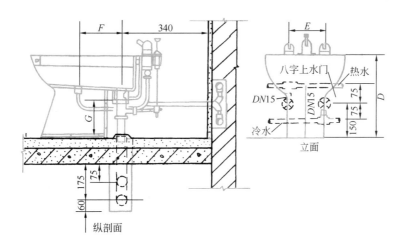

图 3-10　净身盆安装

（3）盥洗台，有单面和双面之分，常设置在同时有多人使用的地方，如集体宿舍、教学楼、车站、码头、工厂生活间内。通常采用砖砌抹面、水磨石或瓷砖贴面现场建造而成，图 3-11 为单面盥洗台。

3. 沐浴器具

（1）浴盆，设在住宅、宾馆、医院等卫生间或公共浴室，供人们清洁身体。浴盆配有冷热水或混合水嘴，并配有淋浴设备。浴盆有长方形、方形，斜边形和

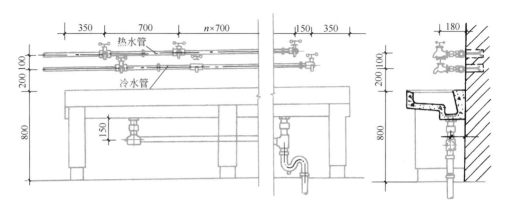

图 3-11　单面盥洗台

任意形；规格有大型（1830mm×810mm×440mm）、中型（1680～1520mm×750mm×410～350mm）、小型（1200mm×650mm×360mm）；材质有陶瓷、搪瓷钢板、塑料、复合材料等，尤其材质为亚克力的浴盆与肌肤接触的感觉较舒适；根据功能要求有裙板式、扶手式、防滑式、坐浴式和普通式；浴盆的色彩种类很丰富，主要为满足卫生间装饰色调的需求，如图 3-12 所示。

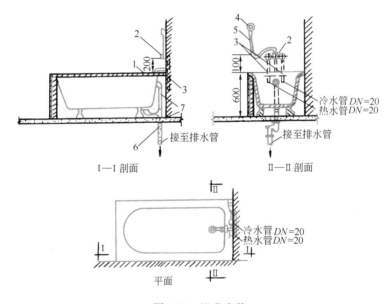

图 3-12　浴盆安装

1—浴盆；2—混合阀门；3—给水管；4—莲蓬头；5—蛇皮管；6—存水弯；7—溢水管

随着人们生活水平提高的需求，具有保健功能的盆型也在逐步普及，如浴盆装有水力按摩装置，旋涡泵使浴水在池内搅动循环，进水口附带吸入空气，气水混合的水流对人体进行按摩，且水流方向和冲力均可调节，能加强血液循环，松弛肌肉，消除疲劳，促进新陈代谢。蒸汽浴也越来越被人们所接受。

（2）淋浴器，多用于工厂、学校、机关、部队的公共浴室和体育场馆内。淋浴器占地面积小，清洁卫生，避免疾病传染，耗水量小，设备费用低。有成品淋浴器，也可现场制作安装。图 3-13 为现场制作安装的淋浴器。

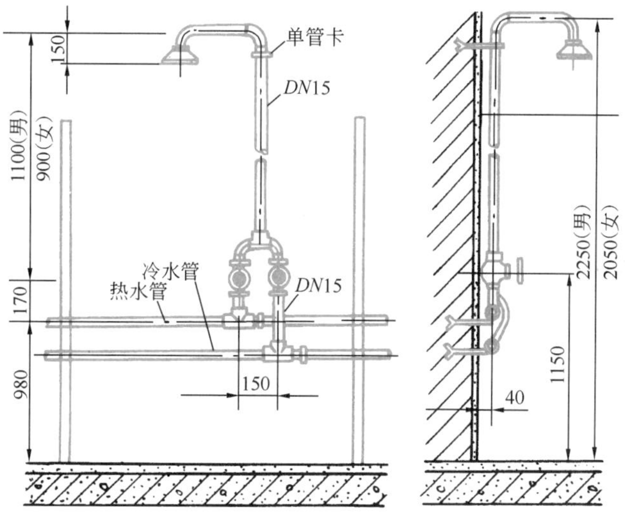

图 3-13　淋浴器安装

在建筑标准较高的建筑内的淋浴间内，也可采用光电式淋浴器，利用光电打出光束，使用时人体挡住光束，淋浴器即出水，人体离开时即停水，如图 3-14 所示。在医院或疗养院为防止疾病传染可采用脚踏式淋浴器，如图 3-14 所示。

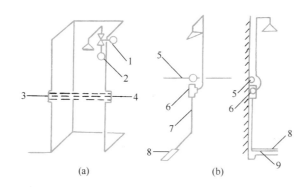

图 3-14　淋浴器

（a）光电淋浴器；（b）脚踏淋浴器

1—电磁阀；2—恒温水管；3—光源；4—接收器；5—恒温水管；
6—脚踏水管；7—拉杆；8—脚踏板；9—排水沟

4. 洗涤器具

（1）洗涤盆，常设置在厨房或公共食堂内，用作洗涤碗碟、蔬菜等。医院的诊室、治疗室等处也需设置。洗涤盆有单格和双格之分，双格洗涤盆一格洗涤，另一格泄水，如图 3-15 所示。洗涤盆规格尺寸有大小之分，材质多为陶瓷，或砖砌后瓷砖贴面，较高质量的为不锈钢制品。

（2）化验盆，设置在工厂、科研机关和学校的化验室或实验室内，根据需要，可安装单联、双联、三联鹅颈水嘴，如图 3-16 所示。

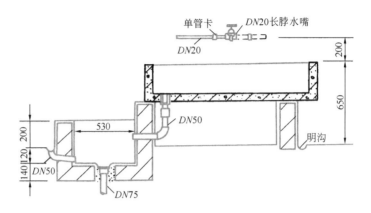

图 3-15 双格洗涤盆安装

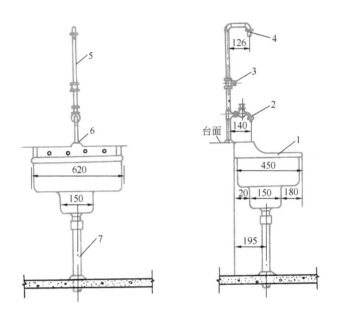

图 3-16 化验盆安装

1—化验盆；2—DN15 化验水嘴；3—DN15 截止阀；4—螺纹接口；

5—DN15 出水管；6—压盖；7—DN50 排水管

（3）污水盆，又称污水池，常设置在公共建筑的厕所、盥洗室内，供洗涤拖把、打扫卫生或倾倒污水等，多为砖砌贴瓷砖现场制作安装，如图 3-17 所示。

卫生器具的安装高度按表 3-1 确定。

卫生器具的安装高度 表 3-1

序号	卫生器具名称	卫生器具边缘离地高度（mm）	
		居住和公共建筑	幼儿园
1	架空式污水盆（池）（至上边缘）	800	800
2	落地式污水盆（池）（至上边缘）	500	500

续表

序号	卫生器具名称		卫生器具边缘离地高度（mm）	
			居住和公共建筑	幼儿园
3	洗涤盆（池）（至上边缘）		800	800
4	洗手盆（至上边缘）		800	500
5	洗脸盆（至上边缘）		800	500
	残障人用洗脸盆（至上边缘）		800	
6	盥洗槽（至上边缘）		800	500
7	浴盆（至上边缘）		480	
	残障人用浴盆（至上边缘）		450	
	按摩浴盆（至上边缘）		450	
	淋浴盆（至上边缘）		100	
8	蹲、坐式大便器（从台阶面至高水箱底）		1800	1800
9	蹲式大便器（从台阶面至低水箱底）		900	900
10	坐式大便器（至低水箱底）	外露排出管式	510	
		虹吸喷射式	470	
		冲落式	510	270
		旋涡连体式	250	
11	坐式大便器（至上边缘）	外露排出管式	400	
		旋涡连体式	360	
		残障人用	450	
12	蹲便器（至上边缘）	2踏步	320	
		1踏步	200～270	
13	大便槽（从台阶面至冲洗水箱底）		≥2000	
14	立式小便器（至受水部分上边缘）		100	
15	挂式小便器（至受水部分上边缘）		600	450
16	小便槽（至台阶面）		200	150
17	化验盆（至上边缘）		800	
18	净身器（至上边缘）		360	
19	饮水器（至上边缘）		1000	

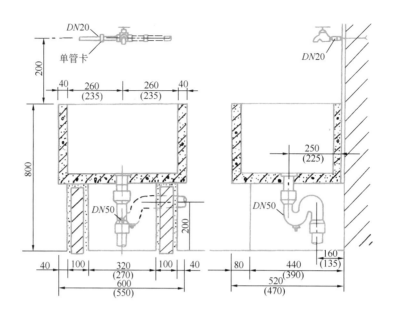

图 3-17　污水盆安装

3.2.2　卫生器具的冲洗装置

确定卫生器具冲洗装置时，应考虑节水型产品，在公共场所设置的卫生器具，应选用定时自闭式冲洗阀和限流节水型装置。

1. 大便器冲洗装置

（1）坐式大便器冲洗装置，常用低水箱冲洗和直接连接管道进行冲洗。低水箱与坐体又有整体和分体之分，其水箱构造如图 3-18 所示，低水箱安装如图 3-19 所示，采用管道连接时必须设延时自闭式冲洗阀，如图 3-20 所示。

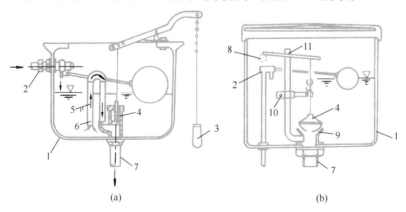

(a)　　　　　　　　　　　　　(b)

图 3-18　手动冲洗水箱

（a）虹吸冲洗水箱；（b）水力冲洗水箱

1—水箱；2—浮球阀；3—拉链弹簧阀；4—橡胶球阀；5—虹吸管；6—ϕ5 小孔；7—冲洗管；
8—扳手；9—阀座；10—导向装置；11—溢流管

（2）蹲式大便器冲洗装置，有高位水箱和直接连接给水管加延时自闭式冲洗阀，为节约冲洗水量，有条件时尽量设置自动冲洗水箱，安装如图 3-21 所示。延时自闭式冲洗阀安装同坐式大便器，如图 3-20、图 3-22 所示。

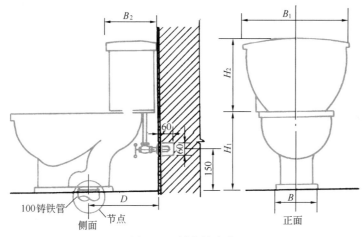

图 3-19　低水箱安装

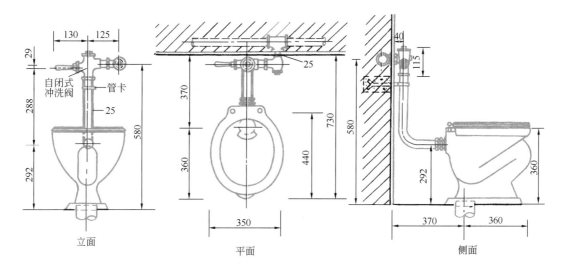

图 3-20　自闭式冲洗阀坐式大便器安装图

（3）大便槽冲洗装置，常在大便槽起端设置自动冲洗水箱，或采用延时自闭式冲洗阀，如图 3-21、图 3-22 所示。

2. 小便器和小便槽冲洗装置

（1）小便器冲洗装置，常采用按钮式延时自闭式冲洗阀、感应式冲洗阀等自动冲洗装置，既满足冲洗要求，又节约冲洗水量，如图 3-22 所示。

（2）小便槽冲洗装置，常采用多孔管冲洗，多孔管孔径 2mm，与墙成 45°角安装，可设置高位水箱或手动阀。为克服铁锈水污染贴面，除给水系统选用优质管材外，多孔管常采用塑料管。小便槽选用水箱或冲洗阀可参照表 3-2 进行，安装如图 3-23 所示。

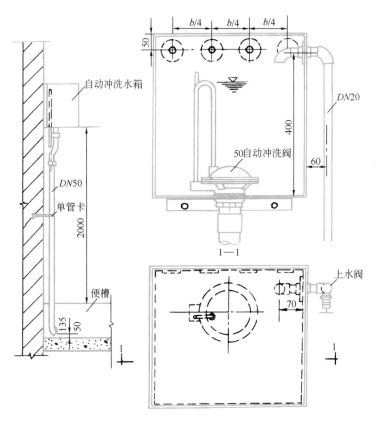

图 3-21　自动冲洗水箱

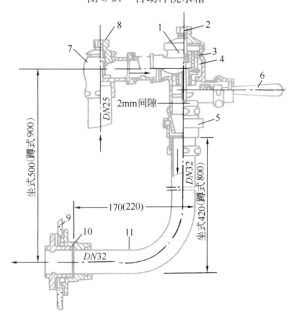

图 3-22　延时自闭式冲洗阀的安装

1—冲洗阀；2—调试螺栓；3—小孔；4—滤网；5—防污器；6—手柄；7—直角截止阀；
8—开闭螺栓；9—大便器；10—大便器卡；11—弯管

小便槽长度与水箱容积或冲洗阀选用表　　　　表 3-2

小便槽长度 (m)	水箱有效容积 (L)	冲洗阀 (mm)	小便槽长度 (m)	水箱有效容积 (L)	冲洗阀 (mm)
1	3.8	20	3.6～5.0	15.2	25
1.1～2.0	7.6	20	5.1～6.0	19.0	25
2.1～3.5	11.4	20			

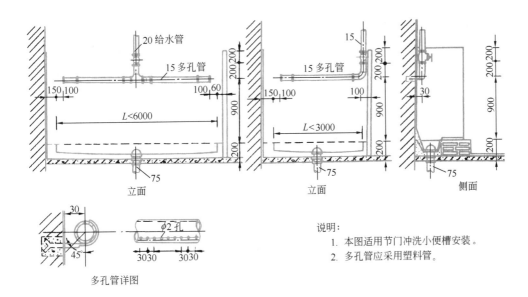

图 3-23　小便槽

3.2.3　卫生器具的设置和布置

住宅和不同功能的公共建筑中卫生器具的设置数量和质量，将直接体现出建筑物的质量标准。卫生器具除满足使用功能要求外，其材质、造型、色彩须与所在房间协调，力求做到舒适、方便、实用。在布置时应充分考虑节约建筑面积，以及为排水系统管道布置留有余地。因此，卫生器具的设置和布置是建筑排水系统设计中一个重要的组成部分。

1. 卫生器具的设置

卫生器具的设置主要解决不同建筑内应设置卫生器具的种类和数量两个问题。

（1）工业建筑内卫生器具的设置，应根据现行的《工业企业设计卫生标准》GBZ 1 并结合建筑设计的要求确定。

1）卫生特征 1 级、2 级的车间应设车间浴室；卫生特征 3 级的车间宜在车间附近或在厂区设置集中浴室；可能发生化学性灼伤及经皮肤吸收引起急性中毒的工作地点或车间，应设事故淋浴，并应保证不断水。

2）女浴室和卫生特征 1 级、2 级的车间浴室，不得设浴池。

3) 女工卫生室的等候间应设洗手设备及洗涤池。处理间内应设温水箱及冲洗器。

(2) 民用建筑内卫生器具的设置。民用建筑分为住宅和公共建筑，住宅分为普通住宅和高级住宅。公共建筑卫生器具设置主要区别在于客房卫生间和公共卫生间。

1) 普通住宅卫生器具的设置。普通住宅通常需在卫生间和厨房设置必需的卫生器具，每套住宅至少应配置便器、洗浴器、洗面器三件卫生洁具。厨房内应设置洗涤盆（单格或双格）和隔油具。

2) 高级住宅卫生器具的设置。高级住宅包括别墅，一般都建有两个卫生间。在小卫生间内通常只设置一个蹲式大便器，在大卫生间内设浴盆、洗脸盆、坐式便器和净身盆；如果只建有一个面积较大的卫生间时，在卫生间内若设置了坐式大便器，则需考虑增设小便器和污水盆。厨房内应设两个单格洗涤盆、隔油具，有的还需设置小型贮水设备。

3) 公共建筑内卫生器具的设置。客房卫生间内应设浴盆、洗脸盆、坐式大便器和净身盆。考虑到使用方便，还应附设浴巾毛巾架、洗漱用具置物架、化妆板、衣帽钩、洗浴液盒、手纸盒、化妆镜、浴帘、剃须插座、烘手器、浴霸等。

公共建筑内的公共卫生间内常设便溺用卫生器具、洗脸盆或盥洗槽、污水盆等。需要时可增设镜片、烘手器、洗手液盒等。

4) 公共浴室卫生器具的设置。浴室内一般设有淋浴间、盆浴间，有的淋浴间还设有浴池，但女淋浴间不宜设浴池。淋浴间分为隔断的单间淋浴室和无隔断的通间淋浴室。单间淋浴室内常设有淋浴盆、洗脸盆和躺床。公共淋浴间内应设置冲脚池、洗脸盆及置放洗浴用品的平台。

公共浴室内洗浴器具的数量，一般可根据洗浴器具的负荷能力估算，浴盆 2 人/（h·个），单间淋浴器 2~3 人/（h·个），通间淋浴器 4~5 人/（h·个），带隔断的单间淋浴器 4~5 人/（h·个），洗脸盆 10~15 人/个。其平面布置既要紧凑，又要合理，应设置出入淋浴间不会相互干扰的通道，如图 3-13 所示。通间淋浴室应尽量避免淋浴者之间相互溅水而影响卫生，淋浴器中心距为 900~1100mm。

2. 卫生器具设置定额

不同建筑内卫生间由于使用情况不同，设置卫生器具的数量也不相同，卫生器具的设置数量，应符合现行的有关设计标准、规范或规定的要求，除住宅和客房卫生间在设计时可统一设置外，各种用途的工业和民用建筑内公共卫生间卫生器具设置定额可按表3-3选用。

3. 卫生器具的材质和技术要求

卫生器具的材质和技术要求，均应符合现行的有关产品标准的规定。大便器应选用节水型大便器。

每一个卫生器具使用人数　　　　　表 3-3

建筑物名称		大便器		小便器	洗脸盆	盥洗水嘴	淋浴器	妇洗器	饮水器
		男	女						
集体宿舍	职　工	10、>10 时20 人增一个	8、>8 时15 人增 1 个	20	每间至少设 1 个	8、>8 时12 人增1 个			
	中小学	70	12	20	同　上	12			
旅馆　公共卫生间		18	12	18	同　上	8	30		
中小学教学楼	中师、中学、幼师	40～50	20～25	20～25	同　上				50
	小　学	40	20	20	同　上				50
医院	疗养院	15	12	15	同　上	6～8	北方 15～20南方 8～10		
	综合医院　门诊病房	12016	7512	6016		12～15	12～15		
办　公　楼		50	25	50	同　上				
图书阅览楼	成　人儿　童	6050	3025	3025	6060				
电影院	<600 座位601～1000 座位>1000 座位	150200300	75100150	75100150	每间至少设一个，且每 4 个蹲位设 1 个				
剧　场		75	50	25～40	100				
商店	顾客用　百货、自选、专业商店联营商场、菜市场	200400	100200	100200					
	店员内部用	50	30	50					
公共食堂	厨房炊事员用（职工数）	500	500	>500	每间至少设 1 个		250		
餐厅	顾客用　<400 座400～650 座>650 座	100125250	100100100	505050	同　上				
	炊事员卫生间	100	100	100			50		
公共浴室	工业企业车间　卫生特征 ⅠⅡⅢⅣ	50 个衣柜	30 个衣柜	50 个衣柜	按入浴人数4%计		3～45～89～1213～24	100～200>200 时每增 200增 1 具	
	商业用浴室	50 个衣柜	30 个衣柜	50 个衣柜	5 个衣柜		40		
体育场	运动员	50	30	50	每间至少设 1 个		20		
	观众　小型中型大型	5007501000	100150200	100150200					

续表

建筑物名称		大 便 器		小便器	洗脸盆	盥洗水嘴	淋浴器	妇洗器	饮水器
		男	女						
体育馆游泳池（按游泳人数计）	运动员	30	20	30	30（女20）				
	观　众	100	50	50					
	更衣前	50～75	75～100	25～40	每间至少设1个		10～15		
	游泳池旁	100～150	100～150	50～100					
	观　众	100	50	50					
幼儿园		5～8		5～8			3～5	10～12 浴盆可替代	
工业企业车间	≤100 人	25	20	同大便器					
	>100 人	25，每增50人增1具	20，每增35人增1具						

注：1. 0.5m 长小便槽可折算成1个小便器。
   2. 1个蹲位的大便槽相当于1个大便器。
   3. 每个卫生间至少设1个污水池。

4. 卫生器具布置

卫生器具的布置，应根据厨房、卫生间、公共厕所的平面位置、房间面积大小、建筑质量标准、有无管道竖井或管槽、卫生器具数量及单件尺寸等，既要满足使用方便、容易清洁、占房间面积小，还要充分考虑为管道布置提供良好的水力条件，尽量做到管道少转弯、管线短、排水通畅。即卫生器具应顺着一面墙布置，如卫生间、厨房相邻，应在该墙两侧设置卫生器具，有管道竖井时，卫生器具应紧靠管道竖井的墙面布置，这样会减少排水横管的转弯或减少管道的接入根数。

根据《住宅设计规范》GB 50096—2011 的规定，每套住宅应设卫生间。第四类住宅宜设两个或两个以上卫生间，每套住宅至少应配置三件卫生器具。不同卫生器具组合时应保证设置和卫生活动的最小使用面积，避免蹲不下或坐不下、靠不拢等问题。

卫生器具的布置应在厨房、卫生间、公共厕所等的建筑平面图上（大样图）用定位尺寸加以明确。

图 3-24 为卫生器具的几种布置形式，可供设计时参考。

卫生器具给水配件距地面的高度应按表 3-4 确定。

卫生器具给水配件距地（楼）面高度 　　　　　　表 3-4

序号	卫生器具名称		给水配件距地（楼）面高度（mm）
1	坐便器	挂箱冲落式	250
		挂箱虹吸式	250
		坐箱式（也称背包式）	200
		延时自闭式冲洗阀	792（穿越冲洗阀上方支管1000）
		高水箱	2040（穿越冲洗水箱上方的支管2300）
		连体旋涡虹吸式	100
2	蹲便器	高水箱	2150（穿越水箱上方支管2250）
		自闭式冲洗阀	1025（穿越冲洗阀上方支管1200）
		高水箱平蹲式	2040（穿越水箱上方支管2140）
		低水箱	800

续表

序号	卫生器具名称		给水配件距地（楼）面高度（mm）
3	小便器	延时自闭冲洗阀立式	1115
		自动冲洗水箱立式	2400（穿越水箱上方支管 2600）
		自动冲洗水箱挂式	2300（穿越水箱上方支管 2500）
		手动冲洗阀挂式	1050（穿越阀门上方支管 1200）
		延时自闭冲洗阀半挂式	唐山 1200，太平洋 1300，石湾 1200
		光电控半挂式	唐山 1300，太平洋 1400，石湾 1300（穿越支管加 150）
4	小便槽	冲洗水箱进水阀	2350
		手动冲洗阀	1300
5	大便槽	自动冲洗水箱	2804
6	淋浴器	单管淋浴调节阀	1150，给水支管 1000
		冷热水调节阀	1150，冷水支管 900，热水支管 1000
		自动式调节阀	1150，冷水支管 1075，热水支管 1225
		电热水器调节阀	1150，冷水支管 1150
7	浴　盆	普通浴盆冷热水嘴	冷水嘴 630，热水嘴 730
		带裙边浴盆单柄调温壁式	北京 $DN20$　800，长江 $DN15$　770
		高级浴盆恒温水嘴	宁波 YG 型 610
		高级浴盆单柄调温水嘴	宁波 YG_8 型 770，天津洁具 520，天津电镀 570
		浴盆冷热水混合水嘴	带裙边浴盆 520，普通浴盆 630
8	洗脸盆	普通洗脸盆　单管供水嘴	1000
		普通洗脸盆　冷热水角阀	450，冷水支管 250，热水支管 440
		台式洗脸盆　冷热水角阀	450
		立式洗脸盆　冷热水角阀	465，热水支管 540，冷水支管 350
		延时自闭式水嘴角阀	450，冷水支管 350
		光电控洗手盆	接管 1080，冷水支管 350
9	妇洗器	双孔，冷热水混合水嘴	角阀 150，热水支管 225，冷水支管 75
		单孔，单把调温水嘴	角阀 150，热水支管 225，冷水支管 75
10	洗涤盆	单管水嘴	1000
		冷热水（明设）	冷水支管 1000，热水支管 1100
		双把肘式水嘴（支管暗设）	1000，冷水支管 925，热水支管 1025
		双联、三联化验水嘴	1000，给水支管 850
		脚踏开关	距墙 300，盆中心偏右 150，北京支管 40，风雷支管埋地
11	化验盆	双联、三联化验水嘴	960
12	洗涤池	架空式	1000
		落地式	800
13	盥洗槽	单管供水	1000
		冷热水供水	冷水支管 1000，热水支管 1100
14	污水盆	给水嘴	1000
15	饮水器	喷嘴	1000
16	洒水柱		1000
17	家用洗衣机		1000

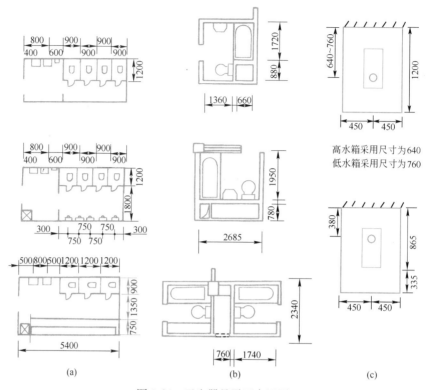

图 3-24　卫生器具平面布置图

（a）公共建筑厕所内；（b）卫生间内；（c)平蹲式

3.3　排水管材与附件

3.3.1　金属管材及管件

建筑内部排水管道应采用建筑排水塑料管或柔性接口机制排水铸铁管及相应管件。通气管材宜与排水管材一致。

当连续排水温度大于 40℃时，应采用金属排水管或耐热塑料排水管。

压力排水管道可采用耐压塑料管、金属管或钢塑复合管。

1. 铸铁管

（1）排水铸铁管，是建筑内部排水系统目前常用的管材，有排水铸铁承插口直管、排水铸铁双承直管，管径在 50～200mm 之间，图 3-25 为排水铸铁承插口

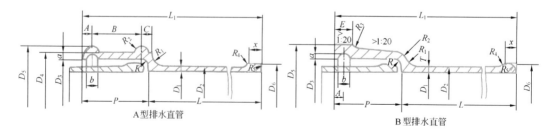

图 3-25　排水铸铁承插直管

注：承口凹槽和插口凸缘根据工艺特性或需方要求可不铸出。

直管，规格见表3-5。其管件有弯管、管箍、弯头、三通、四通、瓶口大小头（锥形大小头）、存水弯、检查口等，如图 3-26 所示。

排水直管承、插口尺寸（mm）　　　表 3-5

	公称直径 DN	管厚 T	内径 D_1	外径 D_2	承口尺寸												插口尺寸			
					D_3	D_4	D_5	A	B	C	P	R	R_1	R_2	a	b	D_6	X	R_1	R_3
A型	50	4.5	50	59	73	84	98	10	48	10	65	6	15	8	4	10	66	10	15	5
	75	5	75	85	100	111	126	10	53	10	70	6	15	8	4	10	92	10	15	5
	100	5	100	110	127	139	154	11	57	11	75	7	16	8.5	4	12	117	15	15	5
	125	5.5	125	136	154	166	182	11	62	11	80	7	16	9	4	12	143	15	15	5
	150	5.5	150	161	181	193	210	12	66	12	85	7	18	9.5	4	12	168	15	15	5
	200	6	200	212	232	246	264	12	76	13	95	7	18	10	4	12	219	15	15	5

	公称直径 DN	管厚 T	内径 D_1	外径 D_2	承口尺寸											插口尺寸			
					D_3	D_5	E	P	R	R_1	R_2	R_3	A	a	b	D_6	X	R_1	R_5
B型	50	4.5	50	59	73	98	18	65	6	15	12.5	25	10	4	10	66	10	15	5
	75	5	75	85	100	126	18	70	6	15	12.5	25	10	4	10	92	10	15	5
	100	5	100	110	127	154	20	75	7	16	14	25	11	4	12	117	15	15	5
	125	5.5	125	136	154	182	20	80	7	16	14	25	11	4	12	143	15	15	5
	150	5.5	150	161	181	210	20	85	7	18	14.5	25	12	4	12	168	15	15	5
	200	6	200	212	232	264	25	95	7	18	15	25	12	4	12	219	15	15	5

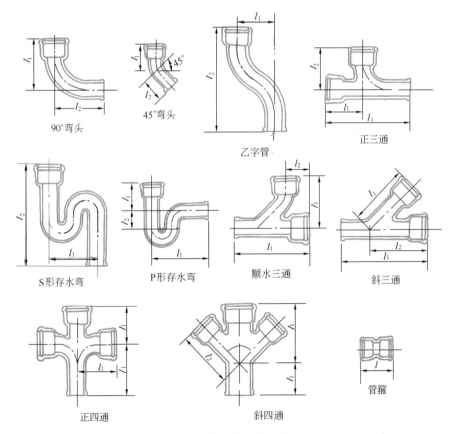

图 3-26　常用铸铁排水管件

近年来为了适应管道施工装配化，提高施工效率，开发出了一些新型排水异型管件，如二联三通、三联三通、角形四通、H形透气管、Y形三通和WJD变径弯头，如图3-27所示。

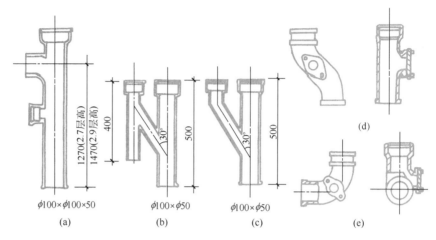

图3-27　排水管件示例

（a）二联三通异型管件；（b）H形；（c）Y形；（d）90°弯头（左、右检查口）；（e）承插弯管

排水铸铁管与管件的连接如图3-28所示。

（2）柔性抗震排水铸铁管。随着高层和超高层建筑的迅速兴起，一般以石棉水泥或青铅为填料的刚性接头排水铸铁管，已不能适应高层建筑各种因素引起的变形，尤其是有抗震设防要求的地区，对重力排水管道的抗震设防，成为最应重视的问题。

高耸构筑物和建筑高度超过100m的建筑物，排水立管应采用柔性接口；排水立管在50m以上，或在抗震设防8度地区的高层建筑，应在立管上每隔二层设置柔性接口；在抗震设防9度的地区，立管和横管均应设置柔性接口。其他建筑在条件许可时，也可采用柔性接口。

我国当前采用较为广泛的一种柔性抗震排水铸铁管是GP-1型，如图3-29所示。它是采用橡胶圈密封，螺栓紧固，具有较好的曲挠性、伸缩性、密封性及抗震性能，且便于施工。

近年来国外采用如图3-30所示的柔性抗震排水铸铁管，它采用橡胶圈及不锈钢带连接，具有装卸简便，易于安装和维修等优点。

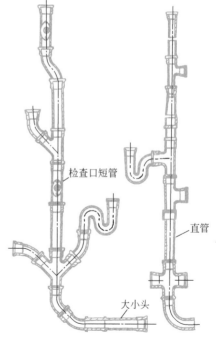

图3-28　铸铁管管件连接

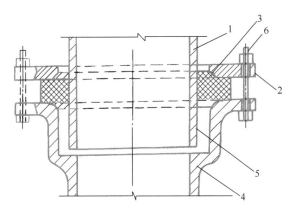

图 3-29　柔性排水铸铁管件接口
1—直管、管件直部；2—法兰压盖；3—橡胶密封圈；
4—承口端头；5—插口端头；6—定位螺栓

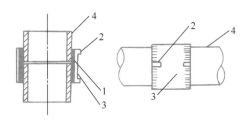

图 3-30　排水铸铁管接头
1—橡胶圈；2—卡紧螺栓；3—不锈钢带；4—排水铸铁管

2. 钢管

工厂车间内振动较大的地点也可采用钢管代替铸铁管，但应注意分清其排出的工业废水是否对金属管道有腐蚀性。

3.3.2　排水塑料管

目前在建筑内使用的排水塑料管是硬聚氯乙烯塑料管（PVC-U 管）。具有重量轻、耐腐蚀、不结垢、内壁光滑、水流阻力小、外表美观、容易切割、便于安装、节省投资和节能等优点，但塑料管也有缺点，如强度低、耐温差（使用温度为 $-5 \sim +50℃$）、线性膨胀量大、立管产生噪声、易老化、防火性能差等。排水塑料管通常标注公称外径 De，其规格见表 3-6。

排水硬聚氯乙烯塑料管规格　　　　　　　　　　　表 3-6

公称直径（mm）	40	50	75	100	150
外　　径（mm）	40	50	75	110	160
壁　　厚（mm）	2.0	2.0	2.3	3.2	4.0
参考质量（g/m）	341	431	751	1535	2803

排水塑料管的管件较齐备，共有 20 多个品种，70 多个规格，应用非常方便，如图 3-31 所示。

在使用塑料排水管道时，应注意几个问题：

（1）塑料排水管道的水力条件比铸铁管好，泄流能力大，确定管径时，应使用塑料排水管的参数进行水力计算或查相应的水力计算表。

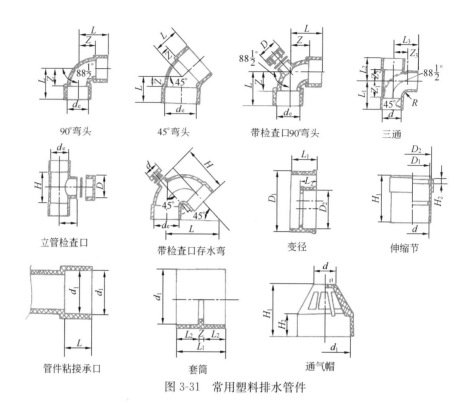

90°弯头 45°弯头 带检查口90°弯头 三通

立管检查口 带检查口存水弯 变径 伸缩节

管件粘接承口 套筒 通气帽

图 3-31 常用塑料排水管件

（2）受环境温度或污水温度变化引起的伸缩长度，可按下列公式计算：

$$\Delta L = La\Delta t \tag{3-1}$$

式中 ΔL——管道温升长度，m；

　　　L——管道计算长度，m；

　　　a——线性膨胀系数，一般采用$(6\sim 8) \times 10^{-5}$，m/(m·℃)；

　　　Δt——温差，℃。

公式（3-1）中的温差 Δt 受两方面因素影响，即管道周围空气的温度变化和管道内水温的变化，可按下列公式计算：

$$\Delta t = 0.65\Delta t_s + 0.1\Delta t_g \tag{3-2}$$

式中 Δt_s——管道内水的最大变化温度差，℃；

　　　Δt_g——管道外空气的最大变化温度差，℃。

（3）消除塑料排水管道受温度影响引起的伸缩量，通常采用设置伸缩节的办法予以解决。粘接式热熔连接的塑料排水立管应根据其管道与伸缩量设伸缩节，伸缩节宜设置在汇合配件处。排水横管应设置专用伸缩节。排水立管和排水横支管上伸缩节的设置和安装应符合的规定，如图 3-32 所示。排水横干管上设置和安装伸缩节见《给水排水标准图集合订本 S_3（上）》。

当排水管道采用橡胶密封配件或在室内采用埋地敷设时，可不设伸缩节。

1）当层高小于或等于 4m 时，污水立管和通气立管应每层设一伸缩节，当层高大于 4m 时，应根据管道设计伸缩量和伸缩节最大允许伸缩量确定，伸缩节设置应靠近水流汇合管件，并可按下列情况确定：

① 排水支管在楼板下方接入时，伸缩节设置于水流汇合管件之下（图 3-32a、f）；

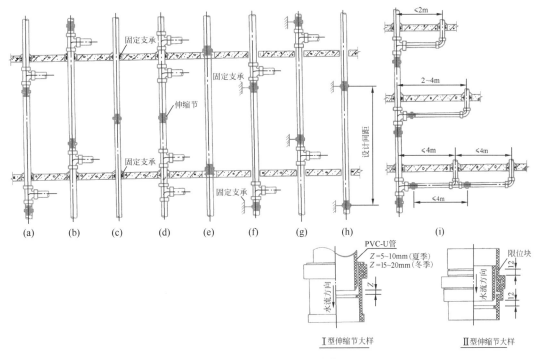

图 3-32 伸缩节设置及安装

② 排水支管在楼板上方接入时，伸缩节设置于水流汇合管件之上（图 3-32b、g）；

③ 立管上无排水支管接入时，伸缩节按设计间距宜置于楼层任何部位（图 3-32c、e、h）；

④ 排水支管同时在楼板上、下方接入时，宜将伸缩节置于楼层中间部位（图 3-32d）。

2）污水横支管、器具通气管、环形通气管上合流管件至立管的直线管段超过 2m 时，应设伸缩节，但伸缩节之间最大间距不得超过 4m，横管上设置伸缩节应设于水流汇合管件上游端（图 3-32i）。

3）立管在穿越楼层处固定时，立管在伸缩节处不得固定，在伸缩节处固定时，立管穿越楼层处不得固定。

4）Ⅱ型伸缩节安装完毕，应将限位块拆除。

3.3.3 附件

1. 存水弯

存水弯的作用是在其内形成一定高度的水封，水封装置的水封深度不得小于 50mm，严禁采用活动机械活瓣替代水封，其作用是阻止排水系统中的有毒有害气体或虫类进入室内，保证室内的环境卫生。当构造内无存水弯的卫生器具和其他设备的排水口或排水沟的排水口与生活污水管道或其他可能产生有害气体的排水管道连接时，必须在排水口以下设存水弯。存水弯的水封深度不得小于 50mm。医疗卫生机构内门诊、病房、化验室、试验室等不在同一房间内的卫生器具不得共用存水弯。卫生器具排水管段上不得重复设置水封。存水弯的类型主要有 S 形和 P 形两种，如图 3-33 所示。

163

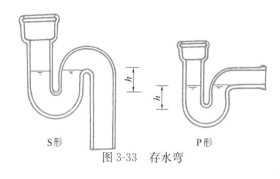

图 3-33 存水弯

S 形存水弯常采用在排水支管与排水横管垂直连接部位。

P 形存水弯常采用在排水支管与排水横管和排水立管不在同一平面位置而需连接的部位。

需要把存水弯设在地面以上时，为满足美观要求，存水弯还有不同类型，如瓶式存水弯、存水盒等。

2. 检查口和清扫口

检查口和清扫口属于清通设备，为了保障室内排水管道排水畅通，一旦堵塞可以方便疏通，因此在排水立管和横管上都应设清通设备。

（1）检查口设置在立管上。水立管上连接排水横支管的楼层应设检查口，且在建筑物底层必须设检查口。当立管水平拐弯或有乙字弯管时应在该层立管拐弯处和乙字弯管上部设检查。检查口设置高度一般距地面 1m 为宜，并应高于该层卫生器具上边缘 0.15m，如图 3-28 所示。当排水立管设有 H 管时，检查口应设置在 H 管件的上边。当地下室立管上设置检查口时，检查口应设置在立管底部之上。立管上检查口的检查盖应面向便于检查清扫的方向。

（2）清扫口一般设置在横管上。铸铁排水横管上，在连接 2 个及 2 个以上的大便器或 3 个及 3 个以上的卫生器具的污水横管宜设置清扫口。水流转角小于 135° 的排水横管上，应设置清扫口，也可采用带清扫口的转角配件替代。在连接 4 个及 4 个以上的大便器塑料排水横管上宜设置清扫口。在排水横管上设清扫口，宜将清扫口设置在楼板上或地坪上，且与地面相平。排水横管起点的清扫口与其端部相垂直的墙面的距离不得小于 0.2m；排水管起点设置堵头代替清扫口时，堵头与墙面应有不小于 0.4m 的距离。当排水横管悬吊在转换层或地下室顶板下设置清扫口有困难时，可用检查口替代清扫口。从排水立管或排出管上的清扫口至室外检查井中心的最大长度，大于表 3-7 的数值时应在排出管上设清扫口。室内埋地横管上设检查口井或可采用密闭塑料排水检查井替代检查口。检查口、清扫口、检查口井如图 3-34 所示。

在管径小于 100mm 的排水管道上设置清扫口，其尺寸应与管道同径；管径等于或大于 100mm 的排水管道上设置清扫口，应采用 100mm 直径清扫口。铸铁排水管道上的清扫口材质应为铜质；塑料排水管道上的清扫口应与管道相同材质。

排水横管连接清扫口的连接管及管件应与清扫口同径，并采用 45° 斜三通和 45° 弯头或两个 45° 弯头组合的管件。

生活排水管道不应在建筑物内设检查井替代清扫口。

排水立管底部或排出管上的清扫口至室外检查井中心的最大长度　　表 3-7

管径（mm）	50	75	100	100 以上
最大长度（m）	10	12	15	20

排水横管的直线管段上清扫口之间的最大距离，应符合表 3-8 的规定。

排水横管的直线管段上清扫口之间的最大距离　　　　　表 3-8

管径（mm）	距离（m）	
	生活废水	生活污水
50～75	10	8
100～150	15	10
200	25	20

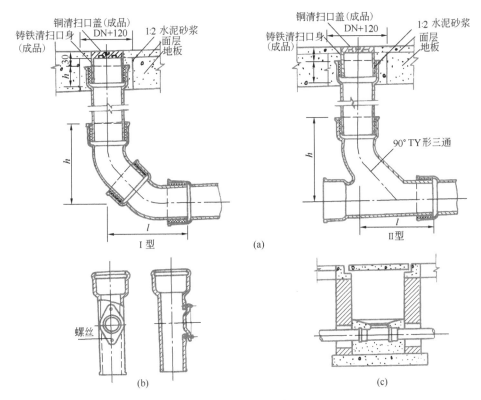

图 3-34　清通设备
（a）清扫口；（b）检查口；（c）检查口井

3. 地漏

地漏是一种特殊的排水装置，地漏的构造和性能应符合现行行业标准《地漏》CJ/T 186 的规定。一般设置在设备和有水溅落需要排除的地面和经常需要清洗的地面（如淋浴间、盥洗室、卫生间、开水间、食堂、餐饮业厨房间和直饮水设备、开水器设备的附近等）。《住宅设计规范》GB 50096 中规定，布置洗浴器和布置洗衣机的部位应设置地漏，并要求布置洗衣机的部位宜采用能防止溢流和干涸的专用地漏或洗衣机排水存水弯，排水管道不得接入室内雨水管道。地漏应设置在易溅水的卫生器具附近的最低处，其地漏箅子应低于地面 5～10mm，带有水封的地漏，其水封深度不得小于 50mm，直通式地漏下必须设置存水弯，严禁采用钟式结构地漏。

（1）普通地漏，其水封深度较浅，如果只担负排除溅落水时，注意经常注水，以免水封受蒸发破坏。该种地漏有圆形和方形两种供选择，材质为铸铁、塑料、黄铜、不锈钢、镀铬箅子，如图 3-35 所示。

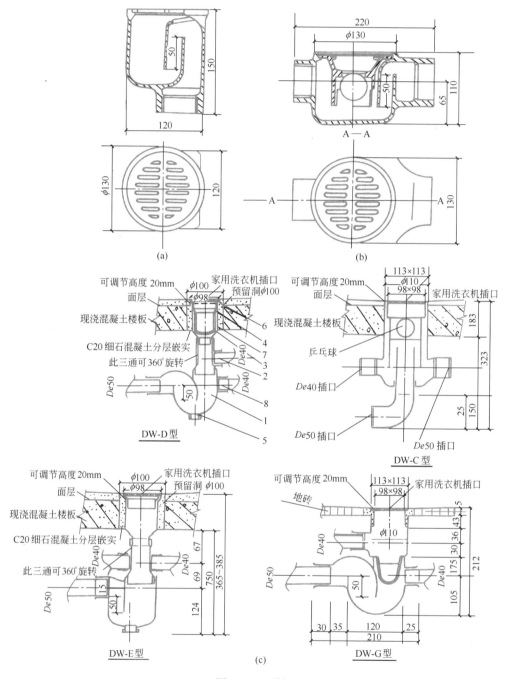

图 3-35　地漏

（a）普通地漏；（b）多通道地漏；（c）ABS 塑料多通道地漏

1—存水盘；2—上接口件；3—带防水翼环的预埋件；4—高度调节件；5—清扫口堵头；

6—洗衣机插口盖板；7—滤网斗；8—下接口件

（2）多通道地漏，有一通道、二通道、三通道等多种形式，而且通道位置可不同，使用方便，主要用于卫生间内设有洗脸盆、洗手盆、浴盆和洗衣机时，因多通道可连接多根排水管。这种地漏为防止不同卫生器具排水可能造成的地漏反冒，故设有塑料球可封住通向地面的通道，如图 3-35 所示。

（3）存水盒地漏的盖为盒状，并设有防水翼环，可随不同地面做法需要调节安装高度，施工时将翼环放在结构板上。这种地漏还附有单侧通道和双侧通道，供按实际情况选用，如图 3-36 所示。

（4）双算杯式地漏，其内部水封盒用塑料制作，形如杯子，便于清洗，比较卫生，排泄量大，排水快，采用双算有利于拦截污物。这种地漏另附塑料密封盖，完工后去除，以避免施工时发生泥砂石等杂物堵塞，如图 3-37 所示。

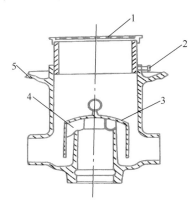
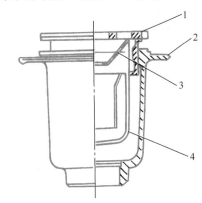

图 3-36　存水盒地漏

1—算子；2—调高螺栓；3—存水盒罩；
4—支承件；5—防水翼

图 3-37　双算杯式水封地漏

1—镀铬算子；2—防水翼环；3—算子；
4—塑料杯式水封

（5）防回流地漏，适用于地下室，或用于电梯井排水和地下通道排水，这种地漏设有防回流装置，可防止污水倒流。一般设有塑料球，或采用防回流止回阀，如图 3-38、图 3-39 所示。

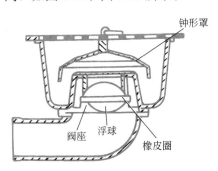
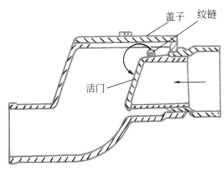

图 3-38　防回流地漏

图 3-39　防回流阻止阀

地漏的选择应符合下列规定：食堂、厨房和公共浴室等排水宜设置网筐式地漏；不经常排水的场所设置地漏时应采用密闭地漏；事故排水地漏不宜设水封，连接地漏的排水管道应采用间接排水；设备排水应采用直通式地漏；地下车库如有消防排水时宜设置大流量专用地漏。

地漏泄水能力应根据地漏规格、结构和排水横支管的设置坡度等经测试确定。当无实测资料时，可按表 3-9 确定。

地漏泄水能力　　　　　　　　　　　　　　表 3-9

地漏规格			DN50	DN75	DN100	DN150
用于地面排水（L/s）	普通地漏	积水深 15mm	0.8	1.0	1.9	4.0
	大流量地漏	积水深 15mm	—	1.2	2.1	4.3
		积水深 50mm	—	2.4	5.0	10
用于设备排水（L/s）			1.2	2.5	7.0	18.0

淋浴室内每个淋浴器的排水流量为 0.15L/s，排水当量为 0.45，设置地漏的规格和数量按表 3-10 确定。当用排水沟排水时，8 个淋浴器可设置 1 个直径为 100mm 的地漏。

淋浴室地漏管径　　　　　　　　　　　　　表 3-10

淋浴器数量（个）	地漏管径（mm）
1～2	50
3	75
4～5	100

废水中如夹带纤维或有大块物体，应在排水管道连接处设置格栅或网筐式地漏。

地漏应设置在易溅水的器具或冲浇水嘴附近，且应在地面的最低处。

4. 其他附件

（1）隔油具。厨房或配餐间的洗碗、洗肉等含油脂污水，在排入排水管道之前应先通过隔油具进行初步的隔油处理，如图 3-40 所示。隔油具一般装设在洗涤池下面，可供几个洗涤池共用。经隔油具处理后的水排至室外后仍应经隔油池处理。

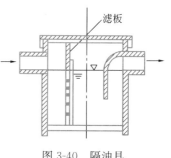

图 3-40　隔油具

（2）滤毛器和集污器，常设在理发室、游泳池和浴室内，挟带着毛发或絮状物的污水先通过滤毛器或集污器后排入管道，避免堵塞管道，如图 3-41、图 3-42 所示。

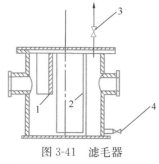

图 3-41　滤毛器

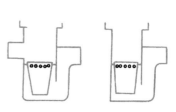

图 3-42　地面集污器

1—缓冲板；2—滤网；3—放气阀；4—排污阀

（3）吸气阀。在使用 PVC-U 管材的排水系统中，当无法设通气管时为保持排水管道系统内压力平衡，可在排水横支管上装设吸气阀。吸气阀分Ⅰ型和Ⅱ型两种，其设置的位置、数量和安装详见《给水排水标准图集合订本 S_3（上）》。

3.4　排水管道的布置与敷设

3.4.1　排水管道布置与敷设的原则

建筑内部排水系统管道的布置与敷设直接影响着人们的日常生活和生产，为创造良好的环境，应遵循以下原则：排水通畅，水力条件好（自卫生器具至排水管的距离应最短，管道转弯应最少）；使用安全可靠，防止污染，不影响室内环境卫生；管线简单，工程造价低；施工安装方便，易于维护管理；占地面积小、美观；同时兼顾到给水管道、热水管道、供热通风管道、燃气管道、电力照明线路、通信线路和有线网络等的布置和敷设要求。

室内生活排水管道系统的设备选择、管材配件连接和布置不得造成泄漏、冒泡返溢、不得污染室内空气、食物、原料等。室内生活排水管道系统应按重力流直接排至室外检查井，当不能自流排水或会发生倒灌时，应采用机械提升排水。排水管道的布置应考虑噪声影响，设备运行产生的噪声应符合现行国家标准的规定。生活污水处理间（站）应有良好通风（气）并采取卫生防护措施。

3.4.2　排水管道的布置

建筑物内排水管道布置应符合下列要求：自卫生器具至排出管的距离应最短，管道转弯应最少；排水立管应靠近排水量最大和杂质最多的排水点；排水管道不得布置在遇水引起燃烧、爆炸的原料、产品和设备的上面；排水管道不得布置在生产工艺或卫生有特殊要求的生产厂房内，以及食品的贵重商品库、通风小室、电气机房和电梯机房内；排水横管不得布置在食堂、饮食业厨房的主副食操作、烹调和备餐的上方，若实在无法避免，应采取防护措施；排水管道不得穿越卧室、病房、客房和宿舍等对卫生、安静要求较高的房间；排水管道不得穿越住户客厅、餐厅，排水立管不宜靠近与卧室相邻的内墙；排水管道、通气管不得穿越生活饮用水池（箱）的上方；排水管道不宜穿越橱窗、壁柜，不得穿越贮藏室；住宅厨房间的废水不得与卫生间的污水合用一根排水立管。

排水管道不得穿过沉降缝、伸缩缝、变形缝、烟道和风道，当受条件限制必须穿过沉降缝、伸缩缝和变形缝时，应采取相应的技术措施；排水埋地管道，不得布置在可能受重压易损坏处或穿越生产设备基础，特殊情况下应与有关专业协商处理。

排水管道不应布置在易受机械撞击处，当不能避免时，应采取保护措施；塑料排水管不应布置在热源附近，当不能避免，且管道表面受热温度大于 60℃ 时，应采取隔热措施。塑料排水立管与家用灶具边净距不得小于 0.4m。

当排水管道外表面可能结露时，应根据建筑物性质和使用要求，采取防结露措施。

住宅卫生间的卫生器具排水管要求不穿越楼板、规范强制规定建筑内部某些部位不得布置管道而受条件限制时，卫生器具排水横支管应设置同层排水。而住宅卫生间同层排水形式应根据卫生间空间、卫生器具布置、室外环境气温等因素，经技术经济比较确定。

同层排水设计应符合下列要求：地漏设置应满足规范要求；排水管道管径、坡度和最大设计充满度应符合表 3-16、表 3-17 的规定；器具排水横支管布置标高不得造成排水滞留、地漏冒溢；埋设于填层中的管道不得采用橡胶圈密封接口；当排水横支管设置在沟槽内时，回填材料、面层应能承载器具、设备的荷载；卫生间地坪应采取可靠的防渗漏措施。

金属排水管道穿楼板和防火墙的洞口间隙、套管间隙应采用防火材料封堵。塑料排水管道穿越防火墙时应在墙两侧管道上设置阻火装置。高层建筑中明设塑料排水管道管径大于或等于 DN110 排水立管穿越楼板时，应在楼板下设置阻火装置。排水塑料管穿越管道井壁时，应在井壁外侧管道上设置阻火装置。

阻火圈或防火套管设置详见《给水排水标准图集合订本 S_3（上）》。

3.4.3 排水管道的敷设

排水管道一般应在地下或楼板填层中埋设或在地面上、楼板下明设，《住宅设计规范》GB 50096 规定住宅的污水排水横管宜设于本层套内（即同层排水），同层排水形式应根据卫生间空间、卫生器具布置、室外环境气温等因素，经技术经济比较确定。住宅卫生间宜采用不降板同层排水。同层排水设计时其地漏设置应符合现行行业标准的规定。排水管道管径、坡度和最大设计充满度应符合现行标准的规定。器具排水横支管布置和设置标高不得造成排水滞留、地漏冒溢。埋设于填层中的管道不宜采用橡胶圈密封接口。若必须敷设在下一层的套内空间时，其清扫口应设于本层，并应进行夏季管道外壁结露验算，采取相应的防止结露的措施。当建筑或工艺有特殊要求时，可把管道敷设在管道井、管槽、管沟或吊顶、架空层内暗设，排水立管与墙、柱应有 25～35mm 净距，便于安装和检修。在气温较高、全年不结冻的地区，也可设置在建筑物外墙，但应征得建筑专业同意。

排水管道连接时，应充分考虑水力条件，符合规定。卫生器具排水管与排水横支管垂直连接时，宜采用 90°斜三通；横管与横管、横管与立管连接，宜采用 45°三通或 45°四通和 90°斜三通或 90°斜四通，或直角顺水三通和直角顺水四通；当排水支管接入横干管、排水立管接入横干管时，应在横干管管顶或其两侧各 45°范围内采用 45°斜三通接入；排水立管应避免在轴线偏置，当受条件限制需轴线偏置，宜用乙字管或两个 45°弯头连接。

当排水立管采用内螺旋管时，排水立管底部宜采用长弯变径接头，且排出管管径宜放大一号。横支管、横干管的管道变径处应管顶平接。

排水立管与排出管端部的连接，宜采用两个 45°弯头或弯曲半径不小于 4 倍管径的 90°弯头或 90°变径弯头。排出管至室外第一个检查井的距离不宜小于 3m，检查井至污水立管或排出管上清扫口的距离不大于表 3-8 的规定。

排水立管仅设伸顶通气管时，最低排水横支管与立管连接处距排出管或排水横干管起点管内底的垂直距离（图 3-43），不得小于表 3-11 的规定，排水横支营接入横干管竖直转向管段时，连接点应距转向处以下 0.6m。

排水横支管连接在排出管或排水横干管上时，连接点距立管底部下游水平距离不得小于 1.5m，如图 3-44 所示。若靠近排水立管底部的最低排水横支管满足不了表 3-11 和图 3-44 的要求时，在距排水立管底部 1.5m 距离之内的排出管、排水横管有 90°水平转弯管段时，则底层排水支管应单独排至室外检查井或采取有效的防反压措施。

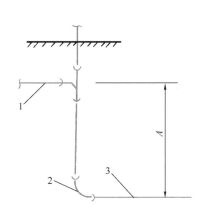

图 3-43 最低排水横支管与排出管
起点管内底的距离
1—最低排水横支管；2—立管底部；
3—排出管

图 3-44 排水横支管与排出管或横干管的连接
1—排水横支管；2—排水立管；3—排水支管；
4—检查口；5—排水横干管(或排出管)

3-1 最低排水
横支管与立管
的连接要求

最低横支管与立管连接处至立管管底的最小垂直距离　　　　表 3-11

立管连接卫生器具的层数	垂直距离（m）	
	仅设伸顶通气	设通气立管
≤4	0.45	
5～6	0.75	按配件最小安装尺寸确定
7～12	1.20	
13～19	3.00	0.75
≥20	3.00	1.20

注：单根排水立管的排出管宜与排水立管相同管径。

生活饮用水贮水箱（池）的泄水管和溢流管，开水器、热水器排水，医疗灭菌消毒设备的排水，蒸发式冷却器、空调设备冷凝水的排水，贮存食品或饮料的冷藏库房的地面排水和冷风机溶霜水盘的排水不得与污废水管道直接连接，应采取间接排水的方式，设备间接排水宜排入邻近的洗涤盆、地漏。如无条件时，可设置排水明沟、排水漏斗或容器。其间接排水口最小空气间隙见表 3-12。间接排水的漏斗或容器不得产生溅水、溢流，并应布置在易检查、清洁的位置。

间接排水口最小空气间隙 表 3-12

间接排水管管径 （mm）	排水口最小空气间隙 （mm）	间接排水管管径 （mm）	排水口最小空气间隙 （mm）
≤25	50	>50	150
32~50	100	饮料用贮水箱排水口	≥150

凡生活废水中含有大量悬浮物或沉淀物需经常冲洗；设备排水支管很多，用管道连接有困难；设备排水点的位置不固定；地面需要经常冲洗的情况，可采用有盖的排水沟排除。但室内排水沟与室外排水管道连接处，应设水封装置。

排出管穿过承重墙或基础处，应预留洞口，且管顶上部净空不得小于建筑物沉降量，一般不宜小于 0.15m。当排水管穿过地下室外墙或地下构筑物的墙壁处，应采取防水措施。

当建筑物沉降，可能导致排出管倒坡时，应采取防沉降措施。采取的措施有：在排出管外墙一侧设置柔性接头；在排出管外墙处，从基础标高砌筑过渡检查井，如图 3-45 所示。

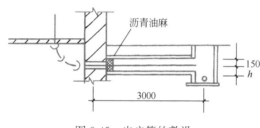

图 3-45 出户管的敷设

排水管道在穿越楼层设套管且立管底部架空时，应在立管底部设支墩或其他固定措施。地下室立管与排水横管转弯处也应设置支墩或固定措施。

在一般的厂房内，为防止管道受机械损坏，埋地排水管的最小埋设深度按表 3-13 确定。

排水管道的最小埋设深度 表 3-13

管 材	地面至管顶的距离（m）		管 材	地面至管顶的距离（m）	
	素土夯实、缸砖、木砖地面	水泥、混凝土、沥青混凝土、菱苦土地面		素土夯实、缸砖、木砖地面	水泥、混凝土、沥青混凝土、菱苦土地面
排水铸铁管	0.70	0.40	带釉陶土管	1.00	0.60
混凝土管	0.70	0.50	硬聚氯乙烯管	1.00	0.60

注：1. 在铁路下采用钢管或给水铸铁管，管道的埋设深度从轨底至管顶的距离不得小于 1.0m。

2. 在管道有防止机械损坏措施或不可能受机械损坏的情况下，其埋设深度可小于上表及注 1 的所示值。

3.4.4 排水管道的保温、防腐和防堵

当排水管道设置在有防结露要求的建筑内或部位时，应采取防结露措施，常用保温材料进行绝热处理，具体可参见教学单元 5 的 5.6 节。

金属排水管道应进行防腐处理，常规做法是涂刷防锈漆和面漆，面漆可按需要调配成各种颜色，具体可参见教学单元 5 的 5.6 节。

避免排水系统管道堵塞，应注意几方面的因素，首先是管道布置时尽量呈直

线，少转弯，靠近立管的大便器可直接接入；其次是尽量采用带检查口的弯头、存水弯；最后，应经常加强维护管理。

3.5　排水管道系统的水力计算

建筑内部排水管道系统水力计算的目的是确定排水系统各管段的管径、横向管道的坡度及各控制点的标高和管件的组合形式。排水管道系统的水力计算应在排水管道布置定位，绘出管道轴测图后进行。

3.5.1　排水定额

建筑内部排水定额有两种，一种是以每人每日为标准，另一种是以卫生器具为标准。

每人每日排放的污水量和时变化系数与气候、建筑内卫生设备的完善程度有关，由于人们在用水过程中散失水量较少，所以生活排水定额和时变化系数与生活给水相同。

卫生器具排水定额是经过多年实测资料整理后制定的，主要用于计算各排水管段的排水设计秒流量，进而确定管径。结合计算公式需要，便于计算，以污水盆的排水流量 0.33L/s 作为一个排水当量，将其他卫生器具的排水流量与 0.33L/s 的比值，作为该种卫生器具的排水当量。同时考虑到卫生器具排水突然、迅速、流率大的特点，一个排水当量的排水流量是一个给水当量的额定流量的 1.65 倍。各种卫生器具的排水流量和当量值见表 3-14。

卫生器具排水的流量、当量和排水管的管径　　　　　表 3-14

序号	卫生器具名称		排水流量（L/s）	当量	排水管管径（mm）
1	洗涤盆、污水盆（池）		0.33	1.00	50
2	餐厅、厨房洗菜盆（池）	单格洗涤盆（池）	0.67	2.00	50
		双格洗涤盆（池）	1.00	3.00	50
3	盥洗槽（每个水嘴）		0.33	1.00	50～75
4	洗手盆		0.10	0.30	32～50
5	洗脸盆		0.25	0.75	32～50
6	浴盆		1.00	3.00	50
7	淋浴器		0.15	0.45	50
8	大便器	冲洗水箱	1.50	4.50	100
		自闭式冲洗阀	1.20	3.60	100
9	医用倒便器		1.50	4.50	100
10	小便器	自闭式冲洗阀	0.10	0.30	40～50
		感应式冲洗阀	0.10	0.30	40～50
11	大便槽	≤4 个蹲位	2.50	7.50	100
		>4 个蹲位	3.00	9.00	150

序号	卫生器具名称		排水流量 (L/s)	当量	排水管管径 (mm)
12	小便槽(每米长)	自动冲洗水箱	0.17	0.50	—
13	化验盆(无塞)		0.20	0.60	40~50
14	净身器		0.10	0.30	40~50
15	饮水器		0.05	0.15	25~50
16	家用洗衣机		0.50	1.50	50

工业废水排水量标准和时变化系数应按生产工艺要求确定。

3.5.2 排水设计流量

建筑内部排水系统设计流量常用生活污水最大时排水量和生活污水设计秒流量两类。

1. 最大时排水量

建筑内部生活污水最大时排水量的大小是根据生活给水量的大小确定的，理论上建筑内部生活给水量略大于生活污水排水量，但考虑到散失量很小，故生活污水排水定额和时变化系数完全与生活给水定额和时变化系数相同。其生活排水平均时排水量和最大时排水量的计算方法与建筑内部的生活给水量计算方法也相同，计算结果主要用于设计选型污水泵、化粪池、地埋式生化处理装置的型号规格等。

2. 设计秒流量

建筑内部排水设计秒流量与卫生器具的排水特点和同时排水的卫生器具的数量有关，为保证最不利时刻的最大排水量安全及时排放，应以设计秒流量来确定各管段管径。

目前，我国建筑内部生活排水设计秒流量计算公式与给水相对应，有两个公式适用于不同建筑。

(1) 住宅、宿舍（居室内设卫生间）、旅馆、宾馆、酒店式公寓、医院、疗养院、幼儿园、养老院、办公楼、商场、图书馆、书店、客运中心、航站楼、会展中心、中小学教学楼、食堂或营业餐厅等建筑生活排水管道设计秒流量，按下列公式计算：

$$q_p = 0.12\alpha\sqrt{N_p} + q_{max} \tag{3-3}$$

式中　q_p ——计算管段排水设计秒流量，L/s；

　　　N_p ——计算管段卫生器具排水当量总数；

　　　q_{max} ——计算管段上最大一个卫生器具的排水流量，L/s；

　　　α ——根据建筑物用途而定的系数，按表 3-15 确定。

根据建筑物用途而定的系数 α 值　　　　　　　　表 3-15

建筑物名称	住宅、宿舍（居室内设卫生间）宾馆、酒店式公寓、医院、疗养院、幼儿园、养老院的卫生间	旅馆和其他公共建筑的盥洗室和厕所间
α 值	1.5	2.0~2.5

注：当计算所得流量值大于该管段上按卫生器具排水流量累加值时，应按卫生器具排水流量累加值计。

（2）宿舍（Ⅲ、Ⅳ类）、工业企业生活间、公共浴室、洗衣房、职工食堂或营业餐厅的厨房、实验室、影剧院、体育场馆等建筑的生活排水管道设计秒流量，按下列公式计算：

$$q_\mathrm{p} = \Sigma q_\mathrm{o} n_\mathrm{o} b_\mathrm{p} \tag{3-4}$$

式中　q_p——计算管段排水设计秒流量，L/s；

　　　q_o——同类型的一个卫生器具排水流量，L/s；

　　　n_o——同类型卫生器具数；

　　　b_p——卫生器具的同时排水百分数，冲洗水箱大便器的同时排水百分数按12%计算，其他卫生器具同时排水百分数与同时给水百分数相同。

用公式（3-4）计算所得排水流量小于一个大便器的排水流量时，应按一个大便器的排水流量作为该计算管段的设计秒流量。

3.5.3　排水管道系统水力计算

建筑内部排水管道系统水力计算的目的是合理经济地确定管道管径、管道坡度等。

1. 排水横管的水力计算

（1）排水横管的水流特点：

根据国内外多年的实验研究，竖直下落的污水具有较大的动能，进入横管后，由于改变流动方向，能量转化，在横管内形成复杂的水流特点，其水流可分为急流段、水跃及跃后段、逐渐衰减段，直至趋于均匀流，如图 3-46 所示。

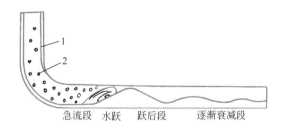

图 3-46　横管内水流状态示意图
1—水膜状高速水流；2—气体

短时间内大量污水排入横管内会引起水流状态的变化，其横管内的压力变化也复杂。如图 3-47 所示，在排水立管大量排水的同时，中间的卫生器具 B 突然排水，造成排水点处的横管内水流前后流动，呈八字形，形成前后水跃，致使 AB 段和 BC 段内气体不能自由流动而形成正压，使 A 和 C 存水弯内水封液面上升。随着 B 卫生器具排水量逐渐减小，在横支管坡度作用下，水流向 D 点作单向流动，此时因 AB 段和 BC 段得不到空气补充而形成负压，A 和 C 卫生器具的水封受诱导虹吸作用，损失部分水量，降低了水封高度。虽然卫生器具距排水横支管的高差小，造成的压力变化不大，但在排水横支管上总会反复出现正压与负压的交替变化，必然会造成水封高度的减小。

排出管或排水横干管是指连接排水立管和室外排水检查井之间的管道，

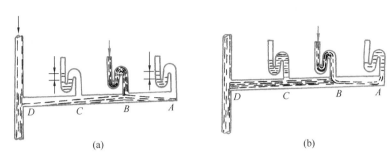

图 3-47　横支管内压力变化

(a) 排水起始时；(b) 排水结束时

接纳的卫生器具数量多，高差大，可能出现多个卫生器具同时排水，排水量大，下落污水在排水立管和排出管连接处动能大，水跃高度大，甚至会充满管道整个断面，形成壅水，再加上原存于排水立管底部和排出管之间的空气不能自由流动，压力上升，最终形成正压，严重时会造成最低排水横支管上卫生器具喷溅，因此，在排水管道布置时，须严格执行表 3-11 和图 3-43、图 3-44 的要求。

(2) 排水横管水力计算设计规定：

鉴于排水横管中的水流特点，为保证排水管道系统良好的水力条件，稳定管道系统压力，防止水封破坏，在排水横支管和排出管或横干管的水力计算中，须满足下列设计规定：

1) 充满度。建筑内部排水系统的横管按非满流设计，排水系统中有毒有害气体的排出和空气流动及补充，应占有管道上部一定的过流断面，同时接纳意外的高峰流量。

2) 自清流速。污水中含有固体杂质，流速过小，会在管内沉淀，减小过流断面，造成排水不畅甚至堵塞。为此规定不同性质的污废水在不同管径和最大计算充满度的条件下的最小流速，即自清流速，见表 3-16。

各种排水管道的自清流速值　　　　　　　　　　表 3-16

污废水类别	生活污水在下列管径时（mm）			明渠（沟）	雨水道及合流制排水管
	$d_p < 150$	$d_p = 150$	$d_p = 200$		
自清流速（m/s）	0.6	0.65	0.70	0.40	0.75

3) 管道坡度。排水管道的设计坡度与污废水性质、管径大小、充满度大小和管材有关。污废水中含有的杂质多、管径越小、充满度小、管材粗糙系数越大，其坡度应越大。建筑内部生活排水管道的坡度规定有通用坡度和最小坡度两种。通用坡度为正常情况下应采用的坡度，最小坡度为必须保证的坡度。一般情况下应采用通用坡度，而当排水横管过长造成坡降值过大，受建筑空间限制时，可采用最小坡度。

建筑物内生活排水铸铁管道的最小坡度和最大设计充满度按表 3-17 确定。

建筑物内生活排水铸铁管道的最小坡度和最大设计充满度　　　表 3-17

管径（mm）	通用坡度	最小坡度	最大设计充满度
50	0.035	0.025	0.5
75	0.025	0.015	
100	0.020	0.012	
125	0.015	0.010	
150	0.010	0.007	0.6
200	0.008	0.005	

建筑排水塑料管的排水横支管的标准坡度应为 0.026，最大设计充满度应为 0.5。

排水横干管的最小坡度、通用坡度和最大设计充满度按表 3-18 确定。

建筑排水塑料管排水横管的通用坡度最小坡度和最大设计充满度　　表 3-18

外径（mm）	通用坡度	最小坡度	最大设计充满度
110	0.012	0.0040	0.5
125	0.010	0.0035	
160	0.007	0.0030	0.6
200	0.005		
250			
315			

注：胶圈密封接口的塑料排水横支管可调整为通用坡度。

4）最小管径。建筑物内排出管最小管径不得小于 50mm。公共食堂厨房内的污水采用管道排除时，其管径应比计算管径大一号，但干管管径不得小于 100mm，支管管径不得小于 75mm。多层住宅厨房间的立管管径不宜小于 75mm。医疗机构污物洗涤盆（池）和污水盆（池）的排水管管径不得小于 75mm。小便槽或连接 3 个及 3 个以上的小便器，其污水支管管径不宜小于 75mm。凡连接大便器的支管，即使仅有 1 个大便器，其最小管径不得小于 100mm。公共浴池的泄水管管径宜采用 100mm。大便槽排水管管径，可按表 3-19 确定。

大便槽排水管管径　　　　　　　　　　　表 3-19

蹲 位 数	排水管管径（mm）	蹲 位 数	排水管管径（mm）
3～4	100（110）	9～12	150（160）
5～8	150（160）		

注：括号内尺寸是排水塑料管外径。

（3）排水横管水力计算基本公式及方法：

排水横管的水力计算，应按下列公式计算：

$$q_\mathrm{p} = A \cdot v \tag{3-5}$$

$$v = \frac{1}{n} \cdot R^{2/3} \cdot I^{1/2} \tag{3-6}$$

式中　q_p——排水设计秒流量，L/s；

　　　A——管道在设计充满度的过水断面面积，m^2；

　　　v——流速，m/s；

　　　R——水力半径，m；

　　　I——水力坡度，采用排水管管道坡度；

　　　n——管道粗糙系数。铸铁管取 0.013；钢管取 0.012；塑料管取 0.009。

为便于设计计算，根据公式（3-5）和公式（3-6）及各项设计规定，编制了建筑内部排水铸铁管水力计算表 3-20，建筑内部排水塑料管水力计算表 3-21 供设计时使用。

建筑内部排水铸铁管水力计算表（$n=0.013$）　　　　表 3-20

坡度	生 产 污 水															
	$h/D=0.6$				$h/D=0.7$						$h/D=0.8$					
	DN=50		DN=75		DN=100		DN=125		DN=150		DN=200		DN=250		DN=300	
	q	v	q	v	q	v	q	v	q	v	q	v	q	v	q	v
0.003													52.50	0.87		
0.0035											35.00	0.83	56.70	0.94		
0.004									20.60	0.77	37.40	0.89	60.60	1.01		
0.005									23.00	0.86	41.80	1.00	67.90	1.11		
0.006							9.70	0.75	25.20	0.94	46.00	1.09	74.40	1.24		
0.007							10.50	0.81	27.20	1.02	49.50	1.18	80.40	1.33		
0.008							11.20	0.87	29.00	1.09	53.00	1.26	85.80	1.42		
0.009							11.90	0.92	30.80	1.15	56.00	1.33	91.00	1.51		
0.01							7.80	0.86	12.50	0.97	32.60	1.22	59.20	1.41	96.00	1.59
0.012					4.64	0.81	8.50	0.95	13.70	1.06	35.60	1.33	64.70	1.54	105.00	1.74
0.015					5.20	0.90	9.50	1.06	15.40	1.19	40.00	1.49	72.50	1.72	118.00	1.95
0.02			2.25	0.83	6.00	1.04	11.00	1.22	17.70	1.37	46.00	1.72	83.60	1.99	135.80	2.25
0.025			2.51	0.93	6.70	1.16	12.30	1.36	19.80	1.53	51.40	1.92	93.50	2.22	151.00	2.51
0.03	0.97	0.79	2.76	1.02	7.35	1.28	13.50	1.50	21.70	1.68	56.50	2.11	102.50	2.44	166.00	2.76
0.035	1.05	0.85	2.98	1.10	7.95	1.38	14.60	1.60	23.40	1.81	61.00	2.28	111.00	2.64	180.00	2.98
0.04	1.12	0.91	3.18	1.17	8.50	1.47	15.60	1.73	25.00	1.94	65.00	2.44	118.00	2.82	192.00	3.18
0.045	1.19	0.96	3.38	1.25	9.00	1.56	16.50	1.83	26.60	2.06	69.00	2.58	126.00	3.00	204.00	3.38
0.05	1.25	1.01	3.55	1.31	9.50	1.64	17.40	1.93	28.00	2.17	72.60	2.72	132.00	3.15	214.00	3.55
0.06	1.37	1.11	3.90	1.44	10.40	1.80	19.00	2.11	30.60	2.38	79.60	2.98	145.00	3.45	235.00	3.90
0.07	1.48	1.20	4.20	1.55	11.20	1.95	20.00	2.28	33.10	2.56	86.00	3.22	156.00	3.73	254.00	4.20
0.08	1.58	1.28	4.50	1.66	12.00	2.08	22.00	2.44	35.40	2.74	93.40	3.47	165.50	3.94	274.00	4.40

续表

生 产 废 水

坡度	h/D=0.6				h/D=0.7						h/D=1.0					
	DN=50		DN=75		DN=100		DN=125		DN=150		DN=200		DN=250		DN=300	
	q	v	q	v	q	v	q	v	q	v	q	v	q	v	q	v
0.003															53.00	0.75
0.0035													35.40	0.72	57.30	0.81
0.004											20.80	0.66	37.80	0.77	61.20	0.87
0.005									8.85	0.68	23.25	0.74	42.25	0.86	68.50	0.97
0.006							6.00	0.67	9.70	0.75	25.50	0.81	46.40	0.94	75.00	1.06
0.007							6.50	0.72	10.50	0.81	27.50	0.88	50.00	1.02	81.00	1.15
0.008					3.80	0.66	6.95	0.77	11.20	0.87	29.40	0.94	53.50	1.09	86.50	1.23
0.009					4.02	0.70	7.36	0.82	11.90	0.92	31.20	0.99	56.50	1.15	92.00	1.30
0.01					4.25	0.74	7.80	0.86	12.50	0.97	33.00	1.05	59.70	1.22	97.00	1.37
0.012					4.64	0.81	8.50	0.95	13.70	1.06	36.00	1.15	65.30	1.33	106.00	1.50
0.015			1.95	0.72	5.20	0.90	9.50	1.06	15.40	1.19	40.30	1.28	73.20	1.49	119.00	1.68
0.02	0.79	0.46	2.25	0.83	6.00	1.04	11.00	1.22	17.70	1.37	46.50	1.48	84.50	1.72	137.00	1.94
0.025	0.88	0.72	2.51	0.93	6.70	1.16	12.30	1.36	19.80	1.53	52.00	1.65	94.40	1.92	153.00	2.17
0.03	0.97	0.79	2.76	1.02	7.35	1.28	13.50	1.50	21.70	1.68	57.00	1.82	103.50	2.11	168.00	2.38
0.035	1.05	0.85	2.98	1.10	7.95	1.38	14.60	1.60	23.40	1.81	61.50	1.96	112.00	2.28	181.00	2.57
0.04	1.12	0.91	3.18	1.17	8.50	1.47	15.60	1.73	25.00	1.94	66.00	2.10	120.00	2.44	194.00	2.75
0.045	1.19	0.96	3.38	1.25	9.00	1.56	16.50	1.83	26.60	2.06	70.00	2.22	127.00	2.58	206.00	2.91
0.05	1.25	1.01	3.55	1.31	9.50	1.64	17.40	1.93	28.00	2.17	73.50	2.34	134.00	2.72	217.00	3.06
0.06	1.37	1.11	3.90	1.44	10.40	1.80	19.00	2.11	30.60	2.38	80.50	2.56	146.00	2.98	238.00	3.36
0.07	1.48	1.20	4.20	1.55	11.20	1.95	20.60	2.28	33.10	2.56	87.00	2.77	158.00	3.22	256.00	3.64
0.08	1.58	1.28	4.50	1.66	12.00	2.08	22.00	2.44	35.40	2.74	93.00	2.96	169.00	3.44	274.00	3.88

生 活 污 水

坡度	h/D=0.5								h/D=0.7			
	DN=50		DN=75		DN=100		DN=125		DN=150		DN=200	
	q	v	q	v	q	v	q	v	q	v	q	v
0.003												
0.0035												
0.004												
0.005											15.35	0.80
0.006											16.90	0.88
0.007									8.46	0.78	18.20	0.95
0.008									9.04	0.83	19.40	1.01
0.009									9.56	0.89	20.60	1.07
0.01							4.97	0.81	10.10	0.94	21.70	1.13

续表

坡度	生活污水											
	h/D=0.5								h/D=0.7			
	DN=50		DN=75		DN=100		DN=125		DN=150		DN=200	
	q	v	q	v	q	v	q	v	q	v	q	v
0.012					2.90	0.72	5.44	0.89	11.10	1.02	23.80	1.24
0.015			1.48	0.67	3.23	0.81	6.08	0.99	12.40	1.14	26.60	1.39
0.02			1.70	0.77	3.72	0.93	7.02	1.15	14.30	1.32	30.70	1.60
0.025	0.65	0.66	1.90	0.86	4.17	1.05	7.85	1.28	16.00	1.47	35.30	1.79
0.03	0.71	0.72	2.08	0.94	4.55	1.14	8.60	1.39	17.50	1.62	37.70	1.96
0.035	0.77	0.78	2.26	1.02	4.94	1.24	9.29	1.51	18.90	1.75	40.60	2.12
0.04	0.81	0.83	2.40	1.09	5.26	1.32	9.93	1.62	20.20	1.87	43.50	2.27
0.045	0.87	0.89	2.56	1.16	5.60	1.40	10.52	1.71	21.50	1.98	46.10	2.40
0.05	0.91	0.93	2.60	1.23	5.88	1.48	11.10	1.89	22.60	2.09	48.50	2.53
0.06	1.00	1.02	2.94	1.33	6.45	1.62	12.14	1.98	24.80	2.29	53.20	2.77
0.07	1.08	1.10	3.18	1.42	6.97	1.75	13.15	2.14	26.80	2.47	57.50	3.00
0.08	1.18	1.16	3.35	1.52	7.50	1.87	14.05	2.28	30.44	2.73	65.40	3.32

注：表中单位，q—L/s；v—m/s；DN—mm。

建筑内部排水塑料管水力计算表 （$n=0.009$） 表 3-21

坡 度	h/D=0.5						h/D=0.6	
	DN=50		DN=75		DN=110		DN=160	
	q	v	q	v	q	v	q	v
0.002							6.48	0.60
0.004					2.59	0.62	9.68	0.85
0.006					3.17	0.75	11.86	1.04
0.007			1.21	0.63	3.43	0.81	12.80	1.13
0.010			1.44	0.75	4.10	0.97	15.30	1.35
0.012	0.52	0.62	1.58	0.82	4.49	1.07	16.77	1.48
0.015	0.58	0.69	1.77	0.92	5.02	1.19	18.74	1.65
0.020	0.66	0.80	2.04	1.06	5.79	1.38	21.65	1.90
0.026	0.76	0.91	2.33	1.21	6.61	1.57	24.67	2.17
0.030	0.81	0.98	2.50	1.30	7.10	1.68	26.51	2.33
0.035	0.88	1.06	2.70	1.40	7.67	1.82	28.63	2.52
0.040	0.94	1.13	2.89	1.50	8.19	1.95	30.61	2.69
0.045	1.00	1.20	3.06	1.59	8.69	2.06	32.47	2.86
0.050	1.05	1.27	3.23	1.68	9.16	2.17	34.22	3.01
0.060	1.15	1.39	3.53	1.84	10.04	2.38	37.49	3.30
0.070	1.24	1.50	3.82	1.98	10.84	2.57	40.49	3.56
0.080	1.33	1.60	4.08	2.12	11.59	2.75	43.29	3.81

注：表中单位 q—L/s；v—m/s；DN—mm。

当建筑底层无通气的排水管道与其楼层管道分开单独排出时，其排水横支管管径可按表 3-22 确定。

无通气的底层单独排出的排水横支管最大设计排水能力　表 3-22

排水横支管管径（mm）	50	75	100	125	150
最大设计排水能力（L/s）	1.0	1.7	2.5	3.5	4.8

2. 排水立管的水力计算

（1）排水立管的水流特点。在多层及高层建筑中，排水立管连接各层排水横支管，下部与横干管或排出管相连，立管中水流呈竖直下落流动。立管中的排水流量由小到大再减小至零，呈断续的非均匀流，在竖直下落的过程中形成水与空气两种介质的复杂运动，若不能及时补充带走的空气，则立管上部形成负压，下部形成正压，由于排水反复出现，必然造成排水立管中压力变化剧烈，如图 3-48 所示。

排水立管中在单一出流、流量由小到大时，水流状态分析主要经过 3 个阶段，如图 3-49 所示。

第一阶段为附壁螺旋流：排水量小时，受排水立管内壁摩擦阻力的影响，水沿壁周边向下作螺旋流动，形成离心力，立管中心气流正常，管内压力稳定。随着排水量逐步增加，水量覆盖整个管内壁时，水流附着管内壁向下流动，失去离心力，夹气流动出现，但由于排水量小，立管中心气流仍正常，压力较稳定，如图 3-49（a）所示。

第二阶段为水膜流：当流量进一步增加，水舌轻微出现，受空气阻力和管内壁摩擦阻力的共同作用，水流沿管壁作下落运动，形成一定厚度的带有横向隔膜的附壁环状水膜流，如图 3-49（b）所示。环状水膜比较稳定，向下作加速运动时，其水膜厚度近似与下降速度成正比。当水膜所受向上的管壁摩擦阻力与重力达到平衡时，水膜的下降速度与水膜厚度不再变化，这时的流速叫终限流速（v_t），从排水横支管水流入口至终限流速形成处的高度叫终限长度（L_t），如图 3-50 所示。

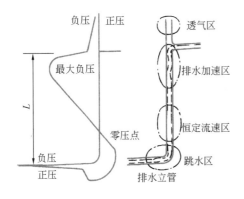

图 3-48　排水管内压力分布示意图

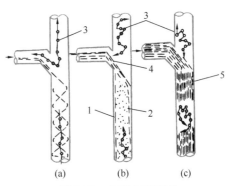

图 3-49　立管水流状态
(a) 附壁螺旋流；(b) 水膜流；(c) 水塞流
1—水膜；2—水沫；3—气流；4—水舌；5—水塞

181

横向隔膜不稳定，管内气体将横向隔膜冲破，管内压力恢复正常，在排水量继续下降的过程中，又形成新的横向隔膜，这样形成与破坏交替进行，立管内压力波动，但此时的压力波动还不会破坏水封，如图 3-49(b) 所示。

第三阶段为水塞流：随着排水量继续增加，水舌充分形成，横向隔膜的形成与破坏越来越频繁，水膜厚度不断增加。当隔膜下部气体的压力不能冲破水膜时，就形成了较稳定的水塞，管内气体压力波动，水封破坏，整个排水系统不能正常使用，如图 3-49 （c）所示。

（2）排水立管通水能力的确定。排水立管中三个阶段的水流状态的形成与管径和排水量的大小有关，也就是与水流充满断面的大小有关。当水流呈水膜流且达到终限流速时其流速 v_t 和水膜厚度 e_t 均保持不变，此时立管中的流量按下列公式确定：

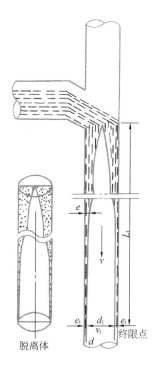

图 3-50　终限流速和终限长度

$$Q = \omega_t \cdot v_t \tag{3-7}$$

$$\omega_t = \pi/4 \left[d^2 - (d - 2e_t)^2 \right] = \pi e_t (d - e_t) \tag{3-8}$$

$$v_t = 4 (Q/d)^{2/5} \tag{3-9}$$

将以上三式联立求出：

$$Q = \frac{1.47 \left[e_t (d - e_t) \right]^{2/5}}{d^{2/3}} \tag{3-10}$$

公式 （3-10） 中 Q 单位为 L/s，v_t 为 m/s，d 和 e_t 为 cm，$e_t = \dfrac{d - d_1}{d_1}$，如图 3-50所示。

再利用 $\omega_t/\omega = 1 - (d_1/d)^2$ 和 $e_t = (d - d_1)/2$，当 ω_t/ω 取值分别为 1/4、7/24、1/3 时，可制成表 3-23。

表 3-23

立管呈水膜状态时的通水能力和终限流速值

管径 (mm)	通水能力（L/s）			终限流速（m/s）		
	ω_t/ω			ω_t/ω		
	1/4	7/24	1/3	1/4	7/24	1/3
50	1.05	1.35	1.70	2.14	2.37	2.60
75	3.10	3.99	5.02	2.81	3.11	3.41
100	6.67	8.59	10.82	3.40	3.76	4.13
125	12.10	15.58	19.61	3.95	4.37	4.80
150	19.67	25.37	31.68	4.46	4.94	5.39

（3）排水立管管径确定的方法。排水立管管径是根据最大排水能力确定的。经过对排水立管排水能力的研究分析，考虑排水立管的通气功能，按非满流使用，其最大流量应控制在形成水膜流的范围内，流量最大限度地充满立管断面的 1/4～1/3。在工程应用中，将试验得出的立管最大排水能力的数值降低使用，以增强其可靠性。

生活排水系统立管当采用特殊单立管管材及配件时，除苏维托排水单立管外其他特殊单立管应用于排水层数在 15 层及 15 层以上时，其立管最大设计排水能力的测试值应乘以系数 0.9。

生活排水系统立管当采用建筑排水光壁管材和管件时，其最大设计排水能力，应按表 3-24 确定。立管管径不得小于所连接的横支管管径。

生活排水立管最大设计排水能力　　　　　　表 3-24

排水立管系统类型			最大设计排水能力（L/s）		
			排水立管管径（mm）		
			75	100(110)	150(160)
伸顶通气		厨房	1.00	4.0	6.40
		卫生间	2.00		
专用通气	专用通气管 75mm	结合通气管每层连接	—	6.30	—
		结合通气管隔层连接		5.20	
	专用通气管 100mm	结合通气管每层连接		10.00	
		结合通气管隔层连接		8.00	
	主通气立管＋环形通气管				
自循环通气	专用通气形式			4.40	
	环形通气形式			5.90	

3.6　排水通气管系统

3.6.1　排水通气管系统的作用与类型

1. 排水通气管系统的作用

建筑内部排水管道内呈水气两相流动，要尽可能迅速安全地将污废水排到室外，必须设通气管系统。排水通气管系统的作用是将排水管道内散发的有毒有害气体排放到一定空间的大气中去，以满足卫生要求；通气管向排水管道内补给空气，减少气压波动幅度，防止水封破坏；增加系统排水能力；通气管经常补充新鲜空气，可减轻金属管道内壁受废气的腐蚀，延长管道使用寿命。

2. 排水通气管系统的类型

（1）伸顶通气管。排水立管与最上层排水横支管连接处向上垂直延伸至室外作通气用的管道，如图 3-51 所示。

（2）专用通气管。仅与排水立管相连接，为排水立管内空气流通而设置的垂直通气管道，如图 3-51 所示。

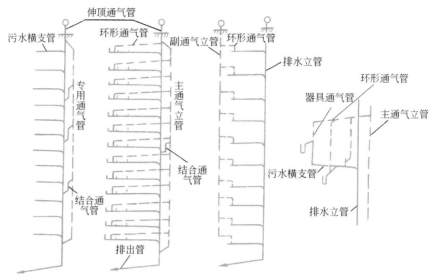

图 3-51　几种典型的通气方式

（3）主通气立管。连接环形通气管和排水立管，并为排水横支管和排水立管内空气流通而设置的专用于通气的立管，如图 3-51 所示。

（4）副通气立管。仅与环形通气管相连接，使排水横支管内空气流通而设置的专用于通气的管道，如图 3-51 所示。

（5）结合通气管。排水立管与通气立管的连接管段，如图 3-51 所示。

（6）环形通气管。在多个卫生器具的排水横支管上，从最始端卫生器具的下游端接至通气立管的一段通气管段，如图 3-51 所示。

（7）器具通气管。卫生器具存水弯出口端接至主通气管的管段，如图 3-51 所示。

（8）汇合通气管。连接数根通气立管或排水立管顶端通气部分，并延伸至室外大气的通气管段。

3.6.2　排水通气管的设置条件、布置和敷设要求

生活排水管道系统应根据排水系统的类型、管道布置、长度，卫生器设置数量等因素设置通气管。当底层生活排水管道单独排出且符合住宅排水管以户排出时、公共建筑无通气的底层生活排水支管单独排出的最大卫生器具数量符合表 3-25 规定时、排水横管长度不大于 12m 时，可不设通气管。

公共建筑无通气的底层生活排水支管单独排出的最大卫生器具数量　表 3-25

排水横支管管径（mm）	卫生器具	数量
50	排水管径≤50mm	1
75	排水管径≤75mm	1
	排水管径≤50mm	3
100	大便器	5

注：1. 排水横支管连接地漏时，地漏可不计数量。

2. DN100 管道除连接大便器外，还可连接该卫生间配置的小便器及洗涤设备。

1. 通气管的设置条件

(1) 伸顶通气管。生活排水管道或散发有害气体的生产污水管道的立管顶端，均应设置伸顶通气管。当遇特殊情况，伸顶通气管无法伸出屋面时，可设置侧墙通气，而侧墙通气管口的布置和敷设应符合通气管布置和敷设的要求；在室内设置成汇合通气管后应在侧墙伸出延伸至屋面以上；当以上两种设置方式都无条件实施时，可设置自循环通气管道系统。设置侧墙通气和自循环通气管道系统时必须严格执行国内现行标准。当公共建筑排水管道无法设置侧墙通气和自循环通气管道系统时，可设置吸气阀。

(2) 专用通气立管。生活排水立管所承担的卫生器具排水设计流量超过表 3-24 中仅设伸顶通气管的排水立管最大排水能力时，应设专用通气管。

建筑标准要求较高的多层住宅、公共建筑、10 层及 10 层以上高层建筑卫生间的生活污水立管应设置通气管。

若不设置专用通气管时，可采用特殊配件单立管排水系统。

(3) 主通气管或副通气管。建筑物各层的排水横支管上设有环形通气管时，应设置连接各层环形通气管的主通气立管或副通气立管。

(4) 结合通气管。凡设有专用通气管或主通气立管时，应设置连接排水管与专用通气管或主通气管的结合通气管。

(5) 环形通气管。连接 4 个及 4 个以上卫生器具且横支管的长度大于 12m 的排水横支管；连接 6 个及 6 个以上大便器的污水横支管；设有器具通气管的排水管道和特殊单立管偏置时。建筑物的排水管道上设有环形通气管时，应设置连接各环形通气管的主通气立管或副通气立管。

(6) 器具通气管。对卫生、安静要求较高的建筑物内，生活排水管道宜设置器具通气管。

(7) 汇合通气管。不允许设置伸顶通气管或不可能单独伸出屋面时，可设置将数根伸顶通气管连接后排到室外的汇合通气管。

2. 通气管的布置和敷设

通气管的管材，可采用柔性接口排水铸铁管、排水塑料管等。

伸顶通气管高出屋面不得小于 0.3m（屋面有隔热层时，应从隔热层板面算起），且必须大于最大积雪厚度，通气管顶端应装设风帽或网罩。经常有人停留的平屋面上，通气管口应高出屋面 2m，当屋面通气管有碍人们活动时，可按现行国家标准规定设置侧墙通气等方式解决。当伸顶通气管为金属管材时，并应根据防雷要求考虑防雷装置。通气管口不宜设在屋檐檐口、阳台和雨篷等的下面，若通气管口周围 4m 以内有门窗时，通气管口应高出窗顶 0.6m 或引向无门窗一侧。通气管不得接纳器具污水、废水和雨水，不得接至风道和烟道上。通气口不宜设在建筑物挑出部分的下面。在全年不结冻的地区，可在室外设吸气阀替代伸顶通气管，吸气阀设在屋面隐蔽处。

专用通气立管和主通气立管的上端可在最高卫生器具上边缘以上不小于 0.15m 或检查口以上与排水立管通气部分以斜三通连接，下端应在最低排水横支管以下与排水立管以斜三通连接。或者下端应在最低排水立管底部下游侧 10 倍立管直径长度距离范围内与横干管或排出管以斜三通连接。结合通气管宜每层或隔层与专用通气管、排水立管通气立管连接。结合通气管的连接不宜多于8层。结合通气管上端可在卫生器具上边缘以上不小于0.15m处与通气立管以斜三通连接，下端宜在排水横支管以下与排水立管以斜三通连接，结合通气管可采用H形管件替代，其H管与通气管的连接点应设在卫生器具上边缘以上不小于0.15m处，其下端宜在排水横支管以上与排水立管连接。当污水立管与废水立管合用一根通气管时，结合通气管配件可隔层分别与污水立管和废水立管连接，通气立管底部分别以斜三通与污废水立管连接。

器具通气管应设在存水弯出口端。环形通气管应在横支管上最始端两个卫生器具之间接出，并应在排水支管中心线以上与排水支管呈垂直或45°连接。器具通气管和环形通气管应在高层卫生器具上边缘以上不少于0.15m或检查口以上，并按不小于0.01的上升坡度与通气立管相连接。在建筑物内不得用吸气阀替代器具通气管和环形通气管。

自循环通气系统，当采取专用通气立管与排水立管连接时，其顶端应在卫生器具上边缘以上不小于0.15m处采用两个90°弯头相连，通气立管与排水立管采用结合通气管或H管相连，其设置的要求按结合通气管和H管件的要求执行，其通气立管下端应在排水插干管或排出管上采用倒顺水三通或斜三通连接。当采取环形通气管与排水横支管连接时，通气立管顶端应在卫生器具上边缘以上不小于0.15m处采用两个90°弯头相连，每层排水支管下游端接出环形通气管，应在高出卫生器具上边缘不小于0.15m与通气立管相连，横支管连接卫生器具较多且横支管较长并满足设置环形通气管的条件时，应在横支管上按通气管和排水管的连接规定布置和敷设。

建筑物设置自循环通气的排水系统，当建筑物排水立管顶部设置吸气阀或排水立管的自循环通气的排水系统时，宜在其室外接户管的起始检查井上设置管径不小于100mm的通气管；当通气管延伸至建筑物外墙时，通气管口周围4m以内有门窗时，通气管口应高出窗顶0.6m或外向无门窗一侧；当设置在其他隐蔽部位时，应高出地面不小于2m。自循环通气系统当采取环形通气管与排水槽支管连接时，应严格执行现行国家标准。

3. 通气管道计算

通气管的管径，应根据排水管的排水能力、管道长度确定。

通气管的最小管径不宜小于排水管管径的1/2，并可按表3-26确定。

伸顶通气管的管径应与排水立管的管径相同。但在最冷月平均气温低于−13℃的地区，应在室内平顶或吊顶以下0.3m处将管径放大一级，以免管口结霜减少断面积。

专用通气立管、主通气立管、副通气立管、器具通气管、环形通气管的最小管径可按表3-26确定。但通气立管长度在50m以上时，其管径应与排水立管管径相同。自循环通气系统的通气立管应与排水立管管径相同。通气立管长度小于等于50m且两根及两根以上排水立管同时与一根通气立管相连接，应以最大一根排水立管按表3-26确定通气立管管径，且其管径不宜小于其余任何一根排水立管的管径。

自循环通气系统的通气立管应与排水立管管径相同。

通气管最小直径（mm）　　　　　　　表 3-26

通气管名称	排水管管径			
	50	75	100	150
器具通气管	32		50	
环形通气管	32	40	50	
通气立管	40	50	75	100

注：1. 表中通气立管系指专用通气立管、主通气立管、副通气立管。

　　2. 根据特殊单立管系统确定偏置辅助通气管管径。

当通气立管伸顶时，结合通气管的管径不宜小于与其连接的通气立管的管径。自然循环通气时，其管径宜小于与其连接的通气立管管径。

当两根或两根以上污水立管的通气管汇合连接时，汇合通气管的断面积应为最大一根通气管的断面积加其余通气管断面积之和的 0.25 倍，其管径可按下列公式计算：

$$DN \geqslant \sqrt{d_{\max}^2 + 0.25\sum d_i^2} \tag{3-11}$$

式中　DN——汇合通气横干管和总伸顶通气管管径，mm；

　　　$d_{\max}$——最大一根通气管管径，mm；

　　　d_i——其余通气立管管径，mm。

用公式（3-11）计算出的管径若为非标准管径时，应靠上一级标准管径确定出汇合通气管的管径。

3.7　特殊单立管排水系统

3.7.1　特殊单立管排水系统适用条件和组成

1. 适用条件

建筑内部排水系统，由于设置了专门的通气管系统，改善了水力条件，提高了排水能力，减少了排水管道内气压波动幅度，有效地防止了水封破坏，保证了室内良好的环境卫生。但是由此形成的双立管系统等，致使管道繁杂，增加了管材耗量，多占用了面积，施工困难，造价高。

从 20 世纪 60 年代以来，瑞士、法国、日本、韩国等国，先后研制成功了多种特殊的单立管排水系统，即苏维托排水系统、旋流排水系统（又称塞克斯蒂阿系统）、芯形排水系统（又称高奇马排水系统）、PVC-U 螺旋排水系统等。

特殊单立管排水系统适用于高层、超高层建筑内部排水系统，能有效解决高层建筑内部排水系统中由于排水横支管多、卫生器具多、排水量大而形成的水舌和水塞现象，克服了排水立管和排出管或横干管连接处的强烈冲击流形成的水跃，致使整个排水系统气压稳定，有效地防止了水封破坏，提高了排水能力。

建筑内部排水系统下列 5 种情况宜设置特殊单立管排水系统：排水流量超过了普通单立管排水系统排水立管最大排水能力时；横管与立管的连接点较多时；同层接入排水立管的横支管数量较多时；卫生间或管道井面积较小时；难以设置专用通气管的建筑。

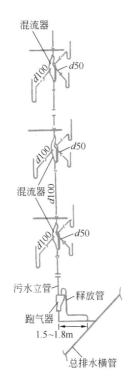

图 3-52　单立管排水系
统混流器和跑气
器安装示意

2. 组成

特殊单立管排水系统组成的特点，即在建筑内部排水管道系统中每层排水横支管与排水立管的连接处安装上部特殊配件，在排水立管与横干管或排出管的连接处安装下部特殊配件，如图 3-52 所示。

3.7.2　特殊配件

1. 上部特殊配件及构造

（1）气水混合器，如图 3-53 所示，由上流入口、乙字弯、隔板、隔板小孔、横支管流入口、混合室和排出口组成。自立管下降的污水，经乙字弯管时，水流撞击分散与周围空气混合成水沫状气水混合物，相对密度变轻，下降速度减缓，减小抽吸力。横支管排出的水受隔板阻挡，不能形成水舌，能保持立管中气流通畅，气压稳定。

（2）旋流接头，如图 3-54 所示，由底座、盖板组成，盖板上设有固定的导旋叶片，底座支管和立管接口处，沿立管切线方向有导流板。横支管污水通过导流板沿立管断面的切线方向以旋流状态进入立管，立管污水每流过下一层旋流接头时，经导旋叶片导流，增加旋流，污水受离心力作用贴附管内壁流至立管底部，立管中心气流通畅，气压稳定。

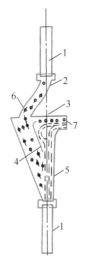

图 3-53　气水混合器
1—立管；2—乙字管；3—孔隙；
4—隔板；5—混合室；6—气水
混合物；7—空气

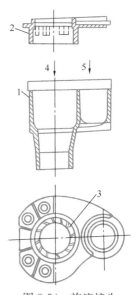

图 3-54　旋流接头
1—底座；2—盖板；3—叶片；
4—接立管；5—接大便器

（3）环流器，如图 3-55 所示，由上部立管插入内部的倒锥体和 2～4 个横向接口组成。插入内部的内管起隔板作用，防止横支管出水形成水舌，立管污水经环流器进入倒锥体后形成扩散，气水混合成水沫，相对密度减轻、下落速度减缓，立管中心气流通畅，气压稳定。

2. 下部特殊配件

（1）气水分离器，如图 3-56 所示，由流入口、顶部通气口、突块、分离室、跑气管、排出口组成。从立管下落的气水混合液，遇突块后溅散并冲向对面斜内壁上，起到消能和水、气的分离，分离出的气体经跑气管引入干管下游一定距离，使水跃减轻，底部正压减小，气压稳定。

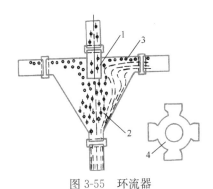

图 3-55　环流器

1—内管；2—气水混合物；3—空气；4—环形通路

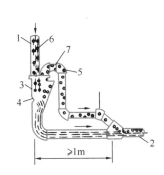

图 3-56　气水分离器

1—立管；2—横管；3—空气分离室；
4—突块；5—跑气管；6—水气混合物；7—空气

（2）特殊排水弯头，如图 3-57 所示，为内部装有导向叶片的 45°弯头。立管下落的水流经导向叶片后，流向弯头对壁，使水流沿弯头下部流入横干管或排出管，避免或减轻水跃，避免形成过大正压。

（3）角笛弯头，如图 3-58 所示，为一个大小头带检查口的 90°弯头。自立管下落的水流因过流断面扩大而水流减缓，气、水得以分离，同时能消除水跃和壅水，避免形成过大正压。

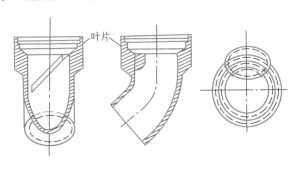

图 3-57　特殊排水弯头

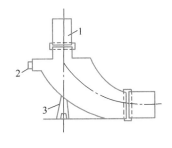

图 3-58　角笛弯头

1—立管；2—检查口；3—支墩

3. 特殊配件的选型（配置）

苏维托排水系统是 1961 年由瑞士苏玛（Fritz Sommer）研究成功的，该系统将气水混合器装设在排水横支管与排水立管的连接处，气水分离器装设在排水立管与横干管或排出管的连接处。

旋流排水系统又称塞克斯蒂阿系统（Sextia system），是 1967 年由法国勒格（Roger Legg）、理查（Georges Richard）和鲁夫（M. Louve）共同研制的，该系统将旋流接头装设在排水横支管与排水立管的连接处，特殊排水弯头上端与排水立管连接，下端与横干管或排出管连接。

芯形排水系统又称高奇马排水系统，是 1973 年由日本小岛德厚研究成功的，该系统将环流器装设在排水横支管与排水立管的连接处，角笛弯头装设在排水立管与横干管或排出管的连接处。

PVC-U 螺旋排水系统是韩国在 20 世纪 90 年代开发研制的，由图 3-59 的偏心三通，和图 3-60 的内壁有 6 条间距 50mm 呈三角形突起的导流螺旋线的管道所组成。由排水横管排出的污水经偏心三通从圆周切线方向进入立管，旋流下落，经立管中的导流螺旋线的导流，管内壁形成较稳定的水膜旋流，立管中心气流通畅，气压稳定。同时由于横支管水流以圆周切线的方式流入立管，减少了撞击，从而有效克服了排水塑料管噪声大的缺点。目前我国已有生产。

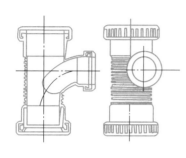

图 3-59 偏心三通

3.7.3 特殊单立管排水系统在我国的应用

1. 应用过程

20 世纪 70 年代末和 80 年代初，我国的太原、天津、北京、长沙、上海、广州等地的民用建筑中，曾应用过苏维托特殊单立管排水系统，使用情况良好，其排水能力优于普通单立管排水系统。但特殊单立管排水系统由于无定型产品供应，无相应的工程建设标准和标准设计图集配套，以及受传统习惯的影响，目前没有能够在更大范围得到推广。

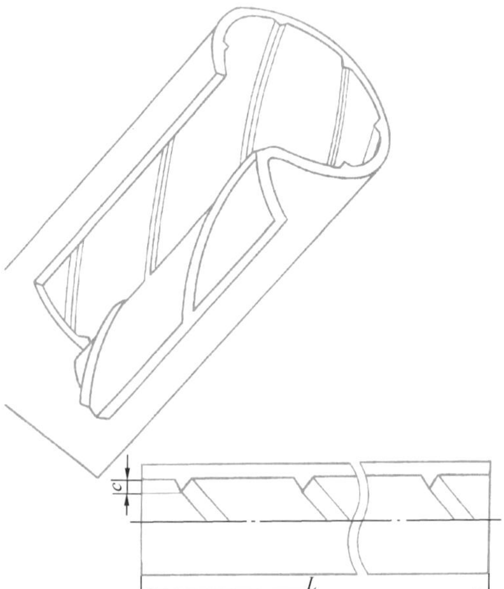

2. 应用现状

20 世纪 90 年代中后期，随着对建筑排水技术的研讨向纵深方向发展，特殊单立管排水系统由于其突出的优点，重新引起重视。

目前，我国已经编制了《特

图 3-60 有螺旋线导流突起的 PVC-U 管

殊单立管排水系统设计规程》，T/CECS 79—2022 介绍推荐了我国引进、改进和开发的 5 种上部特制配件和 3 种下部特制配件。

（1）上部特制配件及其选型。混合器如图 3-61 和图 3-62 所示，适用于排水立管靠墙敷设；排水横支管单向、双向或三面侧向与排水立管连接；同层粪便污水横支管与生活废水横支管在不同高度与排水立管连接。

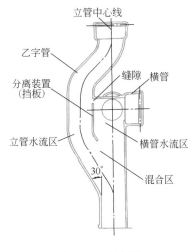

图 3-61　混合器

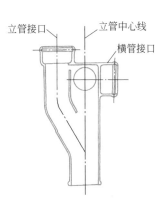

图 3-62　不带乙字管的混合器

环流器如图 3-63 所示，适用于排水立管不靠墙敷设；排水横支管单向、双向、三向或四向对称与排水立管连接。

环旋器如图 3-64 所示，适用于排水立管不靠墙设置；单向、双向、三向或四向横支管，在非同一水平轴向与排水立管连接。

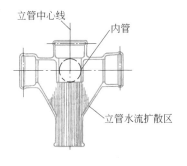

图 3-63　环流器

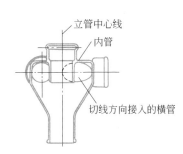

图 3-64　环旋器

侧流器如图 3-65 所示，适用于排水立管靠墙角敷设；排水横支管数量在 3 根及 3 根以下，且不从侧向与排水立管连接。

管旋器如图 3-66 所示，适用于排水立管靠墙敷设；双向横支管在非同一水平轴向与排水立管连接。

（2）下部特制配件及其选型。跑气器如图 3-67 和图 3-68 所示，角笛式弯头如图 3-69 和图 3-70 所示，大曲率异径弯头如图 3-71 所示。

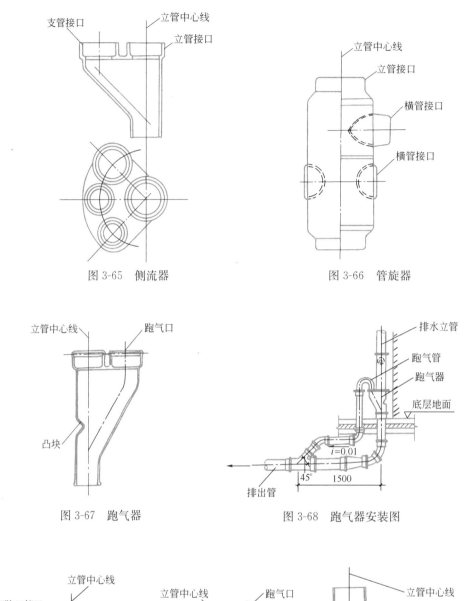

图 3-65　侧流器

图 3-66　管旋器

图 3-67　跑气器

图 3-68　跑气器安装图

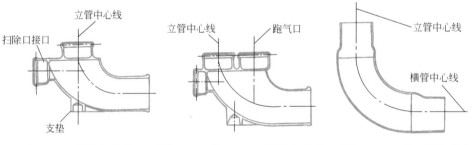

图 3-69　角笛式接头　　图 3-70　带跑气口的角笛式接头　　图 3-71　大曲率异径弯头

下部特制配件选型应根据特殊单立管排水系统中上部特制配件类型确定：当上部特制配件为混合器时，应选用跑气器；当上部特制配件为环流器、环旋器、侧流器或管旋器时，可选用角笛式弯头、大曲率异径弯头或跑气器；当上部排水立管与下部排水立管采用横干管偏置连接时，立管与横干管连接处应采用跑气器。

除上述特制配件外，由通州市五佳铸锻总厂与日本弁管会社共同研制开发的速微特特殊单立管配件，具有气水分离、消除水塞、压力平衡、排水量大的特点，并且安装简便、迅速、体积较小，如图 3-72 和图 3-73 所示。

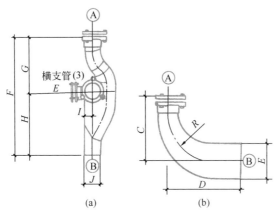

图 3-72　旋式速微特配件

（a）旋式速微特接头；（b）L 形弯头

现已编制了《高层、超高层单立管排水系统速微特系统设计指南》《旋式速微特单立管排水系统安装图》标准图集。应用的工程有京广新世界饭店（北京、50 层）、长富宫大饭店（北京、25 层）、奥林匹克饭店（北京、12 层）、太平洋大饭店（上海、27 层），其立管的排水能力显著大于普通单立管排水系统和一般特殊单立管排水系统，其特殊配件和排水水流工况如图 3-72、图 3-73 所示。

生活排水系统立管当采用特殊单立管管材及配件时，应根据现行行业标准《住宅生活排水系统立管排水能力测试标准》CJJ/T 245 所规定的瞬间流量法进行测试，并应以 ±400Pa 为判定标准确定。

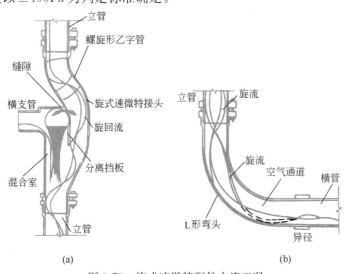

图 3-73　旋式速微特配件水流工况

（a）旋式速微特接头内部排水水流工况；（b）L 形弯头内部排水水流工况

当在50m及以下测试塔测试时，除苏维脱排水单立管外其他特殊单立管应用于排水层数在15层及15层以上时，其立管最大设计排水能力的测试值应乘以系数0.9。

3.8 污水的抽升和局部处理

3.8.1 污、废水抽升

现代建筑具有综合功能、设备完善的特点，尤其是高层建筑和大型公共建筑，一般都建有地下室，用作车库、技术设备层。工业建筑的车间，用水设备房等常会排放污、废水，火灾发生后，消防用水经电梯井、楼梯间流到建筑最底层。当建筑内这些部位标高低于室外地坪标高时，污、废水不能自流排出室外，必须抽升。

地下停车库应按停车层设置地面排水系统，地面冲洗排水宜排入小区雨水系统；车库内如设有洗车站时应单独设集水井和污水泵，洗车水应排入小区生活污水排水系统。

污、废水的抽升包括污水泵的选择，污水集水池容积和污水泵房设计等。污水泵房设计应按现行国家标准《室外排水设计标准》GB 50014 执行。

1. 排水泵及其选择

污水泵、阀门、管道等应选择耐腐蚀、大流通量、不易堵塞的设备器材。建筑内部污、废水抽升常采用潜水泵、液下泵，有时也可采用卧式泵。潜水泵和液下泵无需设置引水装置，直接浸没在水中运行，无噪声和振动，方便灵活，应优先选用。当选用卧式泵进行排水，必须选用污水泵，同时应设计成自灌式。

建设物地下室生活排水集水池中排水泵应设一台备用泵。当采用污水提升装置时，应根据使用情况选用单泵或双泵提升装置。污水泵宜独立运行，各水泵应有独立的吸水管。潜水泵和液下泵在压水管上设阀门，自灌式卧式泵在吸水管上设阀门，以便于检修。污水泵宜单独设置排水管排至室外，排出管的横管段应有坡度坡向出口。污水泵的启闭应设置自动控制装置，多台水泵可并联交替或分段投入运行。当集水池不能设事故排出管时，污水泵应按现行国家标准《民用建筑电气设计标准》GB 51348 确定电力负荷；同时符合当能关闭污水进水管时，可按三级负荷配电，当承担消防排水时，应按现行消防规范执行等要求。污水泵宜采用自动控制，当集水池不能设事故排出管时，污水泵应有不间断的动力供应。地下室、车库冲洗地面的排水，当有2台及2台以上排水泵时，可不设备用泵。地下室设备的集水池当接纳设备排水箱排水、事故溢水时，根据排水量除应设置工作泵外，还应设置备用泵。

污水泵宜设置排水管单独排至室外。2台及2台以上污水泵共用一条出水管时，应在每台污水泵出水管上装设阀门和止回阀，单台污水泵出水管会产生倒灌时也应设置止回阀。提升装置的通气管应与楼层通气管道系统相连或单独排至室外。当通气管单独排至室外时，应符合现行国家标准的相关规定。

污水泵的扬程应经计算确定，为静扬程加上吸水管路和压水管路中的沿程水头损失和局部水头损失之和，另附加2~3m流出水头计算。

室内的污水水泵的流量应按生活排水设计秒流量选定，当室内设有生活污水处理设施按标准要求必须设置有调节池时，污水水泵的流量可按生活排水最大小时流量选定当地坪集水坑（池）接纳水池溢流水，泄空水时，应按水箱（池）溢流量、泄流量与排入集水池的其他排水量中大者选择水泵机组。

2. 集水池

当生活污水集水池设置在室内地下室时，池盖应密封，且应设置在独立设备间内并设通风、通气管道系统。成品污水提升装置可设在卫生间或敞开空间内，地面宜考虑排水措施。集水池有效容积不宜小于最大一台污水泵 5min 的出水量，水泵每小时启动次数不超过 6 次，成品污水提升装置的污水泵每小时启动次数应满足其产品技术要求。工业废水集水池有效容积按工艺要求确定。

集水池除满足有效容积外，还应满足水泵设置、水位控制器、格栅等安装、检查要求；集水池设计最低水位应满足水泵吸水要求；集水池应设检修盖板，集水池底宜有不小于 0.05 坡度坡向泵位，集水坑的深度及平面尺寸应按水泵类型而定；污水集水池宜设置池底冲洗管，集水池应设置水位指示装置，必要时应设置超警戒水位报警装置，并将信号引至物业管理中心。

3. 污水泵房

污水泵房的设计应按现行国家标准《室外排水设计标准》GB 50014 执行，保证良好的通风、采光、通道、隔振防噪声等，有条件时宜单独设置在室外；若污水泵房设在建筑物内时，污水泵房应设在单独房间内，严格保证与二次供水水池的距离等。污水泵房设置通气管应与楼层通气管道系统相连式单独排出室外，当单独排出室外时，应符合现行国家标准的相关规定。

3.8.2　污、废水局部处理

建筑内部的污水排放，可排入城市下水道或直接排入水体，其排放的水质应符合现行的《污水排入城镇下水道水质标准》GB/T 31962 和《污水综合排放标准》DB12/356 的要求。目前，由于各城镇排水管网和污水处理设施的完善程度存在较大差异，因此对建筑污水是否进行局部处理存在着不同的做法，认为在城镇、居住小区或厂区无污水处理设施或污水处理厂和市政污水管道满负荷运行的情况下，化粪池是一种行之有效的局部污水处理设施。但它达不到《污水综合排放标准》DB12/356 中向水体排放的标准要求。如果建筑物远离城镇或其他原因，其内部污水不能排入城镇污水管道，建筑物内部的污水必须设置污水处理设施，处理达标后排放。这种污水处理装置常常就采用二级生物处理装置。

国外有些国家城镇建设比较分散，采用设置局部二级生物污水处理设备进行处理建筑物内部污水的情况较多，但这些处理设备的运行管理，通常有专业管理公司负责。

关于污水的局部处理，要做到既保证环境不遭受污染，又避免大量资金的浪费。我国进入新时代以来，高度重视生态文明建设、环境保护，治污力度和投入不断增大，已有相当部分城镇和居住区已规划或建成污水处理厂（站）或构筑物，建筑生活污水的处理应按当地政府有关规定执行。城镇已建成或已规划城镇污水处理厂，小区的污水能排入污水处理厂服务区内的污水管道，小区内不应再设置污水处理设施。我国在《关于加快城市污水集中处理工程建设的若干规定》

中，也有明确的政策性规定：凡在城市污水集中处理工程建设规划区内，排放污、废水的企事业单位和统建的居民生活小区，其排放污、废水超过《污水综合排放标准》GB 8978 的，均应按照要求进行预处理和集中处理。排污单位可把原计划自行建设的污水处理设施的基建投资作为集中处理建设资金，按当时的建筑造价基建费交建设主管部门，按照规划统筹建设城市污水集中处理工程等。

生活污水处理设施的工艺流程应根据污水性质、回用或排放要求设置。

1. 化粪池

化粪池是一种具有结构简单、便于管理、不消耗动力和造价低等优点，局部处理生活污水的构筑物。当生活污水无法进入集中污水处理厂进行处理，在排入水体或城市排水管网前，至少应经过化粪池简单处理后，才允许排放。

生活污水中含有大量粪便、纸屑、病原虫等杂质，化粪池将这些污染物进行沉淀和厌氧发酵，能去除 $50\%\sim60\%$ 的悬浮物，沉淀下来的生污泥经过 3 个月以上的厌氧消化，将污泥中的有机物进行氧化降解，转化成稳定的无机物，易腐败的生污泥转化为熟污泥，改变了污泥结构，便于清掏外运，并可用作肥料。

化粪池有矩形和圆形两种，视地形、修建地点、面积大小而定。矩形化粪池有双格和三格之分，视其日需处理的污水量大小确定，当日处理污水量小于 $10m^3$ 时，采用双格，当日处理污水量大于 $10m^3$ 时，采用三格。化粪池的材质可用砖砌、水泥砂浆抹面、条石砌筑、钢筋混凝土建造，地下水位较高时应采用钢筋混凝土建造。双格化粪池如图 3-74 所示。化粪池宜设置在接户管的下游端，便于机

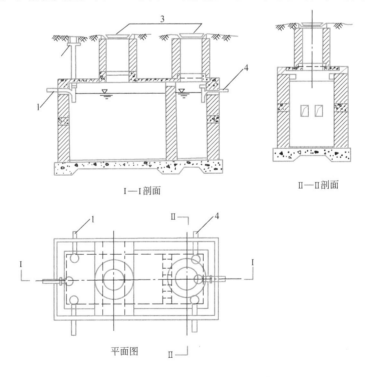

I—I剖面　　　　　　　　　II—II剖面

平面图

图 3-74　化粪池
1—进水管（三个方向任选一个）；2—清扫口；3—井盖；4—出水管（三个方向任选一个）

动车清掏的位置，化粪池距建筑外墙一般不小于 5m，并不得影响建筑物基础；化粪池与地下水取水构筑物不得小于 30m，且应防渗漏；化粪池应设通气管，通气管排出口设置位置应满足安全、环保要求。

化粪池的设计主要是计算出化粪池容积，按国家建筑设计《给水排水标准图集》选用。化粪池总容积由有效容积 V 为保护容积 V_3 组成，保护容积根据化粪池大小确定，一般保护层高度为 $0.25\sim0.45m$。化粪池有效容积 V 为污水部分容积 V_w 和污泥部分容积 V_n 之和，按下列公式计算：

$$V=V_w+V_n \tag{3-12}$$

$$V_w=\frac{m \cdot b_1 \cdot q_w \cdot t_w}{24\times1000} \tag{3-13}$$

$$V_n=\frac{m \cdot b_1 \cdot q_n \cdot t_n \cdot (1-b_x) \cdot M_s\times1.2}{(1-b_n)\times1000} \tag{3-14}$$

式中　V_w——化粪池污水部分容积，m^3；

　　　V_n——化粪池污泥部分容积，m^3；

　　　q_w——化粪池每人每日计算污泥量，$L/(人\cdot d)$，见表 3-27；

　　　t_w——污水在池中停留时间，h，应根据污水量确定，宜采用 $12\sim24h$；

　　　q_n——每人每日计算污泥量，$L/(人\cdot d)$，见表 3-28；

　　　t_n——污泥清掏周期应根据污水温度和当地气候条件确定，宜采用 $3\sim12$ 个月；

　　　b_x——新鲜污泥含水率可按 95% 计算；

　　　b_n——发酵浓缩后的污泥含水率可按 90% 计算；

　　　M_s——污泥发酵后体积缩减系数宜取 0.8；

　　　1.2——清掏后遗留 20% 的容积系数；

　　　m——化粪池服务总人数；

　　　b_1——化粪池实际使用人数占总人数的百分数，可按表 3-29 确定。

化粪池每人每日计算污水量　　　　　　　　　　表 3-27

分类	生活污水与生活废水合流排入	生活污水单独排入
每人每日污水量（L）	（0.85~0.95）用水量	15~20

化粪池每人每日计算污泥量（L）　　　　　　　表 3-28

建筑物分类	生活污水与生活废水合流排入	生活污水单独排入
有住宿的建筑物	0.7	0.4
人员逗留时间大于 4h 并小于等于 10h 的建筑物	0.3	0.2
人员逗留时间小于等于 4h 的建筑物	0.1	0.07

化粪池实际使用人数占总人数的百分数　　　　表 3-29

建筑物名称	百分数（%）
医院、疗养院、养老院、幼儿园（有住宿）	100
住宅、宿舍、旅馆	70
办公楼、教学楼、试验楼、工业企业生活间	40
职工食堂、餐饮业、影剧院、体育场（馆）、商场和其他场所（按座位）	5~10

197

小区内不同的建筑物或同建筑物内有不同生活用水定额等设计参数的人员，其生活污水排入同一座化粪池时，应按式（3-12）～式（3-14）和表 3-27～表 3-29 参数分别计算不同人员的污水量和污泥量，以叠加后的总容量确定化粪池的总有效容积。

按公式（3-13）计算出化粪池有效容积；或按合流制化粪池最大允许使用人数查表 3-30、分流制化粪池最大允许使用人数查表 3-31；结合考虑有无地下水，地面是否过汽车等情况，查给水排水标准图集合订本 S_2（上），即可确定出化粪池的型号。

化粪池的构造应符合现行《建筑给水排水设计标准》GB 50015 的相关规定：化粪池长度、宽度的比例应按污水中悬浮物的沉降条件和积存数量，经水力计算确定；深度（水面至池底）不得小于 1.30m，宽度不得小于 0.75m，长度不得小于 1.0m，圆形化粪池直径不得小于 1.0m。双格化粪池第一格的容量宜为计算总容量的 75%；三格化粪池第一格的容量宜为总容量的 60%，第二格和第三格各宜为 20%。化粪池格与格、池与池连接井应设置通气孔洞。化粪池进水口、出水口应设置连接井与进水管、出水管相接。化粪池进水管口应设导流装置，出水口处及格与格之间应设拦截污泥浮渣的设施。化粪池池壁与池底应防止渗漏，化粪池顶板上应设有人孔和盖板。

合流制化粪池最大允许使用人数 表 3-30

用水量标准 (L/(人·d))	矩形化粪池型号及容积（m³）							圆形化粪池型号及容积（m³）				
	1 号	2 号	3 号	4A 号,4B 号	5 号	6 号	7 号	1 号	2 号	3 号	4 号	5 号
	3.75	6.25	12.5	20	30	40	50	2.0	3.75	5.0	7.5	10
400	8	14	27	43	65	87	107	4	8	11	16	22
	7	12	24	38	58	77	96	4	7	10	14	19
300	10	17	95	55	83	110	138	6	10	14	21	28
	9	15	74	48	71	95	119	5	9	12	18	24
250	12	20	40	64	97	129	160	6	12	16	24	32
	11	17	34	54	81	108	135	6	11	13	20	27
200	14	24	48	76	114	153	191	8	14	19	29	38
	12	20	39	62	94	125	156	6	12	16	23	31
150	18	29	59	95	142	190	237	9	18	24	36	47
	14	23	46	74	111	148	185	8	14	18	28	37
125	22	36	74	116	174	232	289	11	22	29	43	57
	15	25	51	81	122	163	204	8	15	20	31	41
100	23	39	78	125	187	250	313	12	23	31	47	63
	17	28	57	91	136	181	226	9	17	23	34	45
50	34	57	113	181	272	364	454	18	34	45	68	91
	22	37	73	117	176	234	293	12	22	29	44	59
35	39	68	131	210	314	419	524	21	39	52	78	104
	24	40	80	128	192	256	321	13	24	32	48	64

续表

用水量标准 (L/(人·d))	矩形化粪池型号及容积 (m³)							圆形化粪池型号及容积 (m³)				
	1号	2号	3号	4A号 4B号	5号	6号	7号	1号	2号	3号	4号	5号
	3.75	6.25	12.5	20	30	40	50	2.0	3.75	5.0	7.5	10
25	44	73	146	234	351	468	585	24	44	58	88	117
	26	43	86	137	206	274	342	14	26	34	51	68
20	47	78	155	249	373	497	621	25	47	62	93	124
	27	44	89	142	213	284	355	14	27	36	53	71
10	53	89	177	284	426	568	709	28	53	71	106	142
	29	48	95	153	229	305	382	15	29	38	57	76
5	57	95	191	305	458	611	764	31	57	76	115	153
	30	50	99	159	238	318	397	16	30	40	60	79

注：1. 本表适用于合流制，即每人每天污泥量为 0.7L。

2. 表内上行数字适用于污泥清挖周期为 180d，下行数字适用于污泥清挖周期为 360d。

3. 污水停留时间为 24h。

4. 各种型号化粪池的详细尺寸及说明见《给水排水标准图集》合订本 S₂（上）。

分流制化粪池最大允许使用人数　　　　　　　　表 3-31

污水量标准 (L/(人·d))	矩形化粪池型号及容积 (m³)							圆形化粪池型号及容积 (m³)				
	1号	2号	3号	4A号	4B号	5号	6号	7号	1号	2号	3号	4号	5号
	3.75	6.25	12.50	20		30	40	50	2.0	3.75	5.0	7.5	10
20~30	34	59	129	189	182	299	399	499	10	18	26	39	53

注：1. 适用于分流制，即每人每天污泥量为 0.4L。

2. 最大允许使用人数是由化粪池存放污泥部分的容积决定的。

3. 污泥清挖周期为 180d。

2. 隔油池、隔油器

公共食堂、饮食业和食品加工车间排放的污水中含有动、植物油脂，此类含油脂的污、废水进入排水管道，随着气温下降，油脂颗粒便开始凝固并附着在管道内壁，造成管道过流断面减小并堵塞管道。此外，汽车修理厂、车库等类似场所，排放的废水中含有汽油、柴油、煤油等矿物油，其中轻油类进入管道后挥发并聚集在检查井或非满流管道内上部，当达到一定浓度后易发生爆炸和引起火灾，破坏管道和其他设施，已有惨痛教训。因此，含油污、废水在排放进入室外污水管道前必须经过处理，一般采取设隔油池的技术措施。隔油池设计应符合现行《建筑给水排水设计标准》GB 50015 的有关规定：隔油设施应优先选用成品隔油装置，成品隔油装置应符合现行行业标准《餐饮废水隔油器》CJ/T 295、《隔油提升一体化设备》CJ/T 410 的规定。按照排水设计秒流量选用隔油装置的处理水量。含油废水水温及环境温度不得小于 5℃。当仅设一套隔油器时应设置超越管，超越管管径应与进水管管径相同。隔油器的通气管应单独接至室外。隔油器设置在设备间时，设备间应有通风排气装置，且换气次数不宜小于 8 次/h。隔油设备间应设冲洗水嘴和地面排水设施。

隔油池设计应符合国内现行标准的相关规定：人工除油的隔油池内存油部分

的容积不得小于该池有效容积的 25%。隔油池应设在厨房室外排出管上。隔油池应设活动盖板，进水管应考虑有清通的可能。隔油池出水管管底至池底的深度不得小于 0.6m。

隔油池的工作原理：当含油污废水进入隔油池后，过水断面增大，流速降低，密度小的可浮油自然上浮至水面，由隔板阻拦在池内，经分离处理后的水从下方流出，为了提高油脂去除率，可在隔油池内曝气，气水比可取 0.2（体积比），气泡直径为 10~20μm 之间。隔油池构造示意图如图 3-75 所示。

隔油池设计可按下列公式计算：

$$V = Q_{max} \cdot 60 \cdot t \qquad (3-15)$$

$$A = \frac{Q_{max}}{v} \qquad (3-16)$$

$$L = \frac{V}{A} \qquad (3-17)$$

$$B = \frac{A}{h} \qquad (3-18)$$

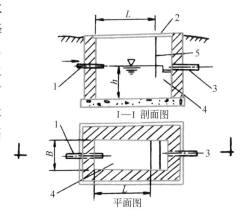

图 3-75　隔油池示意
1—进水管；2—盖板；3—出水管；
4—出水间；5—隔板

式中　V——隔油池有效容积，m^3；

$\quad Q_{max}$——含油污、废水设计秒流量，m^3/s；

$\quad t$——污水在隔油池中停留时间，查表 3-32，min；

$\quad v$——污水在隔油池中水平流速，查表 3-32，m/s；

$\quad A$——隔油池中过水断面积，m^2；

$\quad B$——隔油池宽，m；

$\quad h$——隔油池有效水深，m，取大于 0.6m。

污水在隔油池中停留时间和水平流速　　　　　　　表 3-32

污水种类	污水停留时间（min）	污水水平流速（m/s）
含食用油污水	≥10	0.005
含汽油、柴油、煤油及其他工业用油污水	0.5~1.0	0.002~0.01

隔油器设计应符合下列规定：隔油器内应有拦截固体残渣装置，并便于清理；容器内宜设置气浮、加热、过滤等油水分离装置；隔油器应设置超越管，超越管管径与进水管管径应相同；密闭式隔油器应设置通气管，通气管应单独接至室外；隔油器设置在设备间时，设备间应有通风排气装置，且换气次数不宜小于15 次/h。

3. 降温池

《污水排入城镇下水道水质标准》GB/T 31962 中规定排入城市排水管网的污、废水温度不大于 40℃。当建筑附属的锅炉房或热水制备间排出的污水或工业废水的排水水温超过规定水温，在排入城市排水管网前应优先考虑热量回收利用，当不可能时应采用降温池处理。降温方法可采用冷水降温、二次蒸发、水面散热等。冷却水宜利用低温废水，冷却水量应按热平衡方法计算。

降温池应设置在室外，若必须设置在室内，降温池应密封，并设人孔和通向室外的排气管。降温池如图3-76所示。

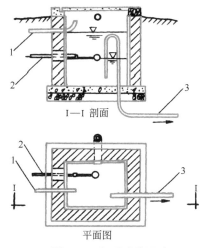

I—I 剖面

平面图

图 3-76 虹吸式降温池
1—锅炉排污管；2—冷却水管；3—排水管

降温池的设计应符合现行《建筑给水排水设计标准》GB 50015 的相关规定。降温池的容积确定，当间断排放时，有效容积应按一次最大排水量与所需冷却水量的总和计算。连续排放污水时，应保证污水与冷却水充分混合。在降温池管道设置时当有有压高温废水应在进水管口装设消声设施，当有二次蒸发时其管口应露出水面向上并应采取防止烫伤人的措施，当无二次蒸发时管口宜插进水中深度 200mm 以上，并应设通气管。冷却水与高温排水混合可采用穿孔管喷洒，当采用生活饮用水做冷却水时，应采取防回流污染措施，降温池虹吸排水管管口应设在水池底部。

4. 地埋式污水处理装置

地埋式污水处理装置是一种局部污水处理装置。目前，在我国推广的有两类，一类是引进国外技术（主要是日本）的需要动力的埋地污水处理装置，这种装置若运行管理好其出水水质能达到二级生化处理标准。另一类是国内各地研究开发的无动力消耗的埋地处理装置，其类型较多，可根据建筑物地形、位置和污水水质特点选用，如图3-77所示，采用厌氧-好氧（即 A/O 法）的工艺原理，排放的生活污水通过泥渣截留池，去除垃圾、泥砂、油脂及其他悬浮物后，经厌氧—水解酸化以提高污水可生化性，再经厌氧生物过滤、好氧生物过滤（塔式生物滤池）处理。管理运行好，其出水水质能达到综合排放标准。

生活污水处理设施应设超越管。当生活污水处理将处理设施（站）布置在房间或地下室时应有良好的通风系统，当处理构筑物为敞开式时，每小时换气次数不宜小于15次，当处理设施有盖板时，每小时换气次数不宜小于8次。生活污水处理间应设置除臭装置，其排放口位置应避免对周围人、畜、植物造成危害和影响。生活污水处理构筑物机械运行噪声不得超过现行国家标准《声环境质量标准》GB 3096 的规定。对建筑物内运行噪声较大的机械应设独立隔间。

5. 医院污水处理

医院污水处理流程应根据污水性质、排放条件等因素确定，当排入终端已建有正常运行的二级污水处理厂的城市下水道时，宜采用一级处理；直接或间接排入地表水体或海域时，应采用二级处理。

医院污水处理构筑物与病房、医疗室、住宅等之间应设置卫生防护隔离带；

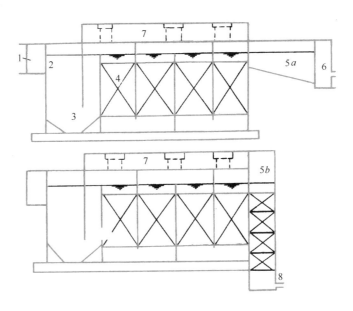

图 3-77　HJ 地埋式污水处理装置
1—进水管；2—配水井；3—沉渣池；4—厌氧池；5a—阶梯式生物滤池；5b—塔式生物滤池；6—检查取样井；7—废气吸附层（根据地形可埋入地坪下）；8—出水管

传染病房的污水经消毒后方可与普通病房污水进行合并处理。

医院污水必须进行消毒处理，且宜采用氯消毒（成品次氯酸钠、氯片、漂白粉、漂粉精或液氯），也可采用二氧化氯和臭氧消毒。

医院污水处理后的水质，按排放条件应符合现行国家标准《医疗机构水污染物排放标准》GB 18466、《地表水环境质量标准》GB 3838、《海水水质标准》GB 3097 等的有关规定。当不符合排放标准时，须进行单独处理达标后，方可排入。

医院污水处理系统的污泥，宜由城市环卫部门按危险废物集中处理。当城镇无集中处置条件时，可采用高温堆肥或石灰消化等方法处理。

思 考 题 与 习 题

1. 建筑内部排水系统可分为哪几类？
2. 什么是建筑内部排水体制？设计中如何确定建筑内部排水体制？
3. 建筑内部排水系统一般由哪些部分组成？
4. 选择卫生器具时应满足哪些要求？
5. 如何确定卫生器具的设置数量？
6. 卫生器具布置时应注意些什么问题？
7. 建筑内部排水系统常用的管材有哪些？各有什么特点？如何选用？
8. 建筑内部排水系统特殊管件的用途是什么？
9. 清扫设备等该怎样设置？
10. 在进行建筑内部排水管道的布置和敷设时应注意哪些原则和要求？
11. 如何确定埋地排水管的最小埋设深度？
12. 如何选择设计秒流量计算公式？如何进行设计秒流量的校核？
13. 排水横管水力计算中有哪几种设计规定？每项设计规定的含义是什么？

14. 确定建筑内部排水系统的管径有哪几种方法？

15. 实际工程中如何确定排水支管、排水横支管、排水立管、排出管等管段的管径？

16. 当排水横支管、排水横干管、排出管有多个管段时，如何确定坡度？

17. 通气管有何作用？常用的通气管有哪些？各自的设置依据是什么？具体如何设置？

18. 怎样确定不同通气管的管径？

19. 不同特殊单立管排水系统各有什么特点？

20. 怎样确定集水池的容积？

21. 怎样确定局部污水处理的方案？

22. 某男生宿舍 6 层楼，每层两端设有盥洗间、厕所各 1 个，每个盥洗间设有 16 个 DN15 配嘴，一个污水池嘴，每个厕所设有延时自闭式冲洗阀蹲式大便器 8 个，小便器 4 个，洗手盆 2 个，试计算确定总排出管的管径。

课后拓展 ——升水芬芳——翻转式'无水'蹲便器

支撑知识点：卫生器具

思政元素：创新精神、国家战略-防疫

3-2 教学单元3 习题解析

第十届全国大学生节能减排社会实践与科技竞赛中的特等奖作品"升水芬芳——翻转式'无水'蹲便器"。该装置采用双面便池，利用人力驱动便池翻转，不需要消耗其他能源，同时采用封闭式射流清污，能有效避免冲洗过程中微生物的扩散。通过案例学习，使学生关注当下，并能够从给排水专业的角度出发，合理设计装置，解决实际问题，为人类健康做出应有的贡献。

练一练：3～5 人为一组，查阅资料，搜寻各类节能发明，以小组为单位分享讨论。

教学单元 4 屋面雨水排水

4.1 屋面雨水排水系统分类及选择

降落在屋面的雨水和冰雪融化水，尤其是暴雨，会在短时间内形成积水，屋面雨水排水系统应迅速、及时地将屋面雨水排至室外地面或雨水控制利用设施和管道系统。为了不造成屋面漏水和四处溢流，需要对屋面积水进行有组织地排放。坡屋面一般为檐口散排，平屋面则需设置屋面雨水排水系统。屋面雨水排水系统设计应根据建筑物性质、屋面特点等，合理确定系统形式、计算方法、设计参数、排水管材和设备，在设计重现期降雨量时不得造成屋面积水、泛溢，不得造成厂房、库房地面积水。屋面雨水排水系统可以分为多种类型。

4.1.1 按雨水管道布置位置分类

1. 外排水系统

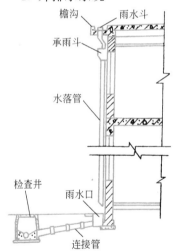

图 4-1 普通外排水

外排水雨水排水系统是指屋面不设雨水斗，建筑内部没有雨水管道的雨水排放形式。按屋面有无天沟，又可分为檐沟外排水系统和天沟外排水系统。

（1）檐沟外排水系统

檐沟外排水系统又称普通外排水系统或水落管外排水系统。屋面雨水由檐沟汇水，然后流入雨水斗、经连接管至承雨斗和外立管，排至室外散水坡，如图 4-1 所示。

（2）天沟外排水系统

天沟外排水系统是指屋面雨水由天沟汇水，排至建筑物两端，经雨水斗、外立管排至室外地面雨水井，如图 4-2 所示。天沟设置在两跨中间并坡向端墙（山墙、女儿墙），外立管连接雨水斗沿外墙布置，如图 4-3 所示。

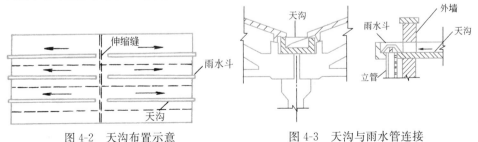

图 4-2 天沟布置示意　　　　图 4-3 天沟与雨水管连接

2. 内排水系统

内排水系统是指屋面设有雨水斗，建筑物内部设有雨水管道的雨水排水系统。该系统常用于跨度大、长度长的多跨工业厂房及屋面设天沟有困难的壳形屋面、锯齿形屋面、有天窗的厂房。建筑立面要求高的高层建筑、大屋面建筑和寒冷地区的建筑，不允许在外墙设置雨水立管时，也应考虑采用内排水形式。内排水系统可分为单斗排水系统和多斗排水系统，敞开式内排水系统和密闭式内排水系统。

（1）单、多斗内排水系统

单斗系统一般不设悬吊管，雨水经雨水斗流入设在室内的雨水排水立管排至室外雨水管渠。

多斗系统中设有悬吊管，雨水由多个雨水斗流入悬吊管再经雨水排水立管排至室外雨水管渠，如图 4-4 所示。由于多个雨水斗排水系统水力工况复杂，目前尚无定论。

（2）敞开式和密闭式内排水系统

敞开式内排水系统，雨水经排出管进入室内普通检查井，属于重力流排水系统，因雨水排水中负压抽吸会夹带大量的空气，若设计和施工不当，突降暴雨时会出现检查井冒水现象，雨水漫流而造成危害，但敞开式内排水系统可接纳与雨水性质相近的生产废水，如图 4-4 所示。

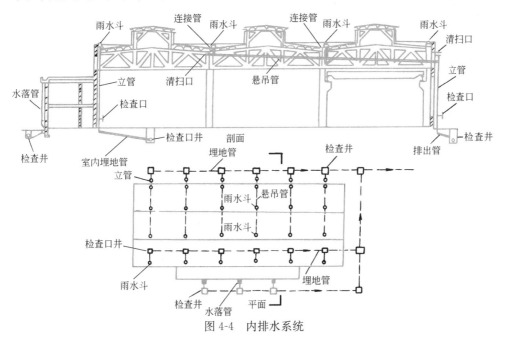

图 4-4　内排水系统

密闭式内排水系统，雨水经排水管进入用密闭的三通连接的室内埋地管，属于压力排水系统，如图 4-4 所示。当雨水排泄不畅时，室内不会发生冒水现象，但不能接纳生产废水。对于室内不允许出现冒水的建筑，一般宜采用密闭式内排水系统。

3. 混合排水系统

大型工业厂房的屋面形式复杂，为了及时有效地排除屋面雨水，往往同一建筑物采用几种不同形式的雨水排水系统，分别设置在屋面的不同部位，由此组合成屋面雨水混合排水系统。如图 4-4 中，左侧为檐沟外排水系统；右侧为多斗敞开式内排水系统；中间为单斗密闭式内排水系统，其排出管与检查井内管道直接相连。

4.1.2 按管内水流情况分类

屋面雨水排水管道系统设计流态应符合以下规定：檐沟外排水宜按重力流系统设计，高层建筑屋面雨水排水宜按重力流系统设计，长天沟外排水宜按满管压力流设计，工业厂房、库房、公共建筑的大型屋面雨水排水宜按满管压力流设计，在风沙大、粉尘大、降雨量小地区不宜采用满管压力流排水系统。当满管压力流雨水斗布置在集水槽中时，集水槽的平面尺寸应满足雨水斗安装和汇水要求，其有效水深不宜小于 250mm。

1. 重力流多斗雨水排水系统

重力流多斗排水系统，可承接管系排水能力范围不同标高的雨水斗排水，檐沟外排水系统、敞开式内排水系统和高层建筑屋面雨水管系都宜按重力流排水系统设计。重力流多斗排水系统应采用重力流排水型雨水斗，其雨水斗的最大设计排水量应符合表 4-1 的要求。

重力流多斗系统雨水悬吊管水力计算应按式（3-5）、式（3-6）计算，雨水悬吊管充满度应取 0.8，排出管充满度应取 1.0。

重力流多斗系统立管不得小于悬吊管管径，当一根立管连接 2 根或 2 根以上悬吊管时，立管的最大设计排水流量宜按现行《建筑给水排水设计标准》GB 50015 附录 G 确定。

重力流多斗系统的雨水斗设计最大排水流量　　　　　　　表 4-1

项目	雨水斗规格（mm）		
	75	100	150
流量（L/s）	7.1	7.4	13.7
斗前水深（mm）	48	50	68

2. 满管压力流雨水排水系统

压力流排水系统，同一系统的雨水斗应在同一水平面上，长天沟外排水系统宜按满管压力流设计；密闭式内排水系统，宜按满管压力流排水系统设计。

满管压力流系统的雨水斗的泄流量，应根据雨水斗规格、斗前设计水深、斗进水口和立管排出管口标高差实测确定，当无实测资料时，可按表 4-2 选用。同时应符合一个满管压力流多斗系统服务汇水面积不宜大于 $2500m^2$，悬吊管中心线与雨水斗出口的高差宜大于 1.0m，悬吊管设计流速不宜小于 1m/s，立管设计流速不宜大于 10m/s，雨水排水管道总水头损失与流出水头之和不得大于雨水管进、出口的几何高差，悬吊管的水头损失不得大于 80kPa，满管压力流多斗排水管系各节点的上游不同支路的计算水头损失之差，不应大于 10kPa，连接管管径可小于雨水斗管径，立管管径可小于悬吊管管径，满管压力流排水管系出口应放大管径，其出口水流速度不宜大于 1.8m/s，当出口水流速度大于 1.8m/s 时，应采取消能措施。

满管压力流多斗系统雨水斗的设计泄流量　　　　表 4-2

雨水斗规格（mm）	50	75	100
雨水斗泄流量（L/s）	4.2～6.0	8.4～13.0	17.5～30.0

注：满管压力流雨水斗应根据不同型号的具体产品确定其最大泄流量。

3. 屋面雨水单斗内排水系统

屋面雨水单斗内排水系统设计应符合相关规定：单斗排水系统排水管道的管径应与雨水斗规格一致，系统应密闭，雨水斗的最大排水设计流量应根据单斗雨水管道系统设计流态确定，即当单斗雨水管道系统流态按重力流设计时，其雨水斗的最大设计排水流量宜按现行国家标准《建筑给水排水设计标准》GB 50015 附录 G 确定，当单斗雨水管道系统流态按满管压力流设计时，应根据建筑物高度、雨水斗规格形式和雨水管的材质等经计算确定，当缺乏相关资料时，宜符合表4-3的规定。

单斗压力流排水系统雨水斗的最大设计排水流量　　　　表 4-3

雨水斗规格（mm）			75	100	≥150
满管压力（虹吸）斗	平底型	流量（L/s）	18.6	41.0	宜定制，泄流量应经测试确定
		斗前水深（mm）	55	80	
	集水盘型	流量（L/s）	18.6	53.0	
		斗前水深（mm）	55	87	

4.1.3　屋面雨水排水系统的选择

屋面雨水排除必须按重力流或压力流设计。檐沟外排水系统宜按重力流设计；工业厂房、库房、公共建筑的大型屋面雨水排水、长天沟外排水系统宜按满管压力流设计，且同一压力流系统的雨水斗宜设置在同一水平面上。

高层建筑屋面雨水排水宜按重力流设计。高层建筑裙房屋面的雨水应单独排放。高层建筑阳台排水系统应单独设置，多层建筑阳台雨水排水系统宜单独设置。当生活阳台设有生活排水设备及地漏时，可不另设阳台雨水排水地漏。阳台雨水立管底部应间接排水。

雨水排水管材选用应符合现行国家标准《建筑给水排水设计标准》GB 50015 相关规定。

重力流雨水排水系统当采用外排水时，可选用建筑排水塑料管，当采用内排水雨水系统时，宜采用承压塑料管、金属管或涂塑钢管等管材。满管压力流雨水排水系统宜采用承压塑料管、金属管、涂塑钢管、内壁较光滑的带内衬的排水铸铁管等，用于满管压力流排水的塑料管，其管材抗负压力应大于 −80kPa。

4.2　屋面雨水排水系统的组成、布置与敷设

4.2.1　外排水系统的组成、布置与敷设

屋面雨水外排水系统中，都应设置雨水斗。雨水斗是一种专用装置，型号较

多，其常用规格为 75、100、150mm，又有平箅形和柱球形。柱球形雨水斗有整流格栅，主要起整流作用，避免排水过程中形成过大的漩涡而吸入大量的空气，同时拦截树叶等杂物。阳台、花台、供人们活动的屋面及窗井处采用平箅型雨水斗，檐沟和天沟内常采用柱球形雨水斗。87 型雨水斗系统设计可按现行行业标准《建筑屋面雨水排水系统技术规程》CJJ 142 的规定执行。

屋面雨水排水系统应设置雨水斗，不同排水特征的屋面雨水排水系统应选用相应的雨水斗。雨水斗外边缘距天沟或集水槽装饰面净距不得小于 50mm。雨水斗数量应按屋面总的雨水流量和每个雨水斗的设计排水负荷确定，且宜均匀布置。雨水斗的设置位置应根据屋面汇水情况并结合建筑结构承载、管系敷设等因素确定。当屋面雨水管道按满管压力流排水设计时，同一系统的雨水斗宜在同一水平面上。

1. 檐沟外排水系统

檐沟外排水系统由檐沟、雨水斗和水落管组成，属于重力流，常采用重力流排水型雨水斗。雨水斗设置在檐沟内，雨水斗的间距应根据降雨量和雨水斗的排水负荷确定出 1 个雨水斗服务的屋面汇水面积并结合建筑结构、屋面形状等情况决定，檐沟排水不得流经变形缝和防火墙。一般情况下，檐沟外排水系统，雨水斗的间距可采用 8～16m，建筑屋面各汇水范围内，雨水排水立管不宜少于 2 根。

雨水排水立管又称水落管，檐沟外排水系应采用排水塑料管或排水铸铁管，其最小管径可用 DN75，下游管段管径不得小于上游管段管径，有埋地排出管时在距地面以上 1m 处设置检查口，牢靠地固定在建筑物的外墙上（图 4-1）。

2. 天沟外排水系统

天沟外排水系统属于单斗压力流，由天沟、雨水斗和排水立管组成，应采用压力流排水型雨水斗，雨水斗通常设置在伸出山墙的天沟末端（图 4-2 和图 4-3）。天沟外排水不得流经变形缝和防火墙。

排水立管连接雨水斗，应采用承压塑料排水管或耐腐蚀的承压铸铁管，最小管径可采用 DN100，下游管段管径不得小于上游管段管径，有埋地排出管时在距地面以上 1m 处设置检查口，雨水排水立管固定应牢固。

天沟外排水系统，天沟布置应以建筑物伸缩缝、沉降缝或变形缝为屋面分水线，在分水线两侧设置，天沟连续长度不宜大于 50m，坡度太小，易积水，太大会增加天沟起端屋顶垫层，坡度一般采用 0.003～0.006，而金属屋面的水平金属长天沟可无坡度。天沟的设计水深应根据屋面的汇水面积、天沟的坡度、天沟宽度、屋面构造和材质、雨水斗的斗前水深、天沟溢流水位确定。排水系统有坡度的檐沟、天沟分水线处最小有效水深不应小于 100mm。天沟宽度不宜小于 300mm，以满足雨水斗安装要求。天沟断面多为矩形和梯形，天沟端部应设溢流口，用以排除超重现期的降雨，溢流口比天沟上檐低 50～100mm。

4.2.2 内排水系统的组成、布置与敷设

内排水系统由天沟、雨水斗、连接管、悬吊管、立管、排出管、埋地干管和检查井组成。降落到屋面的雨水，由屋面汇水流入雨水斗，经连接管、悬吊管、排水立管、排出管流入雨水检查井，或经埋地干管排至室外雨水管道。

内排水的单斗或多斗系统可按重力流或满管压力流设计，大屋面工业厂房和公共建筑宜按多斗压力流设计，雨水斗的选型与外排水系统相同，需分清重力流或压力流即可。雨水斗设置间距，应经计算确定，并应考虑建筑结构柱网，沿墙、梁、柱布置，便于固定管道。一般情况下，多斗重力流排水系统和多斗压力流排水系统雨水斗的横向间距可采用 12～24m，纵向间距可采用 6～12m。当采用多斗排水系统时，同一系统的雨水斗应在同一水平面上，且一根悬吊管上的雨水斗不宜多于 4 个，最好为对称布置，并要求雨水斗不能设在排水立管顶端。压力流屋面雨水排水管系中悬吊管与雨水斗出口的高差应大于 1.0m。

内排水系统采用的管材与外排水系统相同，而工业厂房屋面雨水排水管道也可采用焊接钢管，但其内外壁应作防腐处理。

屋面雨水排水系统，在布置和敷设时，应严格执行国家现行标准的相关规定：居住建筑设置雨水内排水系统时，除敞开式阳台外应设在公共部位的管道井内；除土建专业允许外，雨水管道不得敷设在结构层或结构柱内；裙房屋面的雨水应单独排放，不得汇入高层建筑屋面排水管道系统；高层建筑雨落水管的雨水排至裙房屋面时，应将其雨水量计入裙房屋面的雨水量，且应采取防止水流冲刷裙房屋面的技术措施。高层建筑阳台、露台雨水系统应单独设置，多层建筑阳台、露台雨水系统宜单独设置，阳台雨水系统的立管可设置在阳台内部。当住宅阳台、露台雨水排入室外地面或雨水控制利用设施时，雨落水管应采取断接方式，当阳台、露台雨水排入小区污水管道时，应设水封井。当屋面雨落水管雨水间接排水且阳台排水有防返溢的技术措施时，阳台雨水可接入屋面雨落水管。当生活阳台设有生活排水设备及地漏时，应设专用排水立管接入污水排水系统，可不另设阳台雨水排水地漏。建筑物内设置的雨水管道系统应密闭，有埋地排出管的屋面雨水排出系统，宜在底层立管上设置检查口。屋面雨水排水管的转向处宜做顺水连接。

生产工艺或卫生有特殊要求的生产厂房、车间、贮存食品、贵重商品库房、通风小室、电气机房和电梯机房不应布置雨水管道。

1. 敞开式内排水系统

（1）连接管

连接管是上部连接雨水斗，下部连接悬吊管的一段竖向短管，其管径一般与雨水斗相同，但不宜小于 DN100。连接管应牢靠地固定在建筑物的承重结构上，下端宜采用顺水连通管件与悬吊管相连接。为防止因建筑物层间位移、高层建筑管道伸缩造成雨水斗周围屋面被破坏，在雨水斗连接管下应设置补偿装置，一般宜采用橡胶短管或承插式柔性接口。

（2）悬吊管

悬吊管是上部与连接管、下部与排水立管相连接的管段，通常是顺梁或屋架布置的架空横向管道，其管径按重力流和压力流计算确定，但不应小于连接管管径，也不应大于 DN300，坡度不小于 0.005。连接管与悬吊管、悬吊管与立管之间的连接管件以采用 45°或 90°斜三通为宜。重力流悬吊管端部和长度大于 15m 的悬吊管上设置检查口或带法兰的三通，其间距不宜大于 20m，其位置宜靠近墙、柱，以利维修操作。

（3）立管

雨水排水立管承接经悬吊管或雨水斗流来的雨水，1根立管连接的悬吊管根数不多于2根，立管管径应经水力计算确定，但不得小于上游管段管径。建筑屋面各汇水范围内，雨水排水立管不应少于2根，高跨雨水流至低跨时，应采用立管引流，防止对屋面冲刷。

立管宜沿墙、柱设置，牢靠固定。寒冷地区，雨水斗和天沟宜采用融冰措施，雨水立管宜布置在室内。有埋地排出管的屋面雨水排出管系，立管底部宜设检查口。塑料雨水管穿越防火墙和楼板时，应参照本教材教学单元3建筑排水管道设置阻火装置，当管道布置在楼梯间休息平台上时，可不设阻火装置。雨水管道在穿越楼层应设套管且立管底部架空时，应在立管底部设支墩或其他固定措施，地下室横管转弯处也应设置支墩或固定措施。雨水管穿越地下室外墙处，应采取防水措施。

（4）埋地管

埋地管敷设于室内地下，承接雨水立管的雨水并排至室外，埋地管最小管径为200mm，最大不超过600mm，常用混凝土管或钢筋混凝土管。在埋地管转弯、变径、变坡、管道汇合连接处和长度超过30m的直线管段上均应设检查井，检查井井深应不小于0.7m，井内管顶平接，并作高出管顶200mm的高流槽。

为了有效分离出雨水排除时吸入的大量空气，避免敞开式内排水系统埋地管系统上检查井冒水，应在埋地管起端几个检查井与排出管之间设排气井，从排出管排出的雨水流入排气井后与溢流墙碰撞消能，流速大幅度下降，使得气水分离，水再经整流格栅后平稳排出，分离出的气体经放气管排放到一定空间，如图4-5所示。

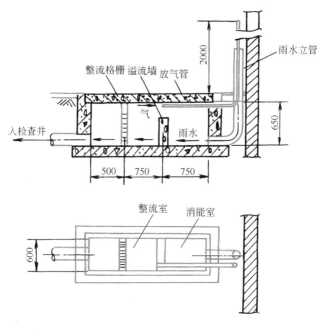

图4-5 排气井

2. 密闭式内排水系统

密闭式内排水系统由天沟、雨水斗、连接管、悬吊管、雨水立管、埋地管组成，其设计选型、布置和敷设与敞开式内排水系统相同。

但密闭式内排水系统属于压力流，不设排气井，埋地管上检查口设在检查井内，即检查口井。

4.3　屋面雨水排水计算

4.3.1　雨水量计算

屋面雨水排水系统雨水量的大小是根据当地暴雨强度、汇水面积及屋面雨水径流系数进行计算，作为屋面雨水排水系统设计计算的依据。

屋面雨水设计流量按下列公式计算：

$$q_y = \frac{q_j \psi F_w}{10000} \tag{4-1}$$

式中　q_y——设计雨水流量，L/s，当坡度大于 2.5% 的斜屋面或采用内檐沟集水时，设计雨水流量应乘以系数 1.5；

　　　q_j——设计暴雨强度，按当地或相邻地区暴雨强度公式计算，取降雨历时 5min，一般性建筑物屋面雨水排水取设计重现期 5a，重要公共建筑屋面雨水排水取设计重现期不小于 10a 工业厂房屋面雨水排水设计重现期应根据生产工艺、重要程度等因素确定，L/（s·hm²）；

　　　ψ——屋面雨水径流系数，屋面的雨水径流系数可取 1.00，当采用屋面绿化时，应按绿化面积和相关规范选取径流系数；

　　　F_w——汇水面积，按屋面水平投影面积计算，高出屋面的毗邻侧墙，应附加其最大受雨面正投影的一半作为有效汇水面积计算，窗井、贴近高层建筑外墙的地下汽车库出入口坡道，应附加其高出部分侧墙面积的二分之一，m²。

建筑的雨水排水管道工程与溢流设施的排水能力应根据建筑物的重要程度、屋面特征等按现行国家标准确定：一般建筑的总排水能力不应小于 10a 重现期的雨水量；重要公共建筑、高层建筑的总排水能力不应小于 50a 重现期的雨水量；当屋面无外檐天沟或无直接散水条件且采用溢流管道系统时，总排水能力不应小于 100a 重现期的雨水量；满管压力流排水系统雨水排水管道工程的设计重现期宜采用 10a；工业厂房屋面雨水排水管道工程与溢流设施的总排水能力设计重现期应根据生产工艺、重要程度等因素确定。溢流设施的泄流量宜按国家标准《建筑给水排水设计标准》GB 50015 附录 F 确定。

4.3.2　雨水排水管道水力计算

1. 重力流屋面雨水排水系统计算

重力流屋面雨水排水系统悬吊管、埋地管应按非满流设计，其管道内排水流速不应小于 0.75m/s，充满度不宜大于 0.8；重力流屋面雨水排水立管按水膜重力流计算，一般金属管道的排水充水率按 0.35 计算，塑料管的排水充水率按 0.3 计算；重力流屋面雨水排水管系的埋地管可按满流排水设计，管内流速不宜小于 0.75m/s。

重力流排水系统：多层建筑宜采用建筑排水塑料管，高层建筑宜采用承压塑料管、金属管。

建筑雨水管道的最小管径和横管的最小设计坡度宜按表 4-4 确定。

建筑雨水管道的最小管径和横管的最小设计坡表　　　　表 4-4

管道类型	最小管径 (mm)	横管最小设计坡度	
		铸铁管、钢管	塑料管
建筑外墙雨落水管	75 (75)	—	—
雨水排水立管	100 (110)	—	—
重力流排水悬吊支管	100 (110)	0.01	0.0050
满管压力流屋面排水悬吊支管	50 (50)	0.00	0.0000
雨水排出管	100 (110)	0.01	0.0050

注：表中铸铁管管径为公称直径，括号内数据为塑料管外径。

（1）重力流排水横管的水力计算按下列公式计算：

$$V=\frac{1}{n}R^{2/3}\cdot I^{1/2} \tag{4-2}$$

$$Q=673.6D^2\cdot V \tag{4-3}$$

式中　V　——　横管内流速，m/s；

R　——　水力半径，m；

I　——　水力坡度；

n　——　管内壁粗糙系数，钢管、铸铁管取 $n=0.013$，塑料管取 $n=0.009$；

Q　——　设计负荷，L/s；

D　——　横管计算内径，m。

应用式（4-2）、式（4-3）计算出的结果见表 4-5～表 4-7，供设计时使用。

充满度 0.8 的排水铸铁管重力流水力计算表（$n=0.013$）　　　　表 4-5

公称直径 (mm)	计算内径 (mm)	设计负荷（L/s）								
		配管坡度								
		0.04	0.02	0.013	0.010	0.008	0.006	0.005	0.003	0.0025
75	75	4.69	3.32	2.67	2.34	—	—	—	—	—
100	100	10.10	7.14	5.76	5.05	4.52	—	—	—	—
125	125	18.31	12.95	10.44	9.15	8.19	7.09	6.47	—	—
150	150	29.77	21.05	16.97	14.89	13.31	11.53	10.53	—	—
200	200	64.12	45.34	36.55	32.06	28.67	24.83	22.67	17.56	—
250	250	116.25	82.20	66.28	58.13	51.99	45.03	41.10	31.84	29.06
300	300	189.04	133.67	107.77	94.52	84.54	73.22	66.84	51.77	47.26

注：表中舍去流速小于 0.6m/s 的数据。

充满度 0.8 的焊接钢管重力流水力计算表（$n=0.013$）　　　表 4-6

外径×壁厚 (mm)	计算内径 (mm)	设 计 负 荷（L/s）								
		配 管 坡 度								
		0.04	0.02	0.013	0.010	0.008	0.006	0.005	0.003	0.0025
108×4	100	10.10	7.14	5.76	5.05	4.52	—	—		
133×4	125	18.31	12.95	10.44	9.15	8.19	7.09	6.47	—	
159×4.5	150	29.77	21.05	16.97	14.89	13.31	11.53	10.53	—	
168×6	156	33.05	23.37	18.84	16.53	14.78	12.80	11.69	—	
219×6	207	70.28	49.69	40.07	35.14	31.43	27.22	24.85	19.25	17.57
245×6	233	96.35	68.13	54.93	48.18	43.09	37.32	34.07	26.39	24.09
273×7	259	127.75	90.33	72.83	63.88	57.13	49.48	45.17	34.99	31.94
325×7	311	208.10	147.15	118.63	104.05	93.06	80.60	73.57	56.99	52.02
377×7	363	314.28	222.23	179.17	157.14	140.55	121.72	111.12	86.07	78.57
426×8	410	434.84	307.48	247.90	217.42	194.47	168.41	153.74	119.09	108.71

注：表中舍去流速小于 0.6m/s 的数据。

充满度 0.8 的塑料管重力流水力计算表（$n=0.009$）　　　表 4-7

外径×壁厚 (mm)	计算内径 (mm)	设 计 负 荷（L/s）								
		配 管 坡 度								
		0.04	0.02	0.013	0.010	0.008	0.006	0.005	0.003	0.0025
75×2.3	70.4	5.72	4.05	3.26	2.86	2.56	2.22	2.02		
90×3.2	83.6	9.05	6.40	5.16	4.52	4.05	3.50	3.20		
110×3.2	103.6	16.03	11.33	9.14	8.01	7.17	6.21	5.67	4.39	—
125×3.2	118.6	22.99	16.25	13.11	11.49	10.28	8.90	8.13	6.30	5.75
125×3.7	117.6	22.47	15.89	12.81	11.24	10.05	8.70	7.95	6.15	5.62
160×4.0	152.0	44.55	31.50	25.40	22.28	19.92	17.25	15.75	12.20	11.14
160×4.7	150.4	43.46	30.73	24.78	21.73	19.44	16.83	15.37	11.90	10.87
200×4.9	190.2	81.00	57.28	46.18	40.50	36.23	31.37	28.64	22.18	20.25
200×5.9	188.2	78.75	55.69	44.90	39.38	35.22	30.50	27.84	21.57	19.69
250×6.2	237.6	146.62	103.68	83.59	73.31	65.57	56.79	51.84	40.15	36.66
250×7.3	235.4	143.03	101.14	81.54	71.51	63.96	55.39	50.57	39.17	35.76
315×7.7	299.6	272.09	192.40	155.12	136.05	121.68	105.38	96.20	74.52	68.02
315×9.2	296.6	264.89	187.30	151.01	132.44	118.46	102.59	93.65	72.54	66.22
400×9.8	380.4	514.34	363.69	293.22	257.17	230.02	199.20	181.85	140.80	128.58
400×11.7	376.6	500.75	354.08	285.47	250.37	223.94	193.94	177.04	137.14	125.19

注：1. 125～400 管道参数，上行为环刚度 4kPa 系列管材，下行为环刚度 8kPa 系列管材；

　　2. 表中舍去流速小于 0.6m/s 的数据。

（2）重力流排水立管的水力计算按下列公式计算：

$$Q=7886\left(\frac{1}{K_{p}}\right)^{1/6} \cdot \alpha^{5/3} \cdot D^{8/3}$$ (4-4)

式中　Q——立管设计负荷，L/s；

　　　K_{p}——管内壁当量粗糙高度，钢管、铸铁管取 $K_{p}=2.5\times10^{-5}$；塑料管取
　　　　　　$K_{p}=15\times10^{-6}$，m；

　　　α——排水充水率，钢管、铸铁管取 $\alpha=0.35$，塑料管取 $\alpha=0.30$；

　　　D——管道计算内径，m。

应用公式（4-4）计算结果见表 4-8，供设计时使用。

213

重力流屋面雨水排水立管的泄流量　　　　　　　表 4-8

铸 铁 管		塑 料 管		钢 管	
公称直径 （mm）	最大泄流量 （L/s）	公称外径×壁厚 （mm）	最大泄流量 （L/s）	公称外径×壁厚 （mm）	最大泄流量 （L/s）
75	4.30	75×2.3	4.50	108×4	9.40
100	9.50	90×3.2	7.40	133×4	17.10
		110×3.2	12.80		
125	17.00	125×3.2	18.30	159×4.5	27.80
		125×3.7	18.00	168×6	30.80
150	27.80	160×4.0	35.50	219×6	65.50
		160×4.7	34.70		
200	60.00	200×4.9	64.60	245×6	89.80
		200×5.9	62.80		
250	108.00	250×6.2	117.00	273×7	119.10
		250×7.3	114.10		
300	176.00	315×7.7	217.00	325×7	194.00
		315×9.2	211.00	—	—

2. 单斗压力流排水系统计算

压力流屋面雨水排水管道总水头损失与流出水头之和不得大于雨水管进、出口的几何高差；悬吊管的水头损失不得大于 80kPa。

悬吊管设计流速不宜小于 1m/s，立管设计流速不宜大于 10m/s。

压力流排水管系出口应放大管径，其出口水流速度不宜大于 1.8m/s，如其出口水流速度大于 1.8m/s 时，应采取消能措施。

压力流排水系统宜采用内壁较光滑的带内衬的承压排水铸铁管、承压塑料管和钢塑复合管等，其管材工作压力应大于建筑物净高度产生的静水压。用于压力流排水的塑料管，其管材抗环变形外力应大于 0.15MPa。

（1）单斗压力流排水管系设计负荷按下列公式计算：

$$Q = 750 \frac{\pi}{4} D^2 \sqrt{\frac{2gH}{\lambda \frac{L}{D} + \Sigma \zeta}} \qquad (4-5)$$

式中　Q——压力流管道负荷，L/s；

　　　　D——管道计算内径，m；

　　　　H——雨水管系进、出口几何高差，m；

　　　　L——计算管道长度，m；

　　　　g——重力加速度，9.81m/s²；

　　　　ζ——局部阻力系数，65、79 型雨水斗 $\zeta = 1.00$，其余见表 4-9；

　　　　λ——沿程阻力系数，按公式（4-6）计算。

（2）单斗压力流排水管道沿程阻力系数按下列公式计算：

$$\lambda = 1.27 \frac{g \cdot n^2}{D^{1/3}} \qquad (4-6)$$

式中　λ——沿程阻力系数；

D——管道计算内径，m；

g——重力加速度，9.81m/s²；

n——管道内壁粗糙系数，同公式（4-2）。

3. 多斗压力流排水系统计算

多斗压力流排水系统设计计算的基本要求同单斗压力流排水系统，但多斗压力流排水管系各节点的上游不同支路的计算水头损失之差，在管径小于等于 $DN75$ 时，不应大于 10kPa；在管径大于等于 $DN100$ 时，不应大于 5kPa。

（1）多斗压力流排水管道沿程水头损失应按下列公式计算：

$$h_y = \frac{10.67 \cdot q_y^{1.852} \cdot L}{C^{1.852} \cdot D^{1.87}} \tag{4-7}$$

式中　h_y——管道沿程水头损失，mH₂O；

q_y——设计流量，m³/s；

L——计算管段长度，m；

D——管径，m；

C——海曾—威廉公式的流速系数，塑料管 $C=130$，水泥内衬铸铁管 $C=110$，铸铁管、焊接钢管 $C=100$。

（2）多斗压力流排水管道局部水头损失按下列公式计算：

$$h_j = \sum \zeta \frac{v^2}{2g} \tag{4-8}$$

式中　h_j——管道局部水头损失，mH₂O；

v——管道内的平均水流速度，一般指局部阻力后的流速，m/s；

g——重力加速度，9.81m/s²；

ζ——局部阻力系数，按表4-9选用。

局部阻力系数　　　　表 4-9

管 件 名 称	铸 铁 管		塑 料 管
	普　通	带　内　衬	
90°弯头	0.65	0.80	1.00
45°弯头	0.45	0.30	0.40
斜三通（干管）	0.25	0.50	0.35
斜三通（支管）	0.80	1.00	1.20
出　　口	1.00	1.80	1.80
多斗压力流排水型雨水斗	满足表 4-1 要求的雨水斗的局部阻力系数由生产商提出		

应用式（4-5）～式（4-8）计算结果见水力计算图 4-6～图 4-8，供设计时使用。

4. 溢流口排水量计算

建筑屋面雨水排水工程应设置溢流口、溢流堰、溢流管系等溢流设施，且溢流排水不得危害建筑设施和行人安全。

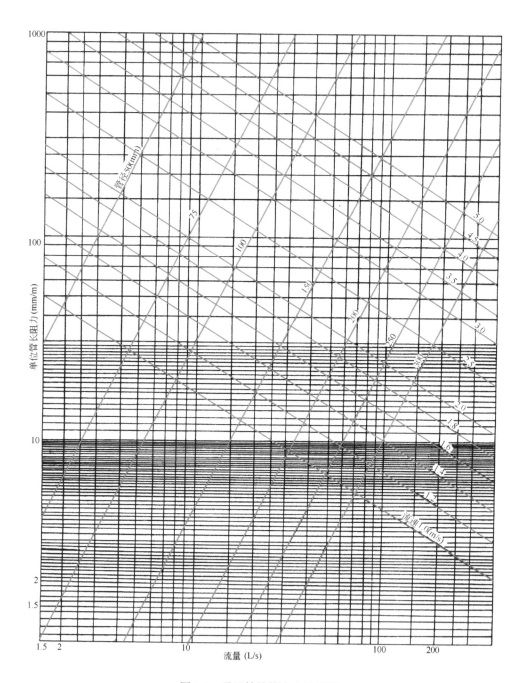

图 4-6 承压铸铁管水力计算图

一般建筑的重力流屋面雨水排水工程与溢流设施的总排水能力不应小于 10 年重现期的雨水量；重要公共建筑、高层建筑的屋面雨水排水工程与溢流设施的总排水能力不应小于 50 年重现期的雨水量。

溢流口排水是指在天沟末端山墙上开一孔口，其溢流口排水量应按下列公式计算：

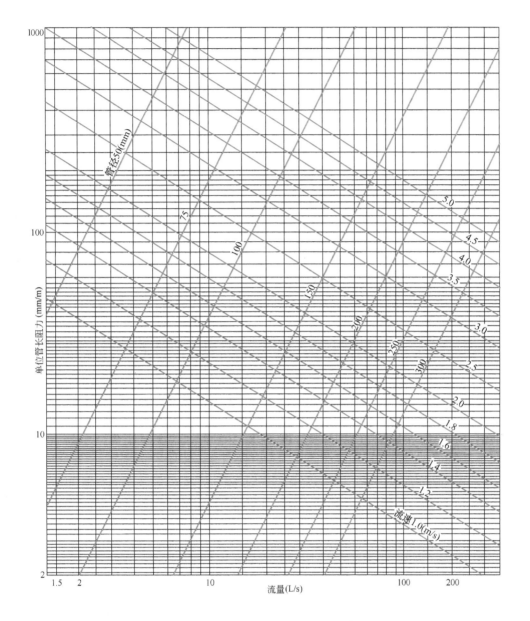

图 4-7　水泥内衬承压铸铁管水力计算图

$$q_{yl} = mb\sqrt{2g}H_1^{3/2} \tag{4-9}$$

式中　q_{yl}——溢流口排水量，L/s；

$\quad\quad H_1$——溢流口前堰上水头，m；

$\quad\quad b$——溢流口宽度，m；

$\quad\quad m$——流量系数，一般可采用 320；

$\quad\quad g$——重力加速度，9.81m/s²。

地下车库出入口的明沟雨水集水池的有效容积不应小于一台排水泵 5min 的

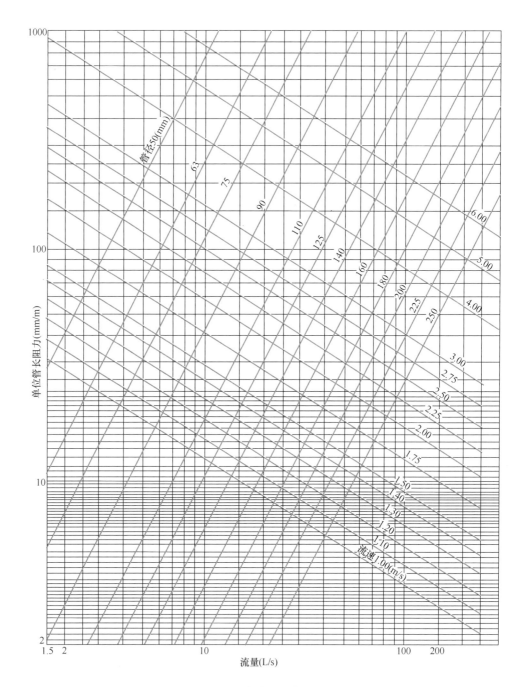

图 4-8　承压塑料管水力计算图（0.8MPa）

出水量。集水池除满足有效容积外，尚应满足水泵设置、水位控制器等安装、检查要求。

思 考 题 与 习 题

1. 屋面雨水排除系统有哪些类型？

2. 内排水系统通常使用在哪些建筑上？

3. 如何选择屋面雨水排除系统？

4. 长天沟外排水系统对天沟的设置有何要求？

5. 内排水系统有哪些组成部分？

6. 怎样选择雨水斗？

7. 如何减少雨水排除系统的夹气量？

8. 怎样确定雨水排除系统的管径？

课后拓展——屋顶花园

支撑知识点： 雨水量计算

思政元素： 科学精神、生态文明建设

绿色屋顶是海绵城市的主要工程设施之一，也被称为生活屋顶或屋顶花园，该设施在美国的低影响开发和英国可持续排水系统技术中均有应用，主要由防水卷材，水系统层，过滤膜，土壤和植物等五个部分组成。建筑物顶部的植被种植能够有效减少雨水径流，减轻城市热岛效应，改善空气和水质，增加娱乐活动场地，还能改善野生动物栖息地的生活环境。我国发布了《海绵城市建设技术指南》和《海绵城市建设评价标准》。通过案例学习，培养学生科学精神，让学生了解海绵城市建设是生态文明建设的重要举措，最终达到让海绵城市建设理念扎根于心的目的。

4-1　教学单元4
习题解析

练一练：3～5人为一组，查阅资料，搜寻各类屋顶花园案例，以小组为单位分享讨论。

教学单元 5　热水和饮水供应

我国 20 世纪 80 年代兴建了大量的大型公共建筑和高层建筑，建筑热水供应在工程实践中得以广泛使用，从而引起了建筑给水排水科技人员的广泛重视并开展了一系列的热水供应研讨活动。通过研讨，无论在热水供应技术与理论上，还是在产品开发上都取得了一定的发展。

在建筑热水供应研讨过程中，对于热水供应设计中的一些设计原则和设计参数如热水用水定额、最佳热水温度、贮水器的贮热量、循环泵的流量和扬程等都发表了许多很好的意见，这对《设计标准》热水供应部分的修订提供了依据。

对加热理论加深了认识，也指导了加热设备的不断开发。通过研讨，确认了一次换热总体上其效率优于二次换热的加热方式的原则，近年来，燃油、燃气的一次换热自动热水机组的开发和推广势头很快。在间接加热方式中又明确了从"层流换热"发展到"紊流换热"观念的转变，出现了新型的容积式加热器，并且有单管束、双管束、多管束等多种类型。而"半即热式加热器"是带有超前控制，并具有一定调节容积、传热效率高、速度快的快速加热器。

5.1　热水供应系统

5.1.1　热水供应的分类及特点

建筑内部的热水供应是满足建筑内人们在生产或生活中对热水的需求。热水供应系统按热水供应的范围大小，可分为局部热水供应系统、集中热水供应系统、区域热水供应系统。

局部热水供应系统供水范围小，热水分散制备，一般靠近用水点设置小型加热设备供一个或几个配水点使用，热水管路短，热损失小，使用灵活。集中热水供应系统供水范围大，热水在锅炉房或热交换站集中制备，用管网输送到一幢或几幢建筑使用，热水管网较复杂，设备较多，一次性投资大，该系统适用于使用要求高，耗热量大，用水点多且比较集中的建筑。区域热水供应系统供水范围大，一般是居住小区的范围内，热水在区域性锅炉房或热交换站制备，通过热水管网送至整个建筑群，热水管网复杂，热损失大，设备、附件多，自动化控制技术先进，管理水平要求高，一次性投资大。热水供应系统的选择应符合以下规定：宾馆、公寓、医院、养老院等公共建筑及有使用集中供应热水要求的居住小区，宜采用集中热水供应系统。小区集中热水供应根据建筑物的分布情况等采用小区共用系统、多栋建筑共用系统或每幢建筑单设系统，共用系统水加热站室的服务半径不应大于 500m。普通住宅、无集中沐浴设施的办公楼及用水点分散、且日用水量（按 60℃计）小于 5m³ 的建筑宜采用局部热水供应系统。当普通住宅、宿舍、普通旅馆、招待所等组成的小区或单栋建筑如设集中热水供应时，宜采用定时集中热水供应系统。全日集中热水供应系统中的较大型公共浴室、洗衣房、厨房等耗热量较大且用水时段固定的用水部位，宜设单独的热水管网定时供应热水或另设局部热水供应系统。

热水供应系统应在满足使用要求水质、水量、水温和水压的条件下节约能源、节约用水。

5.1.2　热水供应系统的组成

建筑内热水供应系统中，局部热水供应系统所用加热器、管路等比较简单。区域热水供应系统管网复杂、设备多。集中热水供应系统应用普遍，如图 5-1 所示。集中热水供应系统一般由下列部分组成：

1. 第一循环系统（热水制备系统）

第一循环系统又称为热水制备系统，由热源、水加热器和热媒管网组成。锅炉生产的蒸汽（或过热水）通过热媒管网输送到水加热器，经散热面加热冷水。蒸汽经过热交换变成凝结水，靠余压经疏水器流至凝结水池，凝结水和新补充的冷水经冷凝水循环泵再送回锅炉生产蒸汽。如此循环而完成水的加热，即热水制备系统。

2. 第二循环系统（热水供应系统）

热水供应系统由热水配水管网和回水管网组成。被加热到设计要求温度的热水，从水加热器出口经配水管网送至各个热水配水点，而水加热器所需冷水来源于高位水箱或给水管网。为满足各热水配水点随时都有设计要求温度的热水，在立管和水平干管甚至配水支管上设置回水管，使

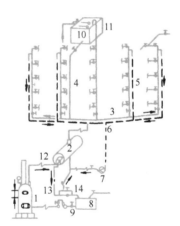

5-1　热水供应系统的组成

图 5-1　热媒为蒸汽的集中热水系统
1—锅炉；2—水加热器；3—配水干管；4—配水立管；5—回水立管；6—回水干管；7—循环泵；8—凝结水池；9—冷凝水泵；10—给水水箱；11—膨胀排气管；12—热媒蒸汽管；13—凝水管；14—疏水器

一定量的热水在配水管网和回水管网中流动，以补偿配水管网所散失的热量，避免热水温度的降低。

3. 附件

由于热媒系统和热水供应系统中控制、连接的需要，以及由于温度的变化而引起的水的体积膨胀、超压、气体离析、排除等，常使用的附件有：温度自动调节器、疏水器、减压阀、安全阀、膨胀罐（箱）、管道自动补偿器、闸阀、水嘴、自动排气器等。热水系统所用的设备、设施、阀门、管道、附件等应保证系统的安全、可靠使用。

5.1.3　热水供应系统热源的选择

目前在热水供应系统中采用的热源，常采用燃气、燃油和燃煤作为燃料，通过锅炉产出蒸汽或过热水。有条件时应充分采用地热、太阳能、工业余热、废热。热水供应系统中热源的选择很重要，它直接关系到系统的经济技术指

标，运行的安全可靠性等。局部热水供应系统常采用蒸汽、燃气、太阳能、电作为热源。但必须注意，国家已明令禁止生产、销售直接排气式燃气热水器。集中热水供应系统的热源，宜采用工业余热、废热、地热和太阳能。当无上述能源时，可设专用锅炉或燃气、燃油热水机组供热源或直接供应热水。单幢建筑采用独立的集中热水供应系统，因建筑内不宜设置燃煤的锅炉房，故常用的热源为燃气、燃油、电热水机组。区域热水供应系统一般是与城市供热等综合考虑后，确定出城市热力管网或区域性锅炉房。总之，对热水供应系统和热源的选择应符合现行国家标准《建筑给水排水设计标准》GB 50015 的相关规定，充分考虑因地制宜、经济技术、安全可靠等因素。特别是在我国高度重视防治大气污染、环境保护的国策下，选择燃煤作为燃料时，应严格执行当地政府的相关规定。

集中热水供应系统的热源应通过经济技术比较，按以下顺序选择：采用具有稳定、可靠的余热、废热、地热，当以地热为热源时，应按地热水的水温、水质和水压，采取相应的技术措施处理满足使用要求；当日照时数大于 1400h/a 且年太阳辐射量大于 $4200MJ/m^2$ 及年极端最低气温不低于 $-45℃$ 的地区，采用太阳能，全国各地日照时数及年太阳能辐照量应按现行国家标准《建筑给水排水设计标准》GB 50015 附录 H 取值；在夏热冬暖、夏热冬冷地区采用空气源热泵；在地下水源充沛、水文地质条件适宜，以及有条件利用城市污水、再生水的地区，采用地表水源热泵，当采用地下水源和地表水源时，应经当地水务、交通航运等部门审批，必要时应进行生态环境，水质卫生方面的评估；采用能保证全年供热的热力管网热水；采用区域性锅炉房或附近的锅炉房供给蒸汽或高温水；采用燃油、燃气热水机组、低谷电蓄热设备制备的热水。

局部热水供应系统的热源宜按以下顺序选择：当符合集中热水供应系统太阳能利用条件时，首先采用太阳能；在夏热冬暖、夏热冬冷地区宜采用空气源热泵；采用燃气、电能作为热源或作为辅助热源；在有蒸汽供给的地方，可采用蒸汽作为热源。

升温后的冷却水，当其水质符合现行国家标准《生活饮用水卫生标准》GB 5749 和现行行业标准《生活热水水质标准》CJ/T 521 的规定，可作为生活用热水。

当采用废气、烟气、高温无毒废液等废热作为热媒时，加热设备应防腐，其构造应便于清理水垢和杂物，应采取措施防止热媒管道渗漏而污染水质，应采取措施消除废气压力波动或除油。

5.2 热水用水定额、水温和水质

5.2.1 热水用水定额

生活用热水定额有两种：一种是根据建筑物的使用性质和内部卫生器具的完善程度和地区条件，用单位数来确定，其水温按 60℃ 计算，见表 5-1。二是根据建筑物使用性质和内部卫生器具的单位用水量来确定，即卫生器具一次和小时热水用水定额，其水温随卫生器具的功用不同，水温要求也不同，见表5-2。

热水用水定额 表 5-1

序号	建筑物名称		单位	用水定额（L）		使用时间（h）
				最高日	平均日	
1	普通住宅	有热水器和沐浴设备	每人每日	40～80	20～60	24
		有集中热水供应（或家用热水机组）和沐浴设备		60～100	25～70	
2	别墅		每人每日	70～110	30～80	24
3	酒店式公寓		每人每日	80～100	65～80	24
4	宿舍	居室内设卫生间	每人每日	70～100	40～55	24 或定时供应
		设公用盥洗卫生间		40～80	35～45	
5	招待所、培训中心、普通旅馆	设公用盥洗室	每人每日	25～40	20～30	24 或定时供应
		设公用盥洗室、淋浴室		40～60	35～45	
		设公用盥洗室、淋浴室、洗衣室		50～80	45～55	
		设单独卫生间、公用洗衣室		60～100	50～70	
6	宾馆客房	旅客	每床位每日	120～160	110～140	24
		员工	每人每日	40～50	35～40	8～10
7	医院住院部	设公用盥洗室	每床位每日	60～100	40～70	24
		设公用盥洗室、淋浴室		70～130	65～90	
		设单独卫生间		110～200	110～140	
		医务人员	每人每班	70～130	65～90	8
	门诊部、诊疗所	病人	每病人每次	7～13	3～5	8～12
		医务人员	每人每班	40～60	30～50	8
		疗养院、休养所住房部	每床位每日	100～160	90～110	24
8	养老院、托老所	全托	每床位每日	50～70	45～55	24
		日托		25～40	15～20	10
9	幼儿园、托儿所	有住宿	每儿童每日	25～50	20～40	24
		无住宿		20～30	15～20	10
10	公共浴室	淋浴	每顾客每次	40～60	35～40	12
		淋浴、浴盆		60～80	55～70	
		桑拿浴（淋浴、按摩池）		70～100	60～70	
11	理发室、美容院		每顾客每次	20～45	20～35	12
12	洗衣房		每千克干衣	15～30	15～30	8
13	餐饮业	中餐酒楼	每顾客每次	15～20	8～12	10～12
		快餐店、职工及学生食堂		10～12	7～10	12～16
		酒吧、咖啡厅、茶座、卡拉OK房		3～8	3～5	8～18

续表

序号	建筑物名称		单位	用水定额（L）		使用时间（h）
				最高日	平均日	
14	办公楼	坐班制办公	每人每班	5～10	4～8	8～10
		公寓式办公	每人每日	60～100	25～70	10～24
		酒店式办公		120～160	55～140	24
15	健身中心		每人每次	15～25	10～20	8～12
16	体育场(馆) 运动员淋浴		每人每次	17～26	15～20	4
17	会议厅		每座位每次	2～3	2	4

注：1. 表内所列用水定额均已包括在建筑给水住宅生活用水定额和公共建筑生活用水定额中。

2. 本表以 60℃ 热水水温为计算温度，卫生器具的使用水温见表 5-2。

3. 学生宿舍使用 IC 卡计费用热水时，可按每人每日最高日用水定额 25～30L、平均日用水定额 20～25L。

4. 表中平均日用水定额仅用于计算太阳能热水系统集热器面积和计算节水用水量。

卫生器具的一次和小时热水用水定额及水温　　　　　表 5-2

序号	卫生器具名称			一次用水量（L）	小时用水量（L）	使用水温（℃）
1	住宅、旅馆、别墅、宾馆、酒店式公寓	带有淋浴器的浴盆		150	300	40
		无淋浴器的浴盆		125	250	
		淋浴器		70～100	140～200	37～40
		洗脸盆、盥洗槽水嘴		3	30	30
		洗涤盆（池）		—	180	50
2	宿舍、招待所、培训中心	淋浴器	有淋浴小间	70～100	210～300	37～40
			无淋浴小间		450	
		盥洗槽水嘴		3～5	50～80	30
3	餐饮业	洗涤盆（池）			250	50
		洗脸盆	工作人员用	3	60	30
			顾客用		120	
		淋浴器		40	400	37～40
4	幼儿园、托儿所	浴盆	幼儿园	100	400	35
			托儿所	30	120	
		淋浴器	幼儿园	30	180	
			托儿所	15	90	
		盥洗槽水嘴		15	25	30
		洗涤盆（池）		—	180	50
5	医院、疗养院、休养所	洗手盆			15～25	35
		洗涤盆（池）			300	50
		淋浴器			200～300	37～40
		浴盆		125～150	250	40

续表

序号	卫生器具名称			一次用水量 （L）	小时用水量 （L）	使用水温 （℃）
6	公共浴室	浴盆		125	250	40
		淋浴器	有淋浴小间	100～150	200～300	37～40
			无淋浴小间	—	450～540	
		洗脸盆		5	50～80	35
7	办公楼	洗手盆		—	50～100	35
8	理发室、美容院	洗脸盆		—	35	35
9	实验室	洗脸盆		—	60	50
		洗手盆			15～25	30
10	剧场	淋浴器		60	200～400	37～40
		演员用洗脸盆		5	80	35
11	体育场馆	淋浴器		30	300	35
12	工业企业生活间	淋浴器	一般车间	40	360～540	37～40
			脏车间	60	180～480	40
		洗脸盆	一般车间	3	90～120	30
		盥洗槽水嘴	脏车间	5	100～150	35
13	净身器			10～15	120～180	30

注：1. 一般车间指现行国家标准《工业企业设计卫生标准》GBZ 1 中规定的 3、4 级卫生特征的车间，脏车间指该标准中规定的 1、2 级卫生特征的车间。

　　2. 学生宿舍等建筑的淋浴间，当使用 IC 卡计费用水时，其一次用水量和小时用水量可按表中数值的 25%～40%取值。

生产用热水定额应根据生产工艺要求确定。

5.2.2　水温

1. 热水使用温度

生活用热水水温应满足生活使用的各种需要，一般常使用的热水水温见表 5-2 中各卫生器具的热水混合水温。但是，在一个热水供应系统计算中，先确定出最不利配水点的热水最低水温，使其与冷水混合达到生活用热水的水温要求，并以此作为设计计算的参数。

集中热水供应系统的水加热设备出水温度应根据原水水质、使用要求、系统大小及消毒设施灭菌效果等确定。当进入水加热设备的冷水总硬度（以碳酸钙计）小于 120mg/L 时，水加热设备最高出水温度应小于或等于 70℃，冷水总硬度（以碳酸钙计）大于或等于 120mg/L 时，最高出水温度应小于或等于 60℃。系统不设灭菌消毒设施时，医院、疗养所等建筑的水加热设备出水温度应为 60～65℃，其他建筑水加热设备出水温度应为 55～60℃，系统设灭菌消毒设施时水加热设备出水温度均宜相应降低 5℃。配水点水温不应低于 45℃。

生产用热水水温应根据工艺要求确定。

2. 热水供应温度

直接供应热水的热水锅炉、热水机组或水加热器出口的水温应综合考虑多种因素后确定。水温偏低，满足不了需要；水温过高，会使热水系统的设备、管道结垢加剧，且易发生烫伤、积尘、热散失增加等。热水锅炉或水加热器出口水温与系统最不利配水点的水温差，作为温降值，单体建筑不得大于10℃，建筑小区不得大于12℃，用作热水供应系统配水管网的热散失。温降值的选用应视系统的大小、保温材料等，作经济技术比较后确定。设置集中热水供应系统的住宅，配水点的水温不应低于45℃。

3. 冷水计算温度

热水系统计算时使用的冷水水温应以当地最冷月平均水温资料确定。当无资料时，可按表5-3确定。

冷水计算温度（℃）　　　　　　　　　　表5-3

区域	省、市、自治区、行政区			地面水	地下水
东北	黑龙江			4	6～10
	吉林				
	辽宁	大部			
		南部			10～15
华北	北京			4	10～15
	天津				
	河北	北部			6～10
		大部			10～15
	山西	北部			6～10
		大部			10～15
	内蒙古				6～10
西北	陕西	偏北		4	6～10
		大部			10～15
		秦岭以南		7	15～20
	甘肃	南部		4	10～15
		秦岭以南		7	15～20
	青海	偏东			10～15
	新疆	偏东		4	6～10
		南部			10～15
		北疆		5	10～11
		南疆		—	12
		乌鲁木齐		8	

续表

区域	省、自治区、直辖市、行政区			地面水	地下水
东南	山东			4	10～15
	上海			5	15～20
	浙江				
	江苏		偏北	4	10～15
			大部	5	15～20
	江西		大部		
	安徽		大部		
	福建		北部		
			南部	10～15	20
	台湾				
中南	河南		北部	4	10～15
			南部	5	15～20
	湖北		东部	5	15～20
			西部	7	
	湖南		东部	5	
			西部	7	
	广东、港澳			10～15	20
	海南			15～20	17～22
西南	重庆			7	15～20
	贵州				
	四川		大部		
	云南		大部		
			南部	10～15	20
	广西		大部		
			偏北	7	15～20
西藏				—	5

5.2.3　水质

1. 热水使用的水质要求

生活热水的原水水质应符合我国现行国家标准《生活饮用水卫生标准》GB 5749 的规定。生活热水的水质应符合现行行业标准《生活热水水质标准》CJ/T 521 的规定。

生产用热水的水质应根据生产工艺要求确定。

2. 集中热水供应系统被加热水的水质要求

水在加热后钙镁离子受热析出，在设备和管道内结垢，水中的溶解氧也会析出，加速金属管材、设备的腐蚀。因此，集中热水供应系统的被加热水，应根据水量、水质、使用要求、水加热设备构造、工程投资、管理制度及设备维修和设备折旧率计算标准等因素,来确定是否需要进行水质处理。

一般情况下,洗衣房日用热水量(按 60℃计)大于或等于 10m³ 且原水总硬度(以碳酸钙计)大于 300mg/L 时,应进行水质软化处理;原水总硬度(以碳酸钙计)为 150~300mg/L 时,宜进行水质软化处理。经软化处理后,洗衣房用热水的水质总硬度宜为 50~100mg/L。

其他生活日用热水量(按 60℃计)大于或等于 10m³ 且原水总硬度(以碳酸钙计)大于 300mg/L 时,宜进行水质软化或阻垢缓蚀处理。其他生活用热水的水质总硬度宜为 75~120mg/L。

水质阻垢缓蚀处理应根据水的硬度、适用流速、温度、作用时间或有效管道长度及工作电压等选择合适的物理处理或化学稳定剂处理方法。目前,在集中热水供应系统中常使用电子除垢器、静电除垢器、超强磁水器等处理装置。这些装置体积小、性能可靠、使用方便。当系统对溶解氧控制要求较高时,宜采取除氧措施。

5.3 热水加热方式和供应方式

5.3.1 热水加热方式

根据热水加热方式的不同,可分为直接加热方式和间接加热方式,如图 5-2 所示。

直接加热方式也称一次换热方式,是利用燃气、燃油、燃煤为燃料的热水锅炉或热水机组,把冷水直接加热到所需的热水温度。或者是将蒸汽或高温水通过穿孔管或喷射器直接与冷水接触混合制备热水,这种加热方式宜用于开式热水供应系统,其设备简单、热效率高、节能,但噪声大,对热媒质量要求高,蒸汽中不得含油质及有害物质,不允许造成水质污染,该种加热方式仅适用于有高质量的热媒,或定时供应热水的公共浴室、洗衣房、工矿企业等用户。加热时应采用消声混合器,所产生的噪声应符合现行国家标准《声环境质量标准》GB 3096 的要求。同时应采取防止热水倒流至蒸汽管道的措施。

间接加热方式也称二次换热方式,是利用热媒通过水加热器把热量传递给冷水,把冷水加热到所需热水温度,而热媒在整个加热过程中与被加热水不直接接触。这种加热方式噪声小,被加热水不会造成污染,运行安全稳定,适用于要求供水安全稳定噪声低的旅馆、住宅、医院、办公楼等建筑。

5.3.2 热水供应方式

1. 开式和闭式

热水供应方式按管网压力工况特点可分为开式和闭式两种,如图 5-3、图 5-4 所示。

开式热水供应方式一般是在热水管网顶部设有开式水箱,其水箱设置高度由系统所需水压计算确定,管网与大气相通。如用户对水压要求稳定,室外给水管网水压波动较大,宜采用开式热水供应方式。闭式热水供应方式管理简单,水质不易受外界污染,但安全阀易失灵,安全可靠性较差。无论采用何种方式,都必须解决水加热后体积膨胀的问题,以保证系统的安全。

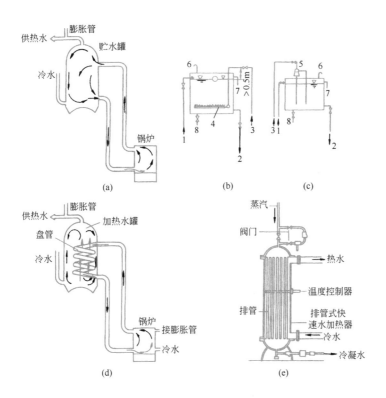

图 5-2　加热方式

（a）热水锅炉直接加热；（b）蒸汽多孔管直接加热；（c）蒸汽喷射器混合直接加热；
（d）热水锅炉间接加热；（e）蒸汽-水加热器间接加热

1—给水；2—热水；3—蒸汽；4—多孔管；5—喷射器；6—通气管；7—溢水管；8—泄水管

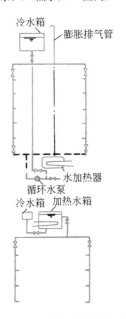

图 5-3　开式热水供水方式

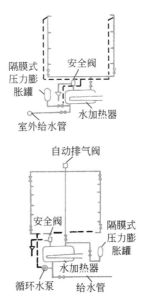

图 5-4　闭式热水供水方式

2. 不循环、半循环、全循环方式

热水供应系统中根据是否设置循环管网或如何设置循环管网，可分为不循环、半循环、全循环热水供应方式。

不循环热水供应方式是指热水供应系统中热水配水管网的水平干管、立管、配水支管都不设任何回水管道。对于小型系统，使用要求不高的定时供应系统或连续用水系统如公共浴室、洗衣房等可采用此种不循环热水供应方式，如图5-5所示。

半循环热水供应方式是指热水供应系统中只在热水配水管网的水平干管设回水管道，该方式多适用于设有全日供应热水的建筑和定时供应热水的建筑中，如图5-6所示。

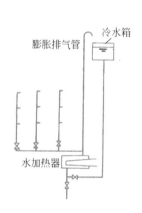

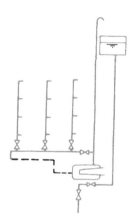

图 5-5　不循环热水供应方式　　　图 5-6　半循环热水供应方式

全循环热水供应方式是指热水供应系统中热水配水管网的水平干管、立管、甚至配水支管都设有回水管道。该系统设循环水泵，用水时不存在使用前放水和等待时间，适用于高级宾馆、饭店和设有三个或三个以上卫生间的住宅、别墅的局部热水供应系统采用共用水加热设备等高标准建筑中，如图5-7所示。

3. 同程式、异程式

在全循环热水供应方式中，各循环管路长度可布置成相等或不相等的方式，又可分为同程式和异程式。同程式是指每一个热水循环环路长度相等，对应管段管径相同，所有环路的水头损失相同，如图5-8所示。异程式是指每一个热水循环环路长度各不相等，对应管段的管径也不相同，所有环路的水头损失也不相同，如图5-9所示。

建筑物内集中热水供应系统的热水循环管道宜采用同程布置的方式，当采用同程布置困难时，应采取保证干管和主管循环效果的措施。

4. 自然循环、机械循环方式

热水供应循环系统中根据循环动力的不同可分为自然循环方式和机械循环方式。自然循环方式是利用配水管和回水管中的水温差所形成的压力差，使管网内维持一定的循环流量，以补偿配水管道热损失，保证用户对热水温度的要求，如图5-9所示，该种方式适用于热水供应系统小，用户对水温要求不严格的系统中，应用范围可参考表 5-4，表中 Δh 在上行下给式中指锅炉或水加热器的中心与上行横干管管段中心的标高差；在下行上给式中指锅炉或水加热器的中心至回水立管顶部的标高差。机械循环方式是在回水干管上设循环水泵强制一定量的水在管网中循环，以补偿配水管道热损失，保证用户对热水温度的要求，如图 5-7 所示，该种方式适用于中、大型集中热水供应系统且用户对热水温度要求严格的热水供应系统。

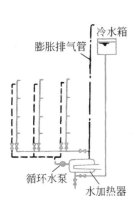

图 5-7　全循环热水供应方式

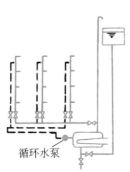

图 5-8　同程式全循环

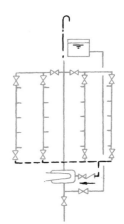

图 5-9　异程式自然循环

自然循环的应用范围　　　　　　　　　　　　　　　　　表 5-4

高差 Δh (m)	最大长度 L (m)		高差 Δh (m)	最大长度 L (m)	
	上 行 式	下 行 式		上 行 式	下 行 式
2	5	4	20	47	33
5	12	8	23	54	38
8	19	13	26	61	43
11	26	18	29	68	48
14	33	23	32	75	52
17	40	28	35	82	57

5. 全日供应、定时供应方式

热水供应系统根据热水供应的时间可分为全日供应方式和定时供应方式。全日供应方式是指热水供应系统管网在全天任何时刻都保持不低于循环流量的水量在进行循环，热水配水管网全天任何时刻都可配水，并保证水温。定时供应方式是指热水供应系统每天定时配水，其余时间系统停止运行，该方式在集中使用前，利用循环水泵将管网中已冷却的水强制循环到水加热器加热，达到规定水温时才使用。两种不同的方式，在循环水泵选型计算和运行管理上都有所不同。

热水的加热方式和热水的供应方式是按不同的标准进行分类的，但在一个完整的热水供应系统中，必然是由加热方式和供应系统经选择组合的一个综合方式，应执行现行国家标准《建筑给水排水设计标准》GB 50015 的相关规定。

集中热水供应系统应设热水循环系统，并应符合以下规定：热水配水点保证出水温度不低于 45℃ 的时间，居住建筑不应大于 15s，公共建筑不应大于 10s。应合理布置循环管道，减少能耗。对使用水温要求不高且不多于 3 个的非沐浴用水点，当其热水供水管长度大于 15m 时，可不设热水回水管。小区集中热水供应

231

系统应设热水回水总管和总循环水泵保证供水总管的热水循环，其所供单栋建筑的集中热水供应系统应设热水回水管和循环水泵保证干管和立管中的热水循环。采用干管和立管循环的热水供应系统的建筑，当系统布置不能满足热水配水点保证出水温度45℃的时间时，应在支管上设自调控电伴热保温，在不设分户水表的支管上设支管循环系统。

热水循环系统应采取下列措施保证循环效果：当居住小区内集中热水供应系统的各单栋建筑的热水管道布置相同，且不增加室外热水回水总管时，宜采用同程布置的循环系统。当无此条件时，宜根据建筑物的布置、各单体建筑物内热水循环管道布置的差异等，在单栋建筑回水干管末端设分循环水泵、温度控制或流量控制的循环阀件。单栋建筑内集中热水供应系统的热水循环管宜根据配水点的分布同程布置循环管，当循环管道异程布置时，在回水立管上设导流循环管件、温度控制或流量控制的循环阀件。

当采用减压阀分区时，减压阀的设置规定与建筑给水设置减压阀的规定相同，尚应保证各分区热水的循环。

设有3个或3个以上卫生间的住宅、酒店式公寓、别墅等共用热水器的局部热水供应系统，宜设置小循环泵机械循环、设回水配件自然循环或热水管设自调控电伴热保温。

太阳能热水系统的循环管道设置应符合现行国家标准《建筑给水排水设计标准》GB 50015的相关规定。

5.4 热水供应系统的管材与附件

5.4.1 热水供应系统的管材和管件

热水供应系统采用的管材和管件选择应慎重，应符合现行国家标准和行业标准的要求。主要考虑耐腐蚀、保证水质、施工连接方便、安全可靠和经济，管道的工作压力和工作温度不得大于产品标准标定的允许工作压力和工作温度。热水系统管材应采用薄壁铜管、薄壁不锈钢管、塑料热水管、复合热水管等。这些管材的主要优点是卫生指标优良，适用介质温度不低于80℃，能保证水质，质量轻、接头少、施工比较方便。但也存在价格较贵、塑料热水管的线性热膨胀量大等缺点。当采用塑料热水管或塑料和金属复合热水管材时，管道的工作压力应按相应温度下的许用工作压力选择。设备机房内的管道不应采用塑料热水管。然而高质量的管材被广泛使用是一个发展的必然趋势。

不同种类的管材，相应有配套的管件，其型号规格与管材配合使用。但不同的管材、管件，有不同的连接方法。热水系统上各类阀门的材质和选型规定与现行国家标准《建筑给水排水设计标准》GB 50015中给水管道阀门的材质和选型的规定相同。

5.4.2 热水供应系统中的主要附件

1. 自动温度调节装置

当水加热器出口的水温需要控制时，可根据有无贮热调节容积分别安装不同温级精度要求的直接式自动温度调节器或间接式自动温度调节器。直接式自动温度调节器的构造原理如图 5-10 所示，其温度调节范围有：0～50℃、20～70℃、50～100℃、70～120℃、100～150℃、150～200℃ 等温度等级，公称压力为 1.0MPa。适宜于温度为－20～150℃ 的环境内使用，其安装方法如图 5-11（a）所示。安装时必须直立安装，温包放置在水加热器出水口附近，把感受到的温度变化传导给安装在热媒管道上的调节阀，自动控制热媒质量而起到自动调温的作用。

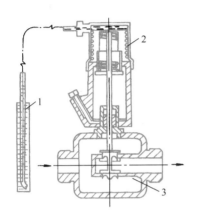

图 5-10　自动温度调节器构造
1—温包；2—感温元件；3—调压阀

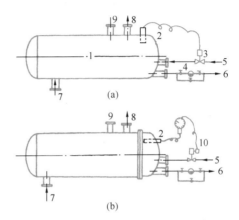

图 5-11　自动温度调节器安装示意图
（a）直接式自动温度调节；（b）间接式自动温度调节
1—加热设备；2—温包；3—自动调节器；4—疏水器；
5—蒸汽；6—凝水；7—冷水；8—热水；
9—装设安全阀；10—齿轮传动变速开关阀门

间接式自动温度调节器是由温包、电触点温度计、阀门电机控制箱等组成，如图5-11（b）所示。温包把探测到的温度变化传导到电触点压力式温度计，电触点压力式温度计装有所需温度控制范围内的两个触点，当指针转到大于水加热器出口所规定温度触点时，即启动电机关小阀门，减少热媒质量，降低水加热器出口水温。当指针转到低于规定的温度触点时，即启动电机开大阀门，增加热媒质量，升高水加热器出口水温。

2. 伸缩器

热水系统中管道因受热膨胀伸长或温度降低收缩而产生内应力，为确保管网使用安全，在热水管网上应采取补偿管道因温度变化造成伸缩的措施，避免管道的弯曲、破裂或接头松动。

解决热水系统中管道因受热膨胀伸长或温度降低收缩的措施，常利用自然补偿和在一定间距加管道伸缩器。自然补偿即为管道敷设时自然形成的 L 形或 Z 形弯曲管段和方形伸缩器，来补偿直线管段部分的伸缩量，一般 L 臂和 Z 形平行伸长臂不宜大于 20～25m。具体做法如图 5-12 所示。

方形伸缩器如图 5-13 所示，其选用见表 5-5。

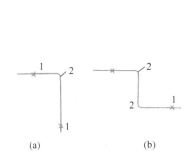

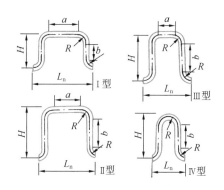

图 5-12　自然补偿管道　　　　　　　图 5-13　方形伸缩器

（a）L形；（b）Z形

1—固定支撑；2—揻弯管

方形伸缩器选择表（mm）　　　　　　　　　　　表 5-5

管　径	DN25		DN32		D 48×3.5		D 60×3.5		D 76×3.5		D 89×3.5		D 108×4		D 133×4		D 159×4.5	
弯曲半径	R=134		R=169		R=192		R=240		R=304		R=356		R=432		R=532		R=636	
ΔL	型号	a	b	a	b	a	b	a	b	a	b	a	b	a	b	a	b	a	b
25	I	780	520	830	580	860	620	820	650	—	—	—	—	—	—	—	—	—	—
	II	600	600	650	650	680	680	700	700	—	—	—	—	—	—	—	—	—	—
	III	470	660	530	720	570	740	620	750	—	—	—	—	—	—	—	—	—	—
	IV	—	800	—	820	—	830	—	840	—	—	—	—	—	—	—	—	—	—
50	I	1200	720	1300	800	1280	830	1280	880	1250	930	1290	1000	1400	1130	1550	1300	1550	1440
	II	840	840	920	920	970	970	980	980	1000	1000	1050	1050	1200	1200	1300	1300	1400	1400
	III	650	980	700	1000	720	1050	780	1080	860	1100	930	1150	1060	1250	1200	1350	—	1400
	IV	—	1250	—	1250	—	1280	—	1300	—	1120	—	1200	—	1300	—	1300	—	1400
75	I	1500	800	1600	950	1660	1020	1720	1100	1700	1150	1730	1220	1800	1350	2050	1550	2080	1680
	II	1050	1050	1150	1150	1200	1200	1300	1300	1300	1300	1350	1350	1450	1450	1600	1600	1750	1750
	III	750	1250	830	1320	890	1380	970	1450	1030	1450	1110	1450	1260	1650	1410	1750	1550	1800
	IV	—	1550	—	1650	—	1700	—	1750	—	1500	—	1600	—	1700	—	1800	—	1900

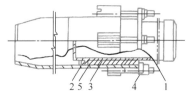

图 5-14　单向套管伸缩器

1—芯管；2—壳体；3—填料圈；

4—前压盘；5—后压盘

当直线管段较长无法利用自然补偿时应设置伸缩器。常用的管道伸缩器有套管式伸缩器，如图 5-14 所示，波纹管伸缩器，也可采用可曲挠橡胶接头来替代伸缩器，但必须注意采用耐热橡胶制品。

套管伸缩器适用于管径 $DN \geqslant 100mm$ 的直线管段中，伸长量可达 $250 \sim 400mm$。波纹管伸缩器，常用不锈钢制成，法兰或螺纹连接，方便安全，使用普遍。

管道热伸长量按下列公式计算：

$$\Delta L = a \ (t_2 - t_1) \ L \qquad\qquad (5-1)$$

式中　ΔL——管道热伸长量，mm；

　　　　a——管道的线膨胀系数，mm/（m·℃），见表5-6；

　　　　t_2——管道中热水最高温度，℃；

　　　　t_1——管道安装时周围环境温度，一般取5℃；

　　　　L——计算管段长度，m。

常见管道的线膨胀系数［mm/（100m·℃）］　　　　表 5-6

温　差	管　材		
（℃）	钢　管	紫　铜　管	黄　铜　管
20	22.0	84.2	37.4
40	43.9	68.4	74.9
60	65.9	102.6	112.3
80	87.8	136.8	149.8
100	109.8	171.0	187.2

计算出管道热伸长量，即可按产品样本选出伸缩器的安装个数或反算出安装距离。

3. 阀门、止回阀、排气阀和疏水器

热水系统中为了方便使用和维护检修，需设置一些控制附件如阀门或止回阀。阀门或止回阀的种类、形式在给水系统中已有介绍。热水系统中在选用时应考虑适用于介质温度的产品，同时应考虑使用、安装方便、水头损失小、节水、性能可靠、防止水击的产品，常选用蝶阀、球阀等，另外其材质应与所选用的管材配合。

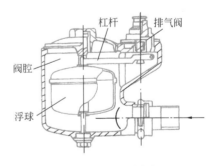

图 5-15　自动排气阀

水在加热过程中会产生原溶解于水中的气体逸出和管网中热水汽化的气体，这些气体会引起噪声、振动，应及时加以排除。在上行下给式管网中常利用设置自动排气阀或气体液体自动分离器等排除气体。自动排气阀的构造如图 5-15 所示。自动排气阀的工作原理，大多是依靠水对浮体的浮力，通过杠杆机构的传动，使排气孔自动启闭，达到自动阻水排气的目的。当阀体内无气体时，水将浮体浮起，通过杠杆机构将排气孔关闭，而当气体从管道进入阀体后，气体将水面压下去，浮体浮力减小，浮体依靠自重下落，排气孔开启，使气体自动排出。气体排除后，水又将浮体浮起，排气孔重新关闭，如此连续运行，达到自动排气的目的。自动排气阀的选择应按管网的工作压力来确定排气孔径，当系统工作压力 $P \leqslant 2 \times 10^5$ Pa 时，应选用排气孔径 $d = 2.5$mm 的阀座；当系统工作压力 $P = 2 \times 10^5 \sim 4 \times 10^5$ Pa时，应选用排气孔径 $d = 1.6$mm 的阀座。

疏水器的作用是保证凝结水及时排放，同时又阻止蒸汽漏失，用蒸汽作热媒间接加热的水加热器应在每台开水器凝结水回水管上单独设疏水器，蒸汽立管最

235

低处、蒸汽立管下凹处的下部应设疏水器。疏水器根据其工作压力可分为低压和高压，热水系统中常采用高压疏水器。

疏水器的种类较多，但常用的有机械型吊桶式疏水器，如图 5-16 所示；热动力型圆盘式疏水器，如图 5-17 所示。

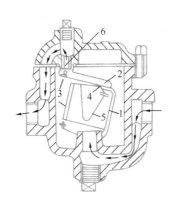

图 5-16　吊桶式疏水器
1—吊桶；2—杠杆；3—珠阀；
4—快速排气孔；5—双金属弹簧片；6—阀孔

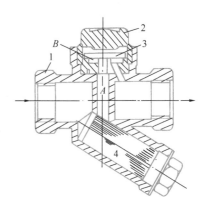

图 5-17　热动力型圆盘式疏水器
1—阀体；2—阀盖；3—阀片；4—过滤器

吊桶式疏水器的工作原理是：动作前吊桶下垂，阀孔开启，吊桶上的快速排气孔也开启。当凝结水进入后，吊桶内外的凝结水由阀孔排出。一旦蒸汽进入疏水器后，吊桶内的双金属弹簧片 5 受热膨胀而将吊桶上的孔眼 4 关闭。进入疏水器中的蒸汽愈多，吊桶内充汽也愈多，疏水器内逐渐增多的凝结水水位升高会浮起吊桶，关闭阀孔 6，即阻止蒸汽和凝结水排出。随着吊桶内蒸汽散热而变为凝结水时，吊桶下落而开启阀孔排出凝结水。如此反复间歇性工作。

圆盘式疏水器的工作原理是：当过冷的凝结水流入孔 A 时，靠圆盘形阀片上下的压盖顶开阀片 3，水经环形槽 B，从向下开的小孔排出。由于凝结水的比容几乎不变，而且流动畅通，故阀片常开，连续排水。当凝结水带有蒸汽时，蒸汽在阀片下面从 A 孔经 B 槽流向出口，在通过阀片和阀座之间的狭窄通道时，压力下降，蒸汽比容急骤增大，阀片下面蒸汽流速激增，造成阀片下面的静压下降。与此同时，蒸汽在 B 槽与出口孔处受阻，被迫从阀片 3 和阀盖 2 之间的缝隙冲入阀片上部的控制室，动压转化为静压，在控制室内形成比阀片下更高的压力，迅速将阀片向下关闭而阻汽。阀片关闭一段时间后，由于控制室内蒸汽凝结，压力下降，会使阀片瞬时开启，造成周期性漏气。因此，圆盘式疏水器凝结水先通过阀盖夹套再进入中心孔，以减缓控制室内蒸汽凝结。

疏水器口径应经计算确定，疏水器前应装过滤器，旁边不宜附设旁通阀。疏水器的选型应先计算出安装疏水器的前后压差及排水量等参数，然后按产品样本确定。同时应考虑当蒸汽的工作压力 $P\leqslant0.6\text{MPa}$ 时，可采用吊桶式疏水器。当蒸汽的工作压力 $P\leqslant1.6\text{MPa}$，凝结水温度 $t\leqslant100℃$ 时，可选用圆盘式疏水器。

疏水器选型参数按下列公式计算：

$$G = KAd^2 \sqrt{\Delta P} \tag{5-2}$$

$$\Delta P = P_1 - P_2 \tag{5-3}$$

式中　ΔP——疏水器前后压差，Pa；

　　　P_1——疏水器进口压力，加热器进口蒸汽压力，Pa；

　　　P_2——疏水器出口压力，$P_2 = (0.4 \sim 0.6) P_1$，Pa；

　　　G——疏水器排水量，kg/h；

　　　A——排水系数，对于吊桶式和浮桶式疏水器可查表 5-7；

　　　d——疏水器排水阀孔直径，mm；

　　　K——选择倍率，加热器可取 3。

排水系数 A 值　　　　　　　　　　　表 5-7

d (mm)	ΔP (kPa)									
	100	200	300	400	500	600	700	800	900	1000
	A									
2.6	25	24	23	22	21	20.5	20.5	20	20	19.8
3	25	23.7	22.5	21	21	20.4	20	20	20	19.5
4	24.2	23.5	21.6	20.6	19.6	18.7	17.8	17.2	16.7	16
4.5	23.8	21.3	19.9	18.6	18.3	17.7	17.3	16.9	16.6	16
5	23	21	19.4	18.5	18	17.3	16.8	16.3	16	15.5
6	20.8	20.4	18.8	17.9	17.4	16.7	16	15.5	14.9	14.3
7	19.4	18	16.7	15.9	15.2	14.8	14.2	13.8	13.5	13.5
8	18	16.4	15.5	14.5	13.8	13.2	12.6	11.7	11.9	11.5
9	16	15.3	14.2	13.6	12.9	12.5	11.9	11.5	11.1	10.6
10	14.9	13.9	13.2	12.5	12	11.4	10.9	10.4	10	10
11	13.6	12.6	11.8	11.3	10.9	10.6	10.4	10.2	10	9.7

4. 减压阀和安全阀

热水供应系统中的减压，是热交换设备采用蒸汽为热媒，当蒸汽压力大于热交换设备所能承受的压力时，应在蒸汽管道上设置减压阀，把蒸汽压力减至热交换设备允许的压力值，以保证设备运行安全。

减压阀的工作原理是流体通过阀体内的阀瓣产生局部能量损耗而减压。供蒸汽介质减压常用的有：活塞式、膜片式、波纹管式等几种类型的减压阀。图 5-18 为 Y43H-16 活塞式减压阀。

减压阀的选择应根据蒸汽量计算出减压阀的工作孔口截面积，即可查产品样本确定所需型号。表 5-8 为各类减压阀综合性能及适用范围表。

减压阀工作孔口截面积 F 可按下列公式计算：

$$F = \frac{G_c}{\varphi q_c} \tag{5-4}$$

式中　F——孔口截面积，cm^2；

　　　G_c——蒸汽流量，kg/h；

　　　φ——减压阀流量系数，一般为 $0.45 \sim 0.6$；

q_c 通过每平方厘米孔口截面的蒸汽理论流量，kg/（cm²·h），可按图 5-19选用。

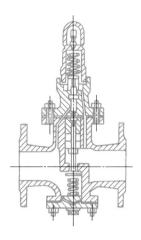

图 5-18 Y43H-16 活塞式减压阀

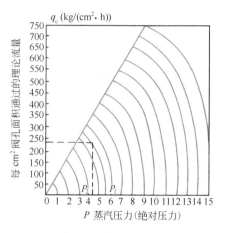

图 5-19 减压阀工作孔口面积选择用图

【例 5-1】 已知某容积式水加热器采用蒸汽作为热媒，蒸汽管网压力（减压阀前绝对压力）为 $P_1 = 5.4 \times 10^5 \text{Pa}$，水加热器要求压力（减压阀后绝对压力）不能大于 $P_2 = 4.5 \times 10^5 \text{Pa}$，蒸汽流量 $G_c = 2000 \text{kg/h}$，试求减压阀的工作孔口截面积 F 值。

【解】 根据 P_2、P_1 由图 5-19查得 $q_c = 240 \text{kg/}$（cm²·h），选定 φ 为 0.6，按公式(5-4)计算可得：

$$F = \frac{G_c}{\varphi q_c} = \frac{2000}{0.6 \times 240} = 13.89 \text{cm}^2$$

由计算所得 F 值可查相关产品样本选定减压阀公称直径。

各类减压阀综合性能及适用范围表   表 5-8

性能 ＼ 类型	活塞式 Y43H-10 型	活塞式 Y43H-16 型	波纹管式 Y44T-10 型
公称压力（MPa）	1	1.6	1
压力调节范围 （MPa）	阀前 $P_1 \leqslant 1.0$ 阀后 $P_2 = 0 \sim 0.85$ 压差 $\geqslant 0.15$	阀前 $P_1 = 0.2 \sim 1.6$ 阀后 $P_2 = 0.1 \sim 1.0$ 压差 $\geqslant 0.15$	阀前 $P_1 = 0.1 \sim 1.0$ 阀后 $P_2 = 0.05 \sim 0.4$ $0.05 \leqslant$ 压差 $\leqslant 0.6$
适用范围	用于工作温度小于 300℃蒸汽管路上	用于工作温度小于等于300℃蒸汽管路上	用于工作温度小于 200℃的蒸汽管路上和低压蒸汽系统上
特点	工作可靠，维修量小，减压范围大	工作可靠，维修量小，减压范围大	调节范围大

Y43H-16 型活塞式减压阀选用表　　　　　表 5-9

阀前压力 P_1（MPa）	阀后压力 P_2（MPa）	不同直径下减压阀通过的热量（kW）								
		25	32	40	50	70	80	100	125	150
0.8	≤0.47	95.3	172	385	502	604	1070	1670	2628	3730
0.7	≤0.40	85.4	154	346	451	542	959	1500	2360	3370
0.6	≤0.35	77.3	140	314	409	492	866	1360	2140	3040
0.5	≤0.30	66.5	119	268	352	422	749	1170	1840	2620
0.4	≤0.235	58.1	105	236	308	368	654	1024	1610	2280
0.3	≤0.20	36.4	65.7	147	191	231	409	639	1009	1430
0.2	≤0.18	45.6	82.5	185	240	288	512	800	1260	1800

选用减压阀应注意其他几个方面的因素：

（1）蒸汽减压阀的阀前与阀后压力之比不应超过 5～7，超过时应串联安装 2 个，采用两级减压，以减少噪声和振动。

（2）活塞式减压阀的阀后压力不应小于 100kPa，如必须减至 70kPa 以下时，则应在活塞式减压阀后增设波纹管式减压阀或截止阀进行两次减压。

（3）减压阀产品样本中列出的阀孔面积值，一般系指其最大截面积，实际流通面积小于此值，计算选择时应留有余地。减压阀的公称直径应与管道的管径相一致。表 5-9 为 Y43H-16 型活塞式减压阀选用表。

比例式减压阀宜垂直安装，可调式减压阀宜水平安装。安装节点还应安装阀门、过滤器、安全阀、压力表、旁通管等附件，如图 5-20 所示，其安装尺寸见表 5-10。

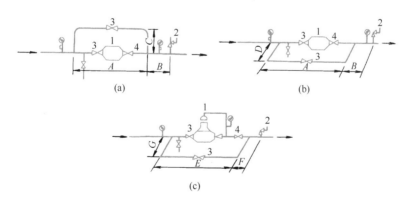

图 5-20　减压阀安装示意图
1—减压阀；2—安全阀；3—法兰截止阀；4—低压截止阀

减压阀安装尺寸（mm）　　　　　表 5-10

减压阀公称直径 DN（mm）	A	B	C	D	E	F	G
25	1100	400	350	200	1350	250	200
32	1100	400	350	200	1350	250	200

续表

减压阀公称直径 DN（mm）	A	B	C	D	E	F	G
40	1300	500	400	250	1500	300	250
50	1400	500	450	250	1600	300	250
65	1400	500	500	300	1650	350	300
80	1500	550	650	350	1750	350	350
100	1600	550	750	400	1850	400	400
125	1800	600	800	450			
150	2000	650	850	500			

安全阀是一种保安器材，安装在管网和其他设备中，其作用是避免压力超过规定的范围而造成管网和设备等的破坏。热水供应系统中宜采用微启式弹簧安全阀，设计时应注意使用压力范围，蒸汽进口接管直径不应小于安全阀的内径，安全阀上的排气管直径一般不小于安全阀内径，安全阀的开启压力应为系统工作压力 P 加上 30kPa，即 $P+30$kPa，选择时查表 5-11。

弹簧式安全阀通过的热量（W）　　　　表 5-11

安全阀直径 DN（mm）	通路面积					通路面积 （mm²）
	200	300	400	500	600	
15	20400	29000	37400	45200	53500	177
20	36000	51600	66300	81000	94700	314
25	54000	80000	103000	125000	148000	490
32	97300	137000	176000	217000	225000	805
40	144000	205000	264000	318000	379000	1255
50	226000	321000	409000	501000	600000	1960
70	324000	459000	593000	724000	851000	2820
80	580000	878000	1054000	1290000	1510000	5020
100	781000	1280000	1328000	2030000	2380000	7850

注：适用于压力和温度较低的系统（$P \leqslant 600$kPa）。

5. 膨胀管、膨胀水箱和压力膨胀罐或泄压阀

(1) 在开式热水供应系统中，当热水系统由生活饮用高位水箱补水时，可将膨胀管引至同一建筑物的除生活饮用水箱以外的消防、中水等水箱的上方，其膨胀管的设置如图 5-21 所示；当无此条件时，应设置专用膨胀水箱。

利用非饮用高位水箱设置膨胀管的设置高度按下列公式计算：

$$h = H\left(\frac{\rho_l}{\rho_r} - 1\right) \qquad (5-5)$$

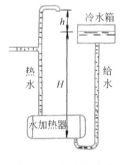

图 5-21　膨胀管安装
高度计算用图

式中　h——膨胀管高出生活饮用高位水箱水面的垂直高度，m；

　　　H——锅炉、水加热器底部至生活饮用高位水箱水面的高度，m；

　　　ρ_l——冷水的密度，kg/m³；

ρ_r——热水的密度，kg/m^3。

（2）当建筑内热水供水系统上设置膨胀水箱时，其容积按下列公式计算：

$$V_p = 0.0006\Delta t V_s \tag{5-6}$$

式中　V_p——膨胀水箱的有效容积，L；

Δt——系统内水的最大温差，℃；

V_s——系统内的水容量，L。

同时，膨胀水箱水面高出系统冷水补给水箱水面的高度按公式（5-5）计算。

膨胀管上严禁装设阀门，当膨胀管有结冻可能时，应采取保温措施，以确保热水供应系统安全。其最小管径可按表 5-12 确定。

膨胀管最小管径　　　　　　　　　　表 5-12

热水锅炉或水加热器的加热面积（m^2）	<10	≥10 且<15	≥15 且<20	≥20
膨胀管最小管径（mm）	25	32	40	50

（3）在闭式热水供应系统中，应设置压力式膨胀罐、泄压阀。当最高日日用热水量小于或等于 $30m^3$ 的热水供应系统可采用安全阀等泄压的措施；当最高日日用热水量大于 $30m^3$ 的热水供应系统应设置压力式膨胀罐，如图 5-22 所示。膨胀罐宜设置在加热设备的冷水补水管上或热水回水管上，其连接管上不宜设阀门如图 5-23 所示。膨胀罐的总容积按下列公式计算：

$$V_c = \frac{(\rho_f - \rho_r)\,P_2}{(P_2 - P_1)\,\rho_r} V_s \tag{5-7}$$

式中　V_c——膨胀罐的总容积，m^3；

ρ_f——加热前加热、贮热设备内水的密度，kg/m^3；定时供应热水的系统宜按冷水温度确定，全日集中热水供应系统宜按热水回水温度确定；

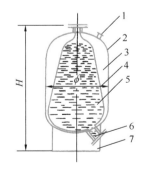

图 5-22　闭式膨胀罐
1—充气嘴；2—外壳；3—气室；4—隔膜；
5—水室；6—接管口；7—罐座

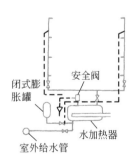

图 5-23　膨胀罐安装图

ρ_r—— 热水密度，kg/m³；

P_1—— 膨胀罐处管内水压力（MPa，绝对压力），为管内工作压力加 0.1MPa；

P_2—— 膨胀罐处管内最大允许压力（MPa，绝对压力），其数值可取 $1.10P_1$，但应校核 P_2 值，并应小于水加热器设计压力；

V_s—— 系统内热水总容积，m³。

用上式计算后应校核 P_2 值，P_2 不应大于水加热器的额定工作压力。

5.5 加 热 设 备

5.5.1 加热设备的类型

热水系统中，将冷水加热到设计需要温度的热水，通常采用加热设备来完成。加热设备是热水系统的重要组成部分，必须根据当地所具备的热源条件和系统要求，合理选择加热设备。以保证热水系统的安全、经济、适用。

热水供应系统的加热方式可分为一次换热和二次换热。一次换热是热源将常温水一次性热交换达到所需温度的热水，其主要加热设备有燃气热水器、电热水器，燃煤（燃油、燃气）热水锅炉等。二次换热是热源第一次先生产出热媒（饱和蒸汽或高温热水），热媒再通过换热器进行第二次热交换，其主要设备有容积式水加热器、快速式水加热器、半容积式水加热器和半即热式水加热器等。

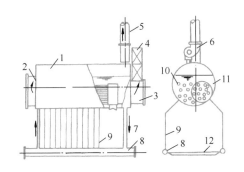

图 5-24 快装锅炉构造示意图
1—锅炉；2—前烟箱；3—后烟箱；4—省煤器；5—烟囱；6—引风机；7—下降管；8—联箱；9—鳍片式水冷壁；10—第2组烟管；11—第1组烟管；12—炉壁

1. 燃煤热水锅炉

集中热水供应系统采用的小型燃煤锅炉，有卧式和立式两类。卧式锅炉有外燃回水管、内燃回火管（兰开夏）、快装卧式内燃等几种。立式锅炉有横水管、横火管（考克兰）、直水管、弯水管等。燃煤锅炉使用燃料价格低，成本低，但存在烟尘和煤渣，会对环境造成污染，不适宜选用在建筑内设备层中使用。在燃煤锅炉中，其快装卧式内燃（KZG）锅炉具有热效率较高，体积小和安装方便等优点，图 5-24 为构造示意图，表 5-13 为几种快装锅炉性能，可供选择查用。

快装锅炉性能 表 5-13

名称	单位	KZG1-8	KZG1.5-8	KZG2-8	KZG2-13	KZG4-13
蒸发量	t/h	1	1.5	2	2	4
工作压力	MPa	0.7	0.7	0.7	1.2	1.2
蒸汽温度	℃	174.5	174.5	174.5	194	194
给水温度	℃	20	20	20	20	20
受热面积	m²	29	48.6	62	74.5	138

续表

名称	单位	KZG1-8	KZG1.5-8	KZG2-8	KZG2-13	KZG4-13
炉排面积	m²	1.365	1.96	2.52	2.52	4.2
省煤器面积	m²	—	—	—	12.5	27.8
锅炉效率	%	78	78	78	81	81
排烟温度	℃	260	250	250	195	200
烟气阻力	mmH₂O	75	70	77	87	120
耗煤量（烟煤）	kg/h	150	210	270	280	580
锅炉总重	t	7.8	9.7	10.7	11.7	26
炉水总重	t	2.6	3.4	4.2	4.2	7.5
燃烧方式		手工加煤	手工加煤	手工加煤	手工加煤	链条炉排
适应燃料		贫煤、烟煤	贫煤、烟煤	贫煤、烟煤	贫煤、烟煤	烟煤、劣质烟煤
锅炉外形尺寸	（长×宽×高）m	4×2.4×2.6	4.3×2.7×3.7	4.6×2.7×3.8	4.8×2.7×3.8	6.4×4.5×4.7

2. 燃油（燃气）热水机组

燃油（燃气）热水机组构造示意如图 5-25，该种锅炉具有体积小、燃烧器工作全部自动化，烟气导向合理，燃烧完全，烟气和被加热水的流程使传热充分，热效率可高达 90%，供水系统简单，排污总量少，管理方便等优点。目前有一种全新的水火相容热水炉，将燃油雾化后充分燃烧产生高温热气流与被加热水直接接触生产热水，该设备体积小、结构简单、操作方便、基本无污染、水质良好、热效率可高达 95%。

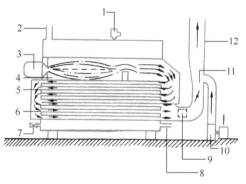

图 5-25 燃油（燃气）锅炉构造示意图
1—安全阀；2—热水出口；3—燃油（燃气）燃烧器；
4—一级加热管；5—二级加热管；6—三级加热管；
7—泄空阀；8—回水（或冷水）入口；9—导流器；
10—风机；11—风挡；12—烟道

3. 电加热器

常用电加热器可分为快速式电加热器和容积式电加热器。快速式电加热器无贮水容积或贮水容积较小，不需预热，可随时产出一定温度的热水，使用方便，体积小，图 5-26 为构造示意图。容积式电加热器具有一定的贮水容积，使用前须预热，当贮备水达到一定温度后才能使用，其热损失较大，但要求功率较小，图 5-27 为其构造示意图。

4. 容积式水加热器

容积式水加热器是一种间接加热设备，内部设有换热管束并具有一定贮热容积，既可加热冷水又能贮备热水。常采用的热媒为饱和蒸汽或高温水，有立式和卧式之分，为满足不同场所选用，图 5-28 为卧式构造示意图。

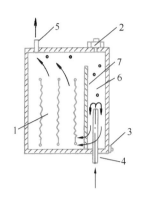

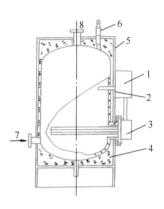

图 5-26　快速式电加热器
1—加热室；2—压电转换器；
3—地线接线柱；4—进水管；
5—出水管；6—气水分离室；
7—挡气板

图 5-27　容积式电加热器
1—控制箱；2—测温元件；
3—电加热元件；4—保温层；
5—外壳；6—安全阀；
7—给水进口；8—热水出口

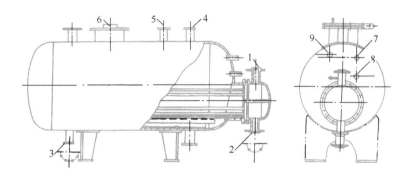

图 5-28　容积式水加热器构造示意图
1—蒸汽（热水）入口；2—冷凝水（回水）出口；3—进水管；4—出水管；
5—安全阀接口；6—人孔；7—接压力计管箍；8—温度调节器接管；9—接温度计管箍

其中卧式容积式水加热器的换热面积为 0.86～50.82m²，容积为 0.5～15m³，共有 10 种型号。立式容积式水加热器换热面积为 1.42～6.46m²，容积为 0.53～4.28m³。

容积式水加热器的主要优点：具有较大的贮存和调节能力，可替代高位热水箱的部分作用，被加热水流速低，压力损失小，出水压力平稳，出水水温较为稳定，供水较安全。但该加热器传热系数小，热交换效率较低，体积庞大，在散热管束下方的常温贮存水中易产生军团菌。近年来，我国的一些设计和科研单位不断研制出快速式、半容积式、半即热式等新型的加热设备。

5. 快速式水加热器

快速式水加热器中，热媒与冷水通过较高流速流动，进行紊流加热，提高热媒对管壁，管壁对被加热水的传热系数，以改善传热效果。

根据采用热媒的不同，快速式水加热器有汽-水（蒸汽和冷水）、水-水（高温水和冷水）两种类型。根据加热导管的构造不同，又有单管式、多管式、板式、管壳式、波纹板式、螺旋板式等多种形式。图 5-29 为汽-水快速水加热器。

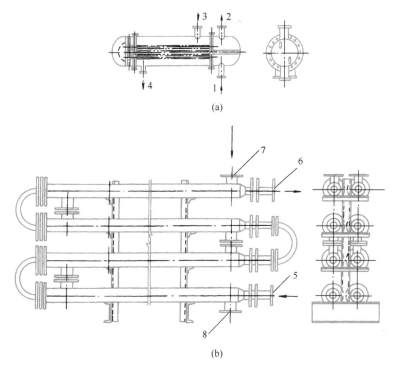

图 5-29　快速式水加热器

（a）多管式汽-水快速式水加热器；（b）蒸汽-水快速加热器总图

1—冷水；2—热水；3—蒸汽；4—凝水；5—蒸汽；6—冷凝水；7—冷水；8—热水

6. 半容积式水加热器

半容积式水加热器是带有适量贮存和调节容积的内藏式容积式水加热器，其贮热水罐与快速换热器隔离，被加热水在快速换热器内迅速加热后，进入贮热水罐，当管网中热水用水量小于设计用水量时，热水一部分流入罐底部被重新加热，其构造示意如图 5-30 所示。

我国开发研制的 HRV 型半容积式水加热器装置的工作系统如图 5-31 所示，具有的特点是取消了内循环泵，被加热水进入快速换热器迅速加热，然后先由下降管强制送至贮热水罐的底部，再向上流动，以保持贮罐内的热水温度相同。

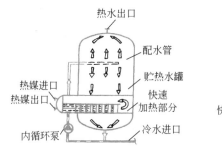

图 5-30　半容积式水加热器构造示意图　　图 5-31　HRV 型半容积式水加热器工作系统图

245

7. 半即热式水加热器

半即热式水加热器是带有超前控制，具有少量贮存容积的快速式水加热器，其构造示意如图 5-32 所示。热媒经控制阀从底部入口经立管进入各并联盘管，冷凝水由立管从底部排出，冷水从底部经孔板流入，同时有少量冷水经分流管至感温管。冷水经转向器均匀进入并向上流过盘管得到加热，热水由上部出口流出，同时部分热水进入感温管。感温元件读出感温管内冷、热水的瞬间平均温度，即向控制阀发送信号，按需要调节控制阀，以保持所需热水的温度。当配水点只要有热水需求，热水出口水温尚未下降，感温元件就能发出信号开启控制阀，即具有了预测性。加热盘管为多组多排螺旋形薄壁铜质盘管组成，加热时自由收缩膨胀，有自动除垢功能，同时在换热时盘管发生颤动，造成局部紊流区，形成紊流加热，增大传热系数，换热速度加快。

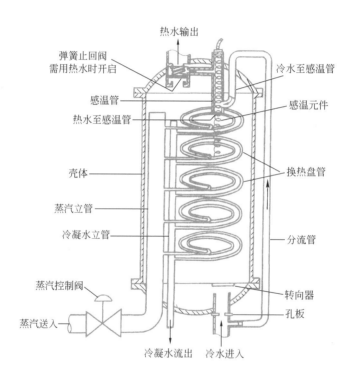

图 5-32 半即热式水加热器构造示意图

该种产品传热系数大，快速加热被加热水，自动除垢，体积小，占地面积小，热水出水温度一般能控制在±2.2℃，适用于各种不同负荷要求的机械循环热水供应系统。

加热设备应根据使用要求、水质情况、燃料种类、热源条件、耗热量等情况，首选一次换热方式的设备，常用的有燃油、燃气或燃煤热水锅炉。当无条件或已有蒸汽或高温水热源时，可选用二次换热方式的设备，常用的有容积式、半容积式、快速式、半即热式水加热器。无蒸汽、高温水等热源或无条件利用燃气、煤、油等燃料时，可采用电热水器。

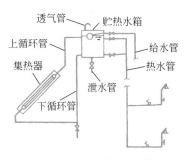

图 5-33　太阳能热水器组成（自然循环直接加热）

8. 太阳能热水系统

太阳能热水器是将太阳能转换成热能并将水加热的装置。具有结构简单、维护方便、安全、节省燃料、运行费用低、不存在污染环境问题等优点。但受天气、季节、地理位置的影响不能稳定连续运行。在燃料价格较高的地区，具备一定条件时可以应用。

太阳能热水器主要由集热器、贮热水箱等组成，如图 5-33 所示。

太阳能集热器的设置应和建筑专业统一规划协调，并在满足水加热系统要求的同时不得影响结构安全和建筑美观。太阳能热水器常布置在平屋顶上，在坡屋顶的方位和倾角合适时，也可设置在坡屋顶上，如图5-34所示。对于小型家用集热器也可以利用向阳晒台栏杆和墙面设置，如图 5-35 所示。

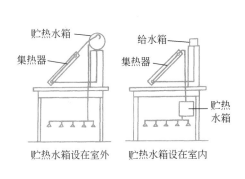

图 5-34　在平屋顶上布置

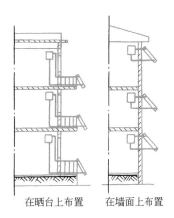

图 5-35　在晒台和墙面上布置

开式太阳能热水系统宜采用集热、贮热、换热一体间接预热承压冷水供应热水的组合系统。不设循环系统的集中集热分散供热太阳能热水系统见示意图 5-36 所示，带干管和立管循环的集中集热分散供热太阳能热水系统示意图见图 5-37 所示。

集热器的安装方位、朝向、倾角和间距等应符合现行国家标准《民用建筑太阳能热水系统应用技术标准》GB 50364 的要求。同时太阳能热水器的设置应避开其他建筑物的阴影。避免设置在烟囱和其他产生烟尘的设施的下风向，以防烟尘污染透明罩影响透光。避开风口，以减少集热器的热损失。除考虑设备荷载外，还应考虑风压影响。并应留有 0.5m 的通道供检修和操作。

太阳能热水系统集热器总面积应根据日用水量、当地平均日太阳辐照量和集热器集热效率等因素，按直接加热供水系统、间接加热供水系统分别计算；太阳能集热系统贮热水箱有效容积和强制循环的太阳能集热系统的循环泵的流量、扬程等的计算应按现行国家标准《建筑给水排水设计标准》GB 50015 进行。

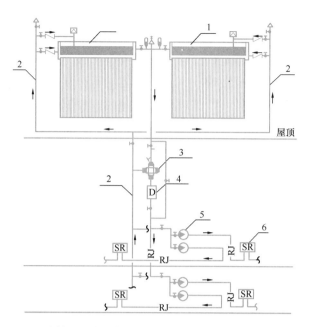

图 5-36　不设循环系统的集中集热分散供热太阳能热水系统示意图

1—集热、贮热、换热组合集热器；2—冷水管；3—恒温混合阀；
4—灭菌消毒装置；5—水表；6—带温控的热水器

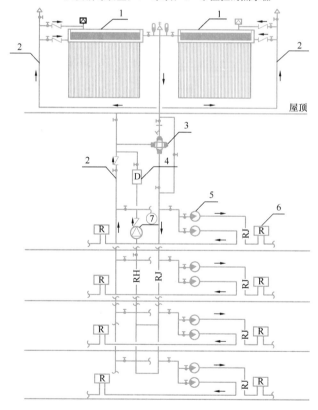

图 5-37　带干管和立管循环的集中集热分散供热太阳能热水系统示意图

1—集热、贮热、换热组合集热器；2—冷水管；3—恒温混合阀；
4—灭菌消毒装置；5—水表；6—带温控的热水器；7—循环水泵

太阳能热水系统选择应遵循下列原则：

公共建筑宜采用集中集热、集中供热太阳能热水系统；住宅类建筑宜采用集中集热、分散供热太阳能热水系统或分散集热、分散供热太阳能热水系统；小区设集中集热、集中供热太阳能热水系统或集中集热、分散供热太阳能热水系统时应符合热水供应系统选择的规定；太阳能集热系统宜按分栋建筑设置，当需合建系统时，宜控制集热器阵列总出口至集热水箱的距离不大于 300m；太阳能热水系统应根据集热器构造、冷水水质硬度及冷热水压力平衡要求等经比较确定采用直接太阳能热水系统或间接太阳能热水系统；太阳能热水系统应根据集热器类型及其承压能力、集热系统布置方式、运行管理条件等经比较采用闭式太阳能集热系统或开式太阳能集热系统；开式太阳能集热系统宜采用集热、贮热、换热一体间接预热承压冷水供应热水的组合系统；集中集热、分散供热太阳能热水系统采用由集热水箱或由集热、贮热、换热一体间接预热承压冷水供应热水的组合系统直接向分散带温控的热水器供水，且至最远热水器热水管总长不大于 20m 时，热水供水系统可不设循环管道；除上述规定外的其他集中集热、集中供热太阳能热水系统和集中集热、分散供热太阳能热水系统的循环管道设置应与本教材 5.6 节的要求相同。

太阳能集热系统集热器总面积的计算应符合下列规定：

（1）直接太阳能热水系统的集热器总面积应按下式计算：

$$A_{jz} = \frac{Q_{md} \cdot f}{b_j \cdot J_t \cdot \eta_j (1 - \eta_l)} \tag{5-8}$$

式中　A_{jz}——直接太阳能热水系统集热器总面积，m^2；

$\quad\quad Q_{md}$——平均日耗热量，kJ/d，按式（5-10）计算；

$\quad\quad f$——太阳能保证率，应根据当地的太阳能辐照量、系统耗热量的稳定性、经济性及用户要求等因素综合确定，应按表 5-15 取值；

$\quad\quad b_j$——集热器面积补偿系数，按太阳能热水系统主要设计参数选择的规定确定取值。

$\quad\quad J_t$——集热器总面积的平均日太阳辐照量，$kJ/(m^2 \cdot d)$，可按现行标准确定；

$\quad\quad \eta_j$——集热器总面积的年平均集热效率，按太阳能热水系统主要设计参数选择的规定确定取值；

$\quad\quad \eta_l$——集热系统的热损失，按太阳能热水系统主要设计参数选择的规定确定取值。

（2）间接太阳能热水系统的集热器总面积应按下式计算：

$$A_{jj} = A_{jz} \left(1 + \frac{U_L \cdot A_{jz}}{K \cdot F_{jr}} \right) \tag{5-9}$$

式中　A_{jj}——间接太阳能热水系统集热器总面积，m^2；

$\quad\quad U_L$——集热器热损失系数，$kJ/(m^2 \cdot ℃ \cdot h)$，应根据集热器产品的实测值确定，平板型可取 $14.4[kJ/(m^2 \cdot ℃ \cdot h)] \sim 21.6[kJ/(m^2 \cdot ℃ \cdot h)]$；真空管型可取 $3.6[kJ/(m^2 \cdot ℃ \cdot h)] \sim 7.2[kJ/(m^2 \cdot ℃ \cdot h)]$；

K——水加热器传热系数，$kJ/(m^2 \cdot ℃ \cdot h)$；

F_{jr}——水加热器加热面积，m^2；

A_{jz}——同式（5-8）。

（3）太阳能热水系统主要设计参数的选择应符合下列规定：

太阳能热水系统的设计热水用水定额应按表5-1平均日热水用水定额确定。

平均日耗热量应按下式计算：

$$Q_{md} = q_{mr} \cdot m \cdot b_l \cdot C \cdot \rho_r(t_r - t_L^m) \tag{5-10}$$

式中 q_{mr}——平均日热水用水定额，$L/(人 \cdot d)$，$L/(床 \cdot d)$，见表5-1；

m——用水计算单位数（人数或床位数）；

b_l——同日使用率（住宅建筑为入住率）的平均值应按实际使用工况确定，当无条件时可按表5-14取值；

t_L^m——年平均冷水温度，℃，可参照城市当地自来水厂年平均水温值计算；

ρ_r、t_r、C——同式（5-20）。

不同类型建筑的 b_l 值　　　　　　　　　　表 5-14

建筑物名称	b_l
住宅	0.5～0.9
宾馆、旅馆	0.3～0.7
宿舍	0.7～1.0
医院、疗养院	0.8～1.0
幼儿园、托儿所、养老院	0.8～1.0

注：分散供热、分散集热太阳能热水系统的 $b_l = 1$。

太阳能保证率 f 应根据当地的太阳能辐照量、系统耗热量的稳定性、经济性及用户要求等因素综合确定。太阳能保证率 f 应按表5-15取值。

太阳能保证率 f 值　　　　　　　　　　表 5-15

年太阳能辐照量［$MJ/(m^2 \cdot d)$］	f（%）
≥6700	60～80
5400～6700	50～60
4200～5400	40～50
≤4200	30～40

注：1. 宿舍、医院、疗养院、幼儿园、托儿所、养老院等系统负荷较稳定的建筑取表中上限值，其他类建筑取下限值。

2. 分散集热、分散供热太阳能热水系统可按表中上限取值。

集热器总面积补偿系数 b_j 应根据集热器的布置方位及安装倾角确定。当集热器朝南布置的偏离角小于或等于15℃，安装倾角为当地纬度 $\psi \pm 10°$ 时，b_j 取 1；当集热器布置不符合上述规定时，应按照现行的国家标准《民用建筑太阳能热水系统应用技术标准》GB 50364 的规定进行集热器面积的补偿计算。

集热器总面积的平均集热效率 η_j 应根据经过测定的基于集热器总面积的瞬时效率方程在归一化温差为 0.03 时的效率值确定。分散集热、分散供热系统的 η_j 经验值为40%～70%；集中集热系统的 η_{l} 应考虑系统形式、集热器类型等因素的影响，经验值为 30%～45%。

集热系统的热损失 η_{l} 应根据集热器类型、集热管路长短、集热水箱（罐）大小及当地气候条件、集热系统保温性能等因素综合确定，当集热器或集热器组紧靠集热水箱（罐）时，η_{l} 取 15%～20%；当集热器或集热器组与集热水箱（罐）分别布置在两处时，η_{l} 取 20%～30%。

（4）集热系统的设置应符合现行国家标准《民用建筑太阳能热水系统应用技术标准》GB 50364 的规定。

集热系统附属设施的设计计算应符合下列规定：

集中集热、集中供热太阳能热水系统的集热水加热器或集热水箱（罐）宜与供热水加热器或供热水箱（罐）分开设置，串联连接，辅热热源设在供热设施内，其有效容积应按下列计算：

集热水加热器或集热水箱（罐）的有效容积应按下式计算：

$$V_{\mathrm{rx}} = q_{\mathrm{rjd}} \cdot A_{\mathrm{j}} \tag{5-11}$$

式中　V_{rx}——集热水加热器或集热水箱（罐）有效容积，L；

A_{j}——集热器总面积，m^2，$A_{\mathrm{j}} = A_{\mathrm{jz}}$ 或 $A_{\mathrm{j}} = A_{\mathrm{jj}}$；

q_{rjd}——集热器单位轮廓面积平均日产 60℃ 热水量，$\mathrm{L/(m^2 \cdot d)}$，根据集热器产品的实测结果确定。当无条件时，根据当地太阳能辐照量、集热面积大小等选用下列参数：直接太阳能热水系统 $q_{\mathrm{rjd}} = 40 \sim 80 \mathrm{L/}$ $(\mathrm{m^2 \cdot d})$；间接太阳能热水系统 $q_{\mathrm{rjd}} = 30 \sim 55 \ \mathrm{L/(m^2 \cdot d)}$。

供热水加热器或供热水箱（罐）的有效容积计算应符合水加热设施贮热量计算时的相关规定。

分散集热、分散供热太阳能热水系统采用集热、供热共用热水箱（罐）时，其有效容积应按式（5-11）计算。热水箱（罐）中设置辅热元件时，应符合现行国家标准的规定，其控制应保证有利于太阳能热源的充分利用。

（5）集中集热、分散供热太阳能热水系统，当分散供热用户采用容积式热水器间接换热冷水时，其集热水箱的有效容积宜按下式计算：

$$V_{\mathrm{rx1}} = V_{\mathrm{rx}} - b_1 \cdot m_1 \cdot V_{\mathrm{rx2}} \tag{5-12}$$

式中　V_{rx1}——集热水箱的有效容积，L；

m_1——分散供热用户的个数，户数；

V_{rx2}——分散供热用户设置的分户容积式热水器的有效容积，L，应按每户实际用水人数确定，一般 V_{rx2} 取 60～120L。

V_{rx1} 除按上式计算外，还宜留有调节集热系统超温排回的一定容积。其最小有效容积不应小于 3min 热媒循环泵的设计流量且不宜小于 800L。

集中集热、分散供热太阳能热水系统，当分散供热用户采用热水器辅热直接供水时，其集热水箱的有效容积应按式（5-11）计算。

（6）强制循环的太阳能集热系统应设循环水泵，其流量和扬程的计算应符合下列规定：

251

1) 集热循环水泵的流量等同集热系统循环流量可按下式计算：

$$q_x = q_{gz} \cdot A_j \tag{5-13}$$

式中　q_x——集热系统循环流量，L/s；

　　　q_{gz}——单位轮廓面积集热器对应的工质流量，L/($m^2 \cdot s$)，按集热器产品实测数据确定。当无条件时，可取 0.015～0.020L/($m^2 \cdot s$)。

2) 开式太阳能集热系统循环水泵的扬程应按下式计算：

$$H_b = h_{jx} + h_j + h_z + h_f \tag{5-14}$$

式中　H_b——循环水泵扬程，kPa；

　　　h_{jx}——集热系统循环流量通过循环管道的沿程与局部阻力损失，kPa；

　　　h_j——集热系统循环流量通过集热器的阻力损失，kPa；

　　　h_z——集热器顶与集热水箱最低水位之间的几何高差，kPa；

　　　h_f——附加压力，kPa，取 20～50kPa。

3) 闭式太阳能集热系统循环水泵的扬程应按下式计算：

$$H_b = h_{jx} + h_e + h_j + h_f \tag{5-15}$$

式中　h_e——循环流量通过集热水加热器的阻力损失，kPa。

(7) 集中集热、集中供热的间接太阳能热水系统的集热系统附属集热设施的设计计算宜符合下列规定：

当集热器总面积 A_j 小于 500m^2 时，宜选用板式快速水加热器配集热水箱（罐），或选用导流型容积式或半容积式水加热器集热；当集热器总面积 A_j 大于或等于 500m^2 时，宜选用板式水加热器配集热水箱集热；集热系统的水加热器的水加热面积应按式（5-28）计算确定；热媒与被加热水的计算温度差 Δt_j 可按 5～10℃取值。

(8) 太阳能集热系统应设防过热、防爆、防冰冻、防倒热循环及防雷击等安全设施，并应符合下列规定：

太阳能集热系统应设放气阀、泄水阀、集热介质充装系统；闭式太阳能热水系统应设安全阀、膨胀罐、空气散热器等防过热、防爆的安全设施；严寒和寒冷地区的太阳能集热系统应采用集热系统倒循环、添加防冻液等防冻措施；集中集热、分散供热的间接太阳能热水系统应设置电磁阀等防倒热循环阀件。

集热系统的管道、集热水箱等应作保温层，并应按当地年平均气温与系统内最高集热温度或贮水温度计算保温层厚度。

开式太阳能集热系统应采用耐温不小于 100℃的金属管材、管件、附件及阀件；闭式太阳能集热系统应采用耐温不小于 200℃的金属管材、管件、附件及阀件。直接太阳能集热系统宜采用不锈钢管材。

(9) 太阳能热水系统应设辅助热源及加热设施，并应符合下列规定：

辅助热源宜因地制宜选择，分散集热、分散供热太阳能热水系统和集中集热、分散供热太阳能热水系统宜采用燃气、电；集中集热、集中供热太阳能热水系统宜采用城市热力管网、燃气、燃油、热泵等。集热、辅热设施宜按现行国家标准的规定设置；辅助热源的供热量宜按无太阳能时参照集中热水供应系统中热源设备、水加热设备的设计。小时供热量进行设计计算；辅助热源的控制应在保证充分利用太阳能集热量的条件下，根据不同的热水供水方式采用手动控制、全日自动控制或定时自动控制；辅助热源的水加热设备应根据热源种类及其供水水质、冷热水系统形式采用直接加热或间接加热设备。

9. 热泵机组热水系统

水源热泵热水供应系统应优先选择水量充足、水质较好、水温较高且稳定的地下水、地表水、废水为热源。其他水源水质应满足热泵机组或换热器的水质要求，当其不满足时，应采取有效的过滤、沉淀、灭藻、阻垢、缓蚀等处理措施。当以污废水为水源时，应作相应污水、废水处理。

采用热泵机组供应热水时其设计计算符合现行国家标准《建筑给水排水设计标准》GB 50015 的要求。

（1）水源热泵热水供应系统设计应符合下列规定：

1）水源热泵应选择水量充足、水质较好、水温较高且稳定的地下水、地表水、废水为热源；

2）水源总水量应按供热量、水源温度和热泵机组性能等综合因素确定；

3）水源热泵的设计小时供热量应按下式计算：

$$Q_g = \frac{m \cdot q_r \cdot C(t_r - t_l)\rho_r \cdot C_\gamma}{T_5} \tag{5-16}$$

式中　Q_g——水源热泵设计小时供热量，kJ/h；

q_r——热水用水定额，L/(人·d) 或 L/(床·d)，按不高于表 5-1 的最高日用水定额或表 5-2 中用水定额中下限取值；

T_5——热泵机组设计工作时间，h/d，取 8～16h。

其他设计参数可按式（5-20）中的规定取值。

4）水源水质应满足热泵机组或水加热器的水质要求，当其不满足时，应采取有效的过滤、沉淀、灭藻、阻垢、缓蚀等处理措施。当以污水、废水为水源时，尚应先对污水、废水进行预处理。

水源热泵换热系统设计应符合现行国家标准《地源热泵系统工程技术规范》GB 50366 的相关规定。

（2）水源热泵宜采用快速水加热器配贮热水箱（罐）间接换热制备热水，设计应符合下列规定：

1）全日集中热水供应系统的贮热水箱（罐）的有效容积应按下式计算：

$$V_r = k_1 \frac{(Q_h - Q_g) T_1}{(t_r - t_l)C \cdot \rho_r} \tag{5-17}$$

式中　V_r——贮热水箱（罐）总容积，L；

k_1——用水均匀性的安全系数，按用水均匀性选值，$k_1 = 1.25～1.50$。

2）定时热水供应系统的贮热水箱（罐）的有效容积宜为定时供应热水的全部热水量；

3）快速水加热器的加热面积应按式（5-28）计算，板式快速水加热器 K 值应为 3000～4000[kJ/(m²·℃·h)]，管束式快速水加热器 K 值应为 1500～3000[kJ/(m²·℃·h)]，Δt_j 应为 3～6℃。

快速水加热器两侧与热泵、贮热水箱（罐）连接的循环水泵的流量和扬程应按下列公式计算：

$$q_{xh} = \frac{k_2 \cdot Q_g}{3600 C \rho_r \Delta t} \tag{5-18}$$

$$H_b = h_{xh} + h_{cl} + h_f \tag{5-19}$$

式中　q_{xh}——循环水泵流量，L/s；

k_2——考虑水温差因素的附加系数，$k_2 = 1.2 \sim 1.5$；

Δt——快速水加热器两侧的热媒进水、出水温差或热水进水、出水温差，可按 $\Delta t = 5 \sim 10℃$ 取值；

H_b——循环水泵扬程，kPa；

h_{xh}——循环流量通过循环管道的沿程与局部阻力损失，kPa；

h_{cl}——循环流量通过热泵冷凝器、快速水加热器的阻力损失，kPa，冷凝器阻力由产品提供，板式水加热器阻力为 $40 \sim 60$kPa。

C、ρ_r、h_f——同式（5-14）、式（5-21）

（3）水源热泵机组布置应符合下列规定：

热泵机房应合理布置设备和运输通道，并预留安装孔、洞；机组距墙的净距不宜小于1.0m，机组之间及机组与其他设备之间的净距不宜小于1.2m，机组与配电柜之间净距不宜小于1.5m；机组与其上方管道、烟道或电缆桥架的净距不宜小于1.0m；机组应按产品要求在其一端留有不小于蒸发器、冷凝器中换热管束长度的检修位置。

（4）空气源热泵热水供应系统设计应符合下列规定：

最冷月平均气温不小于10℃的地区，空气源热泵热水供应系统可不设辅助热源；最冷月平均气温小于10℃且不小于0℃的地区，空气源热泵热水供应系统宜采取设置辅助热源，或采取延长空气源热泵的工作时间等满足使用要求的措施；最冷月平均气温小于0℃的地区，不宜采用空气源热泵热水供应系统；空气源热泵辅助热源应就地获取，经过经济技术比较，选用投资省、低能耗热源；辅助热源应只在最冷月平均气温小于10℃的季节运行，供热量可按补充在该季节空气源热泵产热量不满足系统耗热量的部分计算；空气源热泵的供热量可按式（5-16）计算确定；当设辅助热源时，宜按当地农历春分、秋分所在月的平均气温和冷水供水温度计算；当不设辅助热源时，应按当地最冷月平均气温和冷水供水温度计算。

空气源热泵采取直接加热系统时，直接加热系统要求冷水进水总硬度（以碳酸钙计）不应大于120mg/L，其贮热水箱（罐）的总容积应按式（5-17）计算。

（5）空气源热泵机组布置应符合下列规定：

机组不得布置在通风条件差、环境噪声控制严及人员密集的场所；机组进风面距遮挡物宜大于1.5m，控制面距墙宜大于1.2m，顶部出风的机组，其上部净空宜大于4.5m；机组进风面相对布置时，其间距宜大于3.0m。

5.5.2　加热设备的选择和布置

1. 加热设备的选择

加热设备应根据使用特点、耗热量、热源、维护管理及卫生防菌等因素选择。并应符合热效率高，换热效果好。节能、燃料燃烧安全、消烟除尘、机组水套通大气、自动控制温度、火焰传感、自动报警等。节省设备用房，附属设备简单。水头损失小，有利于整个系统冷热水的平衡。构造简单，安全可靠，操作维修方便。

当采用自备热源时，宜采用一次加热直接供应热水的燃油、燃气热水机组。并可采用二次加热间接供应热水的自带换热器的机组或外配容积式、半容积式水加热器的热水机组。间接水加热设备的选型应结合用水均匀性、贮热容积、给水水质硬度、热源供应能力及系统对冷、热水压力平衡稳定的要求，经综合技术经济比较后确定。

当采用蒸汽或高温水为热源时，有条件时尽可能利用工业余热、废热、地热。加热设备宜采用导流型容积式水加热器、半容积式水加热器；有可靠灵敏的温控调节装置且热源充足时，也可采用半即热式、快速式水加热器。

当无蒸汽、高温水等热源和无条件利用燃气、燃油等燃料时，电力充沛的地区可采用电热水机组成电蓄热设备。

燃气热水器、电热水器必须带有保证使用安全的装置。严禁在浴室内安装直接排气式燃气热水器等在使用空间内积聚有害气体的加热设备。

当热源利用太阳能时，宜采用集热管、真空管式太阳能热水器。

水加热设备和贮热设备罐体，应根据水质情况及使用要求采用耐腐蚀材料制作或在钢制罐体内表面衬不锈钢、铜等防腐面层。

2. 加热设备的布置

水加热设备机房的设置宜与给水泵房相近设置，宜靠近耗热量最大或设备有集中热水供应的最高建筑，宜位于系统的中部，集中热水供应系统当没有热源站时，水加热设备机房与热源站宜相邻设置。

设备的布置定位必须满足相关规范、产品样本等的有关规定。尤其是高压锅炉不宜设在居住和公共建筑内，宜设置在单独建筑中，否则应征得消防、锅炉监察和环保部门的同意。燃油、燃气锅炉亦应符合消防规范的有关规定。水加热设备和贮热设备可设在锅炉房或单独房间内，房间尺寸应保证设备进出检修，设备之间的净距，人行通道的净宽，并应符合通风、照明、采光、防水、排水等要求。热媒管道布置，凝结水管道和凝结水箱、凝结水泵的位置，标高应满足第一循环系统的要求，热水贮水箱、膨胀管和冷水箱的位置、标高，水质处理装置的位置、标高，热水出水口的位置、标高、方向应与热水配水管网配合。所有管道的管径应经水力计算确定。

导流型容积式、半容积式水加热器的一侧应有净宽不小于 0.7m 的通道，其他侧净宽不应小于 0.5m。侧向或竖向应留有抽出加热盘管的空间。

水加热器上部附件的最高点至建筑结构最低点的净距，应满足检修的要求，但不得小于 0.2m，房间净高不得低于 2.2m。

热水机组的布置应满足设备的安装、运行和检修要求，靠外墙布置其前方应留不少于机组长度 2/3 的空间，后方应留 0.8～1.5m 的空间，两侧通道宽度应为机组宽度，且不应小于 1.0m。机组最上部部件（烟囱除外）至屋顶最低点净距不得少于 0.8m。

燃油（气）热水机组机房宜与其他建筑分离独立设置，当机房设在建筑内时，不应设置在人员密集场所的上、下或贴邻，并应设对外的安全出口。机房与燃油（气）机组配套的同用油箱、贮油罐等的布置和供油、供气管道的敷设应符合有关消防安全的要求。设置锅炉、燃油（气）热水机组、水加热器、贮热水罐的房间，应便于泄水，防止污水倒灌，并应有良好的通风和照明。

水加热设备的出水温度应根据其贮热调节容积大小分别采用不同温级精度要求的自动温度控制装置。当采用汽水换热的水加热设备时，应在热媒管上增设切断气源的电动阀。水加热设备的上部、热媒进出口管上，贮热水罐和冷热水混合器上和恒温混合阀的本体连接管上应装设温度计、压力表；热水循环泵的进水管上应装温度计及控制循环泵开停的温度传感器；热水箱应装温度计、水位计；压力容器设备应装安全阀，安全阀的接管直径应经计算确定，并应符合锅炉及压力容器的有关规定，安全阀的泄水管应引至安全处且在泄水管上不得装阀门。

5.6 热水管网的布置与敷设

5.6.1 热水管网的布置

热水管网的布置是在设计方案已确定和设备选型后，在建筑图上对设备、管道、附件进行定位。热水管网布置除满足给水要求外，还应注意因水温高而引起的体积膨胀、管道伸缩补偿、保温、防腐、排气等问题。

热水管网的布置，可采用下行上给式或上行下给式（图 5-8、图 5-9）。下行上给式布置时，水平干管可布置在地沟内或地下室顶部，决不允许埋地。干管的直线段应有足够的伸缩器，尤其是线性膨胀系数大的管材要特别重视直线管段的补偿，并利用最高配水点排气，方法是循环回水立管应在配水立管最高配水点下 0.5m 处连接。为便于排气和泄水，热水横干管均应有与水流方向相反的坡度，其值一般为不小于 0.003，并在管网的最低处设泄水阀门，以便检修。为保证配水点的水温需平衡冷热水的水压，热水管道通常与冷水管道平行布置，热水管道在上、左，冷水管道在下、右。上行下给式的热水管网，水平干管可布置在建筑最高层吊顶内或专用技术设备层内，其循环管道与各立管连接，如图 5-9 所示。塑料热水管宜暗设，明设时立管宜布置在不受撞击处。当不能避免时，应在管外采取保护措施。室外热水供、回水管道宜采用管沟敷设。当采用直埋敷设时，应采用憎水型保温材料保温，保温层外应做密封的防潮防水层，其外再做硬质保护层。管道直埋敷设应符合现行国家标准《城镇供热直埋热水管道技术规程》CJJ/T 81、《建筑给水排水及采暖工程施工质量验收规范》GB 50242 和《设备及管道绝热设计导则》GB/T 8175 的规定。上行下给式热水横干管应有不宜小于 0.005、下行上给式系统不宜小于 0.003 的敷设坡度，与水流方向反向，并在最高点设自动排气阀排气。为满足整个热水供应系统的水温均匀，可按同程式方式（图 5-8）来进行管网布置。

高层建筑热水供应系统，应与冷水给水系统一样，采取竖向分区，且冷热水分区应一致，这样才能保证系统内的冷热水压力平衡，便于调节冷、热水混合水嘴的出水温度，且要求闭式热水供应系统各区的水加热器和贮水器的进水，均应由同区的给水系统专管供应。若需减压则减压的条件和采取的具体措施与高层建筑冷水给水系统相同。

设有集中热水供应系统的建筑物中，用水量较大的浴室、洗衣房、厨房等，宜设单独的热水管网。热水为定时供应，且个别用户对热水供应时间有特殊要求时，宜设置单独的热水管网或局部加热设备。

集中热水供应系统的分区及供水压力要保证稳定、平衡，当由热水箱和热水供水泵联合供水的热水供应系统的热水供水泵扬程应与相应供水范围的给水泵压力协调，保证系统冷热水压力平衡，当以上条件不能满足时，应采取保证系统冷、热水压力平衡的措施。由城镇给水管网直接向闭式热水供应系统的水加热器、贮热水罐补水的冷水补水管上装有倒流防止器时，其相应供水范围内的给水管宜从该倒流防止器后引出。当给水管道的水压变化较大且用水点要求水压稳定时，宜采用设高位热水箱重力供水的开式热水供应系统或采取稳压措施。当卫生设备设有冷热水混合器或混合龙头时，冷、热水供应系统在配水点处应有相近的水压。

为保证公共浴室淋浴器出水水温稳定，通常采用开式热水供应系统，同时将给水额定流量较大的用水设备的管道与淋浴配水管道分开设置。多于 3 个淋浴器的配水管道宜布置成环形。成组淋浴器的配水管的沿程水头损失应控制在一定数值以内，当淋浴器多于 6 个时，可采用每米不大于 350Pa，当淋浴器少于或等于 6 个时，可采用每米不大于 300Pa。且配水管不应变径，其最小管径不得小于 25mm。

公共淋浴室宜采用单管热水供应系统或采用带定温混合间的双管热水供应系统，单管热水供应系统应采取保证水温稳定的技术措施。当采用公共浴池淋浴时，应设循环水处理系统及消毒设备。

集中热水供应系统应设热水回水管道，并保证干管和立管中的热水循环，对要求随时取得不低于规定温度的热水的建筑物，应保证支管中的热水循环，或有保证支管中热水温度的措施。

循环管道应采用同程式布置的方式，并采用机械循环。

5.6.2 热水管网的敷设

热水管网的敷设，根据建筑的使用要求，可采用明设和暗设两种形式。明设尽可能敷设在卫生间、厨房，沿墙、梁、柱敷设。暗设管道可敷设在管道竖井或预留沟槽内，塑料热水管宜暗设，明设时立管宜布置在不受撞击处，当不可避免时，应在管外加保护措施。在老年人照料设施、安定医院、幼儿园、监狱等建筑中为特殊人群提供沐浴热水的设施，应有防烫伤措施。

热水立管与横管连接处，为避免管道伸缩应力破坏管网，立管与横管相连应采用乙字弯管，如图 5-38 所示。

热水管道在穿楼板、基础和墙壁处应设套管，让其自由伸缩。穿楼板的套管应视其地面是否集水,若地面有集水可能时,套管应高出地面 50～100mm,以防止套管缝隙向下流水。穿越屋面及地下室外墙时应设置金属防水套管。

为满足热水管网的运行安全和循环流量的平衡调节及检修的需要,热水管道系统应采取补偿管道热胀冷缩的措施,配水干管和立管最高点应设置排气装置,系统最低点应设置泄水装置。上行下给式系统可将循环管道与各立管连接,下行上给式系统回水立管可在最高配水点以下与配水立管连接。在与配水管道或回水

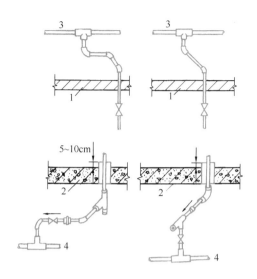

图 5-38　热水立管与水平干管的连接方式
1—吊顶;2—地板或沟盖板;3—配水横管;4—回水管

干管连接的分干管处,配水立管和回水立管。从立管接出的支管,室内热水管道向住户、公用卫生间等接出的配水管的起端,水加热设备、水处理设备的进、出水管及系统用于温度、压力等控制阀件连接处的管段上按其安装要求配置阀门。热水管网中水加热器或贮热水罐的冷水供水管、机械循环的第二循环系统回水管和冷热水混水器、恒温混合阀的冷、热水供水管上应设止回阀,以防止加热设备内水倒流被泄空而造成安全事故和防止冷水进入热水系统影响配水点的供水温度,如图5-39所示。当水加热器或贮热水罐的冷水供水管上安装倒流防止器时,应采取保证系统冷热水供水压力平衡的措施。

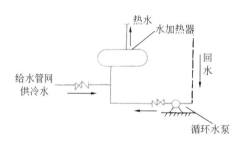

图 5-39　热水管道上止回阀的位置

当需计量热水总用水量时,可在水加热设备的冷水供水管上装冷水表,对成组和个别用水点可在专供支管上装设热水水表。有集中供应热水的住宅应装设分户热水水表。水加热设备的冷水供水管上应装冷水表,设有集中热水供应系统的住宅应装分户热水水表,洗衣房、厨房、游乐设施、公共浴池等需要单独计量的热水供水管上应装热水水表,其设有回水管者应在回水管上装热水水表。水表的选型、计算及设置与冷水供水相同。

5.6.3　热水管道的保温与防腐

热水管网若采用低碳钢管材和加热设备,由于暴露在空气中,会受到氧气、二氧化碳、二氧化硫和硫化氢的腐蚀,金属表面还会产生电化学腐蚀。由于热水水温高,气体溶解度低,管道内壁氧化活动极强,使得金属管材极易腐蚀。长期腐蚀的结果,管道和设备的壁变薄,使系统受到破坏,可在金属管材和设备外表

面涂刷防腐材料，在金属设备内壁及管内加耐腐衬里或涂防腐涂料来阻止腐蚀作用。

常用防腐材料为油漆，它又分为底漆和面漆。底漆在金属表面打底，具有附着、防水和防锈功能，面漆有耐光、耐水和覆盖功能。

热水系统中，对热水输（配）水、循环回水干（立）管和热水锅炉、燃油（气）热水机组、水加热设备、贮热水罐、分（集）水器等设备进行保温是一项重要的任务，其主要目的是减少介质在输送过程中的热散失，从而降低热水制备、循环流量的热量，提高长期运行的经济性，从技术安全出发创造良好的环境，使得蒸汽和热水管道保温后外表面温度不致过高，以避免大量的热散失、烫伤或积尘等，创造良好的工作条件。

保温材料的选择要遵循一些原则，即导热系数低、具有较高的耐热性、不腐蚀金属、材料密度小并具有一定的孔隙率、低吸水率并具有一定的机械强度、易于施工、就地取材成本低等。

保温层厚度的确定，对管道和设备均需按经济厚度计算法计算，并应符合《设备及管道绝热技术通则》GB/T 4272 中的规定。为了设计时简化计算过程，给水排水标准图集 87S159 中提供了管道和设备保温的结构图和直接查表确定厚度的图表，同时也为施工提供了详图和工程量的统计计算方法。随着科学技术的发展，越来越多优质价廉新型的保温材料不断出现，性能可靠，施工方便，满足消防要求。设计选用时可直接按产品样本提供的计算公式，设计参数进行计算，并按要求进行施工。

不论采用何种保温材料，在施工保温前，均应将金属管道和设备进行防腐处理，将表面清除干净，刷防锈漆两遍。同时为增加保温结构的机械强度和防水能力，应视采用的保温材料在保温层外设保护层。

5.7　耗热量、热水量和加热设备供热量的计算

热水供应系统的计算内容有耗热量计算、热水量计算、加热设备供热量计算、热媒管道计算、凝结水管管径确定；热水配水管计算、热水回水管计算及循环水泵的确定等。

5.7.1　设计小时耗热量计算

（1）设有集中热水供应系统的居住小区的设计小时耗热量应按下列规定计算：当居住小区内配套公共设施的最大用水时时段与住宅的最大用水时时段一致时，应按两者的设计小时耗热量叠加计算；当居住小区内配套公共设施的最大用水时时段与住宅的最大用水时时段不一致时，应按住宅的设计小时耗热量加配套公共设施的平均小时耗热量叠加计算。

（2）全日供应热水的宿舍（居室内设卫生间）、住宅、别墅、酒店式公寓、招待所、培训中心、旅馆、宾馆的客房（不含员工）、医院住院部、养老院、幼儿园、托儿所（有住宿）、办公楼等建筑的集中热水供应系统的设计小时耗热量按下式计算：

$$Q_\mathrm{h}=K_\mathrm{h}\frac{mq_\mathrm{r}C\left(t_\mathrm{r}-t_\mathrm{L}\right)\rho_\mathrm{r}}{T}C_\mathrm{r} \tag{5-20}$$

式中　Q_h——设计小时耗热量，kJ/h；

　　　m——用水计算单位数，人数或床位数；

　　　q_r——热水用水定额，L/（人·d）或 L/（床·d），按表 5-1 中最高日用
水定额采用；

　　　C——水的比热，$C=4.187\mathrm{kJ/(kg \cdot ℃)}$，kJ/（kg·℃）；

　　　t_r——热水温度，$t_\mathrm{r}=60℃$，℃；

　　　t_L——冷水温度，℃，按表 5-3 确定；

　　　ρ_r——热水密度，kg/L；

　　　T——每日使用时间，h，按表 5-1 采用；

　　　C_r——热水供应系统的热损失系数，$C_\mathrm{r}=1.10\sim1.15$；

　　　K_h——小时变化系数，可按表 5-16 采用。

热水小时变化系数 K_h 值　　　　　　　表 5-16

类别	住宅	别墅	酒店式公寓	宿舍（居室内设卫生间）	招待所、培训中心、普通旅馆	宾馆	医院、疗养院	幼儿园、托儿所	养老院
热水用水定额[L/人(床)·d]	60~100	70~110	80~100	70~100	25~40 40~60 50~80 60~100	120~160	60~100 70~130 110~200 100~160	20~40	50~70
使用人(床)数	100~6000	100~6000	150~1200	150~1200	150~1200	150~1200	50~1000	50~1000	50~1000
K_h	4.8~2.75	4.21~2.47	4.00~2.58	4.80~3.20	3.84~3.00	3.33~2.60	3.63~2.56	4.80~3.20	3.20~2.74

注：1. 表中热水用水定额与表 5-1 中最高日用水定额对应。

　　2. K_h 应根据热水用水定额高低、使用人（床）数多少取值，当热水用水定额高、使用人（床）数多时取低值，反之取高值。使用人（床）数小于或等于下限值及大于或等于上限值时，K_h 就取上限值及下限值，中间值可用定额与人（床）数的乘积作为变量内插法求得。

　　3. 设有全日集中热水供应系统的办公楼、公共浴室等表中未列入的其他类建筑的 K_h 值可按建筑给水系统中公共建筑生活用水定额及小时变化系数选值。

（3）定时集中热水供应系统，工业企业生活间、公共浴室、宿舍（设公用盥洗卫生间）、剧院化妆间、体育场（馆）运动员休息室等建筑的全日集中热水供应系统及局部热水供应系统的设计小时耗热量按下式计算：

$$Q_\mathrm{h}=\sum q_\mathrm{h}C\left(t_\mathrm{rl}-t_\mathrm{L}\right)\rho_\mathrm{r}n_0b_\mathrm{g}C_\mathrm{r} \tag{5-21}$$

式中　Q_h——设计小时耗热量，kJ/h；

　　　q_h——卫生器具热水的小时用水定额，L/h，按表 5-2 采用；

　　　C——水的比热，kJ/（kg·℃），$C=4.187\mathrm{kJ/(kg \cdot ℃)}$；

　　　ρ_r、t_L——同式（5-20）；

　　　t_rl——使用水温（℃），按表 5-2 "使用水温" 取用；

　　　n_0——同类型卫生器具数；

　　　　b——卫生器具的同时使用百分数：住宅、旅馆、医院、疗养院病房，卫生间内浴盆或淋浴器可按 $70\%\sim100\%$ 计，其他器具不计，但定时连续供水时间应大于等于 2h。工业企业生活间、公共浴室、宿舍（设公用盥洗卫生间）、剧院、体育场（馆）等的浴室内的淋浴器和洗脸盆均按宿舍（设公用盥洗卫生间）、工业企业生活间、公共浴室、影剧院、体育场馆等卫生器具同时给水百分数（%）的上限取值。住宅一户设有多个卫生间时，可按一个卫生间计算。

　　（4）具有多个不同使用热水部门的单一建筑或具有多种使用功能的综合性建筑，当其热水由同一全日集中热水供应系统供应时，设计小时耗热量可按同一时间内出现用水高峰的主要用水部门的设计小时耗热量加其他用水部门的平均小时耗热量计算。

5.7.2　设计小时热水量计算

设计小时热水量按下式计算：

$$q_{rh}=\frac{Q_h}{(t_{r2}-t_L)\,C\rho_rC_r} \tag{5-22}$$

式中　　　q_{rh}——设计小时热水量，L/h；

　　　　　Q_h——设计小时耗热量，kJ/h；

　　　　　t_{r2}——设计热水温度（℃）；

C、ρ_r、C_r、t_L——同式（5-20）。

5.7.3　设计小时供热量计算

集中热水供应系统中，热源设备、水加热设备的设计小时供热量宜按下列原则确定：

　　（1）导流型容积式水加热器或贮热容积与其相当的水加热器、燃油（气）热水机组按下式计算：

$$Q_g=Q_h-\frac{\eta V_r}{T_1}(t_{r2}-t_L)\,C\rho_r \tag{5-23}$$

式中　　　Q_g——导流型容积式水加热器的设计小时供热量，kJ/h；

　　　　　Q_h——设计小时耗热量，kJ/h；

　　　　　η——有效贮热容积系数，导流型容积式水加热器 $\eta=0.8\sim0.9$；

　　　　　　　　第一循环系统为自然循环时，卧式贮热水罐 $\eta=0.8\sim0.85$，立式贮热水罐 $\eta=0.85\sim0.90$；

　　　　　　　　第一循环系统为机械循环时，卧、立式贮热水罐 $\eta=1.0$；

　　　　　V_r——总贮热容积，L；

　　　　　T_1——设计小时耗热量持续时间，h，全日集中热水供应系统取 $2\sim4$h，定时集中热水供应系统 T_1 等于定时供水的时间，当 Q_g 计算值小于平均小时耗热量时，Q_g 应取平均小时耗热量；

C、ρ_r、t_L——同式（5-20）；

　　　　　t_{r2}——同式（5-22）。

　　（2）半容积式水加热器或贮热容积与其相当的水加热器、燃油（气）热水机组的设计小时供热量应按设计小时耗热量计算。

（3）半即热式、快速式水加热器及其他无贮热容积的水加热设备的设计小时供热量应按下式计算。

$$Q_g = 3600 q_g (t_r - t_L) C \rho_r \tag{5-24}$$

式中　　Q_g——半即热式、快速式水加热器的设计小时供热量，kJ/h；

q_g——集中热水供应系统供水总干管的设计秒流量，L/s；

t_r、t_L、C、ρ_r——同式（5-23）。

5.7.4 热媒耗量计算

根据热媒种类和加热方式的不同，热媒耗量按下列方法计算。

（1）蒸汽直接加热时，蒸汽耗量按下列公式计算：

$$G_m = (1.1 \sim 1.2) \frac{Q_h}{i - Q_{hr}} \tag{5-25}$$

式中　G_m——蒸汽直接加热时的蒸汽耗量，kg/h；

Q_h——设计小时耗热量，kJ/h；

i——蒸汽热焓，kJ/kg，按蒸汽绝对压力查表 5-17 确定；

Q_{hr}——蒸汽与冷水混合后的热焓，kJ/kg，按 $Q_{hr} = C \cdot t_r$ 计算；

式中 C 为水的比热，kJ/(kg·℃)；t_r 为热水温度，℃。

饱和水蒸气的性质　　　　　表 5-17

绝对压力 （MPa）	饱和水蒸气温度 （℃）	热焓（kJ/kg）		水蒸气的汽化热 （kJ/kg）
		液体	蒸汽	
0.1	100	419	2679	2260
0.2	119.6	502	2707	2205
0.3	132.9	559	2726	2167
0.4	142.9	601	2738	2137
0.5	151.1	637	2749	2112
0.6	158.1	667	2757	2090
0.7	164.2	694	2767	2073
0.8	169.6	718	2713	2055

（2）蒸汽通过热交换器间接加热时，蒸汽耗量按下列公式计算：

$$G_{mh} = (1.1 \sim 1.2) \frac{Q}{\gamma_h} \tag{5-26}$$

式中　G_{mh}——蒸汽间接加热时，蒸汽耗量，kg/h；

Q——设计小时耗热量，kJ/h；

γ_h——蒸汽的汽化热，kJ/kg，按蒸汽绝对压力查表 5-16 确定。

（3）热媒为热水通过热交换器间接加热时，热水耗量按下式计算：

$$G_{ms} = (1.1 \sim 1.2) \frac{Q}{C(t_{mc} - t_{mz})} \tag{5-27}$$

式中 G_{ms}——热媒为热水的耗量，kg/h；

Q——设计小时耗热量，kJ/h；

C——同公式（5-20）；

t_{mc}——热媒为热水时进入热交换器的温度，分别按低温水 95℃或高温水 110～150℃采用；

t_{mz}——热媒为热水时流出热交换器的温度，一般为 60～75℃。

式（5-24）～式（5-26）中的 1.1～1.2 为热媒系统的热损失系数，应根据系统的管线长度取值。

5.7.5 热水加热设备和热水贮水罐（箱）的计算

在热水系统中既能加热又能起贮存作用的设备有容积式水加热器和加热水箱等，只能贮存热水的设备是贮热水罐或热水箱。加热设备主要计算其传热面积和确定容积，而贮存设备仅计算其贮存容积。

1. 加热设备的选型计算

（1）水加热器的加热面积按下列公式计算：

$$F_{jr} = \frac{Q_g}{\varepsilon K \Delta t_j} \tag{5-28}$$

式中 F_{jr}——表面式水加热器的加热面积，m^2；

Q_g——设计小时供热量，kJ/h；

K——传热系数，kJ/（$m^2 \cdot ℃ \cdot h$），按表 5-18、表 5-19 选用；

ε——水垢和热媒分布不均匀影响传热效率的系数，采用 0.6～0.8；

Δt_j——热媒和被加热水的计算温差，℃。

容积式水加热器中盘管的传热系数 K 值　　　　　表 5-18

热媒种类	传热系数 K[kJ/($m^2 \cdot ℃ \cdot h$)]		热 媒 种 类	传热系数 K[kJ/($m^2 \cdot ℃ \cdot h$)]	
	铜盘管	钢盘管		铜盘管	钢盘管
蒸　汽	3140	2721	80～115℃的高温水	1465	1256

快速热交换器的传热系数 K 值　　　　　表 5-19

被加热水流速 (m/s)	传热系数 K [kJ/($m^2 \cdot ℃ \cdot h$)]							
	热媒为热水、热水流速 (m/s)						热媒为蒸汽、蒸汽压力 (Pa)	
	0.5	0.75	1.0	1.5	2.0	2.5	≤0.98×10⁵	>0.98×10⁵
0.5	3977	4605	5024	5443	5862	6071	9839/7746	9211/7327
0.75	4480	5233	5652	6280	6908	7118	12351/9630	11514/9002
1.00	4815	5652	6280	7118	7955	8374	14235/11095	13188/10467
1.50	5443	6489	7327	8374	9211	9839	16328/13398	15072/12560
2.00	5861	7118	7955	9211	10258	10886	—/15700	—/14863
2.50	6280	7536	10488	10258	11514	12560	—	—

注：热媒为蒸汽时，表中分子为两回程汽-水快速式水加热器将被加热水的水温升高 20～30℃时的 K 值；分母为四回程将被加热水的水温升高 60～65℃时的 K 值。

热媒与被加热水的计算温差 Δt_j 可按以下方式计算确定。

1）导流型容积式水加热器、半容积式水加热器热媒为蒸汽或热水和被加热水的计算温差 Δt_j，采用算术平均温度差按下列公式计算：

263

$$\Delta t_j = \frac{t_{mc} + t_{mz}}{2} - \frac{t_c + t_z}{2} \tag{5-29}$$

式中　t_{mc}、t_{mz}——热媒的初温和终温，℃。热媒为饱和蒸汽，当压力大于70kPa时，其初温应按饱和蒸汽温度计算，可查表5-15确定；当压力小于等于70kPa时，其初温按100℃计算。热媒的终温应由经热工性能测定的产品提供；可按50～90℃。热媒为热水时，热媒的初温应按热媒供水的最低温度计算，热媒的终温应由经热工性能测定的产品提供；当热媒初温为70～100℃时，其终温可按50～80℃计算。热媒为热力管网的热水时，热媒的计算温度应按热力管网供回水的最低温度计算；

　　　　t_c、t_z——被加热水的初温和终温，℃。

2）快速式水加热器、半即热式水加热器热媒为蒸汽或热水和被加热水的温差Δt_j，采用平均对数温度差按下列公式计算：

$$\Delta t_j = \frac{\Delta t_{max} - \Delta t_{min}}{\ln \dfrac{\Delta t_{max}}{\Delta t_{min}}} \tag{5-30}$$

式中　Δt_{max}——热媒与被加热水在水加热器一端的最大温差，℃；

　　　　Δt_{min}——热媒与被加热水在水加热器另一端的最小温差，℃。

由于快速式水加热器可采用水-水并流、水-水逆流，汽-水逆流的方式，所以其Δt_{max}、Δt_{min}可按图5-40～图5-42中的标注计算得出。

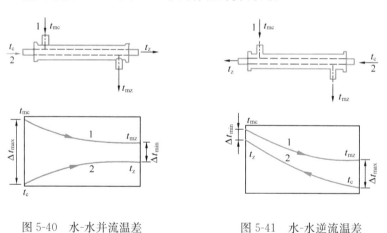

图5-40　水-水并流温差　　　　　　图5-41　水-水逆流温差
1—热媒为热水；2—被加热水　　　　1—热媒为热水；2—被加热水

由公式（5-28）计算出的传热面积是根据总的小时耗热量算出的总面积，而不是每台水加热设备所需的传热面积。按规定，医院热水供应系统的锅炉或水加热器不得少于2台，其他建筑的热水供应系统的水加热设备不宜少于2台，1台检修时，其余各台的总供热能力不得小于设计小时耗热量的50%。医院建筑不得采用有滞水区的容积式水加热器。确定了水加热器台数n以后，根据每台水加热器的传热面积，可直接查产品样本得出加热盘管或排管的直径、长度、根数和排数，也可按下列公式计算出加热盘管总长度：

$$L=\frac{F_{jr}}{\pi D}\qquad(5\text{-}31)$$

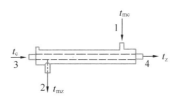

式中　L——盘管总长度，m；

　　　D——盘管外径，m；

　　　F_{jr}——传热面积，m^2。

（2）热水贮水器容积的计算。

集中热水供应系统加热器的逐时供热量和热水系统的逐时耗热量之间存在差异，通常采用贮水器加以调节。从理论上讲，贮热水器的容积应以热水供应系统设计成定温变容、定容变温和变温变容三种工况的小时供热曲线和小时耗热曲线，用作图法来确定，但在实际工程中，此资料难以收集，所以考虑到加热设备的类型、建筑物用水规律、热源和热媒的充沛程

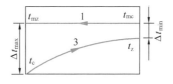

图 5-42　汽-水快速热交换温差
1—蒸汽；2—凝结水；
3—被加热冷水；4—热水

度、自动控制装置、管理情况等，贮水器的容积可采用经验法按下列公式计算：

$$V=\frac{TQ_h}{(t_r-t_L)C\times60}\qquad(5\text{-}32)$$

式中　　　V——贮水器的贮水容积，L；

　　　　　T——表 5-20 中规定的时间，min；

　　　　　Q_h——热水供应系统设计小时耗热量，kJ/h；

t_r、t_L、C——同公式（5-20）。

导流型容积式水加热器或加热水箱（罐）按公式（5-32）计算确定出容积后，其容积附加系数 η，可按式（5-23）中的规定取值。当采用半容积式水加热器时，或带有强制罐内水循环装置的容积式水加热器，其计算容积可不附加。

容积式水加热器或加热水箱、半容积式水加热器的贮热量不得小于表 5-20 的要求。

半即热式、快速式水加热器当热媒按设计秒流量供应，且有完善可靠的温度自动控制安全装置时，可不设贮热水罐。当其不具备上述条件时，应设贮水器，其贮热量宜根据热媒供应情况按导流型容积式水加热器或半容积式水加热器确定。

水加热设施的贮热量　　　　　　　　　　表 5-20

加热设施	以蒸汽和 95℃ 以上的热水为热媒		以小于或等于 95℃ 的热水为热媒	
	工业企业淋浴室	其他建筑物	工业企业淋浴室	其他建筑物
内置加热盘管的加热水箱	$\geqslant30min\cdot Q_h$	$\geqslant45min\cdot Q_h$	$\geqslant60min\cdot Q_h$	$\geqslant90min\cdot Q_h$
导流型容积式水加热器	$\geqslant20min\cdot Q_h$	$\geqslant30min\cdot Q_h$	$\geqslant30min\cdot Q_h$	$\geqslant40min\cdot Q_h$
半容积式水加热器	$\geqslant15min\cdot Q_h$	$\geqslant15min\cdot Q_h$	$\geqslant15min\cdot Q_h$	$\geqslant20min\cdot Q_h$

注：1. 燃油（气）热水机组所配贮热水罐，贮热量宜根据热媒供应情况按导流型容积式水加热器或半容积式水加热器确定。

　　2. 表中 Q_h 为设计小时耗热量（kJ/h）。

265

太阳能热水供应系统的水加热器、集热水箱（罐）的有效容积可按式（5-11）、式（5-12）计算确定，水源、空气源热泵热水供应系统的贮热水箱（罐）的有效容积可按本标准式（5-17）计算确定。

集中生活热水供应系统利用低谷电制备生活热水时，其贮热水箱总容积、电热机组功率应符合下列规定：

采用高温贮热水箱贮热、低温供热水箱供热的直接供应热水系统时，其热水箱总容积应分别按下列公式计算：

$$V_1 = \frac{1.1T_2 \cdot m \cdot q_r \cdot (t_r - t_l) \cdot C_\gamma}{1000(t_h - t_L)} \tag{5-33}$$

$$V_2 = \frac{T_3 \cdot Q_{yh}}{1000} \tag{5-34}$$

式中　　　V_1——高温贮热水箱总容积（m³）；

$\quad\quad\quad\quad V_2$——低温（供水温度 $t_\gamma = 60℃$）供热水箱总容积（m³）；

$\quad\quad\quad\quad 1.1$——总容积与有效贮水容积之比值；

$\quad\quad\quad\quad T_2$——高温热水贮水时间，$T_2 = 1d$；

$\quad\quad\quad\quad T_3$——低温热水贮水时间，$T_3 = 0.25 \sim 0.30h$；

$\quad\quad\quad\quad t_h$——贮水温度（℃），$t_h = 80℃ \sim 90℃$；

$\quad\quad\quad\quad Q_{yh}$——设计小时热水量（L/h）。

m、q_r、t_r、t_L、C_γ——同式（5-21）、式（5-22）；

采用贮热、供热合一的低温水箱的直接供应热水系统时，热水箱总容积应按下式计算：

$$V_3 = \frac{1.1T_2 \cdot m \cdot q_r \cdot C_\gamma}{1000} \tag{5-35}$$

式中　　　V_3——贮热、供热合一的低温贮热水箱（供水温度 $t_r = 60℃$）的总容积（m³）。

m、q_r、C_γ——同式（5-21）、式（5-22）。

$\quad\quad\quad\quad T_2$——同式（5-21）。

采用贮热水箱贮存热媒水的间接供应热水系统时，贮热水箱总容积应按下式计算：

$$V_4 = \frac{1.1T_2 \cdot m \cdot q_r \cdot (t_r - t_l) \cdot C_\gamma}{1000\Delta t_m^m} \tag{5-36}$$

式中　　　V_4——热媒水贮热水箱总容积（m³）；

$\quad\quad\quad\quad \Delta t_m^m$——热媒水间接换热被加热水时，热媒供、回水平均温度差；一般可取热媒供水温度 $t_{mc} = 80℃ \sim 90℃$，$\Delta t_m^m = 25℃$。

m、q_r、C_γ——同式（5-21）、式（5-22）；

$\quad\quad\quad\quad T_2$——同式（5-33）。

电热机组的功率应按下式计算：

$$N = \frac{m \cdot q_r \cdot C(t_r - t_l)\rho_r \cdot C_r}{3600T_1 \cdot M} \tag{5-37}$$

式中
N——电热水机组功率，kW；

T_4——每天低谷电加热的时间，$T_4 = 6h \sim 8h$；

M——电能转为热能的效率，$M = 0.98$；

m、q_r、C、t_r、t_L、C_γ——同式（5-21）、式（5-22）；

P_r——热水用水定额，L。

设有高位加热贮热水箱连续加热的热水供应系统，宜设置高位冷水供水箱供水和补水。高位冷水水箱的设置高度（以水箱最低水位计算）应保证最不利处的配水点所需水压。

闭式热水供应系统的冷水补给水管的设置除应符合现行国家标准的要求外，尚应符合下列规定：

冷水补给水管的管径应按热水供应系统总干管的设计秒流量确定；有第一循环的热水供应系统，当第一循环采用自然循环时，冷水补给水管应接入贮热水罐，不应接入第一循环的回水管、热水锅炉或热水机组。热水箱应加盖，并应设溢流管、泄水管和引出室外的通气管。热水箱溢流水位超出冷水补水箱的水位高度应按热水膨胀量计算。泄水管、溢流管不得与排水管道直接连接。

2. 加热设备水头损失计算

（1）容积式水加热器、加热水箱水头损失计算

容积式水加热器和加热水箱中被加热水的流速低，一般为 0.1m/s 左右，其壳程也短，因而其水头损失偏小，工程中在确定机械循环水泵扬程时，可忽略不计。

（2）快速式水加热器水头损失计算

快速式水加热器被加热水在管程中，一般设计为"紊流传热"，流速较大，管程也长，水头损失不能忽略，应为沿程水头损失和局部水头损失之和，按下列公式计算：

$$\Delta H = \left(\lambda \frac{L}{d_j} + \Sigma \zeta \right) \frac{v^2}{2g} \tag{5-38}$$

式中　ΔH——快速式水加热器中热水的水头损失，mmH_2O；

λ——管道沿程阻力系数；

L——被加热水的流程长度，m；

d_j——传热管计算管径，m；

ζ——局部阻力系数，参考图 5-43 和表 5-21 采用；

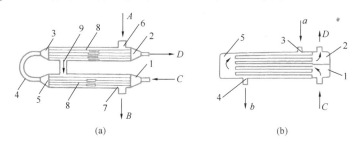

图 5-43　快速热交换器局部阻力构造

（a）水-水快速热交换器；（b）汽-水快速热交换器

A—热媒水；a—热媒蒸汽；B—热媒回水；b—凝结水；C—冷水；D—热水

v—— 被加热水的流速，m/s；

g—— 重力加速度，一般取 9.81m/s^2。

快速加热器局部阻力系数 ζ 值（以图 5-43 为基础说明）　　　表 5-21

热交换类型	局部阻力形式	ζ 值
水-水快速加热器	水室到管束或管束到水室（图中 1 或 2）	0.5
	经水室转 $180°$ 由一管束到另一管束（图中 5+4+3）	2.5
	与管束垂直进入管间（图中 6）	1.5
	与管束垂直流出管间（图中 7）	1.0
	在管间绕过支承板（图中 8）	0.5
	在管间由一段到另一段（图中 9）	2.5
汽-水快速加热器	与管束垂直的水室进口或出口（图中 1 或 2）	0.75
	经水室转 $180°$（图中 5）	1.5
	与管束垂直进入管间（图中 3）	1.5
	与管束垂直流出管间（图中 4）	1.0

注：图中指图 5-43。

3. 锅炉选择或加热设备的选择

集中热水系统所需热源锅炉和加热设备，应与整幢建筑对热源的需求作统一设计选择。小型建筑热水系统可单独选择，在产品样本中查出锅炉和加热设备的发热量 Q_K 与小时供热量 Q_g 应满足 $Q_K \geqslant Q_g$，而 Q_g 按下列公式计算：

$$Q_g = (1.1 \sim 1.2)Q \tag{5-39}$$

式中　　Q_g—— 锅炉小时供热量，W；

Q—— 设计小时耗热量，W；

$1.1 \sim 1.2$—— 热水系统热损失附加系数。

5.8　热媒管网和热水配水管网水力计算

热水系统中管网的计算可按第一循环管网和第二循环管网进行，第一循环管网指热水锅炉或各类加热器至贮水罐之间供、回水管道系统，故须计算确定热媒管道管径，凝结水管道管径，并进行不同循环方式的相关计算。第二循环管网指贮水罐至配水点之间供、回水管道系统，故有热水配水管网管径的确定，循环流量的计算，回水管道管径确定，水头损失计算，循环方式的确定，循环水泵流量和扬程的确定等。

5.8.1　第一循环管网计算

1. 热媒为热水

热媒为热水时，热媒耗量 G_{ms} 已经算出，现在需要确定出热媒供水管和回水管的管径和总水头损失。设计规定的条件为热媒在供水和回水管道中的流速控制在 1.2m/s 以内，每米管长的沿程水头损失控制在 $5 \sim 10\text{mm/m}$ 的范围，由表 5-22 查出供水管和回水管管径，其总水头损失为沿程和局部水头损失之和 H_h。

如图 5-44 所示，当锅炉与水加热器或贮水器连接时，热媒管网第一循环管的自然循环压力值可按下列公式计算：

$$H_{xr} = 10 \cdot \Delta h(\rho_1 - \rho_2) \quad (5\text{-}40)$$

式中　H_{xr}——第一循环管的自然压力值，Pa；

Δh——热水锅炉或水加热器中心与贮热水罐中心的标高差，m；

ρ_1——贮热水罐回水的密度，kg/m^3；

ρ_2——锅炉或水加热器出水的热水密度，kg/m^3。

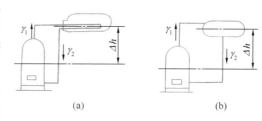

图 5-44　自然循环压力
(a) 热水锅炉与水加热器连接（间接加热）；
(b) 热水锅炉与贮水器连接（直接加热）

当 $H_{xr} > H_h$ 时，可形成自然循环，为保证系统的运行可靠，必须满足 $H_{xr} \geqslant (1.1 \sim 1.15)H_h$。若 H_{xr} 略小于 H_h，在条件许可时可以适当调整水加热器和贮水器的设置高度来满足。经调整后仍不能满足要求时，则应采用机械循环方式强制循环，循环热水泵的出水量和扬程应比理论值略大一些。

2. 热媒为蒸汽

热媒为高压蒸汽时，前已根据其加热方式的不同计算出热媒耗量，在此任务是确定出高压蒸汽管道的管径和凝结水管的管径。热媒高压蒸汽管道一般按管道的允许流速和相应的比压降确定管径和水头损失，查表 5-23 和表 5-24 确定。

热媒管道水力计算（水温 $t = 70 \sim 95℃$，$k = 0.2mm$）　　表 5-22

公称直径(mm)		15		20		25		32		40	
内径（mm）		15.75		21.25				·			
Q (kJ/h)	G (kg/h)	R (mm/m)	v (m/s)	R	v	R	v	R	v	R	v
1047	10	0.05	0.016								
1570	15	0.11	0.032								
2093	20	0.19	0.030								
2303	22	0.22	0.034								
2512	24	0.26	0.037	0.06	0.020						
2721	26	0.30	0.040	0.07	0.022						
2931	28	0.35	0.043	0.08	0.024						
3140	30	0.39	0.046	0.09	0.025						
3350	32	0.44	0.049	0.10	0.027						
3559	34	0.49	0.052	0.11	0.029						
3768	36	0.55	0.056	0.12	0.031						
3978	38	0.60	0.059	0.13	0.032						
4187	40	0.67	0.062	0.145	0.034						
4396	42	0.73	0.065	0.160	0.035						
4606	44	0.79	0.069	0.175	0.037						

续表

公称直径 (mm)		15		20		25		32		40	
内径 (mm)		15.75		21.25							
Q (kJ/h)	G (kg/h)	R (mm/m)	v (m/s)	R	v	R	v	R	v	R	v
4815	46	0.86	0.071	0.19	0.039						
5024	48	0.93	0.074	0.205	0.040	0.06	0.025				
5234	50	1.00	0.077	0.22	0.042	0.065	0.026				
5443	52	1.08	0.080	0.235	0.044	0.07	0.027				
5652	54	1.16	0.083	0.250	0.046	0.075	0.028				
6071	56	1.24	0.087	0.27	0.047	0.08	0.029				
6280	60	1.40	0.093	0.31	0.051	0.09	0.031				
7536	72	1.96	0.112	0.43	0.061	0.12	0.037				
10467	100	3.59	0.154	0.79	0.084	0.23	0.051	0.055	0.029		
14654	140	6.68	0.216	1.46	0.118	0.42	0.072	0.101	0.041	0.051	0.031

高压蒸汽管道常用流速　　　　　　　　　　表 5-23

管径 (mm)	15~20	25~32	40	50~80	100~150	≥200
流速 (m/s)	10~15	15~20	20~25	25~35	30~40	40~60

蒸汽管道管径计算表 ($\delta = 0.2$mm)　　　　　　　表 5-24

DN (mm)	v (m/s)	6.9		9.8		19.6		29.4		39.2		49		59	
		G	R	G	R	G	R	G	R	G	R	G	R	G	R
15	10	6.7	11.4	7.8	13.4	11.3	19.3	14.9	25.6	18.4	31.7	21.8	37.4	25.3	43.5
	15	10.0	25.6	11.7	30.0	17.0	43.7	22.4	57.7	27.6	66.3	32.4	82.5	37.6	95.8
	20	13.4	44.6	15.0	53.5	22.7	78.0	29.8	102.0	30.8	126.0	43.7	150.0	50.5	173.0
20	10	12.2	7.8	11.1	8.0	20.7	18.4	27.1	17.4	33.5	21.6	39.8	25.6	46.0	29.5
	15	18.2	17.5	21.1	20.2	31.1	30.2	38.6	35.3	50.3	48.6	57.7	53.8	69.0	66.5
	20	24.3	31.0	28.2	36.9	41.4	53.5	54.2	69.5	67.0	86.2	79.6	102.4	92.0	118.0
25	15	29.4	13.1	34.4	15.4	50.2	32.5	65.8	29.4	81.2	36.2	96.2	43.9	111.0	49.7
	20	39.2	23.0	45.8	27.4	66.7	40.1	87.8	52.3	108.0	65.5	128.0	76.2	149.0	88.2
	25	49.0	35.6	57.3	42.6	83.3	61.8	110.0	81.7	136.0	102.0	161.0	119.0	186.0	138.0
32	15	51.6	9.2	60.2	10.8	88.0	15.8	115.0	20.6	142.0	24.8	169.0	27.0	195.0	35.7
	20	67.7	15.8	80.2	19.1	117.0	27.1	154.0	36.7	190.0	44.7	226.0	54.8	260.0	61.7
	25	85.6	25.0	100.0	29.6	147.0	44.3	193.0	57.4	238.0	69.7	282.0	83.2	325.0	96.4
	30	103.0	35.6	120.0	43.0	176.0	65.3	230.0	82.3	284.0	103.0	338.0	121.0	390.0	138.0
40	20	90.6	13.8	105.0	16.0	154.0	23.3	202.0	30.8	249.0	35.9	283.0	41.5	343.0	52.4
	25	113.0	21.4	132.0	25.2	194.0	36.8	258.0	48.4	311.0	59.2	354.0	64.7	428.0	81.6
	30	136.0	31.2	158.0	36.1	232.0	53.0	306.0	68.0	374.0	85.5	444.0	102.0	514.0	118.0
	35	157.0	41.5	185.0	49.5	268.0	71.5	354.0	94.7	437.0	117.0	521.0	140.0	594.0	157.0

表格上部表头：P（表压）(10kPa)，G(kg/h)、R(mmH$_2$O/m)

续表

DN (mm)	v (m/s)	6.9		9.8		19.6		29.4		39.2		49		59	
		G	R	G	R	G	R	G	R	G	R	G	R	G	R
50	20	134.0	10.7	157.0	12.8	229.0	18.5	301.0	24.2	371.0	30.0	443.0	35.8	508.0	40.5
	25	168.0	16.9	197.0	19.7	287.0	28.7	377.0	37.0	465.0	47.0	554.0	56.1	636.0	63.7
	30	202.0	24.1	236.0	28.6	344.0	41.4	452.0	53.8	558.0	67.6	664.0	80.5	764.0	92.0
	35	234.0	32.7	270.0	39.0	400.0	56.5	530.0	93.9	650.0	93.0	776.0	110.0	885.0	124.0
70	20	257.0	7.1	299.0	8.5	437.0	12.3	572.0	16.2	706.0	19.6	838.0	23.6	970.0	27.1
	25	317.0	11.0	374.0	13.1	542.0	18.9	715.0	25.1	880.0	30.6	1052.0	37.0	1200.0	41.5
	30	380.0	15.7	448.0	18.8	650.0	27.4	858.0	36.0	1060.0	44.6	1262.0	53.2	1440.0	54.7
	35	445.0	21.6	525.0	25.8	762.0	37.4	1005.0	49.5	1240.0	60.7	1478.0	73.0	1685.0	81.6
80	25	454.0	9.1	528.0	10.6	773.0	15.5	1012.0	20.4	1297.0	27.0	1480.0	29.6	1713.0	34.2
	30	556.0	13.5	630.0	15.2	926.0	22.3	1213.0	29.1	1498.0	36.0	1776.0	42.5	2053.0	48.4
	35	634.0	17.7	738.0	20.6	1082.0	30.4	1415.0	39.6	1749.0	49.0	2074.0	58.0	2400.0	67.1
	40	726.0	23.2	844.0	27.0	1237.0	39.8	1620.0	52.0	1978.0	64.0	2370.0	75.7	2740.0	86.5
100	25	673.0	7.0	784.0	8.2	1149.0	12.1	1502.0	15.7	1856.0	18.5	2201.0	23.1	2547.0	26.7
	30	808.0	10.2	940.0	11.8	1377.0	17.4	1801.0	22.6	2220.0	28.0	2640.0	33.1	3058.0	38.4
	35	944.0	13.9	1099.0	16.1	1608.0	23.7	2108.0	31.0	2600.0	38.2	3083.0	45.2	3568.0	52.4
	40	1034.0	16.6	1250.0	20.8	1832.0	30.7	2396.0	40.0	2980.0	50.0	3514.0	58.7	4030.0	66.7

表头：P(表压)(10kPa)；G(kg/h).R(mmH₂O/m)

  蒸汽在水加热器中进行热交换后，由于温度下降而形成凝结水，凝结水从水加热器出口至疏水器间的一段为 $a{\sim}b$ 段，如图 5-45 所示，在此管段中为汽水混合的两相流动，其管径常按通过的设计小时耗热量查表 5-25 确定。

由水加热器至疏水器间 $a{\sim}b$ 管段不同管径通过的小时耗热量（kJ/h） 表 5-25

DN (mm)	15	20	25	32	40	50	70	80	100	125	150
热量 (kJ/h)	33494	108857	167472	355300	460548	887602	2101774	3089232	4814820	7871184	17835768

  凝结水是利用通过疏水器后的余压，输送到凝结水箱，如图 5-45 中 $b{\sim}c$ 段，当余压凝结水箱为开式时，其 $b{\sim}c$ 管段通过的热量按下列公式计算：

$$Q_j = 1.25Q \qquad (5-41)$$

式中 Q_j——余压凝结水管段中的计算热量，kJ/h；

  Q——设计小时耗热量，kJ/h；

  1.25——考虑系统启动时凝结水的增大系数。

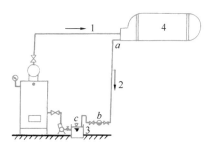

图 5-45 余压凝结水系统图式
1—蒸汽；2—凝结水；3—凝结水池；
4—水加热器
a—凝水管；b—疏水器；c—凝水管出口

计算出 $b\sim c$ 管段通过的热量以后，可查表 5-26 确定管径。

表 5-26

余压凝结水管 $b\sim c$ 管段管径选择

P (10kPa) (绝对大气压)	管径 DN (mm)											
17.7	15	20	25	32	40	50	70	125	150	159×5	219×6	219×6
19.6	15	20	25	32	50	70	100	125	159×5	219×6	219×6	219×6
24.5~29.4	20	25	32	40	50	70	100	150	159×5	219×6	219×6	219×6
>29.4	20	25	32	40	50	70	100	150	219×6	219×6	219×6	273×7
R (mmH$_2$O/m)	按上述管通过热量 (kJ/h)											
5	39147	87090	174171	253301	571498	1084381	2369728	3307572	6615144	12895344	13774572	21436416
10	43543	131047	283028	357971	803866	1532369	3257330	4689216	9294696	18212580	19468620	30228696
20	65314	185057	370532	506603	1138810	2168762	4605480	6615144	13146552	25748820	31526604	42705306
30	82899	217714	477295	619640	1394204	2553948	5652180	8122392	16077312	30467000	33703740	52335000
40	108852	251208	544284	715943	1607731	3077298	6531408	9378432	18599392	36425160	39146580	60289920
50	152400	283865	611273	799679	1800324	3416429	7285032	10467000	20766528	39565260	43542720	67826160

5.8.2　第二循环管网计算

1. 配水管网

热水配水管网计算的目的是确定管径，计算水头损失及所需水压。热水配水管网确定管径和计算水头损失的方法基本上与生活用冷水给水系统相同，即按现行国家标准《建筑给水排水设计标准》GB 50015 中规定的居住小区室外给水管道设计秒流量、建筑物给水引入管设计秒流量、综合体建筑或同一建筑不同功能部分的生活给水干管设计秒流量计算规定，计算出计算管段的设计秒流量后用允许流速值查水力计算表确定管径，水头损失也包括沿程水头损失和局部水头损失。沿程水头损失按给水管道沿程水头损失计算公式计算。局部水头损失宜按管道连接方式，采用管（配）件当量长度法计算，当资料不足时，可按给水管道沿程水头损失的百分数取值。但也有一些不同之处，主要表现为：

（1）由于热水系统中水温较高，易结垢和腐蚀造成管内径缩小，粗糙系数增大，因而水头损失计算公式不同，所以热水管网水力计算应使用热水管道水力计算表，见表5-27。

表 5-27

热水管道水力计算表（$t=60℃$　$\delta=1.0$mm　DN；mm）

流量		DN=15		DN=20		DN=25		DN=32		DN=40		DN=50		DN=70		DN=80		DN=100	
(L/h)	(L/s)	R	v	R	v	R	v	R	v	R	v	R	v	R	v	R	v	R	v
360	0.10	169	0.75	22.4	0.35	5.18	0.2	1.18	0.12	0.484	0.084	0.129	0.051	0.032	0.03	0.011	0.02	0.003	0.012

续表

流量 (L/h)	(L/s)	DN=15 R	v	DN=20 R	v	DN=25 R	v	DN=32 R	v	DN=40 R	v	DN=50 R	v	DN=70 R	v	DN=80 R	v	DN=100 R	v
540	0.15	381	1.13	50.4	0.53	11.7	0.31	2.65	0.17	1.09	0.125	0.29	0.076	0.072	0.045	0.025	0.031	0.006	0.018
720	0.20	678	1.51	89.7	0.7	20.7	0.41	4.72	0.23	1.94	0.17	0.515	0.1	0.127	0.06	0.045	0.041	0.011	0.024
1080	0.30	1526	2.26	202	1.06	46.6	0.61	10.6	0.35	4.26	0.25	1.16	0.15	0.287	0.09	0.101	0.061	0.025	0.036
1440	0.40	2713	3.01	359	1.41	82.9	0.81	18.9	0.47	7.74	0.33	2.06	0.2	0.51	0.12	0.179	0.082	0.045	0.048
1800	0.50	4239	3.77	560	1.76	129	1.02	29.5	0.53	12.1	0.42	3.22	0.25	0.796	0.15	0.28	0.1	0.058	0.06
2160	0.60	—	—	807	2.21	186	1.22	42.5	0.7	17.4	0.5	4.64	0.31	1.15	0.18	0.403	0.12	0.098	0.072
2520	0.70	—	—	1099	2.47	254	1.43	57.8	0.82	23.7	0.59	6.31	0.36	1.56	0.21	0.549	0.14	0.133	0.084
2880	0.80	—	—	1435	2.82	332	1.63	75.5	0.93	31	0.67	8.24	0.41	2.04	0.24	0.717	0.16	0.174	0.096
3600	1.0	—	—	2242	3.53	518	2.04	118	1.17	48.4	0.84	12.9	0.51	3.18	0.3	1.12	0.20	0.272	0.12
4320	1.2	—	—	—	—	746	2.44	170	1.4	69.7	1.00	18.5	0.61	4.59	0.36	1.61	0.24	0.393	0.14
5040	1.4	—	—	—	—	1016	2.85	231	1.64	94.9	1.17	25.2	0.71	6.24	0.42	2.19	0.29	0.534	0.17
5760	1.6	—	—	—	—	1326	3.26	302	1.87	124	1.34	32.9	0.81	8.15	0.48	2.87	0.33	0.698	0.19
6480	1.8	—	—	—	—	—	—	382	2.1	157	1.51	41.7	0.92	10.3	0.54	3.63	0.37	0.883	0.22
7200	2.0	—	—	—	—	—	—	472	2.34	194	1.67	51.5	1.02	12.7	0.6	4.48	0.41	1.09	0.24
7920	2.2	—	—	—	—	—	—	520	2.45	213	1.71	56.8	1.07	14	0.63	4.94	0.43	1.2	0.25
8280	2.4	—	—	—	—	—	—	680	2.81	279	2.01	74.2	1.22	18.3	0.72	6.45	0.49	1.57	0.29
9360	2.6	—	—	—	—	—	—	798	3.04	327	2.18	87	1.32	21.5	0.78	7.57	0.53	1.84	0.31
10080	2.8	—	—	—	—	—	—	925	3.27	379	2.34	101	1.43	25	0.84	8.78	0.57	2.14	0.34
10800	3.0	—	—	—	—	—	—	—	—	436	2.51	116	1.53	28.7	0.9	10.1	0.61	2.45	0.36
11520	3.2	—	—	—	—	—	—	—	—	496	2.68	132	1.63	32.6	0.96	11.5	0.65	2.79	0.38
12240	3.4	—	—	—	—	—	—	—	—	559	2.85	149	1.73	36.8	1.02	13	0.69	3.15	0.41
12960	3.6	—	—	—	—	—	—	—	—	627	3.01	167	1.83	41.3	1.08	14.5	0.73	3.53	0.43
13680	3.8	—	—	—	—	—	—	—	—	736	3.26	196	1.99	48.4	1.17	17	0.80	4.15	0.47
14400	4.0	—	—	—	—	—	—	—	—	774	3.35	206	2.04	50.9	1.2	17.9	0.82	4.36	0.48
15120	4.2	—	—	—	—	—	—	—	—	—	—	227	2.14	56.2	1.26	19.8	0.87	4.81	0.5
15840	4.4	—	—	—	—	—	—	—	—	—	—	250	2.24	61.7	1.33	21.7	0.90	5.28	0.53
16560	4.6	—	—	—	—	—	—	—	—	—	—	273	2.34	67.4	1.38	23.7	0.94	5.97	0.55
17280	4.8	—	—	—	—	—	—	—	—	—	—	297	2.44	73.4	1.44	25.8	0.98	6.28	0.58
18000	5.0	—	—	—	—	—	—	—	—	—	—	322	2.55	79.6	1.51	28	1.02	6.81	0.6
18720	5.2	—	—	—	—	—	—	—	—	—	—	348	2.65	86.1	1.57	30.3	1.06	7.37	0.62
19440	5.4	—	—	—	—	—	—	—	—	—	—	376	2.75	92.9	1.63	32.7	1.10	7.95	0.65
20160	5.6	—	—	—	—	—	—	—	—	—	—	404	2.85	99.9	1.69	35.1	1.14	8.55	0.67
20880	5.8	—	—	—	—	—	—	—	—	—	—	434	2.95	107	1.75	37.7	1.18	9.17	0.7
21600	6.0	—	—	—	—	—	—	—	—	—	—	464	3.06	115	1.81	40.3	1.22	9.81	0.72
22320	6.2	—	—	—	—	—	—	—	—	—	—	495	3.16	122	1.87	43	1.26	10.5	0.74
23040	6.4	—	—	—	—	—	—	—	—	—	—	528	3.26	130	1.93	45.9	1.30	11.2	0.77
24480	6.8	—	—	—	—	—	—	—	—	—	—	596	3.46	147	2.05	51.8	1.39	12.6	0.82
25200	7.0	—	—	—	—	—	—	—	—	—	—	632	3.56	156	2.11	54.9	1.43	13.4	0.84
25920	7.2	—	—	—	—	—	—	—	—	—	—	—	—	165	2.17	58.1	1.47	14.1	0.86
26640	7.4	—	—	—	—	—	—	—	—	—	—	—	—	174	2.23	61.3	1.51	14.9	0.89
27360	7.6	—	—	—	—	—	—	—	—	—	—	—	—	184	2.29	64.7	1.55	15.7	0.91
28080	7.8	—	—	—	—	—	—	—	—	—	—	—	—	194	2.35	68.1	1.59	16.6	0.94
28800	8.0	—	—	—	—	—	—	—	—	—	—	—	—	204	2.41	71.7	1.63	17.5	0.96
29520	8.2	—	—	—	—	—	—	—	—	—	—	—	—	214	2.47	75.3	1.67	18.3	0.98

注：R——单位管长水头损失（mm/m）；v——流速（m/s）。

273

（2）热水管道流速宜按表 5-28 选用。

表 5-28

热水管道的流速

公称直径（mm）	15～20	25～40	≥50
流速（m/s）	≤0.8	≤1.0	≤1.2

（3）机械循环方式中热水配水管网的局部水头损失可按生活用冷水给水系统的计算公式和方法计算；自然循环方式中热水配水管网的局部水头损失宜按公式详细计算得出。

（4）热水配水管网的最小管径不宜小于 20mm。

2. 回水管网

热水供应系统中，为保证用水点的热水温度，往往设置回水管网与配水管网形成循环。由于循环动力不同，可分为自然循环和机械循环两种类型。两者在计算中虽有不同，但其基础理论有着密切联系。

（1）自然循环管网计算

在自然循环管网中，由于管网布置形式不同，如图 5-46 所示，则产生的压力水头也不相同，分别为：

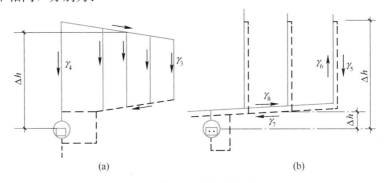

图 5-46　管网自然循环作用水头
（a）上行下给式；（b）下行上给式

1）上行下给式的压力水头：

$$H_{zr} = \Delta h (\gamma_3 - \gamma_1) \tag{5-42}$$

式中　H_{zr}——第二循环管网自然循环产生的压力水头，mmH_2O；

Δh——热水贮罐的中心与上行横干管管段中心点的标高差，m；

γ_3——最远处立管管段中点的水的重度，N/m^3；

γ_1——配水立管管段中点的水的重度，N/m^3。

2）下行上给式的压力水头：

$$H_{zr} = (\Delta h - \Delta h_1)(\gamma_5 - \gamma_6) + \Delta h_1 (\gamma_7 - \gamma_8) \tag{5-43}$$

式中　H_{zr}——第二循环管网自然循环产生的压力水头，mmH_2O；

Δh——热水贮罐的中心至立管顶部的标高差，m；

Δh_1——锅炉或水加热器的中心至立管底部的标高差，m；

γ_5、γ_6——最远处回水立管和配水立管管段中点水的重度，N/m^3；

γ_7、γ_8——锅炉或水加热器至立管底部回水管和配水管管段中点水的重度，N/m^3。

3）自然循环水头损失：

热水配水管网的管径已经水力计算确定，热水循环回水管网的管径应按管路的循环流量经水力计算确定，最小管径不应小于 20mm。循环流量在通过热水配水管网和热水回水管网时造成的水头损失，应以计算管路按下列公式计算：

$$H_{hx} = H_P + H_x \tag{5-44}$$

式中　H_{hx}——循环流量通过配水管网和回水管网计算管路的总水头损失，mmH_2O；

　　　　H_P——循环流量通过配水计算管路的沿程和局部水头损失，mmH_2O；

　　　　H_x——循环流量通过回水计算管路的沿程和局部水头损失，mmH_2O。

4）自然循环应满足的条件按下列公式计算：

$$H_{zr} \geqslant 1.35(H_{hx} + H_j) \tag{5-45}$$

式中　H_{zr}——自然循环的压力水头，mmH_2O；

　　　　H_{hx}——循环流量通过配水管网和回水管网计算管路的总水头损失，mmH_2O；

　　　　H_j——水加热器的水头损失，mmH_2O。

当计算结果与上述条件相差不多时，可采用适当放大管径来加以调整，使上述条件满足。当计算结果相差太大时，则应采用机械循环方式。

5）循环流量的计算：

循环流量的作用是使配水管网经常保持一定流量的热水携带足够的热量，来补偿全部热水配水管网的热损失，以保证各配水点出水温度达到用户要求。

① 热水配水管网各管段的热损失，按下列公式计算：

$$Q_S = \pi DLK(1-\eta)\left(\frac{t_c + t_z}{2} - t_k\right) \tag{5-46}$$

式中　Q_S——计算管段热损失，kJ/h；

　　　　D——计算管段管道外径，m；

　　　　L——计算管段长度，m；

　　　　K——无保温时管道的传热系数，普通钢管可取 $43.96kJ/（m^2 \cdot h \cdot ℃）$；

　　　　η——保温系数，无保温时 $\eta = 0$，简单保温时 $\eta = 0.6$，较好保温时 $\eta = 0.7 \sim 0.8$；

　　　　t_c——计算管段的起点水温，$℃$；

　　　　t_z——计算管段的终点水温，$℃$；

　　　　t_k——计算管段周围空气温度，可按表 5-29 确定，$℃$。

管段周围空气温度　　　　　　　　　　　　　　　　　表 5-29

管道敷设情况	t_k 值（℃）	管道敷设情况	t_k 值（℃）
采暖房间内，明管敷设	18～20	不采暖房间的地下室内	5～10
采暖房间内，暗管敷设	30	室内地下管沟内	35
不采暖房间的顶棚内	可采用1月份的平均气温		

计算管段的起点水温 t_c 和终点水温 t_z，宜按温降因素法计算：

$$M = \frac{L(1-\eta)}{d} \qquad (5\text{-}47)$$

$$\Delta t = M\frac{\Delta T}{\sum M} \qquad (5\text{-}48)$$

$$t_z = t_c - \Delta t = t_c - M\frac{\Delta T}{\sum M} \qquad (5\text{-}49)$$

式中　M——计算管段温降因素；

　　　　L——计算管段长度，m；

　　　　d——计算管段管道内径，可近似取外径，mm；

　　　　η——同式（5-46）；

　　　　Δt——计算管段温度降，℃；

　　　　ΔT——配水管网起点和终点热水温差，按系统大小确定，单体建筑可取 5～10℃；小区可取 6～12℃；

　　　$\sum M$——计算管路中各计算管段温降因素之和；

　　　　t_c——计算管段起点水温，℃；

　　　　t_z——计算管段终点水温，℃。

② 全日集中热水供应系统的热水循环流量，按下列公式计算：

$$q_x = \frac{Q_s}{C \cdot \rho_r \cdot \Delta t_s} \qquad (5\text{-}50)$$

式中　q_x——全日集中热水供应系统循环流量，L/h；

　　　　Q_s——配水管道的热损失，kJ/h，经计算确定，单体建筑可取（2%～4%）Q_h；小区可采用（3%～5%）Q_h；

　　　C、ρ_r——同式（5-21）；

　　　　Δt_s——配水管道的热水温度差（℃），按系统大小确定，单体建筑可取 5～10℃，小区可取 6～12℃。

③ 各配水管段的循环流量计算：

以图 5-47 中三通节点 1 处前后的循环流量确定为例，依次进行循环流量的分配计算。

在图 5-48 中三通节点 1 处根据节点流量守恒原理，$q_{x1} = q_x$，建立热平衡关系式，其中配水管网的起点水温为 t_c，终点水温为 t_z，节点 1 处水温为 t_1，通过管段 Ⅰ 在三通节点 1 处 A—A 界面的热平衡关系式为：

$$q_{x1} \cdot C(t_1 - t_z) = Q_{sⅡ} + Q_{sⅢ} + Q_{sⅣ} + Q_{sⅤ} \qquad (5\text{-}51)$$

通过管段 Ⅰ 在三通节点 1 处 B—B 界面的热平衡关系式为：

$$q_{xⅡ} \cdot C(t_1 - t_z) = Q_{sⅡ} + Q_{sⅢ} + Q_{sⅣ} \qquad (5\text{-}52)$$

式中　C——同式（5-20）。

整理式（5-51）、式（5-52），可得：

$$q_{xⅡ} = \frac{Q_{sⅡ} + Q_{sⅢ} + Q_{sⅣ}}{Q_{sⅡ} + Q_{sⅢ} + Q_{sⅣ} + Q_{sⅤ}} \cdot q_{x1} \qquad (5\text{-}53)$$

　式中　q_{x1}、$q_{xⅡ}$——Ⅰ、Ⅱ管段通过的循环流量，kg/h；

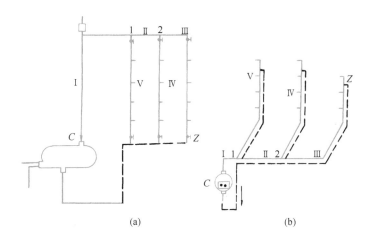

图 5-47　管网循环流量计算用图

（a）上行下给式；（b）下行上给式

$Q_{sⅡ}……Q_{sⅤ}$ —— Ⅱ……Ⅴ管段的热损失，kJ/h。

从式（5-53）可看出循环流量的分配与热损失成正比，由此可将公式（5-53）写成通用计算式：

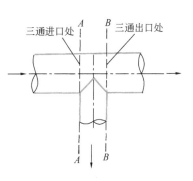

图 5-48　三通节点 1

$$q_{x(n+1)}=\frac{\sum Q_{s(n+1)}}{\sum Q_{sn}-Q_{sn}}\cdot q_{xn}\qquad(5\text{-}54)$$

式中　q_{xn}、$q_{x(n+1)}$ —— n、$n+1$ 管段通过的循环流量，kg/h；

$\sum Q_{sn}$、$\sum Q_{s(n+1)}$ —— n、$n+1$ 管段本身及其后各管段热损失之和，kJ/h；

Q_{sn} —— n 管段本身的热损失，kJ/h。

为简便计算，图 5-47 中各配水管段循环流量的计算式为：

$$q_{xⅠ}=\frac{Q_{sⅠ}+Q_{sⅡ}+Q_{sⅢ}+Q_{sⅣ}+Q_{sⅤ}}{C\cdot(t_c-t_z)}\qquad(5\text{-}55)$$

$$q_{xⅡ}=\frac{Q_{sⅡ}+Q_{sⅢ}+Q_{sⅣ}}{Q_{sⅡ}+Q_{sⅢ}+Q_{sⅣ}+Q_{sⅤ}}\cdot q_{xⅠ}\qquad(5\text{-}56)$$

$$q_{xⅢ}=\frac{Q_{sⅢ}}{Q_{sⅢ}+Q_{sⅣ}}\cdot q_{xⅡ}\qquad(5\text{-}57)$$

$$q_{xⅣ}=\frac{Q_{sⅣ}}{Q_{sⅢ}+Q_{sⅣ}}\cdot q_{xⅡ}\ 或\ q_{xⅣ}=q_{xⅡ}-q_{xⅢ}\qquad(5\text{-}58)$$

$$q_{xⅤ}=\frac{Q_{sⅤ}}{Q_{sⅡ}+Q_{sⅢ}+Q_{sⅣ}+Q_{sⅤ}}\cdot q_{xⅠ}\ 或\ q_{xⅤ}=q_{xⅠ}-q_{xⅡ}\qquad(5\text{-}59)$$

以上各式中符号意义同式（5-51）～式（5-53）。

④ 复核各管段终点实际水温，按下列公式计算：

277

$$t'_z = t_c - \frac{Q_s}{C \cdot q'_x} \tag{5-60}$$

式中 t'_z——各管段终点实际水温，℃；

t_c——各管段起点实际水温，℃；

Q_s——各管段热损失，kJ/h；

q'_x——各管段循环流量，kg/h；

C——同公式（5-20）。

若计算结果与原来热水配水管网设计方案确定的终点水温 t_z 相差较大时，应以公式(5-60)计算的实际水温 t'_z 代入 $t''_z = \frac{t_z + t'_z}{2}$ 作为各管段的终点水温，重新进行①～④的计算。

热水供应系统的循环回水管管径，应按管路的循环流量经水力计算确定。

（2）机械循环管网计算

机械循环管网分为全日机械循环系统和定时机械循环系统，全日机械循环系统应计算配水管路热损失、计算管段的循环流量、水头损失、选择循环水泵等。

1）集中热水供应系统的循环水泵应确定水泵出水流量和水泵的扬程。

① 水泵出水流量按下式计算：

$$q_{xh} = K_x \cdot q_x \tag{5-61}$$

式中 q_{xh}——循环水泵的流量，L/h；

K_x——相应循环措施的附加系数，取 $K_x = 1.5 \sim 2.5$。

② 水泵扬程按下式计算：

$$H_b = h_p + h_x \tag{5-62}$$

式中 H_b——循环水泵的扬程，kPa；

h_p——循环流量通过配水管网的水头损失，kPa；

h_x——循环流量通过回水管网的水头损失，kPa。

当采用半即热式水加热器或快速式水加热器时，水泵扬程尚应计算水加热器的水头损失。

当计算 H_b 值较小时，可选 $H_b = 0.05 \sim 0.10$MPa。

2）定时集中热水供应系统计算

定时集中热水供应系统的运行与全日集中热水供应系统不同，该系统仅在热水供应之前，加热设备提前工作，先用循环水泵将管网中的全部冷水进行循环，直到水温满足要求为止。由于定时热水供应较集中，配热水时可不考虑热水循环。

定时热水供应系统中热水循环流量可按循环管网总水容积的 2～4 倍计算。其循环管网总水容积包括配水管、回水管的总容积。但不包括不循环管网、水加热器或贮热水设施的容积。

定时热水供应系统循环水泵的扬程同式（5-62）计算确定：

3）热水循环水泵的选用、控制和布置

热水循环水泵应选用热水泵，水泵壳体承受的工作压力不得小于其所承受的静水压力加水泵扬程；循环水泵宜设备用泵，交替运行；全日集中热水供应系统的循环水泵在泵前回水总管上应设温度传感器，由温度控制开停。定时热水供应系统的循环水泵宜手动控制，或定时自动控制。设有循环水泵的局部热水供应系统其循环水泵可设1台，循环水泵宜带智能控制或手动控制。

采用热水箱和热水供水泵联合供水的全日热水供应系统的热水供水泵、循环水泵宜合并设置热水泵，其流量和扬程应按热水供水泵计算。当热水供水泵采用变频调速泵组供水时，应符合生活给水系统采用变频调速泵组的相关规定和集中热水供应系统的分区及供水压力稳定、平衡的相关原则。

热水泵应按生活给水系统加压水泵的选择规定进行选择，且热水泵不宜少于3台。热水总回水管上应设温度控制阀件控制总回水管的开、关。

5.9　饮　水　供　应

饮水供应系统是现代建筑中给水的一个重要组成部分。随着人们生活水平的不断提高，环保和自我保健意识的逐渐增强，对日常饮用水的水质要求也越来越高。

为满足人们的饮水要求，制备饮水的方法、设备也越来越多。目前，国内许多城市在一些居住小区已经施行了"水杯子"工程，将居民的一般生活用水和直饮水分管道供给，实行了饮用净水管道供水系统。

5.9.1　饮水的类型和标准

1. 饮水的类型

目前饮水供应的类型主要有开水供应系统、冷饮水供应系统和饮用净水供应系统，采用何种类型主要依据人们的生活习惯和建筑物的使用要求。办公楼、旅馆、学校教学楼和学生宿舍、军营等多采用开水供应系统，大型娱乐场所等公共建筑、工矿企业生产车间多采用冷饮水供应系统，高级住宅多采用饮用净水供应系统。

2. 饮水标准

（1）饮用水量定额。饮水定额及小时变化系数根据建筑物的性质和地区的条件，按表5-30选用，表中所列数据适用于开水、温水、饮用净水、冷饮水供应。但注意制备冷饮水时其冷凝器的冷却用水量不包括在内。

饮水定额及小时变化系数　　　　　　　　　　　　表 5-30

建筑物名称	单位	饮水定额（L）	小时变化系数 K
热车间	每人每班	3～5	1.5
一般车间	每人每班	2～4	1.5
工厂生活间	每人每班	1～2	1.5
办公楼	每人每班	1～2	1.5
集体宿舍	每人每日	1～2	1.5
教学楼	每学生每日	1～2	2.0
医院	每病床每日	2～3	1.5
影剧院	每观众每场	0.2	1.0
招待所、旅馆	每客人每日	2～3	1.5
体育馆（场）	每观众每日	0.2	1.0

注：小时变化系数系指饮水供应时间内的变化系数。

设有管道直饮水的建筑最高日管道直饮水定额可按表 5-31 采用。

最高日管道直饮水定额 表 5-31

用水场所	单位	最高日直饮水定额
住宅楼、公寓	L/(人·d)	2.0～2.5
办公楼	L/(人·班)	1.0～2.0
教学楼	L/(人·d)	1.0～2.0
旅馆	L/(床·d)	2.0～3.0
医院	L/(床·d)	2.0～3.0
体育场馆	L/(观众·场)	0.2
会展中心（博物馆、展览馆）	L/(人·d)	0.4
航站楼、火车站、客运站	L/(人·d)	0.2～0.4

注：1. 此定额仅为饮用水量。

2. 经济发达地区的最高日直饮水定额，居民住宅楼可提高至 4～5 L/(人·d)。

3. 最高日管道直饮水定额也可根据用户要求确定。

（2）饮水水质。管道直饮水应对原水进行深度净化处理，其水质应符合国家现行标准《饮用净水水质标准》CJ 94 的规定，并防止贮存和运输过程中发生污染。

（3）饮水温度：

1）开水：应将水烧至 100℃后并持续 3min，计算温度采用 100℃。饮用开水是目前我国采用较多的饮水方式。

2）温水：计算温度采用 50～55℃，目前我国采用较少。

3）生水：一般为 10～30℃，国外采用较多，国内一些饭店、宾馆提供这样的饮水系统。

4）冷饮水：国内除工矿企业夏季劳保供应和高级饭店外，较少采用。目前在一些星级宾馆、饭店中直接为客人提供瓶装矿泉水等饮用水。

5.9.2 饮水制备

1. 开水制备

开水可用通过开水炉将生水烧开制得，这是一种直接加热方式，常采用的热源为燃煤、燃油、燃气、电等，另一种方式是利用热媒间接加热制备开水。这两种都属于集中制备开水的方式。

目前在办公楼、科研楼、实验室等建筑中，常采用小型的电开水器，灵活方便，可随时满足需求。还有的设备可制备开水，同时也可制备冷饮水，较好地解决了由气候变化引起的人们的需求，使用前景较好。这些都属于分散制备开水的方式。

2. 冷饮水制备

冷饮水的品种很多，但常规的制备方法有以下几种：

（1）自来水烧开后再冷却至饮水温度。

（2）自来水经净化处理后再经水加热器加热至饮水温度。

（3）自来水经净化后直接供给用户或饮水点。

（4）天然矿泉水取自地下深部循环的地下水。

（5）蒸馏水是通过水加热汽化，再将蒸汽冷凝。

（6）饮用净水是通过对水的深度预处理、主处理、后处理等。

（7）活性水是用电场、超声波、磁力或激光等将水活化。

（8）离子水是将自来水通过过滤、吸附离子交换、电离和灭菌等处理，分离出碱性离子水供饮用，而酸性离子水供美容。

图 5-49 为中外技术合作开发的新型优质净水设备工艺流程图。

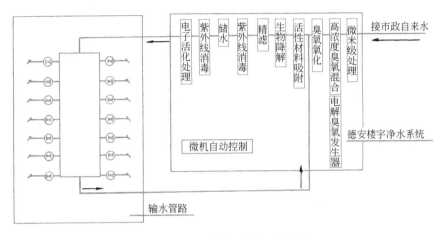

图 5-49　净水制备工艺流程示意图

5.9.3　饮水的供应方式

1. 开水集中制备集中供应

开水供应系统其开水计算温度应按 100℃ 计算，冷水计算温度可按表 5-3 取值。当开水炉（器）需设置通气管时，其通气管应引至室外。开水配水水嘴宜为旋塞。开水器应装设温度计和水位计。开水锅炉应装设温度计，必要时还应装设沸水笛或安全阀。开水管道阀门、水表、管道连接件、密封材料、配水水嘴等选用材质均应符合食品级卫生要求，并与管材匹配。开水管道金属管材的许用工作温度应大于 100℃。开水管道应采取保温措施。

在开水间集中制备，人们用容器取水饮用，如图 5-50 所示。

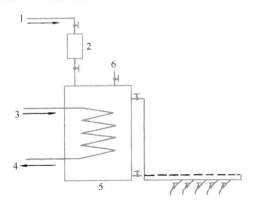

图 5-50　集中制备开水

1—给水；2—过滤器；3—蒸汽；4—冷凝水；5—水加热器（开水器）；6—安全阀

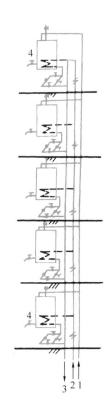

图 5-51　每层制备开水

1—给水；2—蒸汽；
3—冷凝水；4—开水器

2. 开水统一热源分散制备分散供应

在建筑中把热媒输送至每层，再在每层设开水间制备开水，如图 5-51 所示。

3. 开水集中制备分散供应

在开水间统一制备开水，通过管道输送至开水取水点，这种系统对管道材质要求较高，确保水质不受污染，常采用耐腐蚀、符合食品级卫生要求的薄壁不锈钢管、薄壁铜管，许用工作温度大于 100℃，配水水嘴宜用旋塞，如图 5-52 所示。

4. 冷饮水集中制备分散供应

对中、小学校，体育场（馆）、车站、码头等人员流动较集中的公共场所，可对原水进行深度净化处理集中制备；以温水或自来水为原水的直饮水，应进行过滤和消毒处理，再通过管道输送至饮水点，通过饮水器饮用，如图 5-53、图 5-54 所示。

设饮水器的饮水供应系统应设循环管道，循环回水应经消毒处理。管材及配件材质应符合食品级卫生要求。饮水器的喷嘴应倾斜安装并设防护装置，喷嘴孔的高度应保证排水管堵塞时不被淹没。应使同组喷嘴压力一致。饮水器应采用不锈钢、铜镀铬或瓷质，搪瓷制品其表面应光洁、易于清洗。

目前，随着人们生活水平的提高，健康意识日益增强，高质量的饮用水需求越来越大，我国正在推广直饮水工程建设。某工程管道直饮水处理工艺如图 5-55 所示，管道系统如图 5-56 所示。

饮水供应点不得设置在易污染的地点，对于经常产生有害气体或粉尘的车间，应设在不受污染的生活间或小室内。其位置应便于取用，检修和清扫，并应保证良好的通风和照明。

开水间、饮水处理间应设给水管、排污排水用地漏。给水管管径可按设计小时饮水量计算。开水器、开水炉排污，排水管道应采用金属排水管或耐热塑料排水管。

5.9.4　开水和温水饮水系统的计算

开水供应系统和冷饮水系统中管道的流速一般不大于 1.0m/s，循环管道的流速不大于 2m/s，计算管网时采用 95℃水力计算表，见表 5-22。管网的计算方法和步骤以及设备的选择方法与热水管网相同。

（1）设计最大时饮用水量按下列公式计算：

$$q_{E\max} = K_k \frac{m \cdot q_E}{T} \tag{5-63}$$

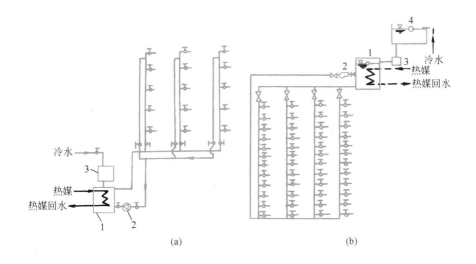

图 5-52　管道输送开水全循环方式

1—开水器（水加热器）；2—循环水泵；3—过滤器；4—高位水箱

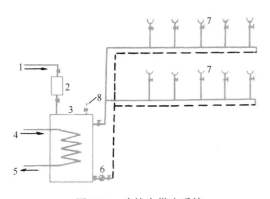

图 5-53　冷饮水供应系统

1—冷水；2—超滤、消毒；3—水加热器（开水器）；
4—蒸汽；5—冷凝水；6—循环泵；7—饮水器；8—安全阀

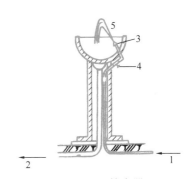

图 5-54　饮水器

1—供水管；2—排水管；3—喷嘴；
4—调节阀；5—水柱

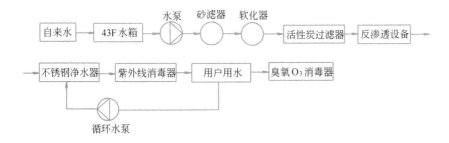

图 5-55　地王广场 11F～40F 管道直饮水处理工艺示意图

式中　q_{Emax}——设计最大时饮用水量，L/h；

　　　K_k——小时变化系数，按表 5-30 选用；

　　　q_E——饮水定额，L/（人·d）或 L/（床·d）或 L/（观众·d），按表

283

5-30 选用；

m——饮用水计算单位数，人数或床位数；

T——饮用水供应时间，h。

（2）制备开水所需最大小时耗热量按下列公式计算：

$$Q_{\mathrm{k}}=(1.05\sim1.10)(t_{\mathrm{k}}-t_{\mathrm{L}})q_{\mathrm{Emax}}\cdot C \tag{5-64}$$

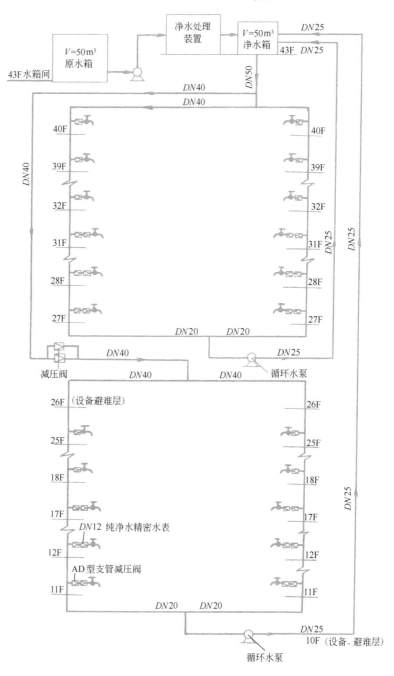

图 5-56 地王广场 11F～40F 管道纯净饮用水供水系统示意图

式中　Q_k——制备开水所需最大小时耗热量，kJ/h；

$\quad\quad t_k$——开水温度，集中开水供应系统按 100℃计算；管道输送全循环系统按 105℃计算；

$\quad\quad t_L$——冷水计算温度，按表 5-3 确定；

$\quad\quad C$——同公式（5-20）；

$\quad\quad q_{Emax}$——同公式（5-63）；

$1.05\sim1.10$——热损失系数。

（3）冬季供应 35～40℃饮用水时所需最大小时耗热量按下列公式计算：

$$Q_E=(1.05\sim1.10)(t_E-t_L)q_{Emax}\cdot C_B \tag{5-65}$$

式中　Q_E——冬季供应 35～40℃饮用水时所需最大小时耗热量，kJ/h；

$\quad\quad t_E$——冬季饮用水温度，一般取 40℃。

其他符号意义同公式（5-64）。

5.9.5　管道直饮水系统的设计计算

管道直饮水宜用市政给水为原水，经过深度净化处理集中制备，常用工艺流程如图 5-55 所示，其水质应符合国家现行标准《饮用净水水质标准》CJ 94 的规定。管道直饮水供应系统应设循环管道，其供回水管网应同程布置，当不能满足时，应采取保证循环效果的措施。办公楼等公共建筑每层自设终端净水处理设备时可不设循环管道。水在循环管网内的停留时间不应超过 12h，宜采用调速泵组直接供水的方式或处理设备置于屋顶的水箱重力式供水方式，从立管接至配水水嘴的支管管段长度不宜大于 3m。

管道直饮水供应系统管道应选用内表面光滑、耐腐蚀、符合食品级卫生、温度要求的薄壁不锈钢管、薄壁铜管、优质塑料管。其阀门、水表、管道连接件、密封材料、配水水嘴等选用材质均应符合食品级卫生要求，并与管材匹配。

管道直饮水系统必须独立设置。高层建筑管道直饮水系统应竖向分区，各分区最低处配水点的静水压住宅不宜大于 0.35MPa，公共建筑不宜大于 0.40MPa，且最不利配水点的水压应满足用水水压的要求。

管道直饮水水嘴额定流量宜为 0.04～0.06L/s，最低工作压力不得小于 0.03MPa；管道流速见表5-32；管道直饮水系统配水管的沿程水头损失和局部水头损失按生活给水系统的公式和方法计算。

管道直饮水管道流速　　　　　　　表 5-32

公称直径（mm）	15～20	25～40	≥50
流速（m/s）	≤0.8	≤1.0	≤1.2

管道直饮水系统配水管的瞬时高峰用水量按下列公式计算：

$$q_g=mq_o \tag{5-66}$$

式中　q_g——计算管段的设计秒流量，L/s；

$\quad\quad q_o$——饮水水嘴额定流量，取 0.04～0.06L/s；

$\quad\quad m$——计算管段上同时使用饮水水嘴的数量，按表 5-33、表 5-34 求得。

计算管段上饮水水嘴数量 $n_0 \leqslant 24$ 时的 m 值　　表 5-33

水嘴数量 n_0（个）	1	2	3～8	9～24
使用数量 m（个）	1	2	3	4

计算管段上饮水水嘴数量 $n_0 > 24$ 时的 m 值　　表 5-34

n_0	0.010	0.015	0.020	0.025	0.030	0.035	0.040	0.045	0.050	0.055	0.060	0.065	0.070	0.075	0.080	0.085	0.090	0.095	0.100
25	—	—	—	—	—	4	4	4	4	5	5	5	5	5	6	6	6	6	6
50	—	—	4	4	5	5	6	6	7	7	7	8	8	9	9	9	10	10	10
75	—	4	5	6	6	7	8	8	9	9	10	10	11	11	12	13	13	14	14
100	4	5	6	7	8	8	9	10	11	11	12	13	13	14	15	16	16	17	18
125	4	6	7	8	9	10	11	12	13	13	14	15	16	17	18	18	19	20	21
150	5	6	8	9	10	11	12	13	14	15	16	17	18	19	20	21	22	23	24
175	5	7	8	10	11	12	14	15	16	17	18	20	21	22	23	24	25	26	27
200	6	8	9	11	12	14	15	16	18	19	20	22	23	24	25	27	28	29	30
225	6	8	10	12	13	15	16	18	19	21	22	24	25	27	28	29	31	32	34
250	7	9	11	13	14	16	18	19	21	23	24	26	27	29	31	32	34	35	37
275	7	9	12	14	16	17	19	21	23	25	26	28	30	31	33	35	36	38	40
300	8	10	12	14	16	18	21	22	24	25	28	30	32	34	36	37	39	41	43
325	8	11	13	15	18	20	22	24	26	28	30	32	34	36	38	40	42	44	46
350	8	11	14	16	19	21	23	25	28	30	32	34	36	38	40	42	45	47	49
375	9	12	14	17	20	22	24	27	29	32	34	36	38	41	43	45	47	49	52
400	9	12	15	18	21	23	26	28	31	33	36	38	40	43	45	48	50	52	55
425	10	13	16	19	22	24	27	30	32	35	37	40	43	45	48	50	53	55	57
450	10	13	17	20	23	25	28	31	34	37	39	42	45	47	50	53	55	58	60
475	10	14	17	20	24	27	30	33	35	38	41	44	47	50	52	55	58	61	63
500	11	14	18	21	25	28	31	34	37	40	43	46	49	52	55	58	60	63	66

注：P_0 为水嘴同时使用概率。

思考题与习题

1. 各类热水供应系统具有什么特点？

2. 怎样确定热水供应系统的水温？

3. 各种加热方式具有什么特点？怎样确定加热方式？

4. 各种热水供应方式具有什么特点？怎样确定供应方式？

5. 怎样确定热水供应系统的综合图式？

6. 怎样解决开式和闭式热水供应系统的排气和水加热体积膨胀？

7. 怎样解决热水供应系统管道的热伸缩？

8. 热水最大时用水量、热水设计秒流量、小时耗热量、热媒耗量怎样计算？

9. 热水配水管网水力计算的方法与冷水有什么异同？

10. 如何应用温降因素法计算出热水配水管道各管段起点和终点的热水温度？

11. 管道热损失怎样计算？

12. 循环流量的作用是什么？

13. 如何计算各管段循环流量？

14. 怎样确定全日和定时热水供应循环系统循环水泵的 Q_b、H_b？

15. 怎样确定凝结水管道的管径？

16. 有哪些常用的饮水供应系统？

17. 建筑内饮水设计应注意哪些问题？

18. 饮水系统中的过滤、消毒通常有哪些方法？

19. 某医院经计算所需 40℃ 热水 12.0m³/h，50℃ 热水 3.0m³/h，60℃ 热水 1.0m³/h。该地区冷水温度为 10℃。试计算选择出口水温为 65℃ 的燃油热水机组的台数及每台产水量。

20. 试计算图 5-57 所示总热损失（$\eta=0$）。

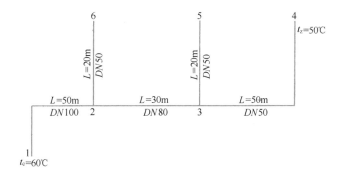

图 5-57

教学单元6 建 筑 中 水

6.1 建筑中水系统的组成

建筑中水系统是将建筑或建筑小区内使用后的生活污废水经适当处理后，达到规定的水质标准，回用于建筑或建筑小区作为杂用水的收集、处理和供水系统。

6.1.1 建筑中水的意义

随着人口增加和工业发展，淡水用水量日益增长，由于水资源有限，再加上水体的污染，世界性的缺水现象日益严重。我国淡水资源总量名列世界前茅（第6位），但人均拥有量仅列世界的第110位左右。全国660多个城市中有400多个城市存在供水不足问题，100余个城市缺水比较严重，如天津、北京、西安、太原、大连、青岛、深圳等城市尤为突出（丹江口南水北调工程建成后，部分城市缺水现象有所缓解）。因此，国家颁布了《环境保护法》《水法》《水污染防治行动计划》等法规以合理利用和保护水源，并大力推广和开发节水技术——海水淡化、循环用水、废水回用等。建筑中水就是节水技术中的一种。

建筑中水技术发展很快，在于它能缓解严重缺水城市或地区水资源不足的矛盾，并带来明显的社会效益和经济效益。

（1）节约用水量，能有效地利用淡水资源。有关资料显示，实施中水系统后，事业单位可节水40%左右，一般住宅可节水30%，对于市政给水，节水率也在20%以上。

（2）减小污水的排放量，减轻对水体的污染。近些年来，我国污水排放量逐年增加，其中大量的污水经过了处理，使大范围的水体污染有了明显好转。但仍有一部分污水未予处理，使众多河流还存在不同程度的污染。如果建有更加完善的中水系统，市政排水管网的输送负荷、城市污水的处理负荷均可有所缓解，对自然水体的污染程度也将有所降低，对环境的保护具有重要的作用。近年来，城市污水处理率、小城镇包括乡村的污水处理率都大幅提高，大大降低了对溪流、江河的污染。

（3）分质供水，节约成本。以前，我国供水系统只是一种水质，给水管道中的水在理论上都达到了生活饮用水标准，但有些方面的用水却可以不需这么高的标准，如厕所的冲洗用水，道路、绿地、树木的浇洒用水，冲洗车辆用水，单独系统的消防用水，空调系统的冷却用水，建筑施工用水，水景系统（水池、喷泉）的用水等等。如果将中水用于这些场合，其供水水质方面的成本将大为降低。

（4）变废为利，开辟了新水源。为了解决某些城市缺水严重的问题，利用中水作为某些用水的水源，与远程输水或海水淡化的技术方案比较，设置中水系统最为经济。

从 20 世纪 60 年代开始，日本、美国、德国、苏联、英国、南非、以色列等国相继实施了中水工程（"中水"这一称谓来自于日本，因其水质介于给水〈上水〉和排水〈下水〉之间）。我国从 20 世纪 80 年代起，节水的意识普遍增强，节水技术日益被人们重视，随之制定了《建筑中水设计规范》（现行的为《建筑中水设计标准》）GB 50336。有很多城市已经开展了中水技术的开发并实施了中水工程，有的城市也在进行中水利用的研究与试验。如北京地区国际贸易中心、首都机场、四川大厦、万泉公寓等以及环境保护研究所、高碑店污水处理厂等都率先进行了实施与研究。青岛、太原、天津等不少城市也进行了研究与实施。今后，建筑中水技术必将在我国得到更快、更普遍的发展。

6.1.2　中水系统的分类

中水系统是一个系统工程，是给水工程技术、排水工程技术、水处理工程技术和建筑环境工程技术的有机综合，而得以实现各部分的使用功能、节水功能及建筑环境功能的统一。按中水系统服务的范围，一般分为三类：建筑中水系统、小区中水系统和城镇中水系统。

1. 建筑中水系统

建筑中水系统是指单幢（或几幢相邻建筑）所形成的中水系统，视其情况不同又可再分为两种形式：

（1）具有完善排水设施的建筑中水系统，如图 6-1 所示。这种形式的中水系统是指建筑物排水管系为分流制，且具有城市二级水处理设施。中水的水源为本系统内的优质杂排水和杂排水（不含粪便污水），这种杂排水经集流处理后，仍供应本建筑内冲洗厕所、绿化、扫除、洗车、水景、空调冷却等用水。其水处理设施可设于建筑地下室或临近建筑的室外。这种系统的给水和排水都应该是双管系统，即室内饮用给水和中水供水采用不同的管网分质供水，室内杂排水和污水采用不同的管网分别排除。

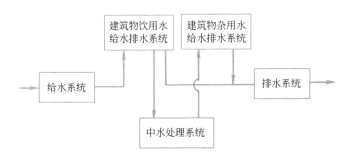

图 6-1　排水设施完善地区的单幢建筑中水系统

（2）排水设施不完善的建筑中水系统，如图 6-2 所示。这种形式的中水系统是指建筑物排水管系为合流制，且没有二级水处理设施或距二级水处理设施较远。中水水源取自该建筑的排水净化池（如沉砂池、沉淀池、除油池或化粪池等）。其中水处理构筑物根据建筑物有无地下室和气温冷暖期长短等条件设于室

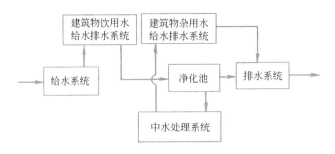

图 6-2　排水设施不完善地区单幢建筑中水系统

内或室外。这种系统室内饮用给水和中水供水也必须采用两种管系分质供水，而室内排水则不一定分流排放，应根据当地室外排水设施的现状和规划确定。

2. 小区中水系统

小区中水系统框图如图 6-3 所示。此系统适用于城镇小区、机关大院、企业学校等建筑群。中水水源取自建筑小区内各建筑物排放的污废水。室内饮用给水和中水供水应采用双管系统分质供水。室内排水应与小区室外排水体制相对应，污水排放应按生活废水和生活污水分质、分流进行排放。

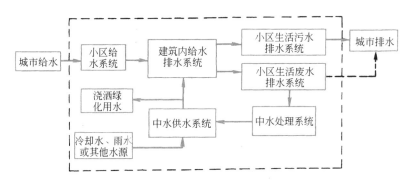

图 6-3　小区中水系统框图

3. 城镇中水系统

城镇中水系统框图如图 6-4 所示。此系统以城镇二级污水处理厂的出水和部分雨水作为中水水源，经提升后送到中水处理站，处理达到生活杂用水水质标准

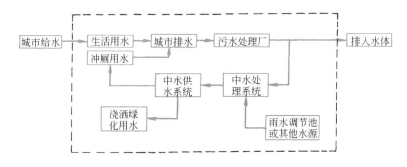

图 6-4　城镇中水系统框图

后，供城镇杂用水使用。该系统不要求室内外排水系统必须采用分流制，但城镇应设有污水处理厂，城镇和室内供水管网应为双管系统。

上述几种类型的中水系统，据有关资料统计，单幢建筑中水系统远多于建筑小区中水系统，市中心的中水系统多于市郊，中水处理站设于室内地下室多于设在室外。

6.1.3 建筑中水系统的组成

1. 中水原水系统

该系统指的是收集、输送中水原水至中水处理设施的管道系统和一些附属构筑物。建筑内排水系统有污废水分流制与合流制之分，中水的原水一般采用分流制方式中的杂排水和优质杂排水作为中水水源为宜。

2. 中水处理设施

中水处理一般将处理过程分为前处理、主要处理和后处理三个阶段。

（1）前处理阶段。此阶段主要是截留较大的漂浮物、悬浮物和杂物，分离油脂、调整 pH 值等，其处理设施为格栅、滤网、除油池、化粪池等。

（2）主要处理阶段。此阶段主要是去除水中的有机物、无机物等。其主要处理设施有：沉淀池、混凝池、气浮池、生物接触氧化池、生物转盘等。

（3）后处理阶段。此阶段主要是针对某些中水水质要求高于杂用水时，所进行的深度处理，如过滤、活性炭吸附和消毒等。其主要处理设施有：过滤池、吸附池、消毒设施等。

3. 中水管道系统

中水管道系统分为中水原水集水和中水供水两大部分。中水原水集水管道系统主要是建筑排水管道系统和必须将原水送至中水处理设施的管道系统。中水供水管道系统应单独设置，是将中水处理站处理后的水输送至各杂用水用水点的管网。中水供水系统的管网系统类型、供水方式、系统组成、管道敷设和水力计算与给水系统基本相同，只是在供水范围、水质、使用等方面有些限定和特殊要求。

4. 中水系统中调节、贮水设施

在中水原水管网系统中，除设置排水检查井和必要的跌水井外，还应设置控制流量的设施，如分流闸、调节池、溢流井等，当中水系统中的处理设施发生故障或集流量发生变化时，需要调节、控制流量，将分流或溢流的水量排至排水管网。

在中水供水系统中，除管网系统外，根据供水系统的具体情况，还有可能设置中水贮水池、中水加压泵站、中水气压给水设备、中水高位水箱等设施。这些设施的作用与教学单元 1 给水系统中的作用相同。中水贮水池、水箱宜采用耐腐蚀、易清垢的材料制作。

6.2 中水水源、水量和水质标准

6.2.1 中水水源

中水水源的选用应根据原排水的水质、水量、排水状况和中水回用所需的水质水量来确定。一般为生产冷却水和生活废、污水，其可选择的种类和选择顺序为：冷却水、沐浴排水、盥洗排水、空调循环冷却系统排污水、冷凝水、游泳池

排污水、洗衣排水、厨房排水、厕所排水。建筑屋面雨水可作为中水水源或其补充。医院排出的污水不宜作为中水水源,严禁将医疗污水、放射性废水、生物污染废水和重金属及其他有毒有害物质超标的排水作为中水水源。

6.2.2 中水水量

1. 中水原水水量

中水原水是指来源于并选作为中水水源、未经处理的建筑的各种排水的组合。中水原水水量指建筑组合排水(如优质杂排水、杂排水、粪便污水等)水量。我国幅员辽阔,各地区用水量差异较大,其各类建筑物的生活排水量,除可按给水量估算排水量(经验上建筑的生活污水排放量可按该建筑给水量的80%~90%确定)外,还应根据本地区多年调查积累的资料确定。在缺少详尽资料时,可参考表6-1确定。

各类建筑物分项给水百分率(%)　　　　　表6-1

项目	住宅	宾馆、饭店	办公楼、教学楼	公共浴室	餐饮业、营业餐厅	宿舍
冲厕	21.3~21	10~14	60~66	2~5	6.7~5	30
厨房	20~19	12.5~14	—	—	93.3~95	—
沐浴	29.3~32	50~40	—	98~95	—	40~42
盥洗	6.7~6.0	12.5~14	40~34	—	—	12.5~14
洗衣	22.7~22	15~18	—	—	—	17.5~14
总计	100	100	100	100	100	100

注:沐浴包括盆浴和淋浴。

2. 中水用水量

中水用水量即指建筑内各种杂用水的总量。

对于一般住宅,中水主要用于冲洗厕所、清扫、浇花用水等。对于办公楼,主要用于冲洗厕所、洗车、冷却、绿化用水等。对于室外环境方面,主要用于消防、水景、喷洒道路、浇灌花草树木等。

至于中水用水量的确定,应该按类分项,区别不同用途,根据各类建筑的不同项目用水量、不同项目用水量占供水量的百分比及计算单位数,参照表6-1计算。而水景、绿化浇水、洗车、道路洒水等中水用水量,可参照有关资料提供的用水定额确定。

3. 水量平衡

水量平衡是指整个中水系统内水量的计算和均衡。即将设计的建筑或建筑群的中水原水量、中水水源水量、中水处理水量、中水产水量、中水用水量以及调节水量、消耗水量、给水补给水量等进行计算和协调,使其达到合理、一致和平衡,在各种水量之间和时间延续上都保持协调一致。水量平衡的结果是选定建筑中水系统类别和处理工艺的重要依据。

水量平衡中,几种水量应遵循如下关系:

(1)中水原水水量(建筑物的排水量)=建筑物的给水量×(80%~90%)

中水水源水量=中水原水中可集流(可用作中水水源)的水量-溢流量

(也可写成:中水水源水量=中水原水水量-不可集流的原水水量-溢流量),可以集流的中水原水水量可按下式计算:

$$Q_y = \sum q_y = \sum \frac{\alpha q_0 \cdot n}{1000} \cdot \beta \cdot b \tag{6-1}$$

式中　Q_y——可以集流的中水原水总水量，m^3/d；

　　　q_y——建筑中各类可集流的原水水量，m^3/d；

　　　α——用水定额的折减系数，一般取 $0.67\sim0.91$；

　　　q_0——该建筑给水用水量定额，$L/(d\cdot人)$ 或 $L/(d\cdot用水单位)$，按表 1-10或表 1-11 选用；

　　　n——人数或用水单位数；

　　　β——按给水量计算排水量的折减系数，一般取 $0.8\sim0.9$；

　　　b——建筑中某类用水设备用水量占给水量的百分数，应经调查确定或参照表 6-1 选用。

溢流量是指排水系统偶尔发生的集中排水量大于中水处理设备处理负荷的水量。

（2）中水用水量×（110%～115%）＝中水水源水量

（也可写成：中水用水量＝中水水源水量－处理耗水量）

如果建筑中原水水量不能满足杂用水水量，还应由给水量补足。

中水用水量可按下式计算：

$$Q=\Sigma\,\frac{q_0}{1000}nb \tag{6-2}$$

式中　Q——中水用水总量，m^3/d。

其他代号同前。

为了直观地反映中水系统中各种水量的来龙去脉、水量多少、分配情况、综合利用情况及相互关系，可用框图表示出来，这种框图叫作水量平衡图，如图6-5所示。

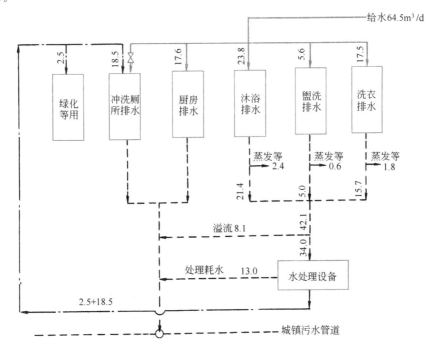

图 6-5　住宅楼水量平衡图

【例 6-1】 北京地区一幢新建住宅楼，住有 80 户人家，每户按 5 口人计，每户的卫生器具有坐便器 1 个、热水器和沐浴设备一套、洗脸盆 1 个、洗涤盆 1 个，当地用水定额取 220L/（d·人）。若坐便器冲洗与绿化浇水使用中水，试作水量平衡图。

【解】 北京地区住宅用水量比例约为：沐浴用水占 30%，盥洗用水占 7%，厨房用水占 20%，冲洗厕所用水占 21%，洗衣用水占 22%，依据题中已知条件：

1. 计算该住宅楼的中水用水量。

冲洗厕所用水，取 $b=21\%$：

$$Q_1=\frac{220\times80\times5}{1000}\times0.21=18.5\text{m}^3/\text{d}$$

绿化用水：此处取值为 $Q_2=2.5\text{m}^3/\text{d}$。

2. 采用杂排水为中水水源，其集流量为（取 $\beta=90\%$）：

（1）沐浴排水，取 $b=30\%$：

$$q_1=\frac{220}{1000}\times80\times5\times0.30\times0.90=26.4\times0.90=23.8\text{m}^3/\text{d}$$

（2）盥洗排水，取 $b=7\%$：

$$q_2=\frac{220}{1000}\times80\times5\times0.07\times0.90=6.2\times0.90=5.6\text{m}^3/\text{d}$$

（3）洗衣排水，取 $b=22\%$：

$$q_3=\frac{220}{1000}\times80\times5\times0.22\times0.90=19.4\times0.90=17.5\text{m}^3/\text{d} \qquad 则：$$

$$Q_j=23.8+5.6+17.5=46.9\text{m}^3/\text{d}$$

3. 厨房中的用水量为：

取 $b=20\%$

$$q=\frac{220\times80\times5}{100}\times0.2=17.6\text{m}^3/\text{d}$$

绘制水量平衡图如图 6-5 所示。

6.2.3 中水水质标准

1. 中水原水水质

中水原水水质视各类建筑、各种排水的污染程度不同而有所差异，应按当地的情况进行测定和统计，无可靠资料时可参照表 6-2 确定。

各类建筑物各种排水污染浓度表（mg/L）　　　　　表 6-2

类别	住宅			宾馆、饭店			办公楼、教学楼			公共浴室			职工及学生食堂		
	BOD$_5$	COD$_{cr}$	SS	BOD$_5$	COD$_{cr}$	SS	BOD$_5$	COD$_{cr}$	SS	BOD$_5$	COD$_{cr}$	SS	BOD$_5$	COD$_{cr}$	SS
冲厕	300~450	800~1100	350~450	250~300	700~1000	300~400	260~340	350~450	260~340	260~340	350~450	260~340	260~340	350~450	260~340
厨房	500~650	900~1200	220~280	400~550	800~1100	180~220							500~600	900~1100	250~280
沐浴	50~60	120~135	40~60	40~50	100~110	30~50				45~55	110~120	35~55			

续表

类别	住宅 BOD₅	住宅 CODcr	住宅 SS	宾馆、饭店 BOD₅	宾馆、饭店 CODcr	宾馆、饭店 SS	办公楼、教学楼 BOD₅	办公楼、教学楼 CODcr	办公楼、教学楼 SS	公共浴室 BOD₅	公共浴室 CODcr	公共浴室 SS	职工及学生食堂 BOD₅	职工及学生食堂 CODcr	职工及学生食堂 SS
盥洗	60~70	90~120	100~150	50~60	80~100	80~100	90~110	100~140	90~110	—	—	—	—	—	—
洗衣	220~250	310~390	60~70	180~220	270~330	50~60	—	—	—	—	—	—	—	—	—
综合	230~300	455~600	155~180	140~175	295~380	95~120	195~260	260~340	195~260	50~65	115~135	40~65	490~590	890~1075	255~285

注：1. BOD₅——生化需氧量；CODcr——化学需氧量；SS——悬浮物。

　　2. 综合是对包括以上五项生活排水的总称。

2. 中水水质标准

人们使用中水，难免会产生一些疑虑，担心误饮、误用中水而影响健康，或顾虑贮存时间稍长中水会腐败变质等等。为更好地开展中水利用，确保中水的安全使用，中水的水质必须在卫生方面安全可靠，无有害物质，在外观上没有使人产生不快的感觉，没有异味，并且不会引起管道设备产生结垢、腐蚀和造成维修困难等问题。因此，城市杂用水如冲洗厕所、道路清洗、消防绿化、冲洗车辆、建筑施工用水等，应符合国家标准《城市污水再生利用　城市杂用水水质》GB/T 18920 的规定，其中的城市杂用水水质标准见表6-3。对于用于景观环境用水的中水水质应符合国家标准《城市污水再生利用　景观环境用水水质》GB/T 18921 的规定。

城市杂用水水质标准　　　　　　　　　　表 6-3

序号	指标　　　　　项目	冲厕 车辆冲洗	道路清扫、消防、城市绿化、建筑施工
1	pH	6.0~9.0	6.0~9.0
2	色度，铂钴色度单位　≤	15	30
3	嗅	无不快感	无不快感
4	浊度（NTU）　≤	5	10
5	溶解性总固体ª（mg/L）　≤	1000（2000）	1000（2000）
6	五日生化需氧量 BOD₅（mg/L）≤	10	10
7	氨氮（mg/L）　≤	5	8
8	阴离子表面活性剂（mg/L）≤	0.5	0.5
9	铁（mg/L）　≤	0.3	—
10	锰（mg/L）　≤	0.1	—
11	溶解氧（mg/L）　≥	2.0	2.0
12	总余氯（mg/L）	1.0（出厂），0.2（管网末端）	1.0（出厂），0.2ᵇ（管网末端）
13	大肠埃希氏菌　≤	无ᶜ	无ᶜ

注：1. 混凝土拌合用水还应符合 JGJ 63 的有关规定。

　　2. "—"表示对此项无要求。

　　ª 括号内指标值为沿海及本地水源中溶解性固体含量较高的区域的指标。

　　ᵇ 用于城市绿化时，不应超过 2.5mg/L。

　　ᶜ 大肠埃希氏菌不应检出。

6.3 中水处理工艺与中水处理站

6.3.1 中水处理工艺流程与选择

1. 选定流程的依据

中水处理工艺流程，一是应当了解当地缺水状况以及环境背景和节水的技术条件；处理场地与环境条件是否适应拟选定的处理工艺流程，是否能够合理地排放处理过程中的污水及对污泥的处理；建筑环境条件是否适宜拟选的工艺流程，其生态、气味、噪声、外观是否与环境协调；当地的技术水平与管理水平是否与处理工艺相适应；投资者的投资能力以及各种流程的经济技术的比较情况等。

二是分析中水原水水质。分析取用的原水是分流制中的废水还是合流制的污水，原水的主要污染物类别及污染程度等。不管是哪种原水，应当有实测的或相类似的水质资料。

三是中水的用途及水质要求。中水的用途对水质提出了要求，还应注意中水是否与人体直接接触以及输送中的管道、使用中水的设备对结垢与腐蚀的特殊要求，以及确定不同的深度处理措施等。

2. 常用的中水处理工艺流程

（1）当以优质杂排水和杂排水为中水水源时（水中有机物浓度较低，处理的目的主要是去除悬浮物和少量有机物，降低原水的色度和浊度），宜选用如图 6-6 所示的以物理化学处理为主的工艺流程或采用生物处理和物化处理相结合的工艺流程。

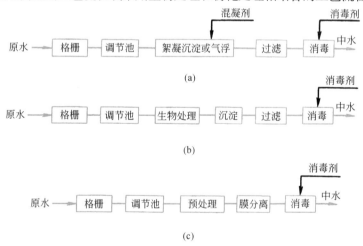

图 6-6 优质杂排水和杂排水为中水水源的水处理工艺流程
(a) 物理化学处理；(b) 生物处理与物理化学处理相结合；(c) 预处理和膜分离相结合

（2）当以含冲洗厕所的生活污水为中水水源时（水中悬浮物和有机物浓度都很高，处理的目的是同时去除悬浮物和有机物），宜选用如图 6-7 所示的二段生物处理或生物处理与物化处理相结合的工艺流程（采用膜处理工艺时，应有保障其可靠进水水质的预处理工艺和易于膜的清洗、更换的技术措施）。

（3）当利用污水处理站二级处理出水作为中水水源时，宜选用如图 6-8 所示

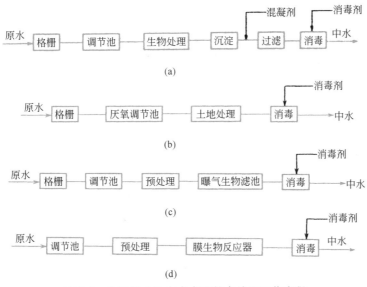

图 6-7　生活排水为中水水源的水处理工艺流程

（a）生物处理和深度处理相结合；（b）生物处理和土地处理相结合；

（c）曝气生物滤池处理；（d）膜生物反应器处理

的物化处理或与生化处理结合的深度处理工艺流程。

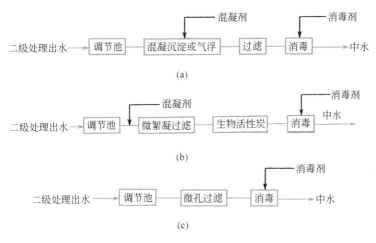

图 6-8　物化处理或与生化处理结合的深度处理工艺流程

（a）物化法深度处理；（b）物化与生化结合的深度处理；（c）微孔过滤处理

（4）当利用建筑小区污水处理站二级生物处理的出水作为中水水源时（处理的目的是去除残留的悬浮物，降低水的色度与浊度），宜选用如图 6-9 所示的化学处理（或三级处理）工艺流程。

图 6-9　小区污水处理站二级生物处理出水为中水水源的水处理工艺流程

3. 国内已经设计使用的工艺流程（供参考，表 6-4）

国内目前已设计的流程类型　　　　　　表 6-4

序号	简称	预 处 理	主 处 理	后 处 理
1	直接过滤	格网→调节池—加氯或药→	直接过滤——消毒剂→消　毒→中水	
2	接触过滤（双过滤）	格网→调节池—混凝剂→	接触过滤→活性炭吸附—消毒剂→消　毒→中水	
3	混凝气浮	格网→调节池—混凝剂→	混凝气浮→过滤—消毒剂→消　毒→中水	
4	接触氧化	格栅(网)→调节池（预曝气）↓空气	→曝　气接触氧化→沉淀→过滤—消毒剂→消　毒→中水	
5	氧化槽	格栅(网)→调节池	→氧化槽接触氧化→过滤—消毒剂→消　毒→中水	
6	生物转盘	格栅(网)→调节池	→生物转盘→沉淀→过滤—消毒剂→消　毒→中水　　　↘污泥	
7	综合处理	格栅→调节池→生物处理（污泥法、氧化法）（一、二级）	→混凝→沉淀→过滤→炭吸附—消毒剂→消　毒　　↘污泥	
8	二级处理＋深处理	二级处理出水→接触氧化	→混凝→沉淀→过滤→炭吸附—消毒剂→消　毒　　↘污泥	

注：1. □ 内步骤可用，亦可不用，视水质情况定。

　　　2. 后4种流程均有污泥处理，表内未列。

随着节水意识的增强，中水利用更加广泛，中水的处理工艺亦将不断更新与发展，新颖的中水处理工艺将不断涌现。

6.3.2 中水处理技术

1. 格网、格栅

格网、格栅主要是用来阻隔、去除中水原水中的粗大杂质，不使这些杂质堵塞管道或影响其他处理设备的性能。其栅条、网格按间隙大小分为粗、中、细 3 种，按结构形式分为固定式、旋转式和活动式（活动式中又有筐式和板框式 2

种）。中水处理一般采用细格栅（网）或两道格栅（网）组合使用。当处理洗浴废水时还应加设毛发清除器。

2. 水量调节

水量调节是将不均匀的排水进行贮存调节，使处理设备能够连续、均匀稳定地工作。其措施一般是设置调节池。工程实践证明污水贮存停留时间最长不宜超过 24h。调节池的形式可以是矩形、方形或圆形，其容积应按排水的变化情况、采用的处理方法和小时处理量计算确定。

3. 沉淀

沉淀的功能是使液固分离。混凝反应后产生的较大粒状絮凝物，靠重力通过沉淀去除，大量降低水中污染物。常用的有竖流式沉淀池、斜板（管）沉淀池和气浮池。原水通过格栅（网）后，如无调节池时，应设初沉池。生物处理后的二次沉淀池和物化处理的混凝沉淀池宜采用竖流式沉淀池或斜板（管）沉淀池。

4. 生物处理

（1）接触氧化。接触氧化是在用曝气方法提供充足氧量的条件下，使污水中的有机物与附着在填料上的生物膜接触，利用微生物生命活动过程中的氧化作用，降解水中有机污染物，使水得到一定程度的净化。

（2）生物转盘。生物转盘的作用与接触氧化相同，不同之处有二：一是生物膜附着在转盘的盘上；二是转盘时而与水接触，时而与空气接触，通过与空气的接触去获得充足的氧。中水处理中的生物转盘应采用 2～3 级串联式转盘。

生物处理法在国内外还有一些其他的处理形式，可参见水处理工程方面的有关资料。

5. 过滤

过滤主要是去除水中的悬浮和胶体等细小杂质，还能起到去除细菌、病毒、臭味等作用。过滤有多种形式，中水处理一般均采用密封性好的、定型制作的过滤器或无阀滤池。常用的滤料有石英砂、无烟煤、泡沫塑料、硅藻土、纤维球等。

6. 消毒

消毒是中水使用和生产过程中，安全性得到保障的重要一环。中水虽不饮用，但中水的原水是经过人的直接污染，含有大量的细菌、寄生虫和病毒。虽然经过有关环节处理后，已降低了细菌等含量，但还未达到中水水质标准。因此，中水的消毒不仅要求杀灭细菌和病毒的效果好，同时还要提高中水的生产和使用过程整个时间上的保障性。常用的消毒剂有：氯、次氯酸钠、二氧化氯、二氯异氰尿酸钠等。另外，还有臭氧消毒和紫外线消毒等方法。

中水处理技术中常用设施及其主要设计参数见表 6-5，具体设计时还应参阅设计规范、标准和有关资料及手册。

6.3.3　中水处理装置

中水处理设施可根据有关资料、参数，自行设计、建造处理构筑物。如果中水处理负荷较小时，也可直接选用成套处理装置。下面简单介绍几种中水处理装置：

1. 中水网滤设备

成品网滤器可直接装于水泵吸水管上，将经过泵而进入处理系统的水进行初滤，

299

截流粗大固体物。其过水流量有 $20m^3/h$、$100m^3/h$、$200m^3/h$、$300m^3/h$、$400m^3/h$ 等 5 档。网滤器进出管直径分别为 100mm、200mm、250mm、350mm 等。

2. 曝气设备

在生物处理法中，均应进行曝气，曝气除选择合适的风机外，主要是选择曝气器，曝气方式有：穿孔管曝气、射流曝气和微孔曝气。曝气器的服务面积一般为 $3\sim9m^2$，供气量一般为 $0.6\sim1.3m^3/$（min·个），适用水深 $2\sim8m$。

3. 气浮处理装置

气浮池的规格有 $5\sim50t/h$ 等 8 种，相应的气浮池直径为 $1.37\sim3.73m$，操作平台直径为 $2.57\sim4.96m$，高度为 $2.99\sim4.19m$。

4. 组装式中水处理设备

组装式分为 6 段，即初处理器（组合内容有格栅、滤网、分流、溢流、计量）、好氧处理器（调节、贮存、曝气、氧化提升）、厌氧处理器（调节、贮存、厌氧水解、曝气回流）、浮滤器（溶气、气浮、过滤）、加药器（溶药、投加、计量）、深处理器（吸附交换供水）。处理能力有 $10m^3/h$、$20m^3/h$、$30m^3/h$、$50m^3/h$ 4 种。

5. 接触氧化法处理装置

该装置日产水量为 $80m^3/d$、$160m^3/d$、$240m^3/d$、$320m^3/d$、$400m^3/d$、$480m^3/d$ 6 档，占地面积相应为 $50m^2$、$80m^2$、$100m^2$、$120m^2$、$140m^2$、$180m^2$，接触氧化曝气池的面积为 $2\times3\sim3\times8m^2$ 等 6 种规格。

6. 生物转盘法处理设备

该设备中转盘直径为 $1.4\sim3.6m$ 等 8 种规格，相应的转盘面积为 $290\sim8100m^2$，设备占地面积为 $4.5\sim40.2m^2$，设计处理能力为 $24\sim720t/d$。

中水处理常用设施及其主要设计参数　　　　　　　　　　表 6-5

名　　称		主　要　设　计　参　数
格　　栅	设 一 道	空隙宽度<10mm
	设粗细两道	粗格栅空隙宽度＝10~20mm，细格栅空隙宽度＝2.5mm
	格 栅 井	井内格栅放置倾角不得小于60° 设置工作台高出栅前设计水位 0.5m，其宽度≥0.7m 顶部设活动盖板
调　节　池		内设的曝气管，曝气量≥$0.6m^3/(m^2 \cdot h)$
竖流式沉淀池		设计表面水力负荷宜为 $0.8\sim1.2m^3/(m^2 \cdot h)$； 中心管流速≤30mm/s； 反射板底距泥面>0.3m； 排泥斗坡度>45°
斜板(管)沉淀池		表面负荷 $1\sim3m^3/(m^2 \cdot h)$； 斜板(管)间距(孔径)>80mm； 板(管)斜长＝1m； 斜角＝60°； 斜板(管)上部清水深≥0.5m； 下部缓冲层>0.8m
沉　淀　池		设出水堰，出水最大负荷≤$1.7L/(s \cdot m)$； 采用静压排泥时，静水水头≥1.5m； 排泥管管径≥80mm

续表

名　称	主要设计参数
接触氧化池	处理优质杂排水时，水力停留时间≥2h； 处理生活排水时，水力停留时间≥3h； 宜采用易挂膜、耐用、比表面积较大、维护方便的固体填料或悬浮填料。填料体积按填料容积负荷和平均日污水量计算； 曝气量为 $40\sim80m^3/$（kg·BOD）
膜生物反应器	处理优质杂排水时，水力停留时间≥2h； 处理生活排水时，水力停留时间≥3h； 容积负荷宜为 $0.2\sim0.8kg\ BOD_5/$（$m^3\cdot d$）； 污泥负荷宜为 $0.05\sim0.1kg\ BOD_5/$（MLSS·d）
流离生化处理	处理优质杂排水时，水力停留时间≥3h； 处理生活排水时，水力停留时间≥6h； 原水在流离生化池中流动距离≥9h； 曝气量宜为 $40m^3\sim80m^3/kg\ BOD_5$； 池内流离生化球的安装高度≥2m，且<5m
氯化消毒设备	加氯量＝5～8mg/L（有效氯）； 接触时间>30min

7. 接触过滤器

接触过滤器分上进下出和下进上出两种形式，其产水量有 $5\sim98m^3/h$ 等 14 种规格，其直径为 $0.7\sim2.5m$ 不等，进水允许浊度一般应小于 100mg/L，正常出水浊度一般小于 5mg/L。

8. BGW 型中水处理设备

该设备处理工艺采用高效生物转盘、强化消毒、波形板反应、集泥式波形斜板沉淀、分层进水过滤和自身反冲洗技术。生物转盘直径为 2.0m，其进水 BOD_5 ≤250mg/L，出水 BOD_5≤10mg/L；进水 SS≤400mg/L，出水 SS≤10mg/L。处理能力为 $100m^3/d$、$200m^3/d$、$400m^3/d$ 三种。

除上述装置之外，还有厕所冲洗水循环处理装置、平板式超过滤器、ZS 系列中水净化器、A/O 系统立式污水净化槽、WHCZ 小型污水处理装置以及新研发的膜处理技术、一体化处理设备和装置等。

6.3.4　中水处理站

1. 中水处理站的布置

中水处理站的位置应根据建筑的总体布局、中水原水的主要出口、中水的用水位置、环境卫生、便于隐蔽隔离和管理维护等综合因素确定，注意充分利用建筑空间，少占地面，最好有方便的、单独的道路和进出口，便于进出设备、排除污物等。对于单幢建筑的中水处理站可设在该建筑的最底层（层高不宜<4.5m，构筑物上部净空>1.2m）或主要排水汇水管道的设备层或建筑附近，对于建筑群的中水处理站应靠近主要集水和用水处的地下室或裙房内。小区中水处理站宜在建筑物外部按规划要求独立设置，且与公共建筑和住宅的距离不宜小于 15m，处理构筑物宜为地下式或封闭式；在可能的情况下尽量利用中水原水出口高程，使

301

处理过程在重力流动下进行。处理产生的污物必须合理处置，不允许随意堆放、再次造成污染。要考虑预留发展位置。

处理站除有安置处理设施的场所外，还应有值班室、化验室、药剂贮存室、维修间及必要的生活设施等附属房间。处理间必须有必要的通风换气设施，有保障处理工艺要求的采暖、照明和给水排水设施。应满足主要处理环节的运行观察、水量计量、水质取样化验监（检）测等条件。

设计处理站时，要考虑工作人员的保健和安全问题，应尽量提高处理系统的机械化、自动化程度，尽量采用自动记录仪表或远距离操作；贮存消毒剂、化学药剂的房间宜与其他房间隔开，并有直接通向室外的门。对药剂所产生的污染危害和二次危害，必须妥善处理，采取必要的安全防护措施；用氯作消毒剂产生的氢、厌氧处理产生的可燃气体等处的电气设备，均应采取防爆措施。

2. 中水处理站的隔振消声与防臭

设置在建筑地下室的中水处理站，必须与主体建筑及相邻房间严密隔开，并做建筑隔声处理，以防空气传声；站内设备基座均应安装减振垫，连接设备的管道均应安装减振接头和吊架，以防固体传声，达到减振降噪的效果。

对于防臭，首先应尽量选择产生臭气较少的工艺以及封闭性较好的处理设备，其次是对产生臭气的设备加盖、加罩使其尽少地逸散。对于无法避免散出的臭气，可考虑集中排除稀释（排出口应当高出人们活动场所2m以上），或者采用燃烧法、化学法、吸附法、土壤除臭法等进行除臭。

6.4　中水管道系统

6.4.1　中水原水集水管道系统

原水集水管道系统一般由建筑内合流或分流集水管道、室外或建筑小区集水管道、污水泵站及有压污水管道和各处理环节之间的连接管道四部分组成。

1. 建筑内集水管道系统

建筑内集水管道系统即通常的建筑内排水管网，其支管、立管和横干管的布置与敷设，均同建筑排水设计。但其排水不是进入小区或城市排水管网，而是进入中水集水管系。

（1）建筑内合流制集水管道系统

合流制系统中的集水干管（收集排水横干管或排出管污水的管道），应根据处理间设置位置及处理流程的高程要求，设计成室内集水干管，也可设计成室外集水干管。当设置为室内集水干管时，应考虑充分利用排水的水头，即尽可能保持较高的出流高程，便于依靠重力流向下一道处理工序。但集流干管要选择合适的位置及设置必要的水平清通口，并在进入处理间或中水调节池之前，设置超越管，以便出现事故时可以直接排放至小区排水管或城市排水管网。

（2）建筑内分流制集水管道系统

分流制系统要求分流顺畅，这就要求与其他专业协商合作，使卫生间的位置和卫生器具的布置合理、协调。同时注意：

洗浴器具与便器最好是分开设置或者分侧设置，以便用单独的支管、立管排出；洗浴器具宜上下对应设置，便于接入同一立管。

明装的污废水立管宜在不同墙角设置，以利美观。同时，污废水支管不宜交叉，以免横支管标高降低太多。

高层公共建筑的排水系统宜采用污水、废水、通气三管组合管系。

集水干管与上述第 1 点相同。

2. 室外或小区集水管道系统

这部分管道的布置与敷设亦与相应的排水管道基本相同，最大的区别在于室外集水干管还需将所收集的原水送至室内或附近的中水处理站。

因此，除了考虑排水管布置时的一些因素以外，应根据地形、中水处理站的位置，注意使管道尽可能较短，一般布置在建筑物排水侧的绿地或道路下；力求埋深较浅，使所集污废水能自流到中水处理站；布管时，要注意与其他如给水、排水、雨水、供热、燃气、电力、网线、通信等管系综合考虑。在平面上与给水管、雨水管、污水管的净距宜在 0.5～1.5m 以上，与其他管道的净距宜在 1.0m 以上。与其他管道垂直净距应在 0.15m 以上；还应考虑工程分期建设的安排和远期扩建的可行性。

3. 污水泵站及有压污水管道

如果由于地形或其他因素，集水干管的出水不能依靠重力流到中水处理站时，就必须设置污水泵将污水加压送至中水处理站。污水泵的数量由污水量（或中水处理能力）确定。污水泵站应根据当地的环境条件而设置。

污水泵出口至中水处理站起始进口之间的管道为有压污水管道。此段管道要求要有一定的强度，接头必须严密，严防泄漏，还应有一定的耐腐蚀性。

至于中水处理站内各处理环节之间的连接管道，应根据其工艺流程和处理站的布局去确定，做到既符合工艺要求，又能保障运行的可靠性。

6.4.2 中水供水管道系统

中水供水管道系统必须独立设置，严禁与生活饮用水给水管道连接。中水供水管道系统的布置和水力计算与建筑给水供水系统基本相同。

根据中水的特点应当注意的是，中水管道必须具有耐腐蚀性。因为中水中存在有余氯和多种盐类，会产生多种生物学和电化学腐蚀，一般采用塑料管、钢塑复合管、玻璃钢管，或其他具有可靠防腐性能的给水管材，不得采用非镀锌钢管；如遇不可能采用耐腐蚀材料的管道和设备，则应做好防腐处理，并要求表面光滑，使其易于清洗、清垢；中水用水点宜采用使中水不与人直接接触的密闭器具；中水管道上不得装设取水嘴；冲洗汽车、浇洒道路与绿地的中水出口宜用有防护功能的壁式或地下式给水柱。

6.4.3 中水系统的安全防护

应用中水可以节约水源，减少污染，具有良好的综合效益。但中水水质低于生活饮用水水质，并且与生活给水管道系统在建筑内共存，而我国现阶段还有很多人对中水了解不多，故有误用、误饮的可能。为了供水安全可靠、不致造成不应有的危害，在中水系统的设计、安装、运行、使用全过程中应特别注意其安全防护。

中水处理系统应连续、稳定地运行，不宜间断，处理量也不宜时多时少，且出水水质应达到《城市污水再生利用　城市杂用水水质》GB/T 18920。考虑到排水水量和水质的不稳定性，在主要处理前应设调节池，处理系统如为连续运行，其调节容积可按日处理量的 35%～50% 计算（若必须间歇运行时，调节容积可按处理工艺运行周期计算）。

由于中水处理站的出水量与中水用水量不一致，为保证故障或检修时用水的可靠性，应在处理设施后设中水贮水池。处理系统如为连续运行时，中水贮水池的调节池的调节容积可按日处理水量的 25%～35% 计算。若必须间歇运行时，可按处理设备运行周期计算；为保证用水不中断及水压恒定而设有中水高位水箱时，水箱的容积应不小于日用水量的 5%。中水贮水箱宜用玻璃钢等耐腐蚀材料制作。

严格执行《建筑中水设计标准》GB 50336 规定，中水管道外部应按有关标准的规定涂色和标志，以便与其他管道相区别；室内中水管道在任何情况下，均严禁与生活饮用水管道相接；不在室内设置可供直接使用的中水水嘴，以免误用。若装有取水接口时，必须采取严格的防止误饮、误用的措施；若需将生活饮用水管作为中水补充水时，自来水管应从中水贮水池（箱）上部或顶部接入，自来水出口应高出溢流边缘的空气间隙 150mm 以上；室外中水管与生活饮用给水管、排水管平行埋设时，其水平净距不小于 0.5m，交叉埋设时，中水管应置于饮水管之下、排水管之上，管道净距不小于 0.15m；水池、水箱、阀门、水表及给水栓、取水口等均应标有明显的"中水"耐久标识；公共场所及绿化的中水取水口应设带锁装置；工程验收时应逐段进行检查，防止误接。总之，中水用水点出水口应有明显标识和有效的防护措施，严防人们误用或误饮。

中水处理站的管理人员必须经过专门培训才能上岗，这也是保证运行安全、保证水质的重要因素。

思 考 题 与 习 题

1. 何谓建筑中水？发展建筑中水有什么意义？
2. 建筑中水系统一般由哪些部分组成？
3. 中水水量平衡有何意义？
4. 中水处理过程中，一般有哪些技术措施？
5. 布置、敷设中水原水集水管道应注意哪些问题？布置、敷设中水供水管道应注意哪些问题？
6. 如何保证建筑中水的安全使用？

教学单元 7　特殊性质建筑的给水排水

7.1　游泳池的给水排水

7.1.1　游泳池的类型与规格

游泳池的类型按使用性质可分为：比赛游泳池（含水球和花样游泳池）、训练游泳池、跳水游泳池、水上游乐池、儿童游泳池和幼儿戏水池等；按经营方式可分为公用游泳池和商业游泳池；按建造方式可分为人工游泳池和天然游泳池；按有无屋盖可分为室内游泳池和露天游泳池等。

常用各种类型游泳池及其平面尺寸和水深见表 7-1。游泳池的长度一般为 12.5m 的倍数，宽度由泳道数量决定。每条泳道的宽度一般为 2.0～2.5m，但中、小学校用游泳池的泳道宽度可采用 1.8m，边泳道的宽度应另增加 0.25～0.50m。标准的比赛和训练游泳池其宽度一般为 21m（8 条泳道）或 25m（10 条泳道）。

游泳池平面尺寸及水深　　　　　　表 7-1

游泳池类别	水　深　（m）		池长度（m）	池宽度（m）	备注
	最浅端	最深端			
比赛游泳池	1.8～1.2	2.0～2.2	50	21，25	
水球游泳池	≥2.0	≥2.0			
花样游泳池	≥3.0	≥3.0		21，25	
跳水游泳池	跳板（台）高度	水深			
	0.5	≥1.8	12	12	
	1.0	≥3.0	17	17	
	3.0	≥3.5	21	21	
	5.0	≥3.8	21	21	
	7.5	≥4.5	25	21，25	
	10.0	≥5.0	25	21，25	
训练游泳池 运动员用	1.4～1.6	1.6～1.8	50	21，25	含大学生
成 人 用	1.2～1.4	1.4～1.6	50，33.3	21，25	
中学生用	≤1.2	≤1.4	50，33.3	21，25	
公共游泳池	1.8～2.0	2.0～2.2	50，25	25，21，12，5，10	
儿童游泳池	0.6～0.8	1.0～1.2	平面形状和尺寸视具体情况由设计定		含小学生
幼儿戏水池	0.3～0.4	0.4～0.6			

注：1. 设计中应与体育工艺部门密切配合，以确保游泳池既符合使用要求，又符合卫生要求。

　　2. 水上游乐池的平面形状不拘于矩形和方形。

7.1.2 游泳池的给水

1. 给水方式与给水系统的组成

（1）直流给水方式，即连续不断地向游泳池内供给新鲜水，同时又不断地从泄水口和溢流口排走被沾污的水。该系统由给水管、配水管、阀门和给水口等部分组成。为保证水质，每天应向池内注入一定的补充水量，每天应清除池底和水面的污物，并用漂白粉或漂白精等进行消毒。

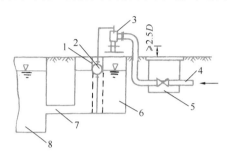

图 7-1　直流供水游泳池给水方式
1—防波导向筒；2—浮球；3—水位控制阀；
4—给水管；5—阀门井；6—补给水池；
7—连通管；8—游泳池

这种给水方式具有系统简单、投资较省、维护简便、运行费低等优点。在有充足清洁的水源（如温泉水、地热井水）时，应优先采用此种供水方式。当以市政自来水为水源时，给水系统中宜设平衡水池，以保持池内水位恒定，还应有空气隔断措施，如图 7-1 所示。

（2）定期换水给水方式，即每隔 1～3d 将池水放空再注入新鲜水。每天应清除池底和水面的污物，并投加漂白粉或漂白精等进行消毒。

这种给水方式虽具有系统简单、投资省、维护管理方便等优点，但池中水质不易保证，卫生状况较差，且换水时要停止使用一定时间，故目前不推荐采用。

（3）循环给水方式，就是将沾污了的池水按适当的流量抽出，经过专设的净化系统对其进行净化、消毒（和加热）处理，达到水质要求后，再送入游泳池重复使用。

这种给水方式是目前普遍采用的给水方式，具有节约用水、保证水质、运行费用低等优点。但系统较复杂、投资较大、维护管理不太方便。

该方式除管道、阀门等部分外，还需设置水泵和过滤、加药、消毒、加热（需要时）等设备。

其具体的循环方式为顺流式、逆流式和混合式三类。

1）顺流式循环：全部循环水量从游泳池两端或两侧进水，由游泳池底部回水，如图 7-2 所示。这种方式配水较均匀，有利于防止水波形成涡流和死水区，目前国内普遍采用这种方式，但池底易沉积污物。

2）逆流式循环：全部循环水量由池底均匀地进入，从游泳池周边的上缘溢流回水，如图 7-3 所示。这种方式配水均匀，池底不易积污，能够及时去除池水表面污物。它是国际泳联推荐的方式，但基建投资费用较高，施工稍难一些。

3）混合式循环：上述两种方式的组合，具体形式有：给水全部从池底进入，池表（不少于循环水量的 60%）和池底（不超过循环水量的 40%）同时回水；给水从两侧上部和下部进入，两端溢流回水加底部回水；给水由池底和两端下侧进入，从两侧溢流（图 7-4）等多种。这种方式配水较均匀，池底积污较少，利于表面排污。

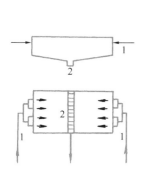

图 7-2　对称式顺
流循环方式

1—给水管道；2—泄水口

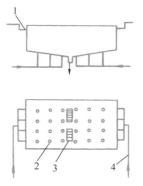

图 7-3　逆流式循环方式

1—溢流回水槽；2—给水口；
3—泄水口；4—给水管道

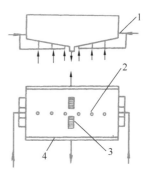

图 7-4　混合式循环方式

1—给水管道；2—给水口；
3—泄水口；4—溢流回水槽

2. 水质、水温与水量

（1）水质。世界级比赛用和有特殊要求的游泳池的池水水质卫生标准，除符合我国现行《游泳池水质标准》要求外，还应符合国际游泳协会（FINA）关于游泳池池水水质卫生标准的规定。国家级比赛用游泳池和宾馆内附建的游泳池池水水质卫生标准，可参照国际游泳协会（FINA）关于游泳池池水水质卫生标准的规定执行。其他游泳池和水上游乐池池水水质应符合我国的卫生标准。游泳池初次充水和补充水，均应符合现行的《生活饮用水卫生标准》GB 5749 的规定（如采用的是温泉水、地热水，其水质应与当地卫生防疫部门、游泳联合会协商确定），平常池中的水质应符合住房和城乡建设部颁布的《游泳池水质标准》CJ/T 244 的规定。游泳馆、水上游乐场内的饮水、淋浴等生活用水，其水质应符合现行的《生活饮用水卫生标准》。部分国家的游泳池池水的水质标准参见表 7-2。

游泳池池水水质标准　　　　　　　　　表 7-2

项目	单位	中国	德国	美国	日本	俄罗斯	国际泳联
浑浊度	度	<5	0.2~0.5	—	<2	<1.0	0.1
色度	度		无色			<35	
透明度	—	站在两岸能看清水深1.5m的池底4、5泳道线	透明	相距9.14m能清楚看见最深处的φ15cm黑色或白色圆盘		从池面能清楚看见最深池底上的φ15cm白色圆盘	
pH	—	6.5~8.5	7.2~7.8	7.2~7.8	6.5~8.5		7.1~7.4
耗氧量	mg/L	≤3.5	<3		<12	<3	<3
尿素	mg/L	≤2.5					
游离余氯	mg/L	0.3~0.5		0.4~0.6	<0.4		0.2~0.4
化合性余氯	mg/L	0.5	0.2	0.2	<1.0	0.4~0.8	

续表

项目	单位	中国	德国	美国	日本	俄罗斯	国际泳联
总大肠菌群	—	<18 个/L	1mL，水样中不得检出	5 个 10mL 水样中不得有 1 个阳性反应	不得检出	300mL 水样中不得超过 1 个，个别水样 100mL 中不得超过 1 个	必须符合各国生活饮用水水质标准
细菌总数	个/mL	<1000	<100	不得有 15% >200	<200	<1000	<100
其他		有毒物质参照《工业企业设计卫生标准》TJ36—79 中地面水水质卫生标准				夏季每 m³ 水中寄生虫卵不得超过 1 个	

（2）水温。比赛用游泳池的池水温度，应符合《游泳比赛规则》和《游泳池给水排水工程技术规程》CJJ/22 的要求，无特殊要求的游泳池（含水上游乐池）可参照表7-3确定。

室内游泳池的池水设计温度　　　　表 7-3

序号	游泳池的用途及类型		池水设计温度（℃）	备注
1	竞赛类	游泳池	26～28	含标准 50m 长池和 25m 短池
2		花样游泳池		
3		水球池		
4		热身池		
5		跳水池	27～29	—
6		放松池	36～40	与跳水池配套
7	专用类	训练池	26～28	
8		健身池		
9		教学池		
10		潜水池		
11		俱乐部		
12		冷水池	≤16	室内冬泳池
13		文艺演出池	30～32	以文艺演出要求选定
14	公共类	成人池	26～28	含社区游泳池
15		儿童池	28～30	—
16		残疾人池	28～30	—
17	水上游乐类	成人戏水池	26～28	含水中健身池
18		儿童戏水池	28～30	含青少年活动池
19		幼儿戏水池	30	
20		造浪池	26～30	
21		环流河		
22		滑道铁落池		—

序号	游泳池的用途及类型		池水设计温度（℃）	备注
23	其他类	多用途池	26～30	—
24		多功能池		—
25		私人泳池		—

室外游泳池，若有加热装置，池水设计温度≥26℃，若无加热装置，池水设计温度≥23℃。

（3）水量。

1）初次充水量：初次充水总量为游泳池的容积。其充水时的流量，竞赛类和专用类游泳池不宜超过48h，休闲类游乐池不宜超过72h。

2）补充水量：游泳池和水上游乐池的补充水量应根据游泳池的不同类型和特征，参照表7-4的数据计算确定。

游泳池和水上游乐池的补充水量　　　　　　　　　表7-4

序号	池的类型和特征		每日补充水量占池水容积的百分数（%）
1	比赛池、训练池、跳水池	室内	3～5
		室外	5～10
2	公共游泳池、水上游乐池	室内	5～10
		室外	10～15
3	儿童游泳池、幼儿戏水池	室内	≥15
		室外	≥20
4	家庭游泳池	室内	3
		室外	5

注：游泳池和水上游乐池的最小补充水量应保证一个月内池水全部更新一次。

大型游泳池和水上游乐池应采用平衡水池或补充水箱间接补水。家庭游泳池等小型游泳池当采用生活饮用水直接补水时，补充水管应采用有效的防止回流污染的措施。

3）游泳池和水上游乐池的水应循环使用，其循环流量一般按下式计算：

$$q_c = \frac{\alpha_p V}{T} \tag{7-1}$$

式中　q_c——循环水流量，m^3/h；

　　　α_p——管道和设备的水容积系数，一般取1.05～1.10；

　　　T——池水每天的循环周期，可按表7-5采用；

　　　V——游泳池的水容积，m^3。

4）其他用水量：根据游泳池的附属设施，参照表7-6、表7-7计算其他用水量（这里的小时变化系数可按2.0计）。

游泳池池水循环净化周期 表 7-5

游泳池和水上游乐池分类			使用有效池水深度（m）	循环次数（次/d）	循环周期（h）
竞赛类	竞赛游泳池		2.0	8～6	3～4
			3.0	6～4.8	4～5
	水球、热身游泳也		1.8～2.0	8～6	3～4
	跳水池		5.5～6.0	4～3	6～8
	放松池		0.9～1.0	80～48	0.3～0.5
专用类	训练池、健身池、教学池		1.35～2.0	6～4.8	4～5
	潜水池		8.0～12.0	2.4～2	10～12
	残疾人池、社团池		1.35～2.0	6～4.5	4～5
	冷水池		1.8～2.0	6～4	4～6
	私人泳池		1.2～1.4	4～3	6～8
公共类	成人泳池（含休闲池、学校泳池）		1.35～2.0	8～6	3～4
	成人初学池、中小学校泳池		1.2～1.6	8～6	3～4
	儿童泳池		0.6～1.0	24～12	1～2
	多用途池、多功能池		2.0～3.0	8～6	3～4
水上游乐类	成人戏水休闲池		1.0～1.2	6	4
	儿童戏水池		0.6～0.9	48～24	0.5～1.0
	幼儿戏水池		0.3～0.5	>48	<0.5
	造浪池	深水区	>2.0	6	4
		中深水区	2.0～1.0	8	3
		浅水区	1.0～0	24～12	1～2
	滑道跌落池		1.0	12～8	2～3
	环流河（漂流河）		0.9～1.0	12～6	2～4
	文艺演出池			6	4

注：1. 池水的循环次数可按每日使用时间与循环周期的比值确定。

2. 多功能游泳池宜按最小使用水深确定池水循环周期。

其他用水量定额 表 7-6

项目	单位	定额
强制淋浴	L/（人·场）	50
运动员淋浴	L/（人·场）	60
入场前淋浴	L/（人·场）	20
工作人员用水	L/（人·d）	40
绿化和地面洒水	L/（m²·d）	1.5
池岸和更衣室地面冲洗	L/（m²·d）	1.0
运动员饮用水	L/（人·d）	5
观众饮用水	L/（人·d）	3
大便器冲洗用水	L/（h·个）	30
小便器冲洗用水	L/（h·个）	180
消 防 用 水		按消防规范执行

游泳池卫生设备设置数量（个/1000m² 水面）　　　　　　表 7-7

卫生设备名称	室内游泳池		室外游泳池	
	男	女	男	女
淋浴器	20～30	30～40	3	3
大便器	2～3	6～8	2	4
小便器	4～6	—	4	—

5）总用水量：初次充水（给水设施必须具备满足初次充水的供水能力）后，每天的总用水量应为补充水量与其他用水量之和。

3. 水质净化与消毒

（1）水质净化方式。游泳池水质净化的方式一般对应于其给水方式，常有溢流净化、换水净化和循环净化。

1）溢流净化方式，就是连续不断地向池内供给符合《生活饮用水卫生标准》GB 5749 的自流井水、温泉水或河水，将沾污了的池水连续不断地排除，使池水在任何时候都保持符合《游泳池水质标准》CJ/T 244 的要求。有条件时应优先采用这种方法。

2）换水净化方式，就是将被沾污的池水全部排除，再重新充入新鲜水的方式，这种方式不能保证稳定的卫生状况，有可能传染疾病，一般不再推荐这种方法。

3）循环净化方式，就是将沾污了的池水按一定的流量连续不断地送入处理设施，去除水中污物，投加消毒剂杀菌后，再送入游泳池使用，这是城镇较高标准游泳池常用的给水方式。其净化流程如图 7-5 所示。

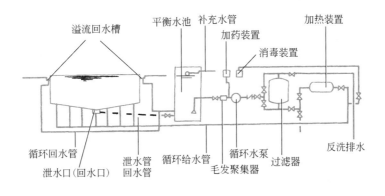

图 7-5　循环净化流程图

其净化环节有：

① 预净化：为防止池水中较大固体杂质、毛发纤维、树叶等影响后续循环和处理设备的正常进行，在池水进入水泵和过滤器之前，将其去除。预净化设备由平衡水池和毛发聚集器（图 7-6）组成。

② 过滤：由于游泳池循环水浊度不高且水质稳定，一般可采用压力颗粒过滤器或负压颗粒过滤器进行过滤处理。

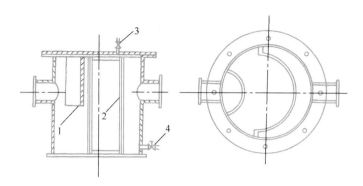

图 7-6 钢制毛发聚集器
1—缓冲板；2—滤网；3—放气阀；4—排污阀

为了提高过滤效果，加快池水中微小悬浮污物颗粒的絮凝，促进过滤作用，在过滤前应通过药剂投加装置向循环水中投加混凝剂和助凝剂（一般为铝盐或铁盐药剂）。还应根据气候条件、池水水质、pH 等情况，投加除藻剂、水质平衡药剂。

（2）消毒。由于游泳池池水直接与人体接触，还有可能进入嘴内和腹中，如果不卫生，就可能会引起五官炎症、皮肤病和消化器官疾病等，严重时还可能会引起伤寒、霍乱、梅毒、淋病等的传染。游泳者虽然在入池前进行了洗浴，但难免带进一些细菌、病毒，更主要的是在游泳过程中会分泌、排泄出汗和其他物质不断污染池水，故必须对游泳池和水上游乐池的池水进行严格的消毒杀菌处理。

对于消毒方法的确定，一方面要求杀毒灭菌能力强、效果好、在水中有快速持续的杀毒灭菌功能；不改变池水水质，不造成水和环境污染；对人体无害无刺激（或刺激性很小）；对建筑结构、设备和管道无腐蚀或轻微腐蚀。另一方面要求建设和维护费用较省，设备简单、能实现投加系统自动控制和监测、运行安全可靠、操作管理方便。

游泳池常用氯化消毒法，其消毒剂有液氯、次氯酸钠、氰尿酸、漂白粉和氯片（适用小型游泳池）等。该法具有消毒效果好、有持续消毒功能、投资较低的优点。但有气味，对眼与呼吸道有刺激作用，对池体、设备有腐蚀作用，对管理水平要求高。加氯间应设置防毒、防火和防爆装置，并应符合国家现行有关标准的规定。严禁采用将氯消毒剂直接注入池内的投加方式。

臭氧和紫外线消毒有更强的杀菌能力，且具脱色去臭功能，对人体无刺激作用，但投资费用略高。使用臭氧消毒时，应采用负压方式投加在过滤器之后的循环水管道上，并应采用与循环水泵联锁的全自动控制投加系统。

4. 水的加热

以温泉水或地热水为水源的游泳池，池水不需加热，露天游泳池一般也不进行加热。

室内游泳池如有完善的采暖空调设施，池水温度达到 25℃ 左右即可。如气温较低，池水温度宜保持在 27℃ 以上。

（1）游泳池水面蒸发损失的热量：

$$Q_z = 4.187\gamma\ (0.0174v_f + 0.0229)\ (P_b - P_q)\ A\ (760/B) \qquad (7\text{-}2)$$

式中　Q_z——池水表面蒸发损失的热量，kJ/h；

　　　γ——与池水温度相等时，水的蒸发汽化潜热（kcal/kg），按表 7-8 确定；

　　　v_f——地面上的风速，m/s，室内游泳池一般取 $v_f = 0.2 \sim 0.5$m/s；

　　　P_b——与池水温度相等的饱和空气的水蒸气分压，mmHg，见表 7-9；

　　　P_q——游泳池环境空气的水蒸气分压，mmHg，按表 7-9 确定；

　　　A——游泳池水面面积，m^2；

　　　B——当地大气压力，mmHg。

水的蒸发潜热和饱和蒸汽压　　　　　　　　　　　　表 7-8

水温 （℃）	蒸发潜热 γ（kcal/kg）	饱和蒸汽压 P_b（mmHg）	水温 （℃）	蒸发潜热 γ（kcal/kg）	饱和蒸汽压 P_b（mmHg）
18	587.1	15.5	25	583.1	23.8
19	586.6	16.5	26	582.5	25.2
20	586.0	17.5	27	581.9	26.7
21	585.4	18.7	28	581.4	28.3
22	584.9	19.8	29	580.8	30.0
23	584.3	21.1	30	580.4	31.8
24	583.6	22.4	—	—	—

气温与相应的蒸汽分压　　　　　　　　　　　　表 7-9

气温（℃）	相对湿度（%）	蒸汽分压 P_q（mmHg）	气温（℃）	相对湿度（%）	蒸汽分压 P_q（mmHg）
21	50 55 60	9.3 10.2 11.1	26	50 55 60	12.5 13.8 15.2
22	50 55 60	9.9 10.9 11.9	27	50 55 60	13.3 14.7 16.0
23	50 55 60	10.5 11.5 12.6	28	50 55 60	15.1 16.5 18.0
24	50 55 60	11.1 12.3 13.4	29	50 55 60	15.1 16 18.0
25	50 55 60	11.9 13.0 14.2	30	50 55 60	16.0 17.5 19.1

（2）传导损失的热量，包括池水表面、池底、池壁、管道和设备等所有的传导所损失的热量。其数值可按游泳池池水表面蒸发损失热量的 20% 计算。

(3) 补充水加热所需的热量:

$$Q_h = \frac{4.187\rho q_b (T_d - T_f)}{t_h}$$ (7-3)

式中　Q_h——补充水加热所需要的热量，kJ/h;

　　　q_b——每天补充的水量，m³;

　　　ρ——水的密度，kg/L;

　　　T_d——池水温度，按表7-3确定;

　　　T_f——补充水水温，℃（按冬季最不利水温计算）;

　　　t_h——每天加热时间，h。

(4) 总热量，加热所需的总热量应为上述三项之和。

(5) 加热方式和设备。常用的加热方式和加热设备与建筑热水供应基本相同。加热方式宜采用间接式，并应优先采用余热和废热、太阳能、热泵等作为热源。

5. 附属装置和洗净设施

(1) 附属装置:

1) 进水口，是给水管系的末端，是净水进入游泳池的入口。

进水口的布置应保证配水均匀和不产生涡流及死水域;进水口根据池水循环方式设在池底或池壁上，并应有格栅护板;进水口和格栅护板，一般应采用不锈钢、铜、大理石和工程塑料等不变形、耐久性能好的材料制造;池壁（如两侧壁）进水口的间距不应大于 3m，拐角处进水口距另一池壁（端壁）不应大于1.5m。进水口宜设在池水水面以下 0.5～1.0m 处，以防余氯的过快损失。跳水池的进水口应为上下两层交叉布置;池底进水口应布置在每条泳道分隔线于池底的垂直投影线上，间距不应大于 3m。

进水口的数量必须满足循环流量的要求，进水口格栅孔隙的宽度不得大于8mm，孔隙流速一般为 0.6～1.0m/s。进水口流量宜按 4～10m³/（h·个）确定，其接管管径不宜超过 50mm。进水口宜设置流量调节装置。

2) 回水口，是循环水质净化方式中回水管系的起点，被沾污的池水从回水口进入并通过回水管道送入净化处理装置。

回水口设在池底（此时回水口可兼作泄水口）或溢流水槽内，池底回水口的位置应满足水流均匀和不产生短流的要求。

回水口的数量应满足循环流量的设计要求，设置位置应使游泳池内水流均匀、不产生涡流和短流，且应有防旋流、防吸入、防卡的格栅盖板，格栅盖板孔隙的流速不应大于 0.2m/s。格栅盖板应采用耐腐蚀和不变形材料制造，且应与回水有牢靠的固定措施。格栅开孔宽度或直径不得超过 8mm，以保证游泳者的安全。回水管内的流速宜采用 0.7～1.0m/s。

3) 其他。为了解决游泳者临时饮水和冲洗眼睛的问题。在游泳池的岸边适当位置应设置饮水器或饮水水嘴（一般不得少于 2 个）和洗眼水嘴。

(2) 洗净设施，是保证池水不被污染和防止疾病传播的不可缺少的组成部分。它包括浸脚消毒池、强制淋浴器和浸腰消毒池。

1）洗净设施的流程形式有：

① 浸脚消毒→强制淋浴→浸腰消毒→游泳池岸边。

② 浸脚消毒→浸腰消毒→强制淋浴→游泳池岸边。

2）浸脚消毒池，其宽度应与游泳者出入通道相同，长度不得小于 2.0m，消毒液有效深度应在 150mm 以上。前后地面应以不小于 0.01 坡度坡向浸脚消毒池。池体与配管应为耐腐蚀、不透水材料，池底应有防滑措施。

消毒液的配制及供应。消毒液浓度：液氯为 5～10mg/L，消毒液宜为流动式，使其不断更新。如为间断更换消毒液，其间隔时间宜为 2h。

3）浸腰消毒池，设置的目的是对每一游泳者的腰部及下半身进行消毒（浸腰消毒池目前在我国使用还不很多，但今后可能会有所发展），它的深度应保证腰部被消毒液全部淹没，一般成人要求溶液深度为 800～1000mm；儿童为 400～600mm。池体应为耐腐蚀、不透水材料，池底设防滑措施，两侧设扶手。浸腰消毒池的形式有：阶梯式和坡道式。

消毒液配制浓度。如设在强制淋浴之前时，液氯为 50～100mg/L，漂白粉为 200～400mg/L；如设在强制淋浴之后时，液氯为 5～10mg/L；漂白粉为 20～40mg/L。

4）强制淋浴。公共游泳池和水上游乐池一般应设强制淋浴设施，其作用是使游泳者入池之前洗净身体，并适应一下较低水温的刺激，防止入池后身体突然变冷发生事故（游泳之后亦可进行冲洗）。水温不宜超过 38℃，但夏季可以采用冷水。用水量按 50L/（场·人）计。

6. 给水管道的布置与敷设

游泳池给水管道应采用耐腐蚀材质或内壁涂耐腐蚀材料的管道，其布置与敷设的原则和方法，与建筑给水系统基本相同。

但游泳池具有自身的特点，布管时应当注意：给水管网的布置形式应结合游泳池的环境状况、给水方式予以综合考虑。室内游泳池一般宜在池身周围设置管廊，管廊高度不应小于 1.8m，管道敷设在管廊内。室内小型游泳池和室外游泳池的管道也可以埋地敷设，埋地管道宜采用给水铸铁管且应有可靠的基础或支座。

采用市政自来水作为游泳池补充水时，其管道不得与游泳池和循环水管道直接连接，必须采取有效的防止倒流污染之措施。游泳池饮用水给水管道系统应单独设置。

管道上的阀门应采用明杆闸阀或蝶阀。管道无需采取保温隔热措施。

循环水泵应靠近游泳池，并设计成自灌式，且应与平衡水池、净化设备和加热加药装置设在同一房间。

7.1.3　游泳池排水

1. 岸边清洗

游泳池岸边如有泥沙、污物，可能会被涌起的池水冲入池内而污染池水。为防止这种现象，每个开放场次结束后应冲洗一次，且每天冲洗地面不宜少于 2 次。应在池岸两侧各设置不少于 2 只冲洗池岸用的快速取水阀，其间距不大于 25m，取水阀直径大于 25mm。这种冲洗水应流至排水沟或作为建筑中水系统的原水。

2. 溢流与泄水

(1) 溢流水槽。游泳池应设置池岸式溢流水槽，以用于排除各种原因而溢出游泳池的水体，避免溢出的水回流到池中，带入泥沙和其他杂物。

溢流水槽的槽沿应与池岸相平，以防溢水短流。槽内排水口间距一般为 3m，排水口直径不应小于 50mm，兼作为回水槽时，则槽内排水管口宽度不得小于 300mm，沟深不应小于 300mm；槽内纵向应有不小于 $i=0.01$ 坡度坡向回水口；岸边溢水槽应设置可拆卸组合的格栅盖板，其材质参见回水口。

溢水管不得直接与污水管直接连接，且不得装设存水弯，以防污染及堵塞管道；溢水管宜采用铸铁管或钢管内涂环氧树脂漆以及其他新型管道。

(2) 泄水口。用于排空游泳池中的水体，以便清洗、维修或者停用。

逆流式池水循环系统应独立设置池底泄水口，顺流式和混流式池水循环系统的泄水口应与池底回水口合并设置在游泳池底的最低处；泄水口的数量一是满足不会产生负压造成对人体的伤害，二是按 6h 排空全部池水计算确定，且不应少于 2 个；泄水管亦按 4h 将全部池水泄空计算管径。

泄水方式应优先采用重力泄水，但应有防污水倒流污染的措施。重力泄水有困难时，采用压力泄水，可利用循环泵泄水。

泄水口的构造与回水口相同。

3. 排污与清洗

(1) 排污。为保证游泳池的卫生要求，应在每天开放之前，将沉积在池底的污物予以清除。在开放期间，对于池中的漂浮物、悬浮物应随时清除。常有的排污方法有：

1) 漂浮物、悬浮物的清除方法：主要由游泳池的管理人员利用工具，采用人工拣、捞的方法予以清除。

2) 池底沉积物的清除方法：

管道排污：循环回水、排污管道系统（或真空排污管道系统）设置在游泳池四周排水沟内或池壁上，管道每隔一段距离设置带有阀门的管道接口。排污时，将排污器的排污软管与接口相连，开启循环回水泵，移动排污器使池底积污被抽吸排出。此法排污较彻底，节省人力，但设备、管道系统较复杂，需占较多的建筑面积，投资较高。适用于城市中较豪华、设施完善的游泳池。

移动式潜污泵法：将潜污泵及与之相连的排污器和部分排污软管置入池底，缓慢地推拉移动，开启潜污泵将污物抽吸排出。此法排污较快，但移动潜污泵和排污器时稍显笨重。

虹吸排污法：排污器的排水管口置于较低位置，利用水力作用或真空泵引水造成虹吸，将污物吸出。此方法节省电能，但耗水量大（每次达池积的 5% 左右），且排污不太彻底。

人工排污法：用擦板刷或压力水等将池底污物缓慢推至泄水口（或回水口），然后打开泄水阀或循环水泵将之排除，此法设备简单，但劳动强度大，耗用时间长，如操作过急易扰动积污混于水中，影响排污效果。

竞赛游泳池及大型公共游泳池宜采用全自动控制池底清污器清除池底沉积污物；

中、小型游泳池宜采用池岸型人工移动吸污器或设置池壁真空吸污口清污方式。

排污时排出的废水，可直接排放，也可经过过滤处理后回用。

（2）清洗。游泳池换水时，应对池底和池壁进行彻底刷洗，不得残留任何污物，必要时应用氯液刷洗杀菌。一般采用棕板刷刷洗和压力水冲洗。

清洗水源采用生活饮用水或游泳池等池水。

7.1.4　游泳池辅助设施的给水排水

游泳池应配套设置更衣室、厕所、泳后淋浴设施、休息室及器材库等辅助设施。这些设施的给水排水与建筑给水排水相同。

7.2　水　景　工　程

7.2.1　水景工程的作用与构成

1. 水景工程的作用

利用水景工程制造水景（也称喷泉），我国在 18 世纪中期，已经开始兴建。形状各异、多姿多彩、美轮美奂的水景，在现代城市（镇）建设中日益增多，几乎成了城市中不可缺少、广泛应用的景观。现代电子技术、声光科技、声光艺术的发展和自动化智能设备的兴起，更赋予了水景崭新的活力，它与灯光、色彩、形状、绿化、雕塑和音乐（有时还配以烟花）之间的巧妙配合，构成了一幅幅宏伟壮观、五彩缤纷、靓丽美艳、婀娜多姿、华丽壮观、悦耳动听、赏心悦目、沁人心脾的景色，被称为"水之舞蹈"，给人们带来了清秀新丽的环境、诗情画意般的遐想和感受，赢得了人们的广泛喜爱。因此，水景已经成为城市（镇）规划建设、旅游建筑、园林景点和大型公共建筑设计中极为重要的内容。我国众多的大型水景艺术景观工程，在世界上已名列前茅。

水景除了美化环境的功能之外，还具有湿润和净化空气、改善小范围气候的作用。水景工程中的水池可兼作冷却水池、消防水池、浇洒绿地用水的贮水池或作娱乐游泳池和养鱼池等。

2. 水景工程的构成

图 7-7 所示为一个典型水景工程，它由如下几部分构成：

（1）土建部分。即水泵房、水景水池、管沟、泄水井和阀门井等。

（2）管道系统。即给水管道、排水管道。

（3）造景工艺器材与设备。即配水器、各式各类喷头、照明灯具和水泵等。

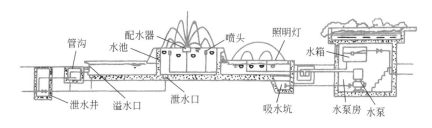

图 7-7　典型水景工程的组成

（4）控制装置。即阀门、电气自动控制设备和音控设备等。

7.2.2 水景的造型、基本形式和控制方式

1. 水景的造型

（1）池水式的水景造型。以静取胜的镜池，水面宽阔而平静，可将水榭、山石、树木和花草等映入水中形成倒影，可将特色建筑体配以奇妙变化的彩光幻影等作为背景，增加景物的空间层次和婉丽动感。

以动取胜的浪池，既可以制成鳞纹细波，也可制成惊涛骇浪，它具有动感和趣味性，还能加强池水的充氧效果，防止水质腐败。

（2）漫流式的水景造型。灵活巧妙利用地形地物，将溪流、漫流和叠流等有机地配合应用，使山石、亭台、小桥、花木等恰当地穿插其间，使水流平跃曲直、时隐时现、水流淙淙、水花闪烁、水雾漫腾、欢快活泼、变化多端。

（3）跌水式的水景造型。利用峭壁高坎或假山，构成飞流瀑布、雪浪翻滚、洪流跌落、水雾腾涌的壮景或凌空飘垂的水幕，让人感到气势宏大。

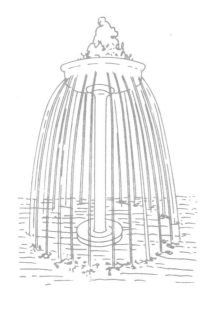

图 7-8 孔流

（4）孔流造型。孔流（图 7-8）的水柱纤细透明、轻盈妩媚，别具一格，活泼可爱。

（5）喷水式的水景造型。喷水式是借助水压和多种形式的喷头所构成，具有更广阔的创作天地。

1）射流水柱造型。此种造型可分为两类。一类是直射式，即喷头喷出的水柱只是一个方向，射流水柱可喷得高低远近不同，喷射角度也可任意设置和调节，可有高达几十米、逾百米的雄壮之美。另一类是动态（摇摆、旋转、间歇）喷头，它再辅以水压大、小的变换，就可制造出曲弯婉约、无尽花样变幻的柔动之美。所谓水之舞蹈的众多"舞美"，就是这样造就形成。射流水柱是水景工程中最常用的造景手段。图 7-9 所示为部分造景示意。

2）膜状水流造型。膜状水流新颖奇特、噪声低、充氧强，但易受风的干扰。宜在室内和风速较小的地方采用。

3）气水混合水柱。这种造型水柱较粗，颜色雪白，形状浑厚壮观，但噪声和能耗较大。也是水景工程常用的形态。

4）水雾。水雾是将少量的水喷洒到很大的范围内，形成水汽腾腾、云雾蒙蒙的景象，配以阳光或白炽灯的照射，还可呈现彩虹映空的美景。其他水流辅以水雾烘托，水景的效果和气氛更为强烈。

（6）涌水式的水景造型。大流量的涌水犹如趵突泉，涌水水面的高度虽不大，但粗壮稳健，气势豪大，激起的粼粼波纹向四周散扩，赏心悦目。

小流量的涌水可从清澈的池底冒出串串闪亮的气泡，如似珍珠颗颗（故称珍

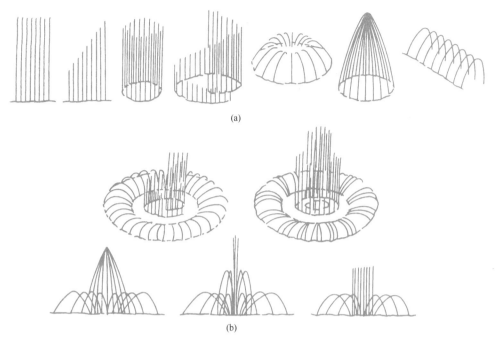

图 7-9　射流水柱组成的水景造型

（a）单种水柱组成的；（b）多种水柱组成的

珠泉）。池底玉珠迸涌，水面粼波细碎，给人以幽静之感。

（7）组合式水景造型。常见的中、大型水景工程，是将各种水流形态组合搭配，其造型变幻万千，无穷无尽。组合式的水景将各种喷头恰当搭配编组，按一定程序依次喷水。若辅以彩灯变换照射，就构成程控彩色喷泉。若再利用音乐声响控制其喷水的高低、角度变化，就构成彩色音乐喷泉。图 7-10 所示为部分组合水景造型示意。

中、大型组合式水景造型，一般建在较大的人工池（湖）上，也可以建在更大的池塘、水库中，还可以建在自然湖泊之上。有条件时可将特色建筑、宏伟建筑配以巧妙变幻的彩光奇影等作为背景，则更使水景宏观奇妙、美不胜收。

2. 水景工程的基本形式

水景工程可根据环境、规模、功能要求和艺术效果，灵活地放置成多种形式。

（1）固定式。大、中型水景工程一般都是将构成水景工程的主要组成部分固定设置，不能随意移动，常见的有河湖式、水池式、浅碟式和楼板式等，如图 7-11～图 7-13 所示。

（2）半移动式。半移动式是指水景工程中的土建部分固定不变，而其他主要设备（如潜水泵、部分管道、配水器、喷头和水下灯具等）可以移动。通常是将主要设备组装在一起或搭配成若干套路，再按一定的程序控制各套的开停，实现常变常新的水景效果，如图 7-14 所示。

图 7-10　组合水景造型示例

图 7-11　水池式水景工程

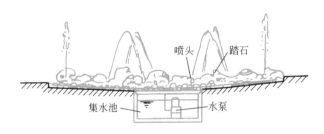

图 7-12　浅碟式水景工程

图 7-13　河湖式水景工程

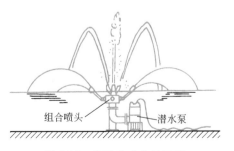

图 7-14　半移动式水景工程

（3）全移动式。全移动式就是将包括水池在内的所有水景设备，全部组合并固定在一起，可以整体任意搬动，这种形式的水景设施能够定型生产制作成成套设备，可以放置在大厅、庭园内，更小型的可摆在橱窗内、柜台上或桌子上，如图 7-15 所示。

3. 水景工程的控制方式

为了改善和增强水景变幻莫测、丰富多彩的观赏效果，就需使水景的水流姿态、光亮照度、色彩变异随着音乐的旋律、节奏和声响的强弱而产生协调同步变化。这就要求采取较复杂的控制技术与措施。目前常用的控制方式有：

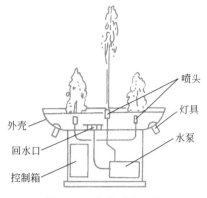

图 7-15 全移动式水景

（1）手动控制。把水景设备分成若干组或只设定为一组，分别设置控制阀门（或专用水泵），根据需要可开启一组、几组或全部，将水景姿态调节满意之后就不再变换。

（2）电动程控。将水景设备（喷头、灯具、阀门、水泵等）按水景造型进行分组，每组分别设置专控电动阀、电磁阀或气动阀，利用时间继电器或可编程序控制器，按照预先输入的程序，使各组设备依编组循环运行，去实现变化多端的水景造型。

（3）声响控制。在各组喷头的给水干管上设置电动调节阀（或气动调节阀）以及在照明电路中设置电动开关，并在适当位置设置声波转换器，将声响频率、振幅转换成电信号，去控制电动调节阀的开启、开启数量与开启程度等，从而实现水景姿态的变换。

声响控制的具体方式有：人声直接控制方式、录音带音乐控制方式、直接音乐音响控制方式、间接音响控制方式和混合控制法等。

7.2.3 水景给水水量和水质

1. 水量

（1）初次充水量。充水量应视水景池的容积大小而定。充水时间一般按 24～48h 考虑。

（2）循环水量。为了节约用水，镜池、珠泉等静水景观应采用循环给水方式。循环水量应等于各种喷头喷水量的总和。设计循环流量应为计算流量的 1.2 倍。

（3）补充水量。水景工程在运行过程中，由于风吹、蒸发以及溢流、排污和渗漏等因素，要消耗一定的水量，也称水量损失。对于水量损失，一般按循环流量或水池容积的百分数计算，其数值可参照表 7-10 选用。对于室内池宜取（1～3）%，对于室外池宜取（3～5）%。

水 量 损 失　　　　　　　　　　　　　表 7-10

项目　水景形式	风吹损失 占循环流量的%	蒸发损失 占循环流量的%	溢流、排污损失（每天排污量占水池容积的%）
喷泉、水膜、冰塔、孔流	0.5～1.5	0.4～0.6	3～5
水 雾 类	1.5～3.5	0.6～0.8	3～5
瀑布、水幕、叠流、涌泉	0.3～1.2	0.2	3～5
镜池、珠泉	—	按式 7-1 计算	2～4

注：水量损失的大小，应根据喷射高度、水滴大小、风速等因素选择。

321

对于镜池、珠泉等静水景观，每月应排空换水 1～2 次，或按表 7-11 中溢流、排污百分率连续溢流、排污，同时不断补充等量的新鲜水。

2. 水质

(1) 对于兼作人们娱乐游泳、儿童戏水等亲水性的水景水池，其水质应符合现行国家标准《地表水环境质量标准》GB 3838 中规定的Ⅲ类标准。亲水性水景的补充水水质，应符合国家现行相关标准的规定。

(2) 对于不与人体直接接触的非亲水性水景水池，其水质应符合现行国家标准《地表水环境质量标准》GB 3838 中规定的Ⅲ类标准。

当水景水池采用生活饮用水作为补充水时，应采取防止回流污染的措施，补水管上应设置用水计量装置。

7.2.4 造景工艺主要器材与设备

1. 喷头

喷头是制造人工水景的重要部件。它应当耗能低、噪声小、外形美，在长期运行环境中不锈蚀、不变形、不老化。制作材质一般是铜、不锈钢、铝合金等，少数也有用陶瓷、玻璃和塑料等制成的。根据造景需要，它的形式很多，常用的有：

(1) 直流式喷头。它的构造简单，在相同水压下，可喷出较高较远的水柱。

(2) 吸气（水）式喷头，它是利用喷嘴射流形成的负压，使水柱掺入大量的气泡，喷出冰塔形态的水柱。

(3) 水雾喷头。水雾喷头有旋流式和碰撞式等，是制造水雾形态的喷头。

(4) 隙式喷头。隙式喷头有缝隙式和环隙式等，是能够喷平面、曲面和环状水膜的喷头。

(5) 折射式喷头。它是使水流在喷嘴外经折射形成水膜的喷头。

(6) 回转型喷头。它是利用喷嘴喷出的压力水的反作用（或利用其他动力带动回转），使喷头不停地旋转运动，形成动感的喷水造型。

这些喷头的形式可参见图 7-16。

除上述几种喷头外，还有多孔型喷头、摇（旋）动式喷头、喷花型喷头、组合式喷头等几十种喷头。

2. 水泵

固定式水景工程常选用卧式或立式离心泵和管道泵。

半移动式水景工程宜采用潜水泵。最好是采用卧式潜水泵，如用立式潜水泵，则应注意满足吸水口要求的最小淹没深度。

移动式水景工程，因循环的流量小，常采用微型泵和管道泵。

娱乐性水景的供人涉水区域，不应设置水泵。因景观要求确需设置水泵时，水泵应平式安装（不得采用潜水泵），并采取可靠的安全措施。

3. 控制阀门

对于电控和声控的水景工程，水流控制阀门是关键装置之一，对它的基本要求是能够适时、准确地控制（即准时地开关和达到一定的开启程度），保证水流形态的变化与电控信号和声频信号同步，并保证长时间反复动作不失误，不发生故障。选择电动阀门时要求开启程度与通过的流量呈线性关系为好。采用电磁阀

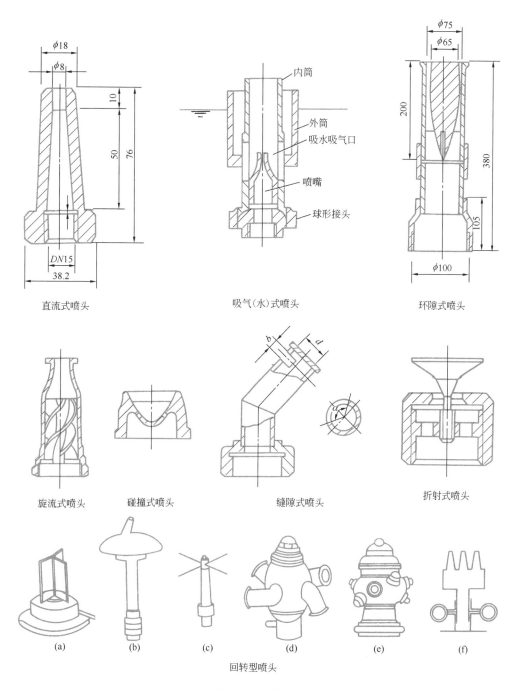

图 7-16　部分喷头

控制水流，一般只有开关两个动作，不能通过开启程度不同去调节流量，故只适用于电控方式而不适用于声控方式。

4. 照射灯具

水景工程的彩光装饰有空中照射、陆地照射和水下照射等方式。

对于反射效果较好的水流形态（如冰塔、冰柱等夹气水流），采用陆上彩色探照灯照明照度较强，着色效果良好。并且易于安装、控制和检修，但应注意避免灯光直接照射到观赏者的眼睛。

对于透明水流形态（如射流、水膜等）宜采用水下照明。常用的水下照射灯具有白炽灯和气体放电灯。白炽灯可作聚光照射，也可作散光照射，它灯光明亮，启动速度快，适合自动控制与频繁启动，但在相同照度下耗电较多；气体放电灯耗电少，发热量小（也可在陆上使用），但有些产品启动时间长，不适合频繁启动。

随着现代科技和智能设备快速发展，多种多样的新型喷头组件、智能控制设施等器材与设备，已经广泛应用，在实际工程中所展现的中、大型水景，都辅以水面以上无限空间的利用，再加上小型无人机、间或烟花爆竹的参与，所展现的全方位美景，比普通人们所预期的景象更加丰富多彩、更加优美多姿、更加动人心魄。

7.2.5 水景水池构造

1. 平面尺寸

水池平面形状可以是多种多样，平面尺寸首先应满足喷头、池内管道、水泵、进水口、溢流口、泄水口、吸水坑等布置要求，同时应保证在设计风速下水滴不致被大量吹出池外。水滴在风力作用下漂移的距离可用下式计算：

$$L = 0.0296 \frac{Hu^2}{d} \tag{7-4}$$

式中　L——水滴漂移距离，m；

　　　H——水滴的最大升空高度，m；

　　　u——设计平均风速，m/s；

　　　d——水滴计算直径，mm。可按表 7-11 确定。

水 滴 直 径 表　　　　　　表 7-11

喷 头 形 式	水滴直径（mm）	喷 头 形 式	水滴直径（mm）
直 流 式	3.0～5.0	碰 撞 式	0.25～0.50
旋 流 式	0.25～0.50		

设计时，还应保证回落到水面的水滴不会大量溅至池外。故水池的平面尺寸边沿应比计算值再加大 0.5～1.0m。

2. 水池的深度

水深应按设备、管道的布置要求确定，一般采用 0.4～0.6m，水池的超高一般采用 0.2～0.3m。如设有潜水泵时，应保证吸水口的淹没深度不小于 0.5m；如在池内设有水泵吸水口时，应保证吸水的淹没深度不少于 0.5m（可设置集水坑或加拦板以减少水池深度）。

浅碟式集水，最小深度不宜小于 0.1m。

3. 溢水口

溢水口有堰口式、漏斗式、管口式、连通式等，可依据具体情况选择。大型水池可均匀设置若干个溢水口，溢水口的设置不应影响美观，要便于集污和疏通，溢流口处应设格栅和格网。

4. 泄水口

为便于水池的清洗、检修和防止停用时水质变坏或结冰，须设泄水口。一般应尽量采用重力泄水，如不可能时，可利用水泵的吸水口兼作泄水口，利用水泵泄水。池底应有不小于 0.01 的坡度坡向泄水口，泄水口上应设格栅或格网。

5. 水池的结构

小型和临时性水景水池可采用砖结构，但要做素混凝土基础，用防水砂浆砌筑和抹面。对于大型水景水池，常用钢筋混凝土结构，如设有伸缩缝和沉降缝，这些构造缝应设止水带或用柔性防漏材料堵塞。水池底和壁面穿越管道处、水池与管沟或水泵房等连接处都应进行防漏处理。

7.2.6　给水排水管道布置

1. 池外管道

水景工程水池之外的给水排水管道布置，应视水池、水源、泵房、排水管网入口位置以及周边环境确定。由于管道较多，一般在水池周围和水池与泵房之间设专用管廊或管沟，以便维护检修。当管道很多时，可设通行或半通行管廊（沟）。管廊（沟）地面应有不小于 0.005 的坡度坡向水泵或集水坑。集水坑内宜设水位信号装置，以便及时发现漏水现象。管廊（沟）的结构要求与水池相近。

2. 池内管道

大型水景工程的管道可布置在专用管廊（沟）内。一般水景工程的管道可直接设在池内，放置在池底上。小型水池也可埋入池底。为保持每个喷头水压基本一致，宜采用环状配管或对称配管。配水管道的接头应严密平滑，变径处应采用渐缩异径管，转弯处应采用曲率半径大的光滑弯头，以尽量减小水头损失，水力坡度一般采用 $5\sim10\mathrm{mmH_2O/m}$。

3. 其他

每个喷头前宜设阀门以便调节，每组喷头前也应设调节阀，其阀口应设在能看到射流的泵房或附近控制室内的配水干管上。对于高远射程的喷头，喷头前应尽量保证有较长（20 倍喷嘴口径）的直线管段或加设整流器。

循环加压泵房应靠近水池，以减少管道的长度。

若用生活饮用水作为补充水源时，应采取防止回流污染措施，如设置补水池（箱）应保持一定的空气隔断间隙等。

思 考 题 与 习 题

1. 游泳池的给水方式有哪几种？
2. 游泳池的水质净化有哪些方式？
3. 游泳池的附属装置有哪些？
4. 游泳池为什么要设置洗净设施？洗净设施一般有哪些？
5. 游泳池的污物清除有哪些方法？各有什么特点？
6. 常用的水景造型有哪些形式？
7. 水景的控制方式有哪几种？
8. 制造水景常用的设备和器材有哪些？
9. 水景工程中，给水排水管道的布置有些什么特殊要求？

教学单元 8　居住小区给水排水

8.1　居住小区给水排水特点

8.1.1　居住小区

居住小区是指含有教育、医疗、文体、经济、商业服务及其他公共建筑的城镇居民住宅建筑区。按居住用地分级控制规模的大小可以划分为若干层次。层次不同，布局要求也不同。

我国城市居住用地组成的基本构造单元，在大、中城市一般由居住区、居住小区两级构成。在居住小区以下也可以分为居住组团和街坊等次级用地。

《城市居住区规划设计标准》GB 50180—2018 对城市居住区规模的划分为：

居住组团，居住户数为 300～1000 户，居住人口数为 1000～3000 人；

居住小区，居住户数为 3000～5000 户，居住人口数为 7000～15000 人；

居住区，居住户数为 10000～16000 户，居住人口数为 30000～50000 人。

在规划居住区的规模结构时，可以根据实际情况采用居住区—小区—组团、居住区—组团、小区—组团以及独立组团等多种类型。

城镇中工业与其他民用建筑群，如中、小工矿企业的厂区和职工生活区，大专院校、医院、宾馆、机关单位的庭院等，和居住小区、组团规模结构相似，常被统称为建筑小区。

建筑小区中的各种建筑群，因其本身的功能特点不同，使其室外的给水排水系统也有所不同，在本章中不作详细分析。

本章所指的"居住小区"参照《建筑给水排水设计标准》GB 50015 中的概念，即居住人口在 15000 人以下的居住小区和居住组团。

8.1.2　居住小区给水排水系统的分类

根据居住小区离城市的远近、城市管网供水压力大小及水源状况不同，居住小区给水排水系统可以分为直接利用城市管网的给水排水系统、设有给水加压和排水提升设施的给水排水系统、设有独立水源和污水处理站的给水排水系统。

1. 直接利用城市管网的给水排水系统

居住小区位于城市市区范围之内，城市给水管网通过居住小区，且提供的水压比较高，能满足多层建筑生活用水的水压要求，并且小区排水能够靠重力流排入城市排水管道。在这种情况下，小区的给水排水系统仅由给水排水管道系统组成。小区内只需进行给水排水管网设计。小区内如有高层建筑和其他特殊建筑，水压不能满足要求或排水不能自流排出，则可在建筑物内给水排水设计时解决。

2. 设有给水加压和排水提升设施的给水排水系统

位于城市边缘的居住小区，一般处于城市给水管网末梢。给水系统水量充足，但水压很低。这时居住小区以城市给水管网为水源，由水池、水塔、加压泵房、给水管道组成给水系统。

污水在管道中依靠重力从高处流向低处。当管道坡度大于地面坡度时，管道的埋深就越来越大，尤其是地形平坦的地区更为突出。小区污水排入城市排水管道有困难时，应设置排水泵房。

如果小区内有高层建筑群，经过技术经济比较后，其高层生活给水和消防给水加压可与小区加压站合建。

3. 设有独立水源和污水处理站的给水排水系统

居住小区位于城市郊区，城市给水管网的水压、水量很难满足要求，这时又有合适的水源（特别是地排水），小区给水可以建成独立于城市管网的小区取水、净水、配水工程。如果这类居住小区的污水不能进入城市排水管道由城市污水处理厂处理，则必须设置集中污水处理站，达标后排放。

8.1.3 居住小区给水排水特点

由于居住小区给水排水系统的服务范围和用水规律等与城市、居住区不同，也与建筑给水排水系统不同，这就决定了小区给水排水应有自己的特点。这些特点表现在以下几个方面。

首先，小区给水排水设计流量反映过渡段特性。给水排水系统的设计流量确定与系统的安全可靠保证度有关。城市、居住区的给水排水管道系统设计流量，取最高日最大时流量；建筑给水排水系统设计流量则为设计秒流量。居住小区服务范围介于两者之间，其设计流量反映出过渡段特性。过渡段流量的确定，直接关系到区给水排水管道的管径确定，并涉及小区给水排水系统内其他构筑物和设备的设计与选择。

其次，小区给水方式的选择具有多样性。居住小区和建筑给水系统的水源，通常都取自城市给水管网，所以小区和建筑给水系统均要求进行给水方式选择。但是居住小区给水方式种类较多，情况较复杂，居住小区给水方式的选择尤为重要。小区给水要通过小区给水管道系统送到各用户，因为城市给水送至居住小区时，常常水压已经较低，有时水量也不能保证足够的设计流量，所以居住小区给水就可能需要加压和流量调蓄。因此，小区给水系统的组成就带有给水加压站，要进行加压设备的选择和调蓄构筑物的设计。

居住小区内的排水系统，同样较单幢建筑的排水要复杂。小区排水体制要适应城市排水体制的要求，居住小区的排水要通过小区排水收集系统，一般送至城市排水管道排出（雨水如有合适水体可就近排出），如果小区排水管道敷设较深，不能由重力直接排入城市排水管道，就必须在小区排水系统设计排水提升泵站，进行提升排除。

另外，随着人们生活水平的不断提高，高标准的居住小区通常设置直饮净水管道系统；对于淡水资源匮乏的地区，应考虑设置中水管道系统。

居住小区给水排水系统和城市、居住区及建筑给水排水系统又有许多类似之处。当居住小区的给水方式、排水体制、系统组成及设计流量确定之后，小区给水排水系统布置、设计计算方法及步骤，又与城市给水排水和建筑给水排水有相同之处，因此本教学单元对居住小区给水排水系统布置、连接和设计计算方法步骤等不再进行详细介绍。

8.2 居住小区给水

居住小区给水系统的任务是把符合用水水质要求的水输送到小区各建筑用水器具（或设备）及小区需要用水的公共设施处，满足它们对水量、水压的要求，同时能保证用水系统的安全可靠和节水，并不受污染。

8.2.1 小区给水系统的分类和组成

1. 小区给水系统的分类（按用途划分）

（1）小区生活给水系统。满足小区居民饮用、盥洗、沐浴、洗涤、饮食等方面的用水。

（2）小区生产给水系统。用于小区锅炉、空调冷却、产品加工与洗涤等与生产有关的用水。

（3）小区消防给水系统。满足小区内的建筑内外的消防用水，如小区建筑内外消火栓、建筑内自动喷洒、水幕等的消防用水。

（4）其他给水系统。满足小区内各种公共设施如水景、绿化、喷洒道路、冲洗车辆等方面的用水系统。

2. 小区给水系统的组成

上述各种给水系统均由水源、计量仪表、管道、设备等组成。

（1）给水水源。可供小区给水系统的水源有自备水源和城市给水管网水源两大类。

1）自备水源。小区可能远离城市给水管网水源，或小区靠近城市给水管网水源，但由于其水量有限，另采用自备水源水作为补充。自备水源可利用地表水源和地下水源。由于地表水源受到环境、气候、季节等影响，其水质不能直接用于生活用水，故要满足小区供水水质则需进行处理。地下水源也会受到环境和地下矿物质等影响，其水质亦可能不能符合小区供水水质，同样应视情况进行处理。

2）城市给水管网水源。即利用城市给水管网作为小区供水水源，该水质在正常情况下已经达到国家饮用水水质标准，基本上能满足人们的用水水质要求。无特殊情况或特殊要求，不需再进行处理。所以小区内多采用城市给水管网的水作为水源。

（2）计量仪表。在城市供水系统中，因水的采取、处理、输送等过程需要各种物质费用和非物质费用，这些费用应由用户承担。计量仪表即完成用水的计量。

（3）管道系统。小区给水管道系统由接户管、小区支管、小区干管及阀门管件组成，如图 8-1、图 8-2 所示。

接户管，指布置在建筑物周围，直接与建筑物引入管相接的给水管道。

小区支管，指布置在居住组团内道路下与接户管相接的给水管道。

小区干管，指布置在小区道路或城市道路下与小区支管相接的给水管道。

（4）设备。小区给水设备系指贮水加压设备、水处理设备等。

1）贮水设备：常指贮水池、水塔、水箱等。

2）加压设备：常指水泵和气压给水设备等。

3）水处理设备。用于净化自备水源或对城市给水管网水源作深度处理、以达到有关水质标准的设施。

4）电气控制设备：常用于水泵、阀门等的运行控制。

8.2.2　小区给水水质、水量和水压

1. 水质

小区生活给水水质必须符合现行《生活饮用水卫生标准》GB 5749—2022 的要求，水景水质应符合现行《城市污水再生利用　景观环境用水水质》GB/T 18921—2019 的要求，浇洒道路、绿地应符合现行行业标准《城市污水再生利用　城市杂用水水质》GB/T 18920—2020 的要求，其他用水应满足相应的水质标准。

2. 小区用水水量

（1）设计用水量的内容

居住小区的用水量一般包括：居民生活用水量；公共建筑用水量；浇洒广场、道路和绿化用水量；水景娱乐设施用水量；公用设施用水量；消防用水量（消防用水量是非正常用水量，仅用于管网校核计算）；管网漏失和未预见水量。

当小区内有公用设施，其用水量应由该设施的管理部门提供，当无重大公用设施时不另计用水量。若设计范围内有工厂时，则还应包括生产用水和管理、生产人员的用水。

（2）设计用水量的计算

1）最高日用水量

居住小区内最高日用水量按下式计算：

$$Q_d = (1 + b) \sum Q_{di} \tag{8-1}$$

式中　Q_d——小区最高日用水量，m^3/d；

　　　Q_{di}——小区内各项设计用水最高日用水量，m^3/d；

　　　b——考虑管网流失和未预见水量的系数，取 $0.1 \sim 0.15$。

2）小区各类用水的最高日用水量可按下列方法计算

① 住宅居民最高日用水量（Q_{d1}）

$$Q_{d1} = \sum \frac{q_{1i} N_i}{1000} \tag{8-2}$$

式中　Q_{d1}——小区内各类住宅的最高日用水量，m^3/d；

　　　q_{1i}——住宅最高日生活用水定额，$L/(人 \cdot d)$，见表 1-10（表中用水定额的使用时间为 24h，表中用水定额为全部用水量，当采用分质供水时，有直饮水系统的，应扣除直饮用水定额；有杂用水系统的，应扣除杂用水定额）；

N_i——各类住宅居民人数，人。

② 公共建筑最高日用水量（Q_{d2}）

$$Q_{d2} = \sum \frac{q_{2i}m_i}{1000} \tag{8-3}$$

式中　Q_{d2}——小区内各公共建筑最高日用水量，m^3/d；

m_i——计算单位，人、床、m^2等；

q_{2i}——单位最高日用水定额，$L/(人·d)$，$L/(床·d)$，$L/(m^2·d)$等，见表1-11（工业企业建筑，管理人员的生活用水定额参见表1-12）。

③ 绿化用水量（Q_{d3}）

绿化浇灌用水定额应根据气候条件、植物种类、土壤理化性状、浇灌方式和管理制度等因素综合确定。当无相关资料时，小区绿化浇灌用水定额可按浇灌面积 $1.0～3.0L/(m^2·d)$ 计算，干旱地区可酌情增加。

④ 浇洒道路、广场用水量（Q_{d4}）

$$Q_{d4} = \sum \frac{q_{1i}F_i}{1000} \tag{8-4}$$

式中　Q_{d4}——浇洒道路、广场的用水量，m^3/d；

q_{1i}——浇洒道路、广场的用水量标准，$L/(m^2·d)$，道路、广场浇洒可按浇洒面积 $2.0～3.0L/(m^2·d)$ 计；

F_i——浇洒道路、广场的面积，m^2。

⑤ 公用设施用水量（Q_{d5}）

居住小区内的公用设施用水量，应由该设施的管理部门提供用水量计算参数，当无重大公用设施时，不另计用水量。

⑥ 水景、娱乐设施用水量（Q_{d6}）

水景循环系统的补充水量应根据蒸发、飘失、渗漏、排污等损失确定，室内工程宜取循环水流量的 $1\%～3\%$，室外工程宜取循环水流量的 $3\%～10\%$。公用游泳池、水上游乐池的初次充水时间应根据使用性质和城镇给水条件等确定，宜小于 24h，最长不得超过 48h，补充水量要求见《建筑给水排水设计标准》GB 50015—2019 中表3.10.19 游泳池和水上游乐池的补充水量。

用上述公式计算最高日用水量时，应注意下列几点：

① 只有同时使用的项目才能叠加。对于不是每日都用水的项目，若不可能同时用水的则不应叠加，如大会堂（办公、会场、宴会厅等组合在一起）等，应分别按不同建筑的用水标准，计算各自最高日生活用水量，然后将一天内可能同时用水者叠加，取最大一组用水量作为整个建筑的最高日用水量。

② 在计算建筑物（住宅、公共建筑）最高日用水量时，若建筑物中还包括绿化、冷却塔、游泳池、水景、锅炉房、道路、汽车冲洗等用水时，则应加上这部分用水量。

③ 一幢建筑物有多种功能时，如食堂兼作礼堂、剧院兼作电影院等，应按用水量最大的计算。

④ 一幢建筑物有多种卫生器具设置标准时，如部分住宅有热水供应，集体宿

舍、旅馆中部分设公共厕所、部分设卫生间，则应分别按不同标准的用水定额和服务人数，计算各部分的最高日生活用水量，然后叠加求得整个建筑的最高日生活用水量。

⑤ 一幢建筑的某部分兼为其他人员服务时，如在集体宿舍内设有公共浴室，而浴室还供外来人员使用，则其用水量应按全部服务对象计算。

⑥ 在选用用水定额时，应注意其用水范围。当实际用水超出或少于该范围时则应作调整。如中小学内设食堂，应增加食堂用水量；医院、旅馆设洗衣房时，应增加洗衣房用水量。

（3）各类用水项目的平均小时用水量

$$Q_{cp} = \frac{Q_{di}}{T_i} \tag{8-5}$$

式中　Q_{cp}——平均小时用水量，m^3/h；

　　　Q_{di}——各类用水项目的最高日用水量，m^3/d；

　　　T_i——使用时段时间，h（使用时段不同的用水项目，应采用对应的使用时间）。

管网漏失水量和未预见水量之和可按最高日用水量的 10%～15% 计。

（4）小区平均小时用水量

将计算得出的各项平均小时用水量叠加（并包括 Q_{Lw}），即可得出小区的平均小时用水量，但对于非 24h 用水的项目，若用水时段完全错开，可只计入其中最大的一项用水量。

（5）各类用水项目的最大小时用水量

$$Q_{max} = \frac{Q_{di}}{T_i} \times K_{hi} \tag{8-6}$$

式中　Q_{max}——最大小时用水量，m^3/h；

　　　K_{hi}——小时变化系数，不同的用水项目应采用相应的 K_h。

（6）小区最大小时用水量

计算出各项用水的最大小时用水量后，一般可叠加计算出小区的最大小时用水量，但应考虑各用水项目的最大用水时段是否一致。一般情况下，小区内的住宅、公共建筑按最大小时用水量计入；浇洒道路、绿化、冲洗、冷却塔补水按平均小时流量计入；游泳池、水景用水量视充水、补水情况定；锅炉补水按相关专业要求确定；管网漏失量和未预见水量应当计入；对于非 24h 用水的项目，若用水时段完全错开，可只计入其中最大的一项用水量。

（7）居住小区消防用水量

居住小区的消防用水量、水压和火灾延续时间，应按现行的《建筑设计防火规范》（2018 年版）GB 50016—2014 和《消防给水及消火栓系统技术规范》GB 50974—2014 确定，居住小区市政消防给水设计流量，应按同一时间内的火灾起数和一起火灾灭火设计流量经计算确定。同一时间内的火灾起数和一起火灾灭火设计流量不应小于表 8-1 规定。火灾次数一般按 1 次计，火灾延续时间按 2h 计。

居住小区室外消防用水量 表 8-1

人数（万人）	一次灭火用水量（L/s）
N≤1.0	15
1.0<N≤2.5	20

3. 水压

（1）小区生活饮用水管网的供水压力。小区生活饮用水管网的供水压力，应根据建筑层数和管网阻力损失计算确定。

（2）小区消防供水压力，如为低压消防给水系统，则按灭火时不小于 0.1MPa 计算（从地面算起）；如为高压消防给水系统，应经计算后确定。

8.2.3 给水方式与选择

小区给水方式与建筑物内给水方式一样，只是包含的内容不尽相同。

1. 充分利用外网水压的给水方式

（1）外网给水压力能满足室内水压的建筑采用直接给水方式。

（2）单设屋顶水箱的给水方式。

（3）管网（管中泵）叠压供水方式。

采用管网叠压供水方式应符合下列要求：

1）叠压供水设计方案应经当地供水行政主管部门及供水部门批准认可。

2）叠压供水的设计应参照《管网叠压供水设备》GB/T 38594—2020 执行。

3）叠压供水设备的技术性能应符合现行国家及行业标准的要求。

2. 设有增压与贮水设备的给水方式

城镇管网压力不能满足小区水压要求时，应采用增压给水方式。增压给水方式又分为集中加压方式和分散加压方式，目前常见方式有：

（1）水池—水泵—水塔

（2）水池—水泵—水箱

（3）水池—变频调速给水装置

（4）罐式、箱式、高位调蓄式、管中泵式叠压供水方式（表 8-2）

四种叠压供水设备模式的特点及适用条件 表 8-2

供水模式	罐式叠压供水设备	箱式叠压供水设备	高位调蓄式叠压供水设备	管中泵式叠压供水设备
特点	主要由稳流罐、变频调速泵组、气压水罐、变频控制柜、管道、阀门及仪表组成。是叠压供水设备的基本形式	主要由稳流罐、低位水箱、增压装置、变频调速泵组、变频控制柜、管道、阀门及仪表组成。低位水箱在用水高峰时可补充供水管网水量不足，满足用户用水需要	主要由稳流罐、流量控制器、高位水箱、工频或变频调速泵组、控制柜、管道、阀门及仪表组成。高位水箱可调节流量并稳定压力	主要由变频调速泵组、变频控制柜、管道、阀门及仪表组成。设备体积小，节约用房

供水模式	罐式叠压供水设备	箱式叠压供水设备	高位调蓄式叠压供水设备	管中泵式叠压供水设备
适用条件	供水流量充足，但压力不能满足用户水压要求的场所	（1）适用于供水保证率要求较高的用户； （2）适用于短时停水或压力过低场所。 注：箱式供水的工况为：①市政供水充足时，由稳流罐供水；②市政供水不足时，由稳流罐和低位水箱供水；③市政无法供水时，由低位水箱供水。④水箱储水时间不宜超过 12h，需定时循环	（1）适用于有瞬时大流量用水工况的用户； （2）适用于用水压力要求稳定的场所； （3）当供水管道、设备电源、设备机械等故障时，可利用高位水箱保持短时正常供水	（1）适用于供水流量充足，但压力不能满足用户水压要求的场所； （2）适用于站房面积小的场所； （3）适用于对防噪声有较高要求的场所

3. 分质给水方式

（1）在严重缺水地区采用的小区中水系统与生活饮用水的分质给水方式。

（2）在无合格水源地区或对饮用水质有特殊要求，采用优质深井水、深度处理水或大量洗涤等其他用水的分质给水方式。

4. 分压供水方式

在高、多层建筑混合居住小区应采用分压给水系统，其中高层建筑部分给水系统应根据高层建筑的数量、分布、高度、性质、管理和安全等情况，经技术经济比较后确定采用分散、分片集中或集中调蓄增压给水方式。

分散调蓄增压，是指高层建筑只有一幢或幢数不多，且各幢供水压力要求差异较大，每一幢建筑单独设置水池和水泵的增压给水方式。

分片集中调蓄增压，是指小区内相近的若干幢高层建筑分片共用一套水池和水泵的增压给水方式。

集中调蓄增压，是指小区内的全部高层建筑共用一套水池和水泵的增压给水方式。

选择小区给水方式时，应充分利用城镇给水管网的水压，优先采用充分利用外网水压的给水方式。在采用增压给水方式时，城镇给水管网水压能满足的楼层仍可采用直接给水方式。各种给水方式，都有其优缺点。即使同一种方式用在不同地区或不同规模的居住小区中，其优缺点也往往会发生转化。小区综合给水方式的选择，应综合利用各种水资源，宜实行分质供水，充分利用再生水、雨水等非传统水源；优先采用循环和重复利用给水系统。还应考虑城镇供水条件、小区规模和用水要求、技术经济比较、社会和环境效益等综合评价确定。

8.2.4 给水管道的管材、配件、布置及敷设

1. 管材及主要配件

给水管管材应根据水压、水质、外部荷载、土壤性质、施工维护和材料供应等条件确定。给水系统采用的管材和管件，应符合国家现行有关产品标准的要求。管材和管件的工作压力不得大于产品标准公称压力或标称的允许工作压力。小区室外埋地给水管道采用的管材，应具有耐腐蚀和能承受相应地面荷载的能力。可采用塑料给水管、有衬里的铸铁给水管、经可靠防腐处理的钢管。管内壁的防腐材料，应符合现行的国家有关卫生标准的要求。室内的给水管道，应选用耐腐蚀和安装连接方便可靠的管材，可采用塑料给水管、塑料和金属复合管、铜管、不锈钢管及经可靠防腐处理的钢管。

小区给水管道在下列部位应设阀门：小区给水管道从城镇给水管道的引入管管段上、小区室外环状管网的节点处，应按分隔要求设置；环状管段过长时，宜设置分段阀门；从小区给水干管上接出的支管起端或接户管起端。阀门应设在阀门井内。在寒冷地区的阀门井应采取保温防冻措施。在人行道、绿化地的阀门可采用阀门套筒。

在城镇消火栓保护不到的建筑区域，应设室外消火栓，设置数量和间距应按《建筑设计防火规范》（2018年版）GB 50016—2014 和《消防给水及消火栓系统技术规范》GB 50974—2014 执行。居住小区公共绿地和道路需要洒水时，可设洒水栓，洒水栓的间距不宜大于80m。如用旋转喷头，按产品要求确定。

2. 给水管道的布置与敷设

居住小区给水管道的布置，应包括整个居住小区的给水干管以及居住组团内的小区支管及接户管。定线原则是，首先按小区的干道布置给水干管网，然后在居住组团布置小区支管及接户管。

小区给水干管的布置可以参照城镇给水管网的要求和形式。布置时应注意管网要遍布整个小区，保证每个居住组团都有合适的接水点。为了保证供水安全可靠，小区引入管应不少于2条，小区干管应布置成环状或与城镇给水管道连成环网，如图8-1所示。

图 8-1　某小区给水干管布置图

小区支管和接户管的布置，通常采用枝状网，如图8-2所示，要求小区支管的总长度应尽量短。对于高层居住组团及用水要求高的组团宜采用环状布置，从不同侧的2条小区干管上接小区支管及接户管，以保证供水安全和满足消防要求。

给水管道宜与道路中心或与主要建筑物的周边呈平行敷设，并尽量减少与

其他管道的交叉；给水管道与建筑物基础的水平净距，管径 100～150mm 时，不宜小于 1.5m；管径 50～75mm 时，不宜小于 1.0m。

给水管道与其他管道平行或交叉敷设时的净距，应根据管道的类型、埋深、施工检修的相互影响、管道上附属构筑物的大小和当地有关规定等条件确定。一般可按表 8-3 采用。

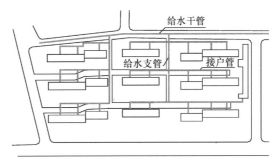

图 8-2　某组团内给水支管和接户管布置图

居住小区地下管线（构筑物）间最小净距　　　　　　　　　　表 8-3

最小净距(m)　种类 \ 种类	给水管		污水管		雨水管	
	水平	垂直	水平	垂直	水平	垂直
给水管	0.5～1.0	0.1～0.15	0.8～1.5	0.1～0.15	0.8～1.5	0.1～0.15
污水管	0.8～1.5	0.1～0.15	0.8～1.5	0.1～0.15	0.8～1.5	0.1～0.15
雨水管	0.8～1.5	0.1～0.15	0.8～1.5	0.1～0.15	0.8～1.5	0.1～0.15
低压燃气管	0.5～1.0	0.1～0.15	1.0	0.1～0.15	1.0	0.1～0.15
直埋式热水管	1.0	0.1～0.15	1.0	0.1～0.15	1.0	0.1～0.15
热力管沟	0.5～1.0		1.0		1.0	
乔木中心	1.0		1.5		1.5	
电力电缆	1.0	直埋 0.5 穿管 0.25	1.0	直埋 0.5 穿管 0.25	1.0	直埋 0.5 穿管 0.25
通信电缆	1.0	直埋 0.5 穿管 0.15	10	直埋 0.5 穿管 0.15	10	直埋 0.5 穿管 0.15
通信及照明电缆	0.5		1.0		1.0	

注：1. 净距指管外壁距离，管道交叉设套管时指套管外壁距离，直埋式热力管指保温管壳外壁距离。

　　2. 电力电缆在道路的东侧（南北方向的路）或南侧（东西方向的路）；通信电缆在道路的西侧或北侧。均应在人行道下。

生活给水管道与污水管道交叉时，给水管应敷设在污水管上面，且不应有接口重叠；当给水管道敷设在污水管下面时，给水管的接口离污水管的水平净距不宜小于 1m。

给水管道的埋设深度，应根据冰冻深度、地面荷载、管材强度以及与其他管道交叉等因素确定。管顶最小覆土厚度不得小于土壤冰冻线以下 0.15m，行车道下的管线覆土深度不宜小于 0.7m，非机动车道给水管道覆土厚度不宜小于 0.6m。敷设

335

在室外综合管廊（沟）内的给水管道宜在热水、热力管道下方，冷冻管和排水管的上方。给水管与各管之间的净距，应满足安装操作需要，宜不小于 0.3m。

在冰冻地区尚需考虑土层的冰冻影响，小区内给水管径不小于 300mm 时，管底埋深应在冰冻线以下（$d+200$mm）。

因为居住小区内管线较多，特别是居住组团内敷设在建筑物之间和建筑物山墙之间管线很多，除给水管外，还有污水管、雨水管、燃气管、热力管沟等，故在组团内的给水支管和接户管布置时，应注意和其他管线的综合协调。图 8-3、图 8-4 所示为某地区规定的建筑物周围管线综合布置图。

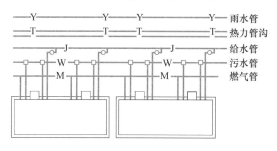

图 8-3　管道在建筑物的单侧布置图

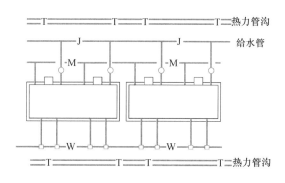

图 8-4　管道在建筑物的两侧布置图

各种管道平面布置及标高设计，相互发生冲突时，应执行小直径管道让大直径管道，可弯管道让不能弯管道，新设管道让已建管道，临时性管道让永久性管道，有压管道让无压管道。

8.2.5　设计流量和管道的水力计算

1. 给水管网水力计算类型

居住小区给水管网的水力计算，可以分为两种类型：一类是小区给水管网的设计计算，目的是确定各管段的管径，并根据控制点的最低工作压力，结合管网的水头损失来确定水泵的扬程和水塔的高度；另一类则是管网的复核计算，目的是在已知水泵的扬程和水塔的高度或接水点水压的情况下，选择和确定管网各管段的管径，再校核能否满足管网各种使用要求。

2. 居住小区的室外给水管道的设计流量确定

（1）小区内建筑物的给水引入管的设计流量，应符合以下要求：

1）全由室外管网直接供水时，应取建筑物内的设计秒流量。

2）当建筑物内的生活用水全部自行加压时，为贮水池调节池的设计补水量，设计补水量不宜大于建筑物最高日最大时，且不得小于建筑物最高日平均用水量。

3）当建筑物内的生活用水既有室外管网直接供水，又有自行加压供水时，按1）2）的要求计算设计秒流量后，将两者叠加作为设计流量。

（2）小区室外给水管道的设计流量应根据管段服务人、用水定额及卫生器具设置标准等因素确定，并符合下列规定：

1）住宅按设计秒流量计算管段流量，居住小区内配套的文体、餐饮、娱乐、商铺及市场等设施按相应建筑的设计秒流量计算节点流量。

2）居住小区配套的文教、医疗保健、社会管理设施，以及绿化和景观用水、道路及广场洒水、公共设施用水等，均以平均时用水量计算节点流量。

3）设在居住小区范围内，不属于居住小区配套的公共建筑节点流量应另计。

3. 小区的给水引入管设计要求

（1）小区给水引入管设计流量应按小区室外给水管道设计流量的规定计算，并应考虑未预计水量和管网漏失量。

（2）不少于两条引入管的小区室外环状给水管网，当其中一条发生故障时，其余的引入管应能保证不小于70％的流量。

（3）当小区室外给水管网为枝状布置时，小区引入管的管径不应小于室外给水干管的管径。

（4）小区环状管道宜管径相同。

注：居住小区的室外生活、消防合用给水管道，应按上述要求计算设计流量（淋浴用水量按15％计算，绿化、道路及广场浇洒用水可不计算在内）后，应再叠加小区内一次火灾的最大消防流量（有消防贮水池和专用消防管道供水的部分应除外），并应对管道进行水利计算校核，管道末梢的室外消火栓从地面算起的水压，不得低于0.1MPa。设有室外消火栓的室外给水管道，管径不得小于100mm。

4. 小区管网的水力计算

小区管网设计管段计算流量确定后，可按照城镇室外给水干管网的计算方法和步骤确定各设计管段的管径；根据各管段的管径、管长、设计流量计算出各管段的水头损失；选定管网的控制点并确定控制点的最低工作压力，从而推求出加压泵站的扬程和水塔的高度。

8.2.6　小区给水加压泵站

当城镇给水管网供水不能满足居住小区用水需要时，小区需设二次加压泵站、水塔等设施。

1. 小区给水加压泵站

（1）加压泵站的构造和类型

小区内给水加压泵站的构造和一般城镇给水加压泵站相似，不过一般规模较小，加压泵站的位置、设计流量和扬程与小区给水管网密切配合。加压泵站一般由泵房、蓄水池、水塔和附属构筑物组成。图8-5为某小区的给水加压泵站布置图。

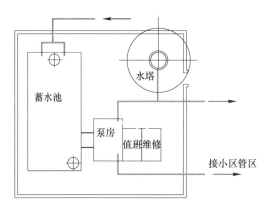

图 8-5　某小区给水加压站布置图

小区给水加压泵站按其功能可以分为给水加压泵站和给水调蓄加压泵站。给水加压泵站从城镇给水管网直接抽水或从吸水井中抽水直接供给小区用户；给水调蓄加压泵站应布置蓄水池和水塔，除加压作用外，还有流量调蓄的作用。

小区给水加压泵站按加压技术可以分为设有水塔或水箱的加压泵站、气压给水加压泵站和变频调速给水加压泵站、叠压供水装置。后三种加压泵站可不设水塔或水箱。

（2）加压泵站的设计流量与扬程的确定

居住小区内给水加压泵站的设计流量应和给水管网设计流量相协调。小区给水系统有水塔或水箱时，水泵出水量按最大时流量确定；当小区无水塔或水箱时，水泵出水量按给水系统的设计流量确定。水泵扬程应满足最不利配水点所需水压；水泵的选择、水泵机组的布置及水泵房的设计要求，按现行《室外给水设计标准》GB 50013—2018 的有关规定和产品厂家的要求执行。

加压泵站如果有消防给水任务，加压泵站的设计流量应为生活给水计算设计流量和叠加小区内一次火灾的最大消防给水流量之和，并应对管道进行水力计算校核，管道末梢的室外消火栓从地面算起的水压，不得低于 0.1MPa。

（3）加压泵站位置的选择

小区独立设置的水泵房位置选择宜靠近用水大户。水泵机组的运行噪声应符合现行国家标准《声环境质量标准》GB 3096—2008 的要求。

民用建筑物内设置的生活给水泵房不应毗邻居住建筑用房或其上层或下层，水泵机组宜设在水池的侧面、下方，其运行噪声应符合现行国家标准《民用建筑隔声设计规范》GB 50118—2010 的要求。

2. 泵房

小区独立加压泵房类型和城镇加压泵房相似，有圆形、矩形、地面式、半地下式、地下式、自灌式、非自灌式等类型。一般小区内选择半地下式、矩形、自灌式泵房。

小区内泵房的组成包括水泵机组、动力设备、吸水和压水管路，以及附属设备等。

泵房内的布置要求可参照室外给水加压泵房的布置，组团内小型泵房参照室内加压泵房的布置。

3. 水池

居住小区加压泵站的贮水池有效容积应根据小区生活用水的调蓄贮水量和消防贮水量确定，其中生活用水的调蓄贮水量，应按流入量和供出量的变化曲线经计算确定，材料不足时可按居住小区加压供水系统的最高日用水量的 15%～20%

确定。

水池的有效容积，应根据居住小区生活用水的调蓄贮水量、安全贮水量和消防贮水量确定。

$$V = V_1 + V_2 \qquad (8-7)$$

式中　V——水池的有效容积，m^3；

　　　V_1——生活用水调蓄贮水量，m^3，按城镇给水管网的供水能力、小区用水曲线和加压站水泵运行规律计算确定，如果缺乏资料时，可按居住小区最高日用水量 $15\%\sim20\%$ 确定；

　　　V_2——安全贮水量，m^3，要求最低水位不能见底，应留有一定水深的安全量，一般最低水位距池底不小于 0.5m，并保证市政管网发生事故的贮水量，应根据城镇供水制度、供水可靠程度及小区对供水的保证要求确定。一般按 2h 用水量计算（重要建筑按最大时用水量计，一般建筑按平均时用水量计，其中淋浴用水量按 15% 计算）。

消防贮水量和贮水池，按《消防给水及消火栓系统技术规范》GB 50974 选取。

贮水池宜分成容积基本相等的两格（或两个），两格间设连通管，并按单独工作要求布置管道和阀门。

4. 水塔和高位水箱（池）

水塔和高位水箱（池）的位置应根据总体设置，选择在靠近用水中心、地质条件较好、地形较高和便于管理之处。其容积可按下式计算：

$$V = V_d + V_x \qquad (8-8)$$

式中　V——水塔容积，m^3；

　　　V_d——生活用水调蓄贮水量，m^3，可根据小区用水曲线和加压站水泵运行规律计算确定，如果缺乏资料可按表 8-4 确定；

　　　V_x——消防贮水量，m^3，按现行防火规范计算。

水塔和高位水箱（池）生活用水的调蓄贮水量　　　　　　　　表 8-4

居住小区最高日用水量 （m^3）	<100	$101\sim300$	$301\sim500$	$501\sim1000$	$1001\sim2000$	$2001\sim4000$
<1.0	$30\%\sim20\%$	$20\%\sim15\%$	$15\%\sim12\%$	$15\%\sim8\%$	$8\%\sim6\%$	$6\%\sim4\%$

8.2.7　设有集中热水供应系统的居住小区的设计小时耗热量计算

（1）当居住小区内配套公共设施的最大用水时段与住宅的最大用水时段一致时，应按两者的设计小时耗热量叠加计算。

（2）当居住小区内配套公共设施的最大用水时段与住宅的最大用水时段不一致时，应按住宅的设计小时耗热量加配套公共设施的平均小时耗热量叠加计算。

8.3　居住小区排水

小区排水系统的主要任务是接收小区内各建筑内外用水设备产生的污废水及小区屋面、地面雨水，并经相应的处理后排至城镇排水系统或水体或回用。

8.3.1 排水体制

居住小区排水体制选择，应根据城镇排水体制、环境保护要求等因素进行综合比较，确定采用分流制或合流制。

居住小区内的分流制，是指生活污水管道和雨水管道分别采用不同管道系统的排水方式；合流制是指同一管渠内接纳生活污水和雨水的排水方式。

分流制排水系统中，雨水由雨水管渠系统收集就近排入水体或城镇雨水管渠系统；污水则由污水管道系统收集，输送到城镇或小区污水处理厂进行处理后排放。根据环境保护要求，新建居住小区应采用分流制系统。

居住小区内排水需要进行中水回用时，应设分质、分流排水系统，即粪便污水和生活废水（杂排水）分流，以便将杂排水收集作为中水原水。

8.3.2 排水系统的组成

（1）管道系统。集流小区的各种污废水和雨水管道及管道系统上的附属构筑物，管道系统包括接户管、小区支管、小区干管。管道系统上的附属构筑物种类较多，主要包括：检查井、雨水口、溢流井、跌水井等。

（2）污废水处理设备构筑物。居住区排水系统污废水处理构筑物有：在与城镇排水连接处有化粪池，在食堂排出管处有隔油池，在锅炉排污管处有降温池等简单处理构筑物。若污水回用，根据水质采用相应中水处理设备及构筑物等。

（3）排水泵站，如果小区地势低洼，排水困难，应视具体情况设置排水泵站。

8.3.3 排水管道的布置与敷设

排水管道布置应根据小区总体规划、道路和建筑的布置、地形标高、污水雨水向等按管线短、埋深小、尽量自流排出的原则确定。

1. 污水管道的布置与敷设

排水管道宜沿道路和建筑物的周边呈平行布置，路线最短，减少转弯，并尽量减少相互间及与其他管线、河流及铁路间的交叉。检查井间的管段应为直线；管道与铁路、道路交叉时，应尽量垂直于路的中心线；干管应靠近主要排水建筑物，并布置在连接支管较多的一侧；管道应尽量布置在道路外侧的人行道或草地的下面，不允许平行布置在铁路的下面和乔木的下面；应尽量远离生活饮用水给水管道；与其他管道和建筑物、构筑物的水平净距离见表 8-2。

小区内污水管道布置的程序一般按干管、支管、接户管的顺序进行，布置干管时应考虑支管接入位置，布置支管时应考虑接户管的接入位置。小区内污水管道布置可参见图 8-6、图 8-7。

敷设污水管道，要注意在施工安装和检修管道时，不应互相影响；管道损坏时，管内污水不得冲刷或侵蚀建筑物以及构筑物的基础和污染生活饮用水管道；管道不得因机械振动而被破坏，也不得因气温低而使管内水流冰冻；污水管道及合流制管道与生活给水管道交叉时，应敷设在给水管道下面。

污水管材应根据污水性质、成分、温度、地下水侵蚀性、外部荷载、土壤情况和施工条件等因素，因地制宜就地取材。小区室外排水管道应优先采用埋地排水塑料管；小区生活排水检查井应优先采用塑料排水检查井；穿越管沟、河道等

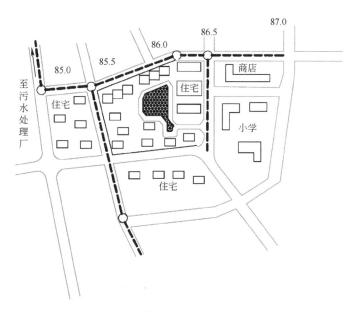

图 8-6　某小区污水干管布置图

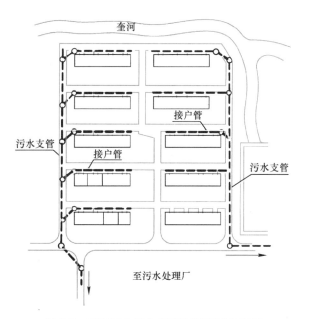

图 8-7　某组团内污水支管和接户管布置图

特殊地段或承压的管段可采用钢管或球墨铸铁管，若采用塑料管应外加金属套管（套管直径较塑料管外径大 200mm）；当排水温度大于 40℃ 时，应采用金属排水管或耐热塑料排水管；输送腐蚀性污水的管道可采用塑料管。

居住小区污水管与室内排出管连接处、管道交汇处、转弯、跌水、管径或坡度改变处以及直线管段上一定距离应设检查井。小区内的生活排水管管径不大于 150mm 时，检查井间距不宜大于 20m；管径不小于 200mm 时，检查井间距不宜大于 30m，小区生活排水检查井应优先选用塑料检查井。

2. 小区雨水管道系统的布置

雨水管渠系统设计的基本要求是通畅、及时排走居住小区内的暴雨径流量。根据城市规划要求,在平面布置上尽量利用自然地形坡度,以最短的距离靠重力流排入水体或城镇雨水管道。雨水管道应平行道路敷设且布置在人行道或花草地带下,以免积水时影响交通或维修管道时破坏路面。小区内雨水管道布置可参见图 8-8、图 8-9。

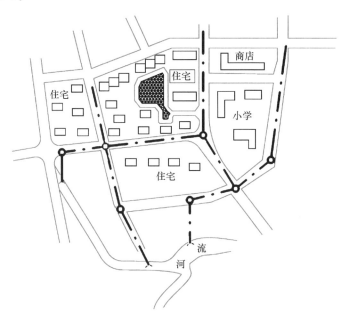

图 8-8 某小区雨水干管布置图

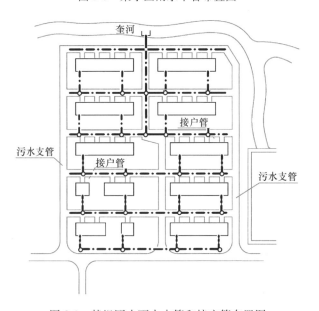

图 8-9 某组团内雨水支管和接户管布置图

雨水口是收集地面雨水的构筑物,小区内雨水不能及时排除或低洼处形成积水往往是由于雨水口布置不当造成。小区内雨水口的布置一般根据地形、建筑物位置，沿道路布置。在道路交会处和路面最低点、建筑物单元出入口与道路交界处、建筑物水落管附近、小区空地和绿地的低洼处和地下坡道入口处设置雨水口。雨水口沿街道布置间距一般为 20～40m，雨水口连接管长度不超过 25m，每根连接管上最多连接 2 个雨水口。

小区雨水排水系统可选用埋地塑料管、混凝土管或钢筋混凝土管、铸铁管。居住小区内雨水管道设置检查井的位置在管道交汇处、转弯、跌水、管径或坡度改变处以及直线管段上一定距离处，雨水检查井的最大间距可按表 8-5 确定。

雨水检查井最大间距

表 8-5

管径（mm）	最大间距（m）	管径（mm）	最大间距（m）
160（150）	30	400（400）	50
200～315（200～300）	40	≥500（500）	70

8.3.4　排水管道的水力计算

1. 污水管道的水力计算

（1）污水设计排水量

居住小区生活排水系统的排水定额是其相应的生活给水系统用水定额的 85％～95％，具体选用数值时，应注意大城市的小区取高值，小区埋地管采用塑料排水管、塑料检查井取高值，小区地下水位高取高值。居住小区生活排水系统的小时变化系数与相应的生活给水系统的小时变化系数相同。

公共建筑生活排水系统的排水定额和小时变化系数与其相应的生活给水系统的生活用水定额和小时变化系数相同。

居住小区内生活排水的设计流量应按住宅生活排水最大小时流量和公共建筑生活排水最大小时流量之和确定。

（2）污水管道的水力计算

1）小区污水管道水力计算的目的及方法步骤

管道水力计算的目的，在于经济合理地选择管道断面尺寸、坡度和埋深，并校核小区的污水能否重力自流排入城镇污水管道，否则应提出提升泵站位置和扬程要求。污水管道是按非满流设计，对于圆管而言，水力计算也就是要确定各设计管段的管径（D）、设计充满度（h/D）、设计坡度（i）和管段的埋深（H），并作校核计算。

关于水力计算的公式、方法和步骤，可参照城镇室外污水管道水力计算方法进行。即在污水管道平面布置、划分设计管段和求得比流量的基础上，列出管道设计流量计算表，计算得出各管段的设计流量。再通过统计各管段的长度，列出管道的水力计算表，根据小区污水管道水力计算设计数据规定，通过查阅水力计算图表，即可确定设计管段的各项设计参数和进行校核计算。

2）小区污水管道水力计算的设计数据

① 设计充满度

在设计流量下，污水在管道中的水深和管道直径的比值称为设计充满度（或水深比)。当 $h/D=1$ 时称为满流；当 $h/D<1$ 时称为非满流。污水管道应按非满流计算，其最大充满度按表 8-6 确定。

管别	管材	最小管径（mm）	最小设计坡度	最大设计充满度
接户管	埋地塑料管	160	0.005	
支管	埋地塑料管	160	0.005	0.5
干管	埋地塑料管	200	0.003	

注：1. 接户管管径不得小于建筑物排出管管径。

　　　2. 化粪池与其连接的第一个检查井的污水管最小设计坡度取值：管径 150mm 宜为 0.010～0.012；管径 200mm 宜为 0.010。

② 设计流速

与设计流量、设计充满度相应的水流平均流速叫作设计流速；保证管道内不致发生淤积的流速叫作最小允许流速（或叫作自清流速）；保证管道不被冲刷损坏的流速叫作最大允许流速。金属管最大流速为 10m/s；非金属管最大流速为 5m/s；污水管道在设计充满度下其最小设计流速为 0.6m/s。

③ 最小设计坡度和最小管径

相应于最小设计流速的坡度叫作最小设计坡度，即保证管道不发生淤积时的坡度。最小设计坡度不仅和流速有关，而且还与水力半径有关。

最小管径是从运行管理角度考虑提出的。因为管径过小容易堵塞，小口径管道清通又困难，为了养护管理方便，作出了最小管径规定。如果按设计流量计算得出的管径小于最小管径，则采用最小管径的管道。

从管道内的水力性能分析，在小流量时增大管径并不有利。相同流量时，增大管径使流速减小，充满度降低，故最小管径规定应合适。居住小区内排水管道的最小管径和最小设计坡度按表 8-6 选用。

④ 污水管道的埋设深度

管道的埋设深度有两个意义：

A. 覆土厚度——指管道外壁顶部到地面的垂直距离；

B. 埋设深度——指管道内壁底部到地面的深度。

为了降低造价，缩短施工工期，管道埋设深度越小越好。但是覆土厚度应该有一个最小的限值，否则就不能满足技术上的要求。这个最小限值称为最小覆土厚度。

小区污水干管和小区组团道路下的管道，其覆土深度不宜小于 0.7m；生活污水接户管埋设深度不得高于土壤冰冻线以上 0.15m，且覆土深度不宜小于 0.3m；但当采用埋地塑料管时，排出管埋设深度可不高于土壤冰冻线以上 0.50m。

2. 雨水管道的水力计算

（1）雨水设计排水量

居住小区内的雨水设计流量与屋面雨水排水设计流量计算公式相同。见式

(4-1)。

小区内各种地面径流系数可按表 8-7 采用，小区内平均径流系数应按各种地面的面积加权平均计算确定。如果资料不足，可根据建筑密度情况确定小区综合径流系数，其值为 0.5～0.8，北方干旱地区的小区径流系数可取 0.3～0.6。建筑稠密取上限，建筑稀疏取下限。

径流系数 表 8-7

屋面、地面种类	径流系数	屋面、地面种类	径流系数
屋面	0.90～1.0	干砖及碎石路面	0.40
混凝土和沥青路面	0.90	非铺砌地面	0.30
块石路面	0.60	公园绿地	0.15
级配碎石路面	0.45		

注：各种汇水面积的综合径流系数应加权平均。

在计算设计降雨强度（q）时，当地暴雨强度计算公式中的设计重现期（p）和降雨历时（t）可按下列原则确定：

1）雨水管渠的设计重现期，应根据地形特点、小区建设标准和气象特点等因素确定，小区宜大于 1～3 年，短期积水即能引起较严重后果的地点，选用 2～5 年。

2）雨水管渠设计降雨历时，应按式（8-9）计算：

$$t = t_1 + t_2 \tag{8-9}$$

式中　t——降雨历时，min；

　　　t_1——地面集水时间，min，与距离长短、地形坡度、地面覆盖情况有关，一般选用 5～10min；

　　　t_2——管内雨水流行时间。

居住小区合流制管道的设计流量为生活污水量和雨水量之和。生活污水量取设计生活污水量（L/s）；雨水量计算时重现期宜高于同一情况下分流制的雨水管道设计重现期。因为降雨时，合流制管道内同时排除生活污水和雨水，且管内常有晴天时沉积的污泥，如果溢出会对环境影响较大，故雨水流量计算时应适当提高设计重现期。

（2）雨水管渠水力计算

1）雨水管渠水力计算的目的及方法步骤

雨水管渠水力计算的目的是确定各雨水设计管段的管径（D）、设计坡度（i）和各管段的埋深（H），并校核小区雨水能否重力自流排入城镇雨水管渠或水体，否则应提出提升泵站的位置和扬程要求。

小区雨水管渠的水力计算公式、方法和步骤与城镇室外雨水管渠水力计算相同。在雨水管渠平面布置、划分设计管段的基础上，统计各管段汇水面积，并列出雨水管渠水力计算表，根据小区雨水管渠水力计算设计数据规定，查阅满流水力计算图表，即可确定各项设计参数值，并进行校核计算。

2）雨水管渠水力计算的设计数据

① 设计充满度

雨水中主要含有泥砂等无机物质，不同于污水的性质，并且暴雨径流量大，相应设计重现期的暴雨强度的降雨历时不会很长，故管道设计充满度按满流计算，即 $h/D=1$。

② 设计流速

为避免雨水所挟带泥砂沉积和堵塞管道，要求满流时管内最小流速不小于 0.75m/s，明渠内最小流速应不小于 0.40m/s。

③ 最小设计坡度和最小管径

最小设计坡度和最小管径可按表 8-8 选取。

雨水管道的最小管径和横管的最小设计坡度 　　　　表 8-8

管别	最小管径（mm）	横管最小设计坡度
小区建筑物周围雨水接户管	200（200）	0.0030
小区道路下干管、支管	315（300）	0.0015
建筑物周围明沟雨水口的连接管	160（150）	0.0100

注：表中括号内数值是埋地塑料管内径系列管径。

8.3.5 小区排水提升和污水处理

1. 小区排水提升

居住小区排水依靠重力自流排除有困难时，应及时考虑排水提升措施。设置排水泵房时，尽量单独建造，并且距居住建筑和公共建筑 25m 左右，以免污水、污物、臭气、噪声等对环境产生影响，并应有卫生防护隔离带。泵房设计应按现行的《室外排水设计标准》GB 50014—2021 执行。排水泵房的设计流量与排水进水管的设计流量相同。污水泵房机组的设计流量按最大小时流量计算，雨水泵房机组的设计流量按雨水管道的最大进水流量计算。水泵扬程根据污水（雨水）提升高度、管道水头损失和自由水头计算决定。自由水头一般采用1.0m。

污水泵尽量选用立式污水泵、潜水污水泵，雨水泵则应尽量选用轴流式水泵。雨水泵不得少于 2 台，以满足雨水流量变化时可开启不同台数进行工作的要求，同时可不考虑备用泵。污水泵的备用泵数量根据重要性、工作泵台数及型号等确定，但不得少于 1 台。

污水集水池的有效容积，根据污水量、水泵性能及工作情况确定。其容积一般不小于泵房内最大一台泵 5min 的出水量。水泵机组为自动控制时，每小时开启水泵次数不超过 6 次。集水池有效水深一般在 1.5～2.0m（以水池进水管设计水位至水池吸水坑上缘计）。

雨水集水池容积不考虑调节作用，按泵房中安装的最大一台雨水泵 30s 的出水量计算，集水池的设计最高水位，一般以泵房雨水管道的水位标高计。

2. 小区污水排放和污水处理

（1）小区污水排放

居住小区内的污水排放应符合现行《污水综合排放标准》GB 8978—1996 和

《污水排入城镇下水道水质标准》GB/T 31962—2015 规定要求。

一般居住小区内污水都是生活污水，符合排入城镇下水道的水质要求，小区污水应就近排至城镇污水管道。如果小区内有公共建筑的污水水质指标达不到排入城镇下水道水质标准时（如医院污水的细菌指标，饮食行业的油脂指标等），则必须进行局部处理后方能排入小区和城镇污水管道。

如果小区远离城镇或其他原因使污水不能排入城镇污水管道，这时小区污水应根据排放水体的情况，严格执行《污水综合排放标准》GB 8978，一般要采用二级生物处理达标后方能排放。

（2）小区污水处理设施的设置

小区内是否设置污水处理设施，应根据城镇总体规划，按照小区污水排放的走向，由城镇排水总体规划管理部门统筹决定。设置的原则有以下几个方面。

1）城镇内的居住小区污水尽量纳入城镇污水集中处理工程范围之内，城镇污水的收集系统应及时敷设到居住小区。

2）城镇已建成或已确定近期要建污水处理厂，小区污水能排入污水处理厂服务范围的城镇污水管道，小区内不应再建污水处理设施。

3）城镇未建污水处理厂，小区污水在城镇规划的污水处理厂的服务范围之内，并已排入城镇管道收集系统，小区内不需建集中的污水处理设施。是否要建分散或过渡处理设施应持慎重态度，由当地政府有关部门按国家政策权衡决策。

4）小区污水因各种原因无法排入城镇污水处理厂服务范围的污水管道，应坚持排放标准，按污水排放去向，设置污水处理设施，处理达标后方能排放。

5）居住小区内某些公共建筑污水中含有毒、有害物质或某些指标达不到排放标准，应设污水局部处理设施自行处理，达标后方能排放。

（3）小区污水处理技术

化粪池处理技术，长期以来一直在国内作为污水分散或预处理的一项主要处理设施，曾起到一定作用。居住小区内设置化粪池时，采用分散还是集中布置，应根据小区建筑物布置、地形坡度、基地投资、运行管理和用地条件等综合比较确定。

小区污水的水质属一般生活污水，所以城镇污水的生物处理技术都能适用于小区污水处理。

居住小区的规模较大，集中处理污水量达千立方米以上规模，小区污水处理可按现行《室外排水设计标准》GB 50014—2021 选择合适的生物处理工艺，进行污水处理构筑物的设计计算。在选择处理工艺时，应充分考虑小区设置特点，处理构筑物最好能布置在室内或地埋，对周围环境的影响应降到最低。

居住小区规模较小（组团级）或污水分散处理，处理污水设计流量小，这时处理设施可采用二级生物处理要求设计的污水处理装置或人工湿地进行处理。目前，我国有不少厂家生产这类小型污水处理装置，采用的处理技术一般为好氧生物处理，也有厌氧/好氧生物处理。

8.4 居住小区雨水控制及利用

雨水控制及利用是指径流总量、径流峰值、径流污染控制措施的总称，包括雨水入渗（渗透）、收集回用、调蓄排放等。雨水控制及利用应优先采用入渗或（和）收集回用系统。当条件限制或条件不具备时，应增设调蓄排放系统。

8.4.1 雨水控制及利用基本要求

居住小区建设应充分体现海绵城市建设理念，除应执行规划控制的综合径流系数指标外，还应执行径流流量控制指标。规定居住小区应采取措施确保建设后的径流流量不超过原有径流流量。

1. 雨水利用的目标与系统类别（表 8-9）

雨水利用的目标和系统类别表　　　　　　　　　表 8-9

系统种类	收集回用	入渗	调蓄排放
目标	将发展区内的雨水径流量控制在开发前的水平，即拦截利用硬化面的雨水径流增量		
技术原理	蓄存并消纳硬化面上的雨水		贮存缓排硬化面上的雨水
作用	减小外排雨峰流量；减少外排雨水总量		减小外排雨峰流量
	替代部分自来水	补充土壤含水量	
适用的雨水	较洁净雨水	非严重污染雨水	各种雨水
雨水来源	屋面、水面、洁净地面	地面、屋面	地面、屋面、水面
技术适用条件	常年降雨量大于 400mm 的地区	土壤渗透系数宜为 $10^{-6} \sim 10^{-3}$ m/s；地下水位低于渗透面 1.0m 及以上	渗透和雨水回用难以实现的小区

2. 需控制及利用的雨水径流总量

$$W = 10(\psi_c - \psi_0)h_y F \tag{8-10}$$

式中　W——需控制及利用的雨水径流总量（地面硬化后常年最大 24h 降雨产生的径流增量），m^3；

　　　ψ_c——雨量径流系数（设定时间内降雨产生的径流总量与总雨量之比），按表 8-10 选取；

　　　ψ_0——控制径流峰值所对应的径流系数，应符合当地规划控制要求；

　　　h_y——设计日降雨量，mm，应按常年最大 24h 降雨量确定或按当地降雨资料确定，可按《建筑与小区雨水控制及利用工程技术规范》GB 50400—2016 中的 3.1.1 条规定，且不应小于当地年径流总量控制率所对应的设计降雨量；

　　　F——硬化汇水面面积，hm^2，应按硬化汇水面水平投影面积计算。硬化汇水面面积应按硬化地面、非绿化屋面、水面的面积之和计算，并应扣减透水铺装地面面积。

雨量径流系数　　　　　　　　　　　　　　　　　　　表 8-10

下垫面种类	雨量径流系数 ψ_c
硬屋面、未铺石子的平屋面、沥青路面	0.8～0.9
铺石子的平屋面	0.6～0.7
绿化屋面	0.3～0.4
混凝土和沥青路面	0.8～0.9
块石等铺砌路面	0.5～0.6
干砌砖、石及碎石路面	0.4
非铺砌的土路面	0.3
绿地	0.15
水面	1
地下建筑覆土绿地（覆土厚度≥500mm）	0.15
地下建筑覆土绿地（覆土厚度＜500mm）	0.3～0.4

8.4.2　雨水收集回用

对于居住小区而言，其雨水利用主要是指雨水经过收集、截污、调蓄、净化后用于建筑物内的生活杂用（冲洗厕所）、作为中水的补充水、小区内的绿化浇灌用水、道路浇洒用水、洗车用水等，在条件允许的情况下，还可用于屋顶花园、太阳能、风能综合利用、水景利用等场合。

不同的用水目的要求不同的水质标准和水量。在雨水利用的设计中，不仅要考虑到雨水量的平衡，而且要考虑到雨水水质的控制。

雨水用于绿化、冲厕、道路清扫、消防、车辆冲洗、建筑施工等均应满足《城市污水再生利用　城市杂用水水质》GB/T 18920—2020 指标要求。雨水用于景观环境用水应满足《城市污水再生利用　景观环境用水水质》GB/T 18921—2019 指标要求。

1. 雨水收集

（1）屋面雨水收集

屋面雨水收集系统的设计和计算可按雨水排除系统方法，但需注意以下不同点：

屋面应采用对雨水无污染或污染较小的材料，有条件时宜采用种植屋面。种植屋面应符合现行行业标准《种植屋面工程技术规程》JGJ 155—2013 的规定。

屋面雨水系统中设有弃流设施时，弃流设施服务的各雨水斗至该设施的管道长度宜相近。

屋面雨水收集管道汇入地下室内的雨水蓄水池、蓄水罐或弃流池时，应设置紧急关闭阀门和超越管向室外重力排水，紧急关闭阀门应由蓄水池水位控制，并能手动关闭。

（2）硬化地面雨水收集

建设用地内平面及竖向设计应考虑地面雨水收集要求，硬化地面雨水应有组织地重力排向收集设施。

雨水口宜设在汇水面的低洼处，顶面标高宜低于地面 10～20mm；雨水口担负的汇水面积不应超过其集水能力，且最大间距不宜超过 40m；雨水收集宜采用具有拦污截污功能的雨水口或雨水沟，且污物应便于清理；雨水收集系统中设有集中式雨水弃流时，各雨水口至容积式弃流装置的管道长度宜相同。

2. 雨水截污

小区内雨水在汇流过程中很易被各种自然或人为因素污染，采取有效的雨水截污措施（表8-11），可以大大提高雨水收集、处理、回用等设施的使用效率。

雨水截污主要是针对雨水的源头污染环节。在雨水收集的各种面源、线源位置，可按照其不同的物理特征、污染程度建造不同的源头截污装置。

屋面雨水收集系统的弃流装置目前有成品和非成品两类，成品装置按照安装方式分为管道安装式、屋顶安装式和埋地式。管道安装式弃流装置主要分为累计雨量控制式、流量控制式等，屋顶安装式弃流装置有雨量计式等，埋地式弃流装置有弃流井、渗透弃流装置等。按控制方式又分为自控弃流装置和非自控弃流装置。

弃流装置设于室外便于清理维护，当不具备条件必须设置在室内时，为防止弃流装置发生堵塞向室内溢水，应采用密闭装置。

当采用雨水弃流池时，其设置位置宜与雨水储水池靠近建设，便于操作维护。

降落到硬化地面的雨水通常受到下垫面不同污染物甚至不同材料的影响，水质条件稍差，通常需要去除的初期径流雨水量也较大，弃流池造价低廉，一般埋地设置，地面雨水收集系统管道汇合处管径通常较大，不利于采用成品装置，因此建议以渗透弃流井或弃流池作为地面雨水收集系统的弃流方式。

初期径流弃流量应按下垫面实测收集雨水的 COD_{cr}、SS、色度等污染物浓度确定。当无资料时，屋面弃流径流厚度可采用 $2\sim3mm$，地面弃流可采用 $3\sim5mm$，初期径流弃流量应按式（8-11）计算：

$$W_i = 10\delta F \tag{8-11}$$

式中　W_i——初期径流弃流量，m^3；

　　　δ——初期径流弃流厚度，mm；

　　　F——硬化汇水面积，$10^4 m^2$。

雨水截污措施一览表　　　　　　　　　　　　　　　　　表8-11

分类	细分类		说明
屋面雨水截污措施	截污滤网		安装于雨水斗、排水立管、排水横管。适用于水质较好的屋面径流
	初期屋面雨水弃流装置	弃流池（在线或旁通方式）	一般为地上式，将初期雨水径流暂存于弃流池内，将后期洁净雨水径流经过旁路流入雨水排出系统，降雨结束后再将所存的初期雨水通过弃流口（放空管）排入小区污水管
		雨落管弃流装置	利用小雨会沿着管壁下流的特点，将屋面集水管在弃流段分为管壁、管中心两部分而实现弃流
		切换式弃流井	在雨水检查井中同时埋设连接下游雨水井和下游污水井的两根连通管，在两个连通管入口处设置简易手动闸阀或自动闸阀进行切换。缺点是对随机降雨操作控制困难
		小管弃流井	利用初期雨水流量小的特点，将初期雨水弃流管设为分支小管，超过小管排水能力的后期径流自动进入雨水收集系统。缺点是当降雨强度小而降雨量大时可能会使弃流量加大。适用于汇水面大的情况

分类	细分类		说明
屋面雨水截污措施	花坛渗滤净化装置		安装于雨落管出口处，散水内缘
	屋顶绿化		由屋顶防水层、保护层、排水层、过滤层、土壤层、植被层构成，屋顶绿化层可以截留、吸纳部分雨水，其土壤可渗透净化雨水中的污染物，可防止屋顶沥青对雨水的污染
路面雨水截污措施	截污挂篮		挂于雨水箅子下方，篮子侧壁下半部与底部设置土工布或尼龙网，上半部分利用金属格网形成雨水溢流口
	初期路面雨水弃流装置		类似于"初期屋面雨水弃流装置"，但一般为地下式。承接水量较大，宜安装于径流集中处
	雨水沉淀积泥井、隔油井、悬浮物隔离井		可单独建设，或组合建设，或与雨水回收利用的取水口或集水池合建
	自然处理构筑物	植物浅沟	可建于道路两侧或绿地中。利用水中微生物、藻类、挺水植物、浮叶根生植物、漂浮植物、沉水植物、土壤等自然介质截留净化雨水污染物
		湿式滞留地	
		湿地	
绿地雨水截污措施	植物截污作用		当绿地植物本身的截污作用效果不明显时，可采取加强的工程材料拦截措施
	截污挂篮、滤网、格栅、溢流台坎		

3. 雨水净化

（1）净化方法

小区雨水利用之前，一般都须经过处理才能满足用水水质要求，其净化方法与市政生活污水的处理方法基本类似。主要包括物理处理、简单的化学处理、自然生物处理等方法。常见的雨水净化方法见表 8-12。

常见的雨水净化方法   表 8-12

类别	净化方法
物理处理	沉淀、过滤、物理消毒
化学处理	液氯消毒、臭氧消毒、二氧化氯消毒
自然处理	植被浅沟、植物缓冲带、生物滞留区、土壤渗滤池、人工湿地、生态塘
深度处理	活性炭技术、微滤技术

（2）雨水处理工艺

雨水处理工艺流程应根据收集雨水的水量、水质，以及雨水回用水质要求等因素，经技术经济比较后确定，常采用的雨水处理工艺见表 8-13。

常见的雨水处理工艺   表 8-13

雨水用途	处理工艺
景观水体	雨水→初期径流弃流→景观水体或湿塘（景观水体或湿塘宜配置水生植物净化水质）

续表

雨水用途	处理工艺
屋面雨水用于绿地和道路浇洒	雨水→初期径流弃流→雨水蓄水池沉淀→管道过滤器→浇洒
屋面雨水与路面混合的雨水用于绿地和道路浇洒	雨水→初期径流弃流→沉砂→雨水蓄水池沉淀→过滤→消毒→浇洒
屋面雨水与路面混合的雨水用于空调冷却塔补水、运动草坪浇洒、冲厕或相似用途	雨水→初期径流弃流→沉砂→雨水蓄水池沉淀→絮凝过滤或气浮过滤→消毒→雨水清水池

注：1. 设有雨水用户对水质有较高要求时，应增加相应的深度处理措施。

2. 回用雨水的水质应根据雨水回用用途确定，当有细菌学指标要求时，应进行消毒。绿地浇洒和水体宜采用紫外线消毒。当采用氯消毒，雨水处理规模不大于 $100m^3/d$ 时，可采用氯片作为消毒剂；雨水处理规模大于 $100m^3/d$ 时，可采用次氯酸钠或其他氯消毒剂。

3. 雨水处理设施产生的污泥宜进行处理。

（3）雨水处理设施处理水量

当有雨水清水池时，应按式（8-12）计算：

$$Q_y = \frac{W_y}{T} \tag{8-12}$$

式中 Q_y——设施处理水量，m^3/h；

W_y——回用系统的最高日用水量，m^3；

T——雨水处理设施的日运行时间，h。

当无雨水清水池和高位水箱时，应按回用雨水的设计秒流量计算。

雨水收集回用系统应设置储存设施，其储水量应按《建筑与小区雨水控制及利用工程技术规范》GB 50400—2016 中相关内容计算。当具有逐日用水量变化曲线资料时，也可根据逐日降雨量和逐日用水量经模拟计算确定。

8.4.3 雨水入渗

1. 雨水入渗系统的组成与技术特点

雨水入渗有地面渗透系统和地下渗透系统两种，具体见表 8-14、表 8-15。

地面渗透系统　　　　　　　　　　　　　　　　表 8-14

常用系统	下凹绿地	浅沟与洼地	地面渗透池塘	透水铺装地面
特点	1. 地面渗透、蓄水空间敞开 2. 建造费少、维护简单 3. 接纳客地硬化面上雨水入渗			1. 在面层渗透和土壤渗透面之间蓄水 2. 雨水就地入渗
组成	汇水面、雨水收集、沉砂、渗透设施			渗透设施
渗透设施的技术要求	1. 低于周边地面 5～10cm 的绿地 2. 绿地种植耐浸泡植物	1. 积水深度不超过 300mm 的沟或洼地 2. 底面尽量无坡度 3. 沟或洼地内种植耐浸泡植物	1. 栽种耐浸泡植物的开阔池塘 2. 边坡坡度不大于 1:3 3. 池面宽度与池深比大于 6:1	1. 透水面层、找平层、透（蓄）水垫层组成 2. 面层渗透系数大于 $1×10^{-4}$ m/s 3. 蓄水量不小于常年 60min 降雨厚度

续表

常用系统	下凹绿地	浅沟与洼地	地面渗透池塘	透水铺装地面
技术优势	投资费用最省、维护方便；适用范围广		占地面积小、维护方便	增加硬化面透水性；利于人行
选用	优先采用	绿地入渗面不足或土壤入渗性较小时采用	1. 不透水面积比渗透面积大 15 倍时可采用 2. 土壤渗透系数 $K \geqslant 1 \times 10^{-5}\,\mathrm{m/s}$	需硬化的地面可采用

地下渗透系统　　　　　　　　　　　　　表 8-15

常用系统	埋地渗透管沟	埋地渗透渠	埋地渗透池
特点	土壤渗透面和蓄水空间均在地下		
组成	汇水面、雨水管道收集系统、固体分离、渗透设施		
渗透设施构成	穿孔管道、外敷砾石蓄水，砾石层外包渗透土工布	镂空塑料模块拼接而成，外壁包单向渗透土工布	
选用	1. 绿地入渗面积不足以承担硬化面上的雨水时采用 2. 可设于绿地或硬化地面下，不宜设于行车路面下		
	需兼作排水管道时可采用	需要较多的渗透面时采用	无足够面积建管沟、渠时可采用；土壤渗透系数 $K \geqslant 1 \times 10^{-5}\,\mathrm{m/s}$
优缺点	造价较低，施工复杂，有排水功能，贮水量小	造价高，施工方便、快捷	造价高，施工方便、快捷，占用面积小，贮水量大
距离建筑物、构筑物	$\geqslant 3\mathrm{m}$	$\geqslant 3\mathrm{m}$	$\geqslant 5\mathrm{m}$

2. 入渗面积计算

（1）入渗设施的有效渗透面积应为下列各部分有效渗透面积之和：

1）水平渗透面按实际面积计算；

2）竖直渗透面按有效水位高度的 1/2 对应的面积计算；

3）斜渗透面按有效水位高度的 1/2 所对应的斜面实际面积计算；

4）地下渗透设施的顶面积不计。

（2）入渗设施的有效渗透面积应满足式（8-13）要求：

$$A_{\mathrm{s}} = W/(\alpha K J t_{\mathrm{s}}) \tag{8-13}$$

式中　A_{s}——有效渗透面积，m^2；

W——需控制及利用的雨水径流总量，m^3；

α——综合安全系数，一般可取 0.5～0.8；

K——土壤渗透系数，$\mathrm{m/s}$，应根据实测资料确定，当无资料时，可按表 8-16 选用；

J——水力坡降，一般取 1.0；

t_{s}——渗透时间，s，按 24h 计，其中入渗池、井的渗透时间宜按 3d 计。

土壤渗透系数 表 8-16

地层	地层粒径		渗透系数 K (m/s)
	粒径（mm）	所占重量（%）	
黏土			$<5.70 \times 10^{-8}$
粉质黏土			$5.7 \times 10^{-8} \sim 1.16 \times 10^{-6}$
粉土			$5.7 \times 10^{-8} \sim 1.16 \times 10^{-6}$
粉砂	>0.075	>50	$5.79 \times 10^{-6} \sim 1.16 \times 10^{-5}$
细砂	>0.075	>85	$1.16 \times 10^{-5} \sim 5.79 \times 10^{-5}$
中砂	>0.25	>50	$5.79 \times 10^{-5} \sim 2.31 \times 10^{-4}$
均质中砂			$4.05 \times 10^{-4} \sim 5.79 \times 10^{-4}$
粗砂	>0.50	>50	$2.31 \times 10^{-4} \sim 5.79 \times 10^{-4}$

入渗系统应设置雨水储存设施，具体计算方法参照《建筑与小区雨水控制及利用工程技术规范》GB 50400—2016 中相关内容。

8.4.4 雨水调蓄排放

（1）雨水的调蓄排放系统由雨水收集管网、调蓄池、排水管道组成。调蓄池应尽量利用天然洼地、池塘、景观水体等地面设施，条件不具备时，可采用地下调蓄池，地下调蓄池设有进水口、出水口和人孔。

（2）调蓄池的设计与计算可参照市政工程的雨水调蓄池。出水管的设计流量可按建筑区综合径流系数 0.2 左右时的雨水流量计算，降雨重现期按 2 年考虑。

思 考 题 与 习 题

1. 什么是居住小区？
2. 居住小区给水排水系统有哪些组成类型，各适用什么场合？
3. 什么是接户管、小区支管、小区干管？
4. 小区给水排水有哪些特点？
5. 如何确定小区给水设计用水量？
6. 居住小区给水设计用水量包括哪些内容？
7. 居住小区给水加压泵站设计流量如何确定？
8. 小区排水管道的布置应遵循哪些程序和原则？
9. 居住小区雨水管渠系统的布置应遵循哪些原则？
10. 居住小区污水管道设计计算有哪些设计规定？
11. 居住小区污水管道埋设要求及需要考虑的因素有哪些？
12. 居住小区污水处理设施的设置应遵循哪些原则？
13. 居住小区雨水控制及利用的基本要求是什么？
14. 居住小区初期雨水弃流设施有哪些？
15. 居住小区需控制及利用的雨水径流总量如何计算？
16. 如何选择雨水处理工艺？

课后拓展——全流量高效变频调速设备

支撑知识点：居住小区给水方式

思政元素：科学精神、节能降耗

目前国内城市二次供水的系统效率系数为 $0.15\sim0.40$。即供水用电只有 $15\%\sim40\%$ 转换为有用功，能源浪费。原因：供水设备配置不合理；市政水压没有充分利用。

全流量高效变频调速设备可有效提升效能。

（1）特点：通过配泵及限制频率下降，达到水泵 24h 内均在高效段工作，较市售变频设备节能 $25\%\sim40\%$。

（2）功能：

① 配套水泵工况点均在高效段。

② 较一般变频调速给水设备节能 40%。

（3）创新点：

① 提出了"全流量高效变频调速供水"的概念。

② 按流量段配泵，变频只在流量段之间进行，即变频为微调。

同学们在设计时应勇于探索未知的科学精神，提高节能降耗意识。

练一练：$3\sim5$ 人为一组。查阅资料，搜寻前沿科技、设备等，以小组为单位分享、讨论。

附：设　计　例　题

1. 设计任务及设计资料

华北某市郊区新建一幢 20 层宾馆，总建筑面积 25500 多 m²，客房有二室一套和一室一套两种类型。共计 418 套 836 个床位。每套客房均有卫生间，内设洗脸盆、浴盆、坐便器各一件。本设计任务为该宾馆的建筑给水、消防给水、建筑排水和热水供应 4 个单项设计项目。

该项目所提供的资料为：

（1）建筑物所在位置的总平面图见附图 11，建筑物各层平面图参见附图 12～附图 14，建筑立面见附图 1。该建筑地面以上共 20 层，另有地下室 1 层，各层层高见附图 1。顶层有高度为 0.80m 的闷顶。当地冰冻深度为 0.880m。

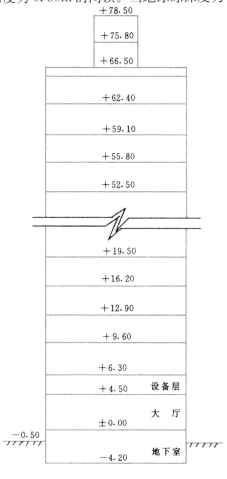

附图 1　宾馆建筑立面示意图

（2）该城市给水、排水管道现状为：在该建筑南侧和东侧城市道路人行道下，有 $DN300$ 的城市给水管可作为水源，常年提供的工作水压为 0.50MPa（40mH$_2$O），水量充足。接点管道相对标高为 -1.50m。

城市排水管道在该建筑南侧，管径为 $DN600$，其管内底相对标高为 -2.4m，可接入排水管的检查井。

在城市北侧管沟内有 $DN150$ 的蒸汽管，管内蒸汽压力（表压）0.2MPa，该管道相对标高为 -1.20m。

2. 设计说明

（1）给水工程

根据设计资料中提供的水源情况以及水量与水压，该建筑的给水系统设为双水源供水，一处从南侧通过 $DN150$（J1 井）的管道接出，另一处从东侧通过 $DN150$（J2 井）的管道接出，并且连接起来形成该建筑的环状给水管网。室内给水分为上、下两区，即 1～8 层及地下室由城镇给水管网直接给水，室内管网采用下行上给式。9～20 层为贮水池、水泵、水箱联合供水，室内管网采用上行下给式。贮水池、水泵机组设在地下室内，贮水池的进水由北侧接出一根 $DN100$ 的引入管道，另外再从东侧接出一根 $DN150$ 的引入管。其高位水箱设在电梯机房上部，水箱内安装水位控制器自动启闭水泵。

在这里需要说明的是，本来带水箱的室内供水方式，在大城市已经不再推荐使用，本例题在这里这样设置，只是为了让大家接触、学习室内给水的思维方式、分析方法、设计构思以及解决问题的思路、管道布置方法、水力计算过程等。

（2）消防给水

该宾馆属于一类高层建筑，除设置室内、外消火栓给水系统外，还须进行自动喷水灭火系统设计。室内消火栓系统分两区，下区为地下层至 5 层，6 层以上为上区，下区采用城市给水管网直接给水，上区采用贮水池、水泵与水箱联合供水的临时高压给水方式。室外消火栓用水量为 30L/s。室内消火栓用水量为 40L/s，每根坚管最小流量为 15L/s，每支水枪最小流量为 5L/s。

消火栓系统的水泵及管道设置为独立系统。消火栓箱内设置 25mm 的消防卷盘、消火栓、水枪、水带和直接启动消防水泵的按钮。消火栓为单阀单口，直径为 65mm。水枪喷口直径为 19mm。采用麻质衬胶水带，直径为 65mm，长度 $L=25$m。

自动喷水灭火系统分为 3 个区，其水泵与管道亦为独立系统。其中下区由城市给水管网供水，中区和上区的消防泵均从地下室生活与消防共用水池中吸水。高位水箱亦为生活、消防共用。消火栓给水系统火灾延续时间以 3h 计，自动喷水灭火系统火灾延续时间以 1h 计。

（3）排水工程

该建筑排水系统由各管道井中的排水立管排至设备层汇合后，再由东、西侧管道井中的排水立管排至地下层顶部经排出管引出室外，生活污水经化粪池处理后排入城市排水管网。为减少污水处理构筑物的负荷和生活废水再利用，排水系

357

统采用分流制，生活污水和废水的排水系统独立设置。地下室废水采用集水池汇集后再由潜污泵抽升至城市雨水排水管网。

（4）热水供应工程

热水供应系统利用城市统一热源，采用全日制机械全循环集中热水系统，水加热设备统一设置的地下室。为与给水水压平衡，热水供应系统亦采用分区（与冷水分区相同）供水，下区水加热器冷水由城市给水管网直接供给，上区水加热器的冷水由屋面共用水箱供给，进入水加热器的冷水都经电子除垢器处理。水加热器采用容积式水加热器，热水出水温度为70℃，终点水温为60℃，冷水计算温度为10℃。下区热水供应系统采用下行上给供水方式，上区热水供应系统采用上行下给供水方式。热水管网进行保温处理。

（5）雨水排除系统

雨水采用组织排除，室外排水体制采用雨、污分流。

（6）管道的平面布置

室外给水、排水管道和热力管道平面布置如附图11所示（由于该图缩小至教材的方寸之间，其管线显现受限，因此不够明细。真实图纸图幅更大，管线显现自当明细清晰）。室内给水、排水及热水立管均设于管道井内。下区给水的水平干管、热水及回水的水平干管、消防给水的水平干管和排水的横干管等设于第一层与第二层之间的设备层内，上区的各水平干管设在闷顶内，消防竖管暗装。

（7）管材选定

生活给水、热水管的室外部分采用给水铸铁管，室内部分立管采用不锈钢管，其他采用塑料（PPR）管；消防给水干管、立管及连接消防箱的支管采用热浸镀锌钢管，自动喷淋系统中直径≥80mm横管采用热浸镀锌钢管，其他直径<80mm的支管采用塑料管；蒸汽管道采用热浸镀锌钢管；排水管道的室内部分采用塑料PVC-U管，排水系统排出管采用铸铁管，室外部分采用混凝土管。

3. 设计计算

（1）室内给水系统计算

1）最高日用水量

① 设计参数的确定：

用水定额：按建筑物的性质，查表1-11，选用旅客用水 $q_d = 400L/(床·d)$，员工用水 $q_d = 100L/(人·d)$。取时变化系数 $K_h = 2.0$。

床位总数：该建筑每层有20个标准客房，客房内设有2个床位。每层有2个套间，内设双人床1张。总共836个床位。

员工数量：该宾馆员工为120人。

② 最高日用水量：根据式（1-1），有：

$$Q_d = \frac{\sum mq_{di}}{1000} = \frac{836 \times 400}{1000} + \frac{120 \times 100}{1000} = 346.4 \text{m}^3/\text{d}$$

③ 最高日最大时用水量：根据式（1-2），有：

$$Q_h = \frac{Q_d}{T} \cdot K_h = \frac{346.4}{24} \times 2.0 = 28.87 \text{m}^3/\text{h}$$

2）给水管网的水力计算

① 设计秒流量公式与有关系数的确定：计算公式选用式（1-7）。查表 1-17，取 $a=2.5$。故计算式为：

$$q_g=0.2a\sqrt{N_g}=0.2\times2.5\sqrt{N_g}$$

② 下区给水管网的水力计算：计算时假设西侧引入管只供建筑的西半部分用水。计算草图如附图 2 所示。计算结果见附表 1。

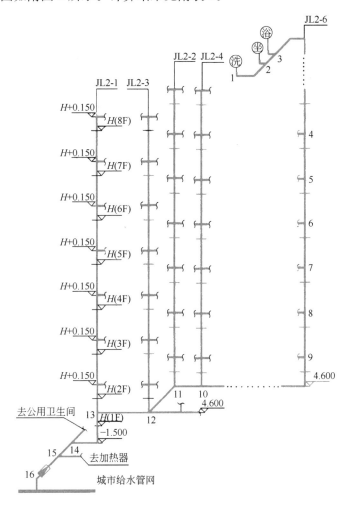

附图 2　下区给水管网计算草图

1～8 层室内给水管网水力计算表　　　　　　　　　　　　　　附表 1

顺序编号	管段编号		卫生器具数量及其当量	卫生器具名称、数量及其当量			当量总数 $\sum N$	设计秒流量 q(L/s)	管径 dn (mm)	流速 v (m/s)	单阻 i (mm/m)	管长 L(m)	沿程水头损失 $h_y=iL$(m)	备注
	自	至		浴盆 1.0	洗脸盆 0.8	坐便器 0.5								
1	2	3		4	5	6	7	8	9	10	11	12	13	14
1	1	2	$\dfrac{n}{N}$		$\dfrac{1}{0.8}$		0.8	0.16	15	0.80	63.3	3.0	0.19	

续表

顺序编号	管段编号 自	管段编号 至	卫生器具数量及其当量	浴盆 1.0	洗脸盆 0.8	坐便器 0.5	当量总数 ΣN	设计秒流量 q(L/s)	管径 dn(mm)	流速 (m/s)	单阻 (mm/m)	管长 L(m)	沿程水头损失 $h_y=iL$(m)	备注
2	2	3	$\dfrac{n}{N}$		$\dfrac{1}{0.8}$	$\dfrac{1}{0.5}$	1.3	0.26	20	0.68	33.0	0.88	0.03	
3	3	4	$\dfrac{n}{N}$	$\dfrac{1}{1.0}$	$\dfrac{1}{0.8}$	$\dfrac{1}{0.5}$	2.3	0.46	20	1.19	90.0	5.0	0.45	
4	4	5	$\dfrac{n}{N}$	$\dfrac{2}{2.0}$	$\dfrac{2}{1.6}$	$\dfrac{2}{1.0}$	4.6	0.92	32	0.90	29.5	3.3	0.10	
5	5	6	$\dfrac{n}{N}$	$\dfrac{3}{3.0}$	$\dfrac{3}{2.4}$	$\dfrac{3}{1.5}$	6.9	1.31	32	1.29	55.0	3.3	0.18	
6	6	7	$\dfrac{n}{N}$	$\dfrac{4}{4.0}$	$\dfrac{4}{3.2}$	$\dfrac{4}{2.0}$	9.2	1.52	40	0.91	22.0	3.3	0.07	
7	7	8	$\dfrac{n}{N}$	$\dfrac{5}{5.0}$	$\dfrac{5}{4.0}$	$\dfrac{5}{2.5}$	11.5	1.70	40	1.02	27.0	3.3	0.09	
8	8	9	$\dfrac{n}{N}$	$\dfrac{6}{6.0}$	$\dfrac{6}{4.8}$	$\dfrac{6}{3.0}$	13.8	1.86	40	1.11	31.5	3.3	0.10	
9	9	10	$\dfrac{n}{N}$	$\dfrac{7}{7.0}$	$\dfrac{7}{5.6}$	$\dfrac{7}{3.5}$	16.1	2.01	40	1.20	36.1	6.0	0.22	
10	10	11	$\dfrac{n}{N}$	$\dfrac{21}{21.0}$	$\dfrac{21}{16.8}$	$\dfrac{21}{10.5}$	48.3	3.47	70	0.90	12.5	7.8	0.10	
11	11	12	$\dfrac{n}{N}$	$\dfrac{35}{35.0}$	$\dfrac{35}{28.0}$	$\dfrac{35}{17.5}$	80.5	4.49	70	1.17	20.0	7.8	0.16	
12	12	13	$\dfrac{n}{N}$	$\dfrac{70}{70.0}$	$\dfrac{70}{56.0}$	$\dfrac{70}{35.0}$	161	6.34	100	0.76	5.9	7.8	0.05	
13	13	14	$\dfrac{n}{N}$	$\dfrac{77}{77.0}$	$\dfrac{77}{61.6}$	$\dfrac{77}{38.5}$	177.1	6.65	100	0.80	6.5	9.5	0.06	
14	14	15	$\dfrac{n}{N}$	$\dfrac{77}{77.0}$	$\dfrac{77}{61.6}$	$\dfrac{77}{38.5}$	211.5	7.27	100	0.88	7.6	3.0	0.02	公共卫生间 $\Sigma N=34.4$
15	15	16	$\dfrac{n}{N}$	$\dfrac{77}{77.0}$	$\dfrac{77}{61.6}$	$\dfrac{77}{38.5}$	211.5	8.97	100	1.07	10.9	24	0.26	热水 1.7L/s
16													$\Sigma h_f=2.08$	

③ 上区给水管网的水力计算：计算时亦按最不利情况考虑，假设只能从水箱西侧出水管供水。计算草图如附图 3 所示。计算结果见附表 2。

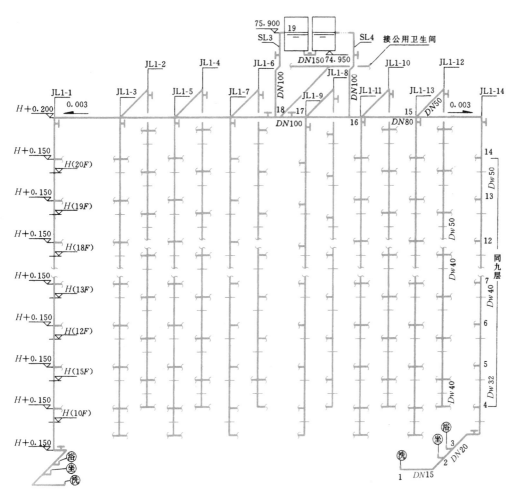

附图 3　上区给水管网系统图

说明：1. 此图亦作计算草图。

2. 支管布置与走向：JL1-2～JL1-5、JL1-10～JL1-13 的右侧以及 JL1-6、JL1-7 与 JL1-1
相同；JL1-2～JL1-5、JL1-10～JL1-13 的左侧以及 JL1-8、JL1-9 与 JL1-14 相同。

3. 管径：JL1-1、JL1-6～JL1-9 与 JL1-14 相同；JL1-2～JL1-5、JL1-10、JL1-11、JL1-
13 与 JL1-12 相同。

8～20 层给水管网水力计算表　　　　　　　　　　　　　　　　附表 2

顺序编号	管段编号		卫生器具数量及其当量	卫生器具名称、数量及其当量			当量总数 $\sum N$	设计秒流量 $q(\text{L/s})$	管径 DN (mm)	流速 $v(\text{m/s})$	单阻 i (mm/m)	管长 $L(\text{m})$	沿程水头损失 $h_y=iL(\text{m})$	备注
	自	至		浴盆 1.0	洗脸盆 0.8	坐便盆 0.5								
1	2		3	4	5	6	7	8	9	10	11	12	13	14
1	1	2	$\dfrac{n}{N}$		$\dfrac{1}{0.8}$		0.8	0.16	15	0.80	63.3	3.0	0.19	

361

续表

顺序编号	管段编号 自	管段编号 至	卫生器具数量及其当量	卫生器具名称、数量及其当量 浴盆 1.0	洗脸盆 0.8	坐便盆 0.5	当量总数 $\sum N$	设计秒流量 $q(L/s)$	管径 DN(mm)	流速 v(m/s)	单阻 i(mm/m)	管长 L(m)	沿程水头损失 $h_y=iL$(m)	备注
2	2	3	$\frac{n}{N}$		$\frac{1}{0.8}$	$\frac{1}{0.5}$	1.3	0.26	20	0.68	33.0	0.88	0.03	
3	3	4	$\frac{n}{N}$	$\frac{1}{1.0}$	$\frac{1}{0.8}$	$\frac{1}{0.5}$	2.3	0.46	20	1.19	90.0	1.70	0.15	
4	4	5	$\frac{n}{N}$	$\frac{2}{2.0}$	$\frac{2}{1.6}$	$\frac{2}{1.0}$	4.6	0.92	32	0.90	29.5	3.3	0.10	
5	5	6	$\frac{n}{N}$	$\frac{3}{3.0}$	$\frac{3}{2.4}$	$\frac{3}{1.5}$	6.9	1.31	32	1.29	55.0	3.3	0.18	
6	6	7	$\frac{n}{N}$	$\frac{4}{4.0}$	$\frac{4}{3.2}$	$\frac{4}{2.0}$	9.2	1.52	40	0.91	22.0	3.3	0.07	
7	7	8	$\frac{n}{N}$	$\frac{5}{5.0}$	$\frac{5}{4.0}$	$\frac{5}{2.5}$	11.5	1.70	40	1.02	27.0	3.3	0.09	
8	8	9	$\frac{n}{N}$	$\frac{6}{6.0}$	$\frac{6}{4.8}$	$\frac{6}{3.0}$	13.8	1.86	40	1.11	31.5	3.3	0.10	
9	9	10	$\frac{n}{N}$	$\frac{7}{7.0}$	$\frac{7}{5.6}$	$\frac{7}{3.5}$	16.1	2.01	40	1.20	36.1	3.3	0.12	
10	10	11	$\frac{n}{N}$	$\frac{8}{8.0}$	$\frac{8}{6.4}$	$\frac{8}{4.0}$	18.4	2.14	40	1.28	41.0	3.3	0.14	
11	11	12	$\frac{n}{N}$	$\frac{9}{9.0}$	$\frac{9}{7.2}$	$\frac{9}{4.5}$	20.7	2.27	40	1.37	45.0	3.3	0.15	
12	12	13	$\frac{n}{N}$	$\frac{10}{10.0}$	$\frac{10}{8.0}$	$\frac{10}{5.0}$	23.0	2.40	50	0.91	16.5	3.3	0.05	
13	13	14	$\frac{n}{N}$	$\frac{11}{11.0}$	$\frac{11}{8.8}$	$\frac{11}{5.0}$	25.3	2.51	50	0.95	18.0	3.3	0.06	
14	14	15	$\frac{n}{N}$	$\frac{12}{12.0}$	$\frac{12}{9.6}$	$\frac{12}{6.0}$	27.6	2.63	50	1.00	19.5	10.8	0.21	
15	15	16	$\frac{n}{N}$	$\frac{60}{60.0}$	$\frac{60}{48.0}$	$\frac{60}{30.0}$	138	5.87	80	1.05	13.5	7.8	0.11	
16	16	17	$\frac{n}{N}$	$\frac{108}{108.0}$	$\frac{108}{86.4}$	$\frac{108}{540}$	248.4	7.88	80	1.43	23.0	3.9	0.09	
17	17	18	$\frac{n}{N}$	$\frac{132}{132}$	$\frac{132}{105.6}$	$\frac{132}{66}$	303.6	8.71	100	1.04	10.5	11.5	0.12	
18	18	19	$\frac{n}{N}$	$\frac{264}{264}$	$\frac{264}{211.2}$	$\frac{264}{132}$	708.0	13.3	100	1.59	22.18	15.6	0.35	公共卫生间 $\sum N=100.8$
19														节点14~19：$\sum h_f=0.88$

3）屋顶水箱的设计计算

水箱及水箱间大样图如附图 4 所示，水箱配管大样图如附图 5 所示。

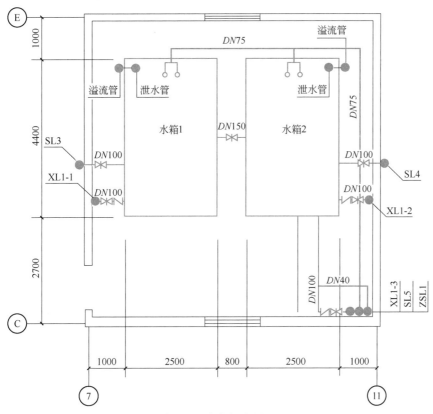

附图 4　水箱间大样图

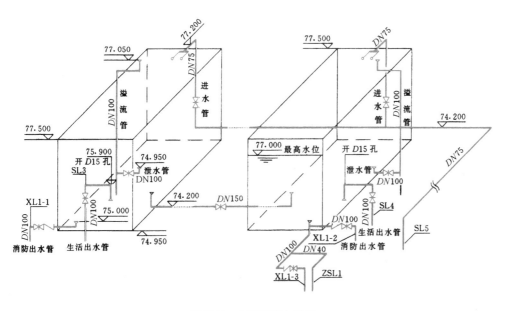

附图 5　水箱配管大样图

① 容积的确定：根据设计方案，9～20层（528个床位，由于员工用水量较小，暂不考虑员工在分区方面的影响）的生活用水由水箱供给。所以，水箱容积按供9～20层全部用水量确定，该系统水泵的启闭为水位自动控制，则水箱生活用水容积按最高日用水量 Q_d 的10％计算：

$$V = Q_d \frac{528}{836} \times 0.10 = 346.4 \times \frac{528}{836} \times 0.10 \approx 22.0 \text{m}^3$$

消防贮水容积按存贮10分钟的室内消防水量（消火栓系统40L/s，自动喷水天数系统30L/s）计算：

$$V_f = \frac{q_{xh} \times T_x \times 60}{1000} = \frac{70 \times 10 \times 60}{1000} = 42.0 \text{m}^3 \quad \text{根据有关规定取} \ 18.00 \text{m}^3$$

水箱的有效总容积为：

$$V_2 = V + V_f = 22.0 + 18 = 40.0 \text{m}^3$$

水箱设计成2个，材质为玻璃钢。其实际尺寸与容积为：

$$2 \times (4.4 \times 2.5 \times 2.0) = 2 \times 22 = 44.00 \text{m}^3$$

② 水箱高度的确定：

屋顶标高为66.50m，屋顶检试消火栓高出屋面0.50m。屋顶水箱出水管口与检试消火栓栓口高差确定为7.0m，水箱出水管至最不利消火栓口的总水头损失按1.00m估计，再考虑水箱底比出水管管口低0.05m。则水箱箱底的标高为：

$$66.5 + 0.50 + 7.00 + 1.00 - 0.05 = 74.95 \text{m}$$

水箱最高水位标高为：

$$74.95 + 0.05 + 2.00 = 77.00 \text{m}$$

水箱保护高度按0.50m计，则水箱上沿标高为：

$$77.00 + 0.50 = 77.50 \text{m}$$

4）地下室内贮水池的设计计算

① 容积的确定：该建筑的贮水池设计成生活、消防共用的贮水池。容积包括两部分：生活用水调节容积与消防贮备水量。

生活用水调节容积按最高日用水量的20％计算：

$$V_T = Q_d \times 0.2 = 346.4 \times 0.2 \approx 70.0 \text{m}^3$$

消防贮备水量应包括室内消火栓系统（火灾延续时间3小时）与自动喷水灭火系统的贮备水量（用水量为20L/s，火灾延续时间1小时）。消防时假定一根DN150引入管提供室外消防所需水量，另一根DN150的引入管的流量进入贮水池。如取流速1.5m/s，则进水量为：

$$Q_j = vAT = 1.5 \times \frac{3.14}{4} \times 0.15^2 \times 3600 \times 3 = 286 \text{m}^3/\text{h}$$

消防贮备水量为：

$$V_x = \frac{40 \times 3600 \times 3}{1000} + \frac{20 \times 3600 \times 1}{1000} - 286 = 432 + 72 - 286 = 218 \text{m}^3$$

贮水池的有效容积：

$$V = V_{x} + V_{T} = 218 + 70.0 = 288.0 m^3$$

根据贮水池位置及建筑平面，取平面尺寸为：$15.0 \times 8.0 = 120.0 m^2$，取水深 2.50m，水池容积为 $120.0 \times 2.50 = 300 m^3$。

② 贮水池的设计：该贮水池设在地下室 $F \sim G$ 轴与 $13 \sim 17$ 轴之间，钢筋混凝土浇筑（其他方面此处从略）。

5）给水系统水压的校核

① 下区给水管道系统水压的校核

从附图1和附图2中知，该系统最不利点为节点1，节点1距引入管的高差：

$$H_1 = 26.25 - (-1.50) = 27.75m = 277.50kPa$$

从附表1中知，节点1至节点16的沿程水头损失为：

$\sum h_f = 2.08m$，则总的水头损失为：

$$H_2 = 1.3 \times \sum h_f = 1.3 \times 2.08 = 2.70m = 27.00kPa$$

引入管上的水表，考虑到发生火灾时消防总流量为70L/s，加部分生活用水量约 5.0L/s，选用口径为150mm的螺翼式水表。查表1-5其水头损失为20kPa。

查表1-14，取节点1处洗脸盆的工作压力为：

$$H_1 = 100kPa$$

根据式（1-13），下区管道系统所需水压为：

$$H = H_1 + H_2 + H_3 + H_1 = 277.5 + 27.00 + 20.0 + 100 = 424.5kPa$$

市政管网压力为500kPa，可满足1~8层供水要求。

② 上区给水系统水压校核及水箱高度的确定：

从附图3中可看出水箱中生活用水最低水位标高为75.90m，结合附图1，可知上区节点14横管标高为63.9m，二者高差为：

$$H = 75.90 - 63.9 = 12.0m = 120kPa$$

从附图3中可看出，节点14为最不利点，其沿程水头损失从附表2中查出：

$\sum h_f = 0.88m$，则总水头损失：

$$H_s = 1.3 \times \sum h_f = 1.3 \times 0.88 = 1.14m = 11.40kPa$$

查表1-14，取节点14处卫生器具的最大工作压力为：

$$H_c = 100kPa$$

根据式（1-17），应有：

$$H \geqslant H_s + H_c$$

$$120.00 \geqslant 11.4 + 100 = 110.40kPa$$

故：水箱高度满足供水要求

6）地下室加压水泵的选定

① 水泵设计流量的计算：此处水泵直接输水到高位水箱，再由水箱供 9～20 层用水，水泵的设计流量应为上区最大时用水量：

$$Q_{d\perp} = mq_d = \frac{528 \times 400}{1000} = 211.20 \text{m}^3/\text{d}$$

$$Q_{h\perp} = \frac{Q_{d\perp}}{T}K_h = \frac{211.2 \times 2}{24} = 17.60 \text{m}^3/\text{h}$$

取水泵设计流量为 17.60m³/h

② 水泵设计扬程的确定：水泵吸水管采用 $DN100$ 的铸铁管，压水管采用 $DN75$ 的铸铁管。根据设计流量，查铸铁管水力计算表，吸水管中流速 $v = 0.64\text{m/s}$，水力坡度 $i = 0.0968\text{kPa/m}$。压水管中流速 $v = 1.14\text{m/s}$，水力坡度 $i = 0.412\text{kPa/m}$。

由附图 6 可知，吸水管长度约为 2.0m，压水管长度约为 120.0m。总水头损失为：

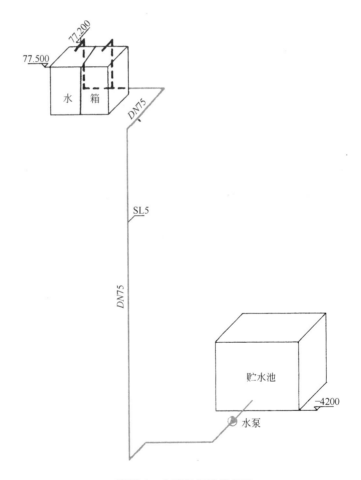

附图6　水泵扬程计算草图

$$H_s = (2.0 \times 0.0968 + 120.0 \times 0.412) \times 1.3 = 64.52 \text{kPa}$$

压水管出口与地下室贮水池最低水位之差为：

$$h_z = 77.20 - (-4.2) = 81.40m = 814.0kPa$$

故，水泵的扬程为：

$$H_b = H_s + h_z = 64.52 + 814.0 = 878.52kPa \approx 90.00mH_2O$$

③ 水泵的选定：根据设计流量、扬程，查水泵样本，选定水泵为：

$DA_1 - 50 \times 11$ 型水泵 2 台，其中一台备用（该型号水泵 $H = 715 \sim 1265kPa$，$Q = 23.4 \sim 12.6m^3/h$，$N = 10kW$）。

（2）消火栓系统计算

按规范要求，消火栓间距应保证两支水枪同时达到任一着火点。根据该建筑总长度为 54.60m，宽度为 23.40m，高度为 66.50m，消火栓采用单排布置形式，取水枪喷口直径为 19mm，取水带直径为 65mm，水带长度为 25m，取消防水枪充实水柱长度为 10m。消火栓系统按建筑高度分为两个区，下区为地下一层至地下五层，上区为地上六层至二十层。下区采用市政管网直接供水方式，上区采用消防泵与水箱联合供水方式。附图 5 为水箱向大样图，附图 6 为水箱配管大样图。

1）消火栓布置计算

① 消火栓保护半径的计算：取弯转曲折系数为 0.8，根据式（2-4），则：

$$R = L_d + S_k \cdot \cos 45° = 0.8 \times 25 + 10 \times 0.707 = 27.07m$$

② 消火栓间距的计算：根据式（2-6），再查看附图 14，取 $b = 11.70m$，则：

$$S_2 = (R_2 - b^2)^{0.5} = (27.07^2 - 11.7^2)^{0.5} = 24.41m$$

根据计算出的 S_2 值，该建筑每层布置 4 个消火栓即可。考虑到客房分隔空间较小，加之中间部位电梯间的防火分隔，实际设置 5 个消火栓（附图 14）。

2）消火栓栓口所需水压的计算

消防水枪喷嘴出口水压的计算：根据规范要求，该建筑消火栓消防系统中，水枪喷口直径为 19mm，充实水柱为 100kPa。查表 2-8，得 $H_q = 135.0kPa$，$q_{xh} = 4.6L/s$（该值小于表 2-7 的规定，取 $q_{xh} = 5.0L/s$）。查表 2-9，取 $A_d = 0.00172$。查表 2-10，取 $B = 1.577$。取 $H_{sk} = 20.0kPa$。据式（2-9）则：

$$H_{xh} = h_d + H_q + H_{sk} = A_d L_d q_{xh}^2 + \frac{q_{xh}^2}{B} + H_{sk} = 0.00172 \times 25 \times 5.0^2 + \frac{5.0^2}{1.577} + 2.0$$

$$= 18.93m = 189.3kPa$$

取值为 200kPa。

3）消火栓系统的水力计算

① 下区消防管道的水力计算

为保证消火栓系统供水可靠性，消防管网计算时按管网最不利情况考虑，该系统管网为对称布置，假设火灾发生时，只由东侧给水管提供消防用水量，且上部环状联络管也发生故障，其管网即似枝状管网。

A. 管径的确定及水头损失计算：计算用草图如附图 7 所示，管网最不利情况下的出水流量分配及水力计算结果见附表 3：

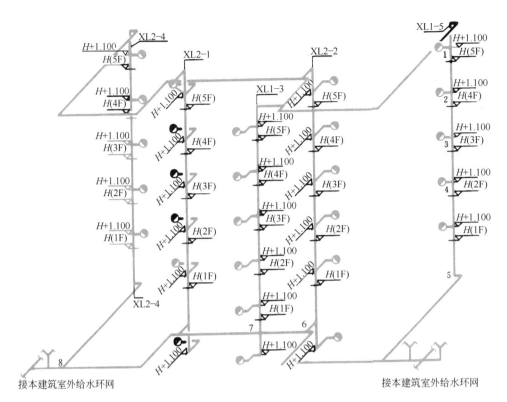

附图 7　下区消火栓给水管网计算草图

下区消火栓系统水力计算表　　　　　　　　　　　附表 3

计算管段	流量（L/s）	管长（m）	管径（mm）	流速（m/s）	i（1000i）	h_c（mH₂O）	栓口水压（M）
1—2	5.2	3.3	100	0.60	8.04	0.03	17.0
2—3	10.81	3.3	100	1.26	31.2	0.10	20.33
3—4	16.81	3.3	100	1.94	75.5	0.25	25.73
4—5	16.81	11.0	100	1.94	75.5	0.83	
5—6	16.81	24.0	175	0.72	5.91	0.07	
6—7	33.62	7.8	175	1.43	21.3	0.17	
7—8	44.43	30.0	175	1.91	38.4	1.15	

B. 管网所需的水压计算：

从附表 3 中看出，$\sum h_f = 2.60\text{m}$，局部水头损失按沿程水头损失的 10% 计算，管网总水头损失为：

$$h_w = 1.1 \times \sum h_f = 1.1 \times 2.6 = 2.86\text{m} = 28.60\text{kPa}$$

从附图 7 中可看出，$H_z = 12.9 + 1.1 - (-1.5) = 15.50\text{m} = 155.00\text{kPa}$

故下区消火栓系统所需水压为：

$$H = H_z + H_{xh} + h_w = 155.00 + 170 + 28.60 = 353.60\text{kPa}$$

城市给水管网压力为 500kPa，满足消防要求。

368

② 上区消防管道的水力计算

A. 水力计算：

上区消防管道水力计算草图如附图 8 所示，其计算方法与下区相同，此处从略。经过计算。$\sum h_f = 9.57$m；上区各层栓口压力见附表 4。

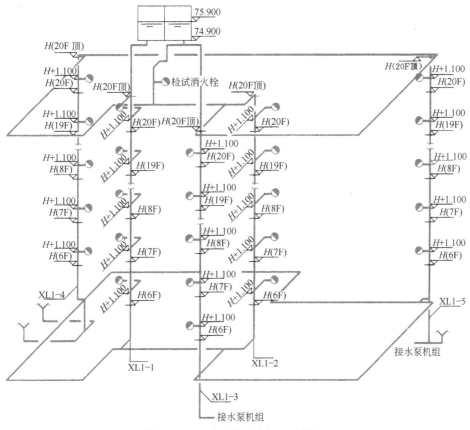

附图 8　上区消火栓给水管网计算草图

上区消火栓系统各层栓口压力值表　　　　　　　　　　　附表 4

层数	20	19	18	17	16	15	14	13	12	11	10	9	8	7	6
压力 （m）	17.00	20.53	24.13	27.74	31.34	34.97	38.55	42.16	46.76	49.37	52.97	56.58	59.18	63.38	67.57
过剩压力 （m）	0	0.53	4.13	7.74	11.34	14.97	18.55	22.16	26.76	29.37	32.97	36.58	39.18	43.38	47.57

B. 管网所需水压计算及水泵的选定：

上区消防管网总水头损失（局部水头损失按沿程水头损失的 10% 计）为：
$$h_w = 1.1 \sum h_f = 1.1 \times 9.57 = 10.53\text{m} = 105.30\text{kPa}$$

最不利消火栓距水池最低水位高差为：
$$H_z = 62.4 + 3.3 + 0.8 + 0.5 - (-4.2) = 71.2\text{m} = 712\text{kPa}$$

最不利消火栓栓口处所需水压按 20m = 200kPa 计，则上区消火栓系统所需水压为：

$$H=H_z+H_{xh}+h_w=71.2+20.0+10.53=101.73m=1017.30kPa$$

根据消火栓系统用水量 40L/s 和所需水压为 101.73m，查水泵样本，选定水泵为：$DA_1-150\times4$ 型水泵 2 台，其中一台备用（该型号水泵 $H=98.4\sim121.2m$ $Q=35\sim50 l/s$，$N=75kW$）。

C. 减压孔板的设置：

根据附表 4 中的数据，6~8 层采用 $D18$ 的减压孔板，9~11 层采用 $D20$ 的减压孔板。

③ 屋顶水箱高度的校核：

屋顶水箱箱底的标高为 74.95m，屋顶检试消火栓的标高为 67.00m，二者的高差大于 7.0m，满足规范要求（同时也满足自动喷水灭火系统要求二者高差大于 5.0m 规定）。

④ 水泵接合器的选定：

选用 6 个 $DN150$ 的地上式水泵接合器，3 个用于下区，3 个用于上区。

（3）自动喷水灭火系统计算

该工程所在地设有冬季供暖设施，室内温度满足 4~70℃ 范围之内，因而采用湿式自动喷水灭火系统，系统中的报警阀设在地下室（本例题详细计算上区系统）。

1）有关参数的确定

此建筑为中危险 I 级，查表 2-22，系统作用面积取 160m²，喷水强度取 6L/(min·m²)。喷头的工作压力为 0.10MPa。底层喷头布置采用正方形布置形式，喷头间距为 3.60m；标准层的过道中，喷头间距为 3.60m，套间客房中布置 4 个喷头，普通客房中布置 3 个喷头（见底层给水排水平面附图 13、标准层给水排水平面附图 14）。因喷头总数较多，故将自动喷水灭火系统分为三个区，即五层以下为下区，6~14 层为中区，14~20 层为上区。喷头采用吊顶型玻璃球喷头。

2）自动喷水灭火系统水力计算

① 作用面积内喷头数量：

采用作用面积法进行计算，作用面积选定为长方形（见附图 14 左下角部位），长边为：

$$L=1.25\sqrt{F}=1.2\sqrt{160}=1.2\times12.65=15.18\approx16m$$

短边为 $F/L=160/16=10m$，实际作用面积 160m²。由附图 14 查出，作用面积内布置 15 个喷头。

② 每个喷头的计算流量：根据式（2-15）取 $K=0.133$，$P=100kPa$

$$q=K\sqrt{P}=0.133\times\sqrt{100}=1.33L/s=80L/min$$

③ 作用面积内的设计流量：

$$Q=15\times1.33=19.95L/s$$

作用面积内理论秒流量：

$$Q'=\frac{6\times160}{60}=16L/s$$

设计流量为理论秒流量的 19.95÷16=1.25 倍，满足要求。

④ 作用面积内平均喷水强度：

$$Q_p = \frac{80 \times 15}{160} = 7.50 \text{L}/(\text{min} \cdot \text{m}^2)$$

7.50>6.00L/（min·m²），满足规范规定的喷头强度。

⑤ 管道水力计算：计算草图见附图14左下角和附图16，计算结果见附表5。

上区自动喷水灭火系统管网水力计算表 附表5

计算管段	流量 (L/s)	节点压力 (m)	管长 (m)	管径 (mm)	流量 (m/s)	A (比阻)	水头损失 (m)
1～2	1.33	10.0	1.95	25	1.81	0.4367	1.51
2～3	2.66	11.51	3.30	40	2.18	0.0939	2.19
3～4	5.32	13.70	3.30	50	2.50	0.011	1.03
4～5	7.98	14.73	3.05	70	2.247	0.0029	0.56
5～6	10.64	15.29	4.0	70	3.05	0.0029	1.44
6～7	13.30	16.73	3.6	100	1.73	0.0003	0.19
7～8	14.63	16.92	3.0	100	1.92	0.0003	0.19
8～9	19.95	17.11	3.0	100	2.31	0.0003	0.36

从附表5可知，从节点1～节点8的沿程水头损失为：

$\sum h_f = 1.51 + 2.19 + 1.03 + 0.56 + 1.44 + 0.19 + 0.19 + 0.36 = 7.47\text{m} = 74.70\text{kPa}$

经计算，节点9至地下室贮水池的管长120.00m，从《建筑给水排水设计手册》中查出 $A = 0.0003$，按长管水头损失计算方法计算，即 $h_f = ALQ^2$，则：

$$h_f' = 0.0003 \times 120.00 \times 19.95^2 = 14.33\text{m} = 143.30\text{kPa}$$

管路中所有水头损失为：

$$h_w = 1.2 (\sum h_f + h_f') = 1.2 \times (74.70 + 143.30) = 261.60\text{kPa}$$

⑥ 管网所需水压计算及水泵的选型：

自动喷水灭火系统上区最不利点距贮水池最低水位的水差为69.90m，则上区所需水压为：

$$H = H_z + h_w + H_c = 69.90 + 26.16 + 10.00 = 106.06\text{m} = 1060.6\text{kPa}$$

故自动喷火灭火系统上区所需流量为19.95L/s，所需水压为106.06m，据此查水泵样本，选定水泵为：100TSW×7型水泵2台，其中1台备用（该型号水泵：$Q = 17.20 \sim 22.20$L/s，$H = 113.4 \sim 98.0$m，$N = 37$kW）。此套水泵也用于自动喷水灭火系统的中区，但在进入中区前，设置减压装置。

⑦ 自动喷水灭火系统的中区和下区的水力计算方法与上区相同。中区的计算此处从略。下区所需水压为33.00m，城市给水管网压力可以满足要求，故采用直接给水方式。

⑧ 稳压装置：上、中区均从屋顶高位水箱引出 DN50 的稳压管，接在报警阀前。

（4）排水系统水力计算

排水系统水力计算草图如附图9所示，结合附图14可以看出1～9轴线范围内排水系统与9～17轴线范围对称。故本例题仅计算9～17轴线范围内的排水系统。

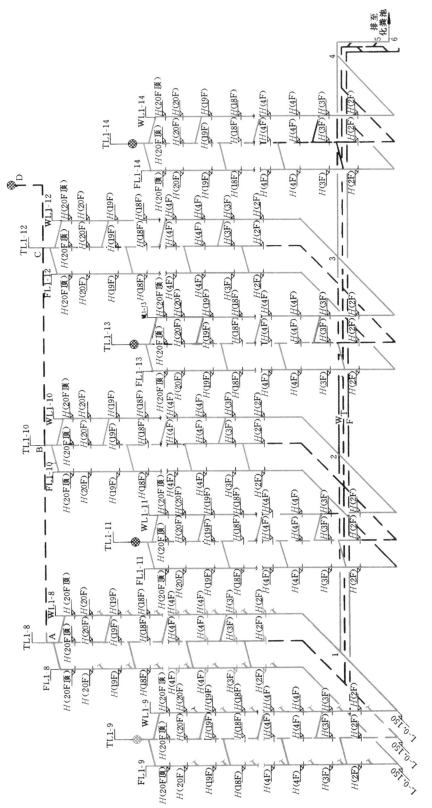

附图 9　排水管道计算草图

1）卫生间内卫生器具的排水流量和当量：

查表 3-14，冲洗水箱大便器 $q_u=1.50 L/s$，$N_p=4.50$；浴盆 $q_u=1.00 L/s$，$N_p=3.00$；洗脸盆 $q_u=0.25 L/s$，$N_p=0.75$。

2）卫生器具排水支管管径、坡度

查表 3-13，冲洗水箱大便器：$dn110$，$i=0.026$；浴盆：$dn50$，$i=0.026$；洗脸盆 $dn50$，$i=0.026$。

3）生活污水排水立管管径

① WL1-8、WL1-9、WL1-14 立管管径

每根生活污水排水立管当量总数为：$4.5\times19=85.5$，根据式（3-3）计算出排水设计秒流量：（查表 3-15，取 $a=1.5$。根据管道系统具体情况 $q_{max}=1.5 L/s$）

$$q_u=0.12a\sqrt{N_p}+q_{max}=0.12\times1.5\sqrt{85.5}+1.5=3.2 L/s。$$

查表 3-24，可得 $dn110$。

② WL1-10、WL1-11、WL1-12、WL1-13 立管管径

每根生活污水排水立管当量总数为：$4.5\times2\times19=171$，根据式（3-3）计算出排水设计秒流量：（$a=1.5$，$q_{max}=1.5 L/s$）

$$q_u=0.12\times1.5\sqrt{171}+1.5=3.85 L/s。同理可得 dn110。$$

4）生活废水排水立管管径

① FL8、FL9、FL14 立管管径

每根生活废水排水立管当量总数为：$(3+0.75)\times19=71.25$，根据式（3-3）计算出排水设计秒流量：（$a=1.5$，$q_{max}=1.0 L/s$）

$$q_u=0.12\times1.5\sqrt{71.25}+1=2.52 L/s。取 dn75。$$

② FL10、FL11、FL12、FL13 立管管径

每根生活废水排水立管当量总数为：$(3+0.75)\times19=71.25$，根据式（3-3）计算出排水设计秒流量：（$a=1.5$，$q_{max}=1.0 L/s$）

$$q_u=0.12\times1.5\sqrt{142.5}+1=3.14 L/s。取 dn110。$$

5）专用通气立管管径

根据排水立管管径，查表 3-24，可得专用通气立管管径为 $dn75$，延续至整个系统。

6）结合通气管管径

结合通气管管径与专用通气立管管径相同。取 $dn75$，隔层连接。

7）汇合通气管管径

计算草图如附图 9 所示。

AB 段为 TL1-8 的延伸，取 $dn75$；

BC 段，根据式（3-11），则：

$$d=\sqrt{75^2+0.25\times75^2}=83.85 mm，取 dn110；$$

CD 段，根据式（3-11），则：

$$d=\sqrt{75^2+0.25\times2\times75^2}=91.85 mm，取 dn110。$$

8）生活污水排水横干管管径

1～2 管段：排水当量总数，$N_p=4.5\times19+4.5\times19=171$，根据式（3-3），

排水设计秒流量：

$$q_u = 0.12 \times 1.5\sqrt{171} + 1.5 = 3.85 \text{L/s}$$

查表 3-21（下同），取 $dn110$，$i=0.026$；

2～3 管段：排水当量总数，$N_p = 171 + 4.5 \times 2 \times 2 \times 19 = 513$，根据式（3-3），排水设计秒流量：

$$q_u = 0.12 \times 1.5\sqrt{513} + 1.5 = 5.58 \text{L/s}$$

取 $dn110$，$i=0.026$；

3～4 管段：排水当量总数，$N_p = 4.5 \times 2 \times 19 + 4.5 \times 2 \times 4 \times 19 = 855$，根据式(3-3)，排水设计秒流量：

$$q_u = 0.12 \times 1.5\sqrt{855} + 1.5 = 6.76 \text{L/s}$$

取 $dn160$，$i=0.026$；

4～5 管段：排水当量总数，$N_p = 855 + 4.5 \times 19 = 940.5$，根据式（3-3），排水设计秒流量：

$$q_u = 0.12 \times 1.5\sqrt{940.5} + 1.5 = 7.02 \text{L/s}$$

取 $dn160$，$i=0.026$；

5～6 管段：排水设计秒流量，$q_u = 7.02 \text{L/s}$ 取 $dn160$，$i=0.026$；

9）生活废水排水横干管管径

1～2 管段：排水当量总数，$N_p = 71.25 + 3.75 \times 19 = 142.5$，根据式（3-3），排水设计秒流量：

$$q_u = 0.12 \times 1.5\sqrt{142.5} + 1 = 3.15 \text{L/s}$$

取 $dn110$，$i=0.026$；

2～3 管段：排水当量总数，$N_p = 71.25 \times 6 = 427.5$，根据式（3-3），排水设计秒流量：

$$q_u = 0.12 \times 1.5\sqrt{427.5} + 1 = 4.72 \text{L/s}$$

取 $dn110$，$i=0.026$；

3～4 管段：排水当量总数，$N_p = 71.25 \times 10 = 712.5$，根据式（3-3），排水设计秒流量：

$$q_u = 0.12 \times 1.5\sqrt{712.5} + 1 = 5.801 \text{L/s}$$

取 $dn110$，$i=0.026$；

4～5 管段：排水当量总数，$N_p = 712.5 + 71.25 = 783.75$，根据式（3-3），排水设计秒流量：

$$q_u = 0.12 \times 1.5\sqrt{783.75} + 1 = 6.06 \text{L/s}$$

取 $dn110$，$i=0.026$；

5～6 管段：排水设计秒流量 $q_u = 6.06 \text{L/s}$。取 $dn110$，$i=0.026$；

10）化粪池有效容积

根据式（3-12）、式（3-13）、式（3-14），查表 3-27、表 3-28 和表 3-29，化粪池有效容积：

$$V = \frac{836 \times 0.7 \times 20 \times 12}{24 \times 1000} + \frac{0.4 \times 836 \times 0.7 \times 180 \ (1-0.95) \ \times 0.8 \times 1.2}{(1-0.90) \ \times 1000}$$

$$= 5.85 + 20.22$$

$$= 26.07 \mathrm{m}^3$$

考虑到该建筑公共卫生间生活污水统一处理，则化粪池有效容积为 $30\mathrm{m}^3$。

地下室泵房排水，贮水池清污排水，消防时的排水统一汇至地下室集水井，由潜污泵抽升排至室外市政雨水排水管。

室外排水管采用混凝土管，$DN300$，取 $i=0.005$。

（5）热水供应系统水力计算

该建筑热水供应系统分为上下两区，其分区与生活给水相同，管网对称布置。加热设备采用容积式水加热器。容积式水加热器设在地下室，下区管网为下行上给式，上区管网为上行下给式。本例题仅计算下区 9～17 轴线范围内地下 1 层至地上 8 层的热水供应系统，其计算草图如附图 10 所示。

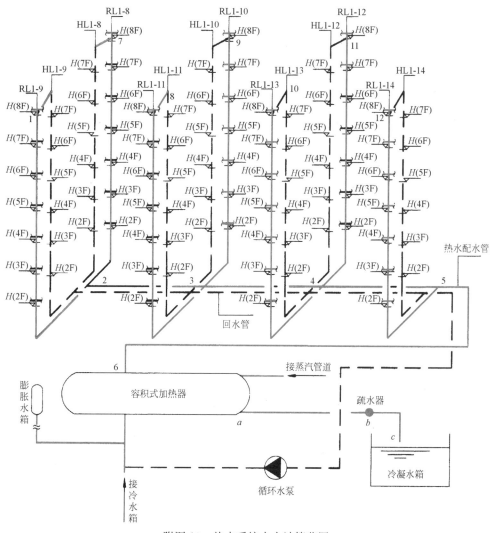

附图 10　热水系统水力计算草图

1）设计小时耗热量计算

下区附-17 轴线范围内客房床位数为 154 个，查表 5-1，取 60℃热水用水量标准为 160L/（人·d）。查表 5-17，K_h 值取 2.60。查表 5-4，冷水温度取 4℃。根据式（5-20），取 $C_r = 1.15$，设计小时耗热量为：

$$Q_h = K_h \frac{m \cdot q_r \cdot C(t_r - t_L)\rho_r}{T} C_r$$

$$= 2.60 \frac{154 \times 160 \times 4.187(60-4) \times 0.9832}{24} \times 1.15$$

$$= 707674 \text{kJ/h}$$

2）设计小时热水用量计算

根据式（5-22），设计小时热水用量为：

$$q_{rh} = \frac{Q_h}{(t_r - t_L)C\rho_r C_r} = \frac{707674}{(60-4) \times 4.187 \times 0.9832 \times 1.15} = 2670 \text{L/h}$$

3）容积式水加热器计算

① 计算温度差的确定：已知蒸汽表压为 0.2MPa，其绝对压强为 0.3MPa，查表 5-17，知相应的饱和蒸汽温度为 133℃。根据式（5-29），热媒与被加热水计算温度差为：

$$\Delta t_j = \frac{t_{mc} + t_{mz}}{2} - \frac{t_c + t_z}{2} = 133 - \frac{4+70}{2} = 96℃$$

② 热交换面积的确定：查表 5-18，取容积式水热器的传热系数 $K = 2721$kJ/（m²·h·℃）。选定 ε 为 0.75，取 $Q_g = Qh$。根据式（5-28），所需热交换面积为：

$$F_{jr} = \frac{Q_g}{\varepsilon K \Delta t j} = \frac{707674}{0.75 \times 2721 \times 96} = 3.61\text{m}^2 \quad 取 \ 4.0\text{m}^2$$

③ 容积式水加热器容积的确定：查表 5-20，取 $T = 45$min，t_r、t_L、C 同前所述。根据式（5-32），则加热器的容积为：

$$V = \frac{T \cdot Q_h}{C60(t_r - t_L)} = \frac{45 \times 707674}{4.187(60-4)60} = 2.26\text{m}^3$$

选两台 1.5m³ 的容积式水加热器并联工作。

4）热水配水管网水力计算

由于热水配水管道布置与冷水配水管道平行，其水力计算的方法与冷水供水系统基本相同，故本例题中热水配水管网水力计算省略。

5）热水循环流量计算

计算草图如附图 10 所示。

热水管网干管热损失见附表 6。

热水管网干管热损失计算表　　　附表 6

节点编号	管段编号	管长 L (m)	管径 (mm)	保温系数 η	温降因素 M	单位管长表面积 F (m²)	管段起终点温度 (℃)	平均温度 t_m (℃)	空气温度 t_k (℃)	温度差 Δt (℃)	管段热损失 Q_x
1	2	3	4	5	6	7	8	9	10	11	12
2	1~2	32	40	0.6	0.32	0.1508	60　65.4	62.7	20	42.7	6182
7	7~2	32	40	0.6	0.32	0.1508	60　65.4	62.7	20	42.7	6182
3	2~3	3.9	50	0.6	0.03	0.1885	65.4　66	65.7	20	45.7	1008
8	8~3	32	40	0.6	0.32	0.1508	66　60.6	63.3	20	43.3	6269
9	9~3	32	40	0.6	0.32	0.1508	66　60.5	63.3	20	43.3	6269
4	3~4	7.8	65	0.6	0.05	0.4013	66　66.8	66.4	20	46.4	4357
10	10~4	32	40	0.6	0.32	0.1508	66.8　61.4	64.1	20	44.1	6384
11	11~4	32	40	0.6	0.32	0.1508	66.8　61.4	64.1	20	44.1	6384
5	4~5	7.8	75	0.6	0.04	0.4461	66.8　67.5	67.2	20	47.2	4927
12	12~5	32	40	0.6	0.32	0.1508	67.5　62.1	64.8	20	44.8	6486
6	5~6	34	90	0.6	0.15	0.5073	67.5　70	68.8	20	48.8	25251
											Σ 79699

总循环流量按式（5-50）计算：

$$q_{x6\sim5} = \frac{79699}{(70-60) \times 4.187} = 1903 \text{kg/h}$$

相应计算管段的循环流量按式（5-53）计算：

$$q_{x5\sim4} = \frac{47962}{54448} \times 1903 = 1676 \text{kg/h}$$

$$q_{x1\sim3} = \frac{30267}{43035} \times 1676 = 1179 \text{kg/h}$$

$$q_{x3\sim2} = \frac{13372}{25910} \times 11789 = 608 \text{kg/h}$$

6）热水管网循环水头损失计算

① 热水管网循环水头损失计算结果见附表 7。

热水管网循环水头损失计算　　　附表 7

管路部分	管段编号	管段长度 L (m)	管径 (mm)	循环流量 q_x (kg/h)	沿程水头损失 单阻 R (mm/m)	沿程水头损失 管段 RL (mm)	流速 V (m/s)	水头损失总和
配水管网	1~2	32	40	304	0.40	12.80	0.10	
	2~3	3.9	50	608	0.33	1.3	0.12	$H_p = 1.3 \times 33.9$
	3~4	7.8	65	1179	0.43	3.4	0.14	$= 44.1 \text{mmH}_2\text{O}$
	4~5	7.8	75	1676	0.35	2.80	0.14	
	5~6	34	90	1903	0.40	13.6	0.14	

续表

管路部分	管段编号	管段长度 L (m)	管径 (mm)	循环流量 q_x (kg/h)	沿程水头损失		流速 V (m/s)	水头损失总和
					单阻 R (mm/m)	管段 RL (mm)		
回水管网	1~2	32	40	304	0.48	15.4	0.12	$H_h=1.3\times113.2$ $=147.2\text{mmH}_2\text{O}$
	2~3	3.9	40	608	1.90	7.4	0.16	
	3~4	7.9	50	1179	1.20	9.4	0.17	
	4~5	7.8	50	1676	3.84	30.0	0.28	
	5~6	34	65	1903	1.50	51.0	0.22	

② 附加循环流量：取设计小时用水量的 15%，计算可得：

$$q_f=0.15\times8740=1311\text{L/h}$$

③ 循环水泵流量：应大于等于总循环流量与附加循环流量之和：

$$Q_b\geqslant1311+1903=3214\text{L/h}$$

即：$Q_b\geqslant3213\text{L/h}$

④ 循环水泵扬程：根据式（5-62），则：

$$H_b\geqslant h_p+h_x$$

h_p 为循环流量通过配水管网的水头损失（kPa）；

h_x 为循环流量通过回水管网的水头损失（kPa）。

此题计算出的 H_p 数值较小，可直接选定 $H_p=0.05\text{MPa}$。

根据计算出的流量、扬程，即可选定循环水泵。

7）蒸汽管道计算

查表 5-17，γ_n 为 2167kJ/kg。根据式（5-26），则每小时蒸汽耗量为：

$$G_{mh}=1.20\frac{707674}{2167}=392.0\text{kg/h}$$

查表 5-24，可取管径为 $DN50$。

8）凝结水管道计算

每台水加热器凝结水管出口至疏水器 a~b 管段，通过的热量为 $Q/2$，查表 5-25，可取管径为 $DN40$。

每台疏水器至开式凝结水箱 b~c 管段，通过的热量为 $\frac{707674}{2}\times1.25=442296\text{kJ/h}$，查表 5-26 可得管径为 $DN40$。

4. 设计图纸

工程施工图的内容及装订顺序一般为：图纸封面、图纸目录、设计总说明、主要材料与设备明细表、总图例、给水排水总平面图（也可放在设计总说明的图纸上）、给水排水分层平面图、屋顶给水排水平面图、给水系统图、消火栓及自动喷水系统图、排水系统图、热水供应系统图、大样图等。

绘制图纸时必须以认真负责、严谨细致的态度来对待，做到准确无误。同时，注意图面的布置，要力求充实、图线粗细有致、疏密得当，整个图面清晰整洁。为使图纸内容表达得清楚明了，可将细部大样图和某些局部说明安排在相关、相应的图面空白之处，所占图面较大的大样图也可单独绘出。

本例题若按施工图要求出图的话，图量很大，图幅也较大，由于教材的篇幅和图幅所限，不便尽善尽美地表达出来，仅绘出了部分主要图纸供学生参考，其给水排水总平面图和分层平面图参见附图 11～附图 14，系统图可参见上区给水系统附图 3 和自动喷水灭火系统附图 16，大样图参见水箱间及水箱配管大样附图 5、附图 6 和卫生间大样附图 15，其他系统的计算草图附图 2、附图 7～附图 10（草图与施工图的要求存在明显的差异，如管径、标高、阀门、检查口、清扫口、吸气阀及支管走向等都未标注齐全），仅供计算过程中参考。

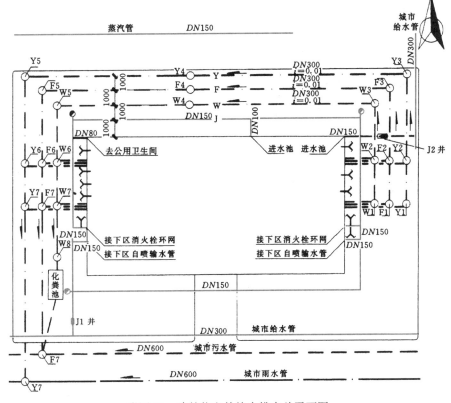

附图 11　建筑物室外给水排水总平面图

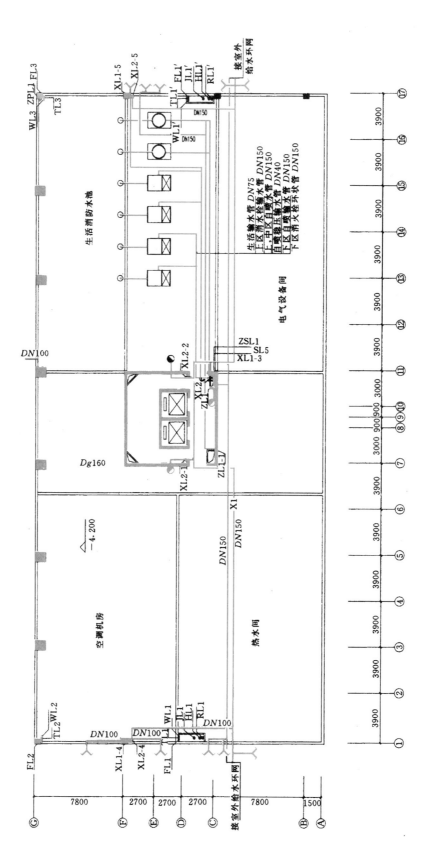

附图 12　负一层给水排水平面图

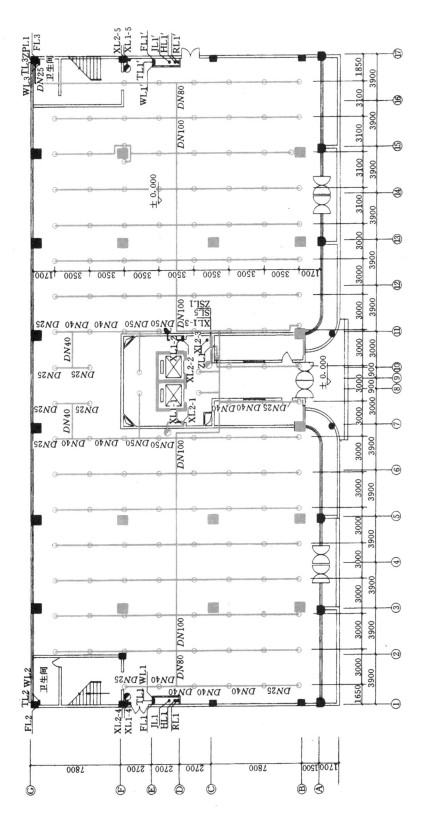

附图 13　底层给水排水平面图

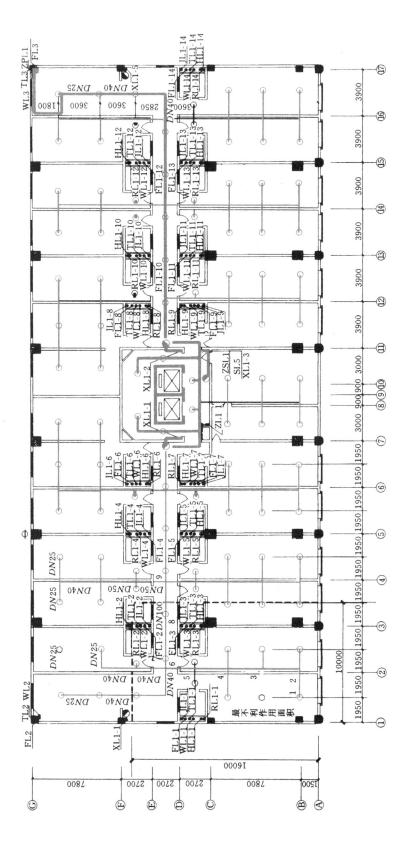

附图 14　标准层给水排水平面图

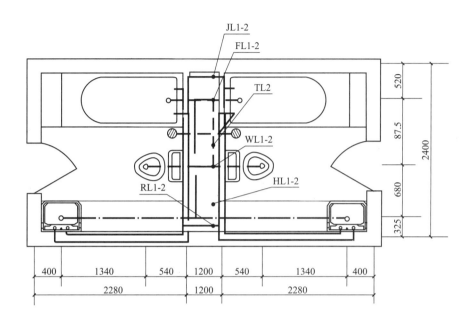

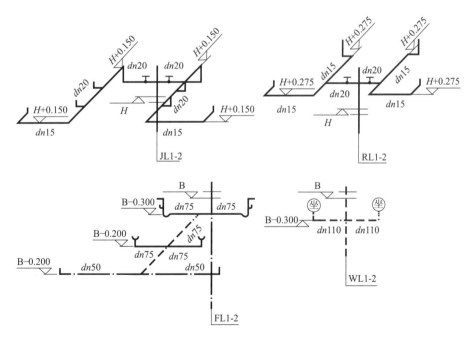

附图15　卫生间大样图

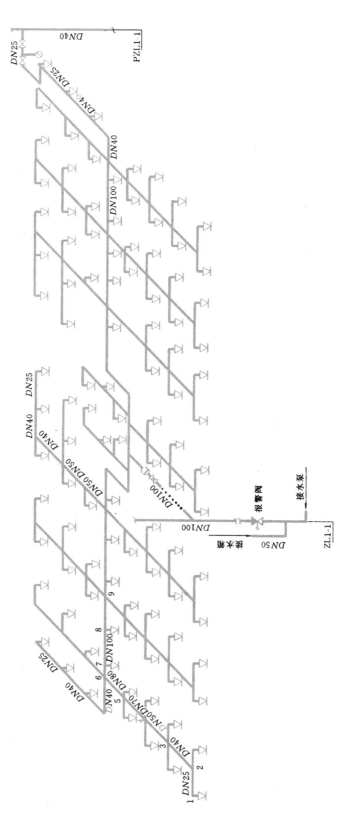

附图 16　自动喷水灭火系统图

参 考 文 献

[1] 中华人民共和国住房和城乡建设部. 建筑给水排水设计标准：GB 50015—2019[S]. 北京：中国计划出版社，2019.

[2] 中华人民共和国住房和城乡建设部. 室外排水设计标准：GB 50014—2021[S]. 北京：中国建筑工业出版社，2021.

[3] 中国建筑设计研究院有限公司. 建筑给水排水设计手册. 北京：中国建筑工业出版社，2019.

[4] 核工业部第二研究设计院. 给水排水设计手册第 2 册[M]. 北京：中国建筑工业出版社，2022.

[5] 王增长. 建筑给水排水工程[M]. 北京：中国建筑工业出版社，1998.

[6] 郎嘉辉. 建筑给水排水工程[M]. 重庆：重庆大学出版社，1997.

[7] 高明远. 建筑中水工程[M]. 北京：中国建筑工业出版社，1992.

[8] 中华人民共和国住房和城乡建设部. 建筑中水设计标准：GB 50336—2018[S]. 北京：中国建筑工业出版社，2018.

[9] 钱维生. 高层建筑给水排水工程[M]. 上海：同济大学出版社，1989.

[10] 张淼. 新型建筑给水塑料管应用技术综述[J]. 给水排水，2007，10：56-61.

[11] 姜文源. 从苏维托到速微特——《旋式速微特单主管排水系统安装》标准图集简介[J]. 给水排水，1999，4.

[12] 中华人民共和国住房和城乡建设部. 建筑设计防火规范（2018 年版）：GB 50016—2014[S]. 北京：中国计划出版社，2018.

[13] 中华人民共和国住房和城乡建设部. 二氧化碳灭火系统设计规范（2010 年版）：GB 50193—1993[S]. 北京：中国计划出版社，2010.

[14] 刘振印等. 民用建筑给水排水设计技术措施[M]. 北京：中国建筑工业出版社，1997.

[15] 邵林广. 建筑给水排水[M]. 北京：中国建筑工业出版社，1997.

[16] 北京市建筑统计院. 建筑设备施工安装图册 1[M]. 北京：中国建筑工业出版社，1998.

[17] 刘文镔. 给水排水工程快速设计手册(3)[M]. 北京：中国建筑工业出版社，1999.

[18] 中华人民共和国住房和城乡建设部. 自动喷水灭火系统设计规范：GB 50084—2017[S]. 北京：中国计划出版社，2005.

[19] 中华人民共和国住房和城乡建设部. 水喷雾灭火系统设计规范：GB 50219—2014[S]. 北京：中国计划出版社，1995.

[20] 中华人民共和国住房和城乡建设部. 建筑灭火器配置设计规范：GB 50140—2005[S]. 北京：中国计划出版社，2005.

[21] 中华人民共和国住房和城乡建设部. 消防给水及消火栓系统技术规范：GB 50974—2014[S]. 北京：中国计划出版社，2014.

[22] 建设部工程质量安全监督与创业发展司. 全国民用建筑工程设计技术措施(给水排水)[M]. 北京：中国计划出版社，2009.

[23] 中华人民共和国住房和城乡建设部. 海绵城市建设技术指南——低影响开发雨水系统构建[M]. 北京：中国建筑工业出版社，2015.

［24］ 中华人民共和国住房和城乡建设部. 建筑与小区雨水控制及利用工程技术规范：GB 50400—2016［S］. 北京：中国建筑工业出版社，2016.

［25］ 中华人民共和国住房和城乡建设部. 建筑中水设计标准：GB 50336—2018［S］. 北京：中国建筑工业出版社，2018.

［26］ 中华人民共和国住房和城乡建设部. 游泳池给水排工程技术规程：CJJ 122—2017［S］. 北京：中国建筑工业出版社，2017.